Excel

公式与函数
辞典 2013

王国胜 / 编著

U0244825

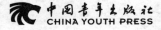
中国青年出版社
CHINA YOUTH PRESS

中青雄狮

图书在版编目（CIP）数据

Excel 2013 公式与函数辞典 / 王国胜编著 . — 北京：中国青年出版社，2013.12
ISBN 978-7-5153-2021-2
I. ① E… Ⅱ. ①王 … Ⅲ. ①表处理软件 Ⅳ. ①TP391.13
中国版本图书馆 CIP 数据核字（2013）第 262735 号

Excel 2013 公式与函数辞典

王国胜 编著

出版发行：中国青年出版社
地　　址：北京市东四十二条 21 号
邮政编码：100708
电　　话：（010）59521188 / 59521189
传　　真：（010）59521111
企　　划：北京中青雄狮数码传媒科技有限公司

责任编辑：张海玲
封面制作：六面体书籍设计　孙素锦

印　　刷：中国农业出版社印刷厂
开　　本：880×1230　　1/32
印　　张：19.5
版　　次：2014 年 1 月北京第 1 版
印　　次：2016 年 3 月第 6 次印刷
书　　号：ISBN 978-7-5153-2021-2
定　　价：59.90 元（附赠 1 光盘，含语音视频教学＋办公模板）

本书如有印装质量等问题，请与本社联系　电话：（010）59521188 / 59521189
读者来信：reader@cypmedia.com　如有其他问题请访问我们的网站：http://www.cypmedia.com

"北大方正公司电子有限公司"授权本书使用如下方正字体。　封面用字包括：方正兰亭黑系列

很多人都使用过Excel软件，它已经渗透到我们的日常工作和生活中，是一个具有代表性的软件。但对于Excel软件中的函数内容，大部分读者却知之甚少，或只是一知半解，更不会正确运用函数来处理实际问题。其实函数与公式是Excel中一项非常重要的功能，本书将向读者呈现完整的函数知识，并利用函数实现Excel强大的数据处理和分析功能。

本书版式新颖，以"实例"的形式阐释函数在实际问题中的应用，以"要点"的形式指出各函数使用中的注意事项及使用技巧，并以"小知识"的形式穿插讲解了一些Excel基础知识，同时以"相关函数"的形式列出功能相近的一些函数以方便读者进行对比学习。最重要的是，本书还以"组合技巧"的形式介绍了许多函数的嵌套使用技巧，将函数本身的功能进行了扩充，实现了单纯一个函数无法完成的功能，使得各函数相得益彰，达到了"1+1>2"的效果。

本书的另一个显著特点是小开本大容量，沿用日版书紧凑的版式，容纳的信息量大，知识点全，可谓是32开的版本格式，16开的信息含量。独特的双色印刷，更是对不同的重点内容用不同颜色加以区分，可以提高读者的阅读兴趣。同时由于本书是辞典类工具书，所以做成便于携带和查阅的小开本，并以附录的形式将各函数按字母顺序进行索引，这些都方便了读者随时随地进行学习。本书还随书附赠一个塑料封皮，可以延长本书的使用寿命。

本书共分为12部分，按功能对353个函数进行了彻底解说，包括日期与时间函数、数学与三角函数、统计函数、数据库函数、文本函数、财务函数、逻辑函数、查找与引用函数、信息函数、工程函数和外部函数等11大类函数。但书中并不是单纯地讲解知识点，而是将函数知识与行政、工程、财务、统计等各个领域中的经典实例结合，使读者不仅能学习到函数的操作方法，而且能利用函数提高数据处理、分析和管理的能力。同时本书还包含600多个函数的逆向查找技巧。

本书在不同功能函数的讲解中，配以图示，使读者能循序渐进地推进学习，是初学者顺利学习的保障。而对于经常使用函数的中高级读者来说，像企业管理人员、数据分析人员、财务人员、统计人员和营销人员等，本书收录了几乎所有函数，可以使其更全面地学习函数，并综合运用函数。

本书附赠超值光盘，内含10小时Excel多媒体教学视频、601组Excel VBA实用源代码、Excel表格配色专业基础知识以及4000个图标、模板等办公素材，方便读者更好地掌握Excel的具体内容。

作 者
2013年11月

→ 目 录

SECTION 11   工程函数 ·· **569**

SECTION
01

X

函数的基础知识

SECTION 01 函数的基础知识

Excel 提供的函数功能其实是一些预定义的公式，利用它能够快速准确地进行各种复杂运算，只需指定相应参数即可得到正确的结果，从而将繁琐的运算简单化。在本部分中，将对函数的基础知识进行全面具体的介绍。

→ 函数的基本事项

1. 基础公式

Excel 中的函数是一种特殊的公式。在使用函数进行计算前，需提前了解公式的基本参数。公式是进行数值计算的等式，由运算符号组合而成。

认识公式	公式的结构和运算符号的种类
输入公式	公式输入和修改
复制公式	把单元格中的公式复制到另一单元格的方法
单元格的引用	使用"相对引用"、"绝对引用"以及"混合引用"3 种方式

2. 函数基础

了解函数的类型，熟悉函数的语法结构、参数设置和输入方法。此外，还介绍了函数检索的方法以及嵌套函数的技巧。

认识函数	函数的结构和分类
输入函数	利用"插入函数"对话框来输入函数，或直接在单元格内输入函数
函数的修改	函数的修改和删除
函数的嵌套	在函数参数中进一步指定其他函数

3. 错误分析

介绍在指定函数的单元格中修改显示错误内容时的方法。同时，介绍如何处理由循环引用产生的错误的处理方法。

确认错误	显示单元格中的错误内容，以及在公式引用中发生错误的对应分析

4. 加载宏的使用

在高等函数中，包含有"加载宏"的外部程序。如果要使用此函数，Excel 必须加载该程序。

加载宏	利用包含有加载宏的函数的方法

5. 数组的使用

作为使用函数的说明手册，讲解了在函数中使用数组的方法。

数组	数组常量和数组公式的使用

① 基础公式

公式是对 Excel 工作表中的值进行计算的等式。在 Excel 中，可以使用常量和算术运算符创建简单公式。

→ 认识公式

在 Excel 中，公式以 "=" 开始，它可以进行 +、−、×、÷ 四则运算。复杂的公式还可以包含函数，引用其他单元格中的数据，使用文本字符串，或与数据相结合，还可以运用>、<之类的比较运算符，比较单元格内的数据。因此，Excel 公式不局限于公式的计算，还可运用于其他情况中。公式中使用的运算符包括算术运算符、比较运算符、文本运算符以及引用运算符 4 种类型。

▼ 表 1：算术运算符

算术运算符	说明
+	加法
−	减法
*	乘法
/	除法
%	百分比
∧	乘方

▼ 表 2：比较运算符

比较运算符	说明
=（等号）	左边与右边相等
>（大于号）	左边大于右边
<（小于号）	左边小于右边
>=（大于等于号）	左边大于或等于右边
<=（小于等于号）	左边小于或等于右边
<>（不等号）	左边与右边不相等

▼ 表 3：文本运算符

文本运算符	说明
&（结合）	将多个文本字符串组合成一个文本显示

▼ 表 4：引用运算符

引用运算符	说明
,（逗号）	引用不相邻的多个单元格区域
:（冒号）	引用相邻的多个单元格区域
（空格）	引用选定的多个单元格的交叉区域

▼ 引用运算符示例

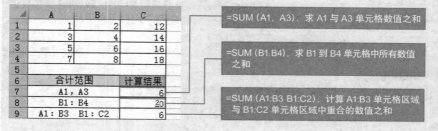

=SUM（A1，A3），求 A1 与 A3 单元格数值之和

=SUM（B1:B4），求 B1 到 B4 单元格中所有数值之和

=SUM（A1:B3 B1:C2），计算 A1:B3 单元格区域与 B1:C2 单元格区域中重合的数值之和

如果在 Excel 公式中同时使用了多个运算符,那么将按照表 5 所示的优先级进行计算。它和基本的数学运算优先级基本相同。

▼ 表 5:运算符优先级

优先级	1	2	3	4	5	6
运算种类	%(百分号)	∧	*或/	+或-	&	=、<、>、<=、>=、<>

▼ 运算符优先级示例

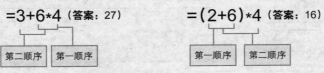

=3+6*4(答案:27)　　　=(2+6)*4(答案:16)

第二顺序　第一顺序　　　第一顺序　第二顺序

下面我们将学习如何输入公式。

→ 输入公式

在 Excel 中,可以利用公式进行各种运算。输入公式的步骤如下。

① 选中需显示计算结果的单元格。
② 在单元格内输入等号"="。
③ 输入公式并按 Enter 键。

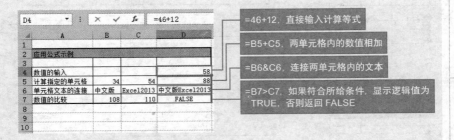

用键盘直接输入公式时,首先应选中需显示计算结果的单元格,并在其中输入"="。如果不输入"=",则不能显示输入的公式和文字,也不能得出计算结果。此外,在公式中也可以引用单元格,如果引用的单元格中包含有数据,那么在修改这些数据时,用户无需再次修改公式。

在公式中引用单元格时,单击相应的单元格(选中单元格区域)比直接输入数据简单,选定的单元格将被原样插入到公式中,用户可以随时在公式编辑栏中对其进行修改。如果不需要公式,可以选中单元格,按 Delete 键将其删除即可。

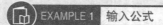 EXAMPLE 1 输入公式

在 Excel 中，用户可以直接在公式编辑栏中输入公式，也可以通过引用数值单元格的方法输入公式。

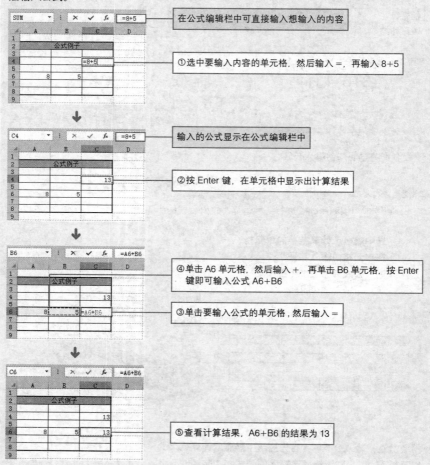

在公式编辑栏中可直接输入想输入的内容

①选中要输入内容的单元格，然后输入 =，再输入 8+5

输入的公式显示在公式编辑栏中

②按 Enter 键，在单元格中显示出计算结果

④单击 A6 单元格，然后输入 +，再单击 B6 单元格，按 Enter 键即可输入公式 A6+B6

③单击要输入公式的单元格，然后输入 =

⑤查看计算结果，A6+B6 的结果为 13

POINT ● 引用单元格比直接输入数据更方便

在公式中引用单元格时，直接单击单元格后，单元格边框呈闪烁状态，如 EXAMPLE 1 中的步骤④所示。此时还可以单击重新选择其他的单元格。公式中引用单元格比直接输入数据简便，这是因为即使引用的单元格中 - 的数值发生了改变，也不用修改公式。

EXAMPLE 2　修改公式

在 Excel 中修改公式时，首先应选中公式所在的单元格，然后在公式编辑栏中对原先输入的公式进行编辑即可。

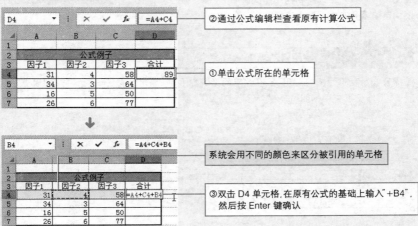

②通过公式编辑栏查看原有计算公式

①单击公式所在的单元格

系统会用不同的颜色来区分被引用的单元格

③双击 D4 单元格，在原有公式的基础上输入"+B4"，然后按 Enter 键确认

POINT ● 使用 F2 键编辑公式

选中公式所在的单元格，然后按 F2 键，就可以在单元格内直接修改公式了。此时，单元格内的插入点呈闪烁状态，用户可以通过按左方向键和右方向键将接入点移至需要修改的位置。

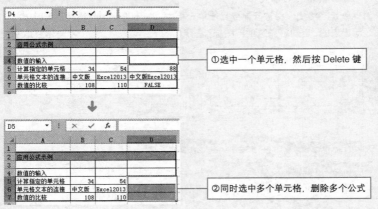

EXAMPLE 3　删除公式

选中公式所在的单元格，按 Delete 键将其删除。若要删除多个单元格中的公式，则可以先选中多个单元格，再执行删除操作。

①选中一个单元格，然后按 Delete 键

②同时选中多个单元格，删除多个公式

→ 复制公式

当需要在多个单元格中输入相同的公式时，采用复制公式的方式更快捷。复制公式时，需保持复制的单元格数目一致，而公式中引用的单元格会自动改变。在单元格中复制公式，有使用自动填充方式复制和使用复制命令复制两种方法。把公式复制在相邻的单元格内，使用自动填充方式复制更方便。

📑 **EXAMPLE 1** 使用自动填充方式复制

选择公式所在单元格，把光标放在该单元格的右下方，当光标变成一个小+号即填充手柄时，向下拖曳填充手柄即可复制。

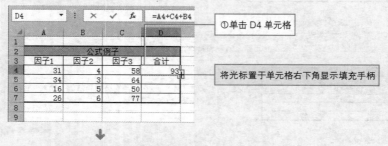

①单击 D4 单元格

将光标置于单元格右下角显示填充手柄

②按住鼠标不放，向下拖曳填充手柄至 D7 单元格

✌ **POINT** ● **自动填充时的单元格格式**

自动填充时，单元格格式也将被复制到目标单元格中。若不想使用此格式，可以单击自动填充后显示出来的"自动填充选项"图标，在弹出的下拉菜单中选择"不带格式填充"。

①单击该按钮

②选择该选项

EXAMPLE 2 使用复制命令复制

在 Excel 工具栏中，单击"复制"和"粘贴"按钮，把公式复制在不相邻的单元格内。也可从"编辑"菜单中选择"复制"、"粘贴"命令来复制。

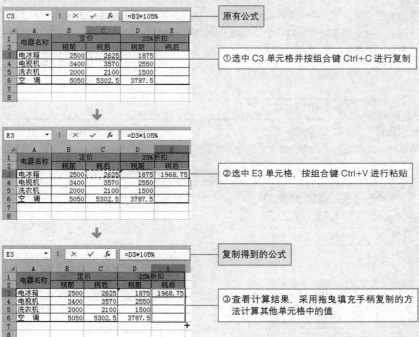

原有公式

①选中 C3 单元格并按组合键 Ctrl+C 进行复制

②选中 E3 单元格，按组合键 Ctrl+V 进行粘贴

复制得到的公式

③查看计算结果，采用拖曳填充手柄复制的方法计算其他单元格中的值

POINT ● 错误检查选项

复制粘贴公式后，会发现单元格 D3 至 D5 的左上角出现一个"错误检查选项"图标。这是因为 D3 到 D5 单元格内输入的公式和粘贴在右边相邻单元格内的公式之间没有关系造成的，并不是公式本身有错误。此时，单击"错误检查选项"图标，在下拉菜单中选择"忽略错误"选项即可。

▼ 忽略错误

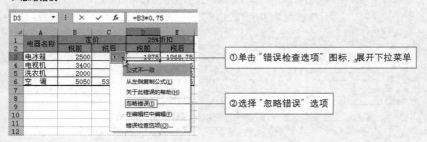

①单击"错误检查选项"图标，展开下拉菜单

②选择"忽略错误"选项

→ 单元格的引用

单元格引用是 Excel 中的术语，其作用是标识单元格在表中的坐标位置。单元格引用包括相对引用、绝对引用和混合引用 3 种，其中，相对单元格引用是引用单元格的相对位置。如果公式所在单元格的位置发生改变，引用的单元格也随之改变。如果只复制公式，而不想改变引用的单元格，这种引用形式称为"绝对引用"。公式所在单元格的位置改变，绝对引用的单元格始终保持不变。如果多行或多列地复制公式，绝对引用将不作调整。绝对引用的单元格如"$A$7"，前面带有符号"$"。另外，也可用绝对引用的方法引用单行或单列。

EXAMPLE 1 相对引用

在单元格 D2 中输入"价格 - 价格 * 折扣率"公式，只要把 D2 单元格中的公式复制到 D3:D6 单元格区域，此时，公式内引用的单元格也相应改变了。

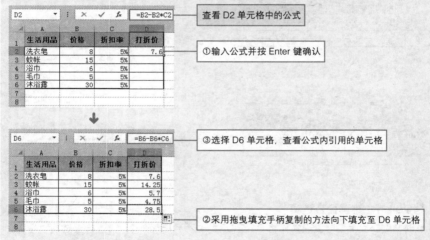

查看 D2 单元格中的公式

①输入公式并按 Enter 键确认

③选择 D6 单元格，查看公式内引用的单元格

②采用拖曳填充手柄复制的方法向下填充至 D6 单元格

EXAMPLE 2 绝对引用

在单元格 C2 中输入"价格 - 价格 * 折扣率"公式，然后把公式复制到下面的单元格中。无论哪种生活用品，其折扣率都一样，即用绝对引用的方式来引用 C8 单元格。这样公式即使被复制，该单元格的地址也不会发生改变。

①在 C2 单元格中输入公式

公式中对 C8 单元格绝对引用

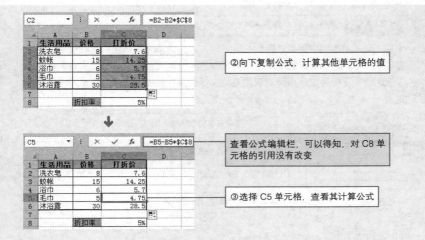

②向下复制公式，计算其他单元格的值

查看公式编辑栏，可以得知，对 C8 单元格的引用没有改变

③选择 C5 单元格，查看其计算公式

EXAMPLE 3 混合引用

除了使用上述介绍的两种引用方式外，用户还可以采用混合引用，即同时包含相对引用和绝对引用。如绝对引用列和相对引用行，或是绝对引用行和相对引用列。在输入公式的过程中，选中单元格引用地址（这里为 A1），重复按 F4 键，单元格引用地址就会按照"A1"→"$A$1"→"A$1"→"$A2"的状态进行切换。

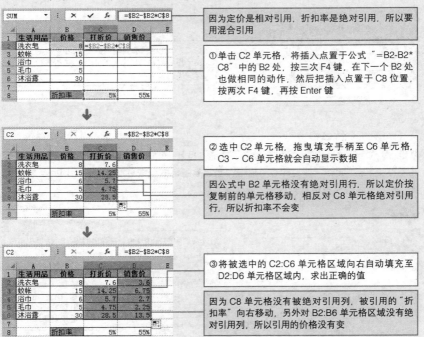

因为定价是相对引用，折扣率是绝对引用，所以要用混合引用

①单击 C2 单元格，将插入点置于公式"=B2-B2*C8"中的 B2 处，按三次 F4 键，在下一个 B2 处也做相同的动作，然后把插入点置于 C8 位置，按两次 F4 键，再按 Enter 键

②选中 C2 单元格，拖曳填充手柄至 C6 单元格，C3～C6 单元格就会自动显示数据

因公式中 B2 单元格没有绝对引用行，所以定价按复制前的单元格移动，相反对 C8 单元格绝对引用行，所以折扣率不会变

③将被选中的 C2:C6 单元格区域向右自动填充至 D2:D6 单元格区域内，求出正确的值

因为 C8 单元格没有被绝对引用列，被引用的"折扣率"向右移动，另外对 B2:B6 单元格区域没有绝对引用列，所以引用的价格没有变

EXAMPLE 4　单元格名称的使用

在 Excel 中，公式中固定引用某单元格的另一种方法是为单元格命名，并在公式中引用该单元格名称。如果已为单元格或单元格区域命名，就能在公式中直接引用该名称。由于用名称指定的单元格区域采用绝对引用处理，所以即使复制单元格，引用的单元格也是固定的。

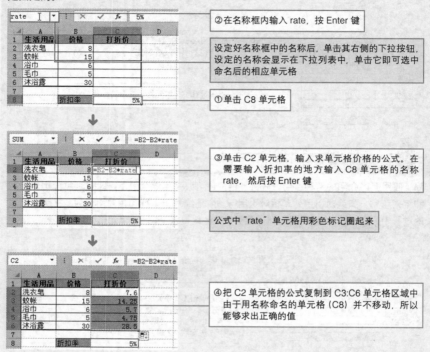

POINT ● 删除名称

单击"公式"选项卡中的"名称管理器"按钮，打开"公式管理器"对话框，选择需删除的名称，单击"删除"按钮即可。但是，已删除名称的公式可能还存在，因此必须注意单元格内显示的错误信息。

▼ 删除名称

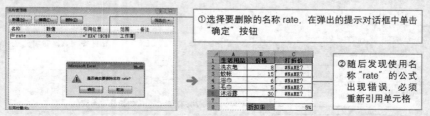

② 函数基础

Excel 中提供的函数其实是一些预定义的公式，它们使用一些被称为参数的特定数值按特定的顺序或结构进行计算。Excel 函数包括日期与时间函数、文本函数、工程函数、财务函数、信息函数、逻辑函数、查询和引用函数、数学和三角函数、统计函数、数据库函数以及用户自定义函数。

→ 认识函数

在 Excel 中，灵活使用函数可以使计算更加简单。函数的输入方法与公式的输入方法类似，首先选中单元格，然后输入"="号，再输入函数名，在函数名后加（）即可在括号中输入函数参数。参数是计算和处理的必要条件，类型和内容因函数的不同而不同。各函数的详细参数请参见后面章节中的介绍。

选中已输入公式的单元格，在公式编辑栏内就会出现函数公式，如下图中的公式"=sum(D2:D6)"，表示对 D2:D6 单元格区域中的数据求和。

▼ 函数表示

D7	:	×	✓	fx	=SUM(D2:D6)		在公式编辑栏中查看输入的函数

	A	B	C	D	E
1	手机名称	销售单价	销售数量	销售总价	
2	诺基亚	2,600	32	83,200	
3	三星	1,650	50	82,500	
4	索爱	3,200	43	137,600	
5	摩托罗拉	1,830	65	118,950	
6	苹果iphone	4,800	22	105,600	
7	合计		212	527,850	
8					

在输入函数的单元格 (D7) 内查看计算结果

函数的一般结构如下，按照"="、"函数名"、"参数"顺序指定。指定参数的数据类型如表1所示。

$$= SUM(D2:D4)$$

等号
在函数的开头必须用等号，如果缺失，函数就会被看成单独的文本，不能进行函数处理

函数名
可用小写输入，确定后可自动变为大写

参数
函数的运算或处理必须是数据。单元格引用可以使用引用运算符

▼ 表1：能指定参数的数据类型

单元格引用	单独的单元格、单元格区域、已命名的单元格。例如：A4，A9、mark
常量	文本、数值、逻辑值、错误值、数组常量。例如：首都北京、16、FALSE、#N/A、{橙子,12,香蕉,10}
函数	嵌套其他函数。例如：=ROUND（AVERAGE）
逻辑值	使用比较运算符组合单元格引用或常数公式。例如：A5>=1000
公式	全部使用算术运算符或文本运算符。例如：(A6+B6+C6)*2

Excel 2013 中包含了上百种函数，若按涉及内容与利用方法可分为如表 2 所示的 11 种类型。

▼ 表 2：函数分类

类 型	涉及的内容	函数符号
数学与三角	包含使用频率高的求和函数和数学计算函数。如求和、乘方等四则运算，四舍五入、舍去数字等的零数处理及符号的变化等	SUM、ROUND、ROUNDUP、ROUNDDOWN、PRODUCT、INT、SIGN、ABS 等
统计	求数学统计的函数。除可求数值的平均值、中值、众数外，还可求方差、标准偏差等	AVERAGE、RANK、MEDIAN、MODE、VAR、STDEV 等
日期与时间	计算日期和时间的函数	DATE、TIME、TODAY、NOW、EOMONTH、EDATE 等
逻辑	根据是否满足条件，进行不同处理的 IF 函数，用于逻辑表述中的函数	IF、AND、OR、NOT、TRUE、FALSE 等
查找与引用	从表格或数组中提取指定行或列的数值、推断出包含目标值单元格的位置、从符合 COM 规格的程序中提取数据	VLOOKUP、HLOOKUP、INDIRECT、ADDRESS、COLUMN、ROW、RTD 等
文本	用大／小写、全角／半角转换字符串，在指定位置提取某些字符等，用各种方法操作字符串的函数分类	ASC、UPPER、IOWER、LEFT、RIGHT、MID、LEN 等
财务	计算贷款支付额或存款到期支付额等，或与财务相关的函数。也包含求利率或余额递减折旧费等函数	PMT、IPMT、PPMT、FV、PV、RATE、DB 等
信息	检测单元格内包含的数据类型、求错误值种类的函数；求单元格位置和格式等的信息或收集操作环境信息的函数	ISERROR、ISBLANK、ISTEXT、ISNUMBER、NA、CELL、INFO 等
数据库	从数据清单或数据库中提取符合给定条件数据的函数	DSUM、DAVERAGE、DMAX、DMIN、DSTDEV 等
工程	专门用于科学与工程计算的函数。复数的计算或将数值换算到 n 进制的函数、关于贝塞尔函数计算的函数	BIN2DEC、COMPLEX、IMREAL、IMAGINARY、BESSELJ、CONVERT 等
外部	为利用外部数据库而设置的函数，也包含将数值换算成欧洲单位的函数	EUROCONVERT、SQL.REQUEST 等

→ 输入函数

输入函数时，可在单元格中直接输入，也可以利用"插入函数"对话框输入。直接在单元格中输入函数时，千万注意不要拼错函数名，或是漏掉半角逗号。当不清楚参数的顺序和内容时，或不知道该使用哪一种函数时，可采用"插入函数"对话框的方法输入函数，系统会自动输入用于区分同一类型参数的"，"和加双引号的文本。

EXAMPLE 1　利用"插入函数"对话框输入函数

下面将利用"插入函数"对话框的方法，在 C7 单元格中输入求和函数并计算和值。

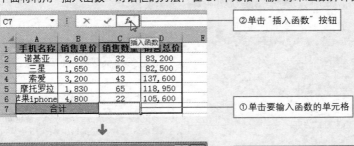

②单击"插入函数"按钮

①单击要输入函数的单元格

如果不知道函数类型，可单击下拉按钮，在下拉列表中选择"全部"

③在"插入函数"对话框中，单击"或选择类别"的下拉按钮，在下拉列表中选择"数学与三角函数"选项

④从"选择函数"列表框中选择 SUM 函数，单击"确定"按钮

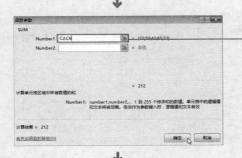

⑤在"函数参数"对话框中输入参数（C2:C6单元格区域），选定好参数后，单击"确定"按钮

通过公式编辑栏，查看输入的函数公式

⑥ C7 单元格中显示出 C2:C6 单元格区域的合计值

👆 POINT ● 使用"自动求和"按钮求和

单击公式选项卡下"函数库"组中的"自动求和"下拉按钮，就能简单快捷地求出所选单元格的和值、平均值以及统计出最大/小值等。(参见表3)

单击"自动求和"下拉按钮，可在下拉列表中选择平均值、计数等函数

选择单元格，只需单击"自动求和"按钮就可以自动插入 SUM 函数的计算值

▼ 表3：从"自动求和"下拉列表中选择函数

函数类型	应用说明
求和、计数	输入 SUM、COUNT 函数
平均值	输入 AVERAGE 函数
最大、最小值	输入 MAX、MIN 函数
其他函数	出现"插入函数"对话框

Σ 求和(S)
　平均值(A)
　计数(C)
　最大值(M)
　最小值(I)
　其他函数(F)...

👆 POINT ● 搜索函数

在不知道使用什么函数时，可以搜索函数。在"插入函数"对话框中的"搜索函数"文本框内输入想要查询的函数名称或函数名称的一部分，然后进行搜索，相关函数就会依次显示出来。

▼ 搜索函数

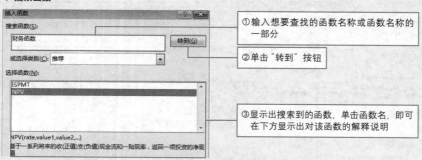

①输入想要查找的函数名称或函数名称的一部分

②单击"转到"按钮

③显示出搜索到的函数，单击函数名，即可在下方显示出对该函数的解释说明

📖 EXAMPLE 2 　直接输入函数

下面在单元格 D7 中直接输入求和函数。在单元格中直接输入函数时，系统会给出相应的提示，比如输入函数 SUM 后，系统会将 SUM 开头的函数逐一罗列出来，供用户选择，从而避免函数名书写错误。

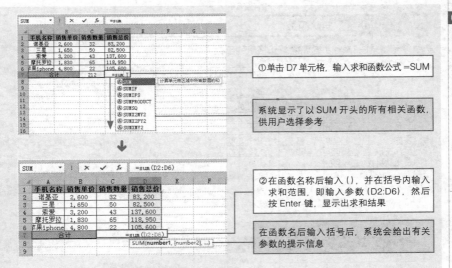

①单击 D7 单元格，输入求和函数公式 =SUM

系统显示了以 SUM 开头的所有相关函数，供用户选择参考

②在函数名称后输入（），并在括号内输入求和范围，即输入参数 (D2:D6)，然后按 Enter 键，显示出求和结果

在函数名后输入括号后，系统会给出有关参数的提示信息

→ 参数的修改

输入函数完成后，函数的参数值是可以修改的，用户既可以在函数所在单元格中或公式编辑栏中直接修改，也可以通过拖动彩色框范围的方法来修改。如果要删除函数，那么只需选中该单元格，单击 Delete 键即可，删除后还可以重新输入函数及其参数。

EXAMPLE 1　通过公式编辑栏修改

将下表中求和范围改为 D2:D5 单元格区域。

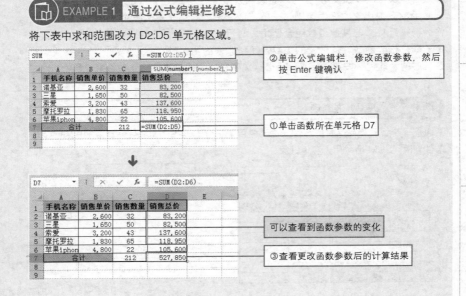

②单击公式编辑栏，修改函数参数，然后按 Enter 键确认

①单击函数所在单元格 D7

可以查看到函数参数的变化

③查看更改函数参数后的计算结果

EXAMPLE 2 删除函数

选中单元格，按 Delete 键删除单元格里的函数。

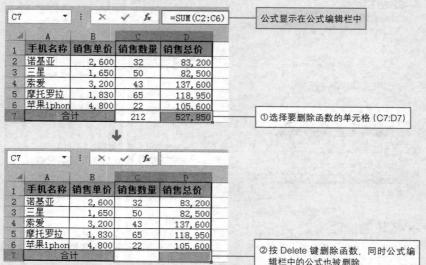

公式显示在公式编辑栏中

①选择要删除函数的单元格 (C7:D7)

②按 Delete 键删除函数，同时公式编辑栏中的公式也被删除

→ 函数的嵌套

函数不仅仅可以单独使用，还可以将某函数作为另一函数的参数使用，就是嵌套函数。嵌套函数有很广泛的使用范围。一般，嵌套函数利用逻辑函数中的 IF 和 AND 函数作为前提条件，与其他函数组合使用。利用"插入函数"对话框，以通常的参数指定的顺序嵌套函数。从嵌套的函数返回到原来的函数时，不用单击"函数参数"对话框中的"确定"按钮，而是使用公式编辑栏。一个函数最多可以嵌套七层。

EXAMPLE 1 嵌套函数

下面是一个计算商品运费的示例，主要应用了 IF 函数与 SUM 函数。其中，IF 函数用于条件判断，SUM 函数用于和值计算。

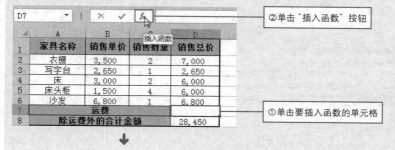

②单击"插入函数"按钮

①单击要插入函数的单元格

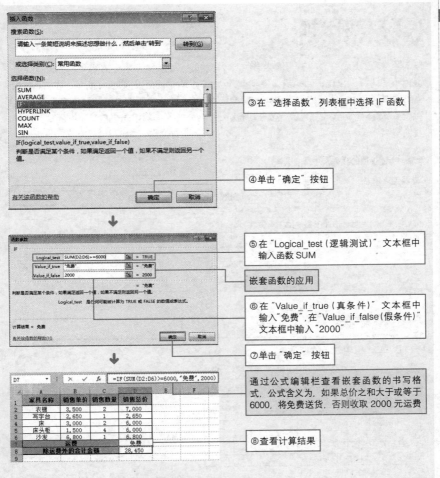

③在"选择函数"列表框中选择 IF 函数

④单击"确定"按钮

⑤在"Logical_test（逻辑测试）"文本框中
输入函数 SUM

嵌套函数的应用

⑥在"Value_if_true（真条件）"文本框中
输入"免费"，在"Value_if_false（假条件）"
文本框中输入"2000"

⑦单击"确定"按钮

通过公式编辑栏查看嵌套函数的书写格
式，公式含义为，如果总价之和大于或等于
6000，将免费送货，否则收取 2000 元运费

⑧查看计算结果

POINT ● 直接输入嵌套函数时，发生错误的提示

在公式编辑栏中直接输入嵌套函数时，若输入有误，按 Enter 键时，会出现错误信息。
因此，必须注意拼写错误或是否有多余的符号。另外，Excel 可根据错误内容自动进行
修改。

因没有结尾的反括号，所以显示错误信息。
单击"是"按钮，修改公式

③ 错误分析

输入函数后，Excel 表中有可能会出现"#NAME?"之类的文本，这些文本称为错误值，根据不同的错误出现不同的错误值类型，以此来推测错误原因，如表 4 所示。在 Excel 中，当出现错误值时，单元格左上角会出现绿色小三角，在"错误检查"下拉列表中选择"错误检查选项"，可以设置相应的处理方法。如果公式的参数中包含自己所在的单元格时，我们称为"循环引用"。

▼ 表 4：错误值的种类

错误值	错误内容
#DIV/0!	除以 0 所得的值。除法公式中分母指定为空白单元格
#NAME?	利用不能定义的名称。名称输入错误或文本没有加双引号
#VALUE!	参数的数据格式错误。函数中使用的变量或参数类型错误
#REF!	公式中引用了一个无效单元格
#N/A	参数中没有输入必需的数值。查找与引用函数中没有匹配检索值的数据
#NUM!	参数中指定的数值过大或过小，函数不能计算出正确的答案
#NULL!	根据引用运算符指定共用区域的两个单元格区域，但共用区域不存在

📖 **EXAMPLE 1** 检查错误选项

检查 D7 单元格中表示的错误值。

	A	B	C	D
1	手机名称	销售单价	销售数量	销售总价
2	诺基亚	2,600	32	83,200
3	三星	1,650	50	82,500
4	索爱	3,200	43	137,600
5	摩托罗拉	1,830	65	118,950
6	苹果iphone4	4,800	22	105,600
7	合计		212	#VALUE!

> 在 D7 单元格内输入公式后，显示错误值"#VALUE!"

↓

	A	B	C	D
1	手机名称	销售单价	销售数量	销售总价
2	诺基亚	2,600	32	83,200
3	三星	1,650	50	82,500
4	索爱	3,200	43	137,600
5	摩托罗拉	1,830	65	118,950
6	苹果iphone4	4,800	22	105,600
7	合计		21◇	#VALUE!

> ①单击显示错误值的单元格，右侧将出现错误检查按钮

↓

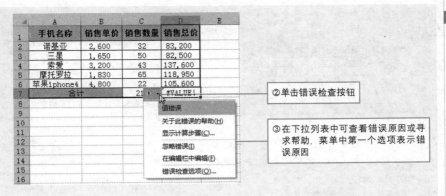

②单击错误检查按钮

③在下拉列表中可查看错误原因或寻求帮助，菜单中第一个选项表示错误原因

🖐 POINT ● 可以忽略的错误

若单元格没有错误也显示错误检查时，有可能是单元格引用不一致，或者是没有锁定单元格而显示的错误警告。在下图中，C7 单元格的求和对象只是 C2:C4 单元格区域，而系统默认应为 C2:C6 单元格区域，所以提示错误。

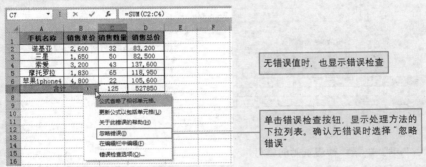

无错误值时，也显示错误检查

单击错误检查按钮，显示处理方法的下拉列表。确认无错误时选择"忽略错误"

📦 EXAMPLE 2　确认循环引用

在 D7 单元格中输入 SUM 函数时，由于参数本身包含了 D7 单元格，所以形成了循环引用，此时需要对公式作出修改。

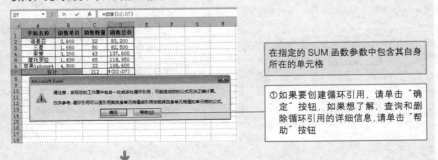

在指定的 SUM 函数参数中包含其自身所在的单元格

①如果要创建循环引用，请单击"确定"按钮，如果想了解、查询和删除循环引用的详细信息，请单击"帮助"按钮

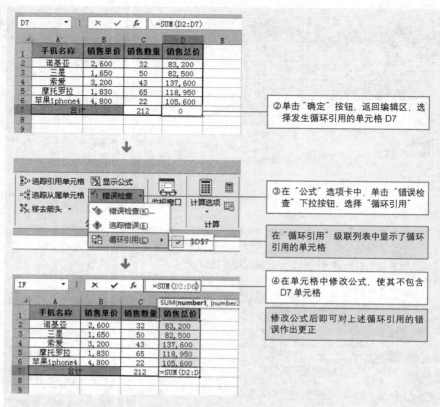

②单击"确定"按钮，返回编辑区，选择发生循环引用的单元格 D7

③在"公式"选项卡中，单击"错误检查"下拉按钮，选择"循环引用"

在"循环引用"级联列表中显示了循环引用的单元格

④在单元格中修改公式，使其不包含 D7 单元格

修改公式后即可对上述循环引用的错误作出更正

POINT ● 错误检查规则的修订

在"错误检查"下拉列表中选择"错误检查选项"，打开"Excel 选项"对话框，此时，如果有错误，可以在"公式"选项面板中更改错误检查的规则。

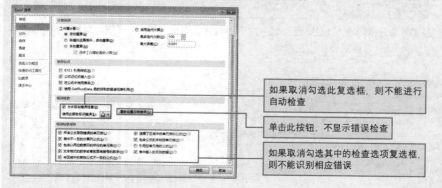

如果取消勾选此复选框，则不能进行自动检查

单击此按钮，不显示错误检查

如果取消勾选其中的检查选项复选框，则不能识别相应错误

④ 加载宏的使用

加载宏程序作为 Excel 的插件，为 Excel 增加了各种各样的命令或功能，其中高级功能部分包含有"加载宏"的外部程序,它只能和 Excel 组合使用。对于大多数普通用户来讲，这些功能的使用率并不高。

在专业的函数中，也包含有"加载宏"函数，此函数如果不属于 Excel 函数，就不能使用。使用此函数的方法是打开"开发工具"选项卡，从中单击"加载项"按钮，然后在"加载宏"对话框中选择可用的加载宏。如果显示必须安装的信息，可根据提示将自己需要使用的函数安装在电脑中。

EXAMPLE 1　安装加载宏

加载宏中包含的函数，最初并不显示在"插入函数"对话框中。比如，EOMONTH 函数是包含在加载宏的分析工具库中，如果没有加载分析库工具，则在"插入函数"对话框中就无法查找到该函数。

下面首先举例介绍安装加载宏的方法。

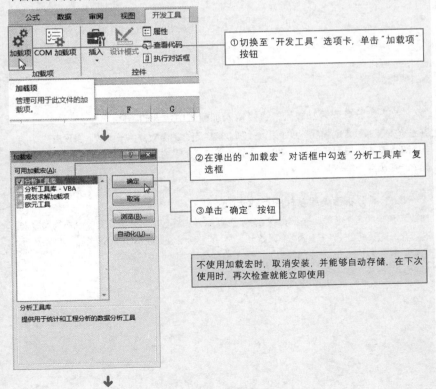

①切换至"开发工具"选项卡，单击"加载项"按钮

②在弹出的"加载宏"对话框中勾选"分析工具库"复选框

③单击"确定"按钮

不使用加载宏时，取消安装，并能够自动存储，在下次使用时，再次检查就能立即使用

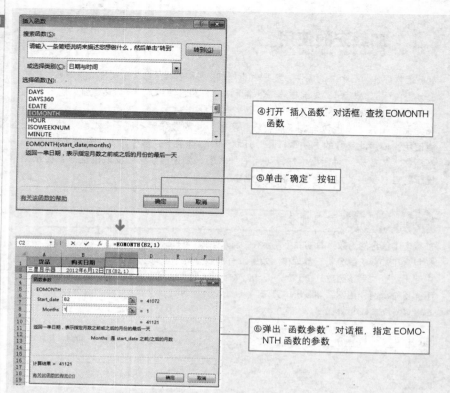

④打开"插入函数"对话框,查找 EOMONTH 函数

⑤单击"确定"按钮

⑥弹出"函数参数"对话框,指定 EOMO-NTH 函数的参数

POINT ● 没有安装加载宏,直接输入加载宏中包含的函数

在没有安装加载宏的情况下,如果输入加载宏中包含的函数,由于函数本身没有此功能,所以单元格内会显示错误值。此时,可以删除输入的函数,安装"加载宏",然后再重新输入一次函数。

POINT ● 分析工具库以外的加载宏函数

加载宏包含的多个函数,被归类在"分析工具库"加载宏中。分析工具库以外的加载宏,有包含 EUROCONVERT 函数的"欧元工具"、包含 SQL.REQUEST 函数的"ODBC 加载宏"等。另外,"ODBC 加载宏"必须从微软公司的网页中下载。

⑤ 数组的使用

所谓数组，是由数据元素组成的集合，数据元素可以是数值、文本、日期、错误值或逻辑等。数组分为"数组常量"和"数组公式"两种。

所谓数组常量，就是用","表示列区间，用"；"表示行区间，作为一组数据的确认。利用数组常量，可以在参数中指定表格式的数据；所谓数组公式，就是用一个公式来统一一行或一列中相等的多个单元格区域，运用数组公式能直接求总和。数组常量和数组公式全部要加大括号 {} 表示。

EXAMPLE 1　使用数组常量

下面以 VLOOKUP 函数为示例，讲解数组常量的使用。在 D2 单元格内输入函数 VLOOKUP，该函数的第二个参数需指定数组常量。

首先我们采用引用单元格区域的方法。

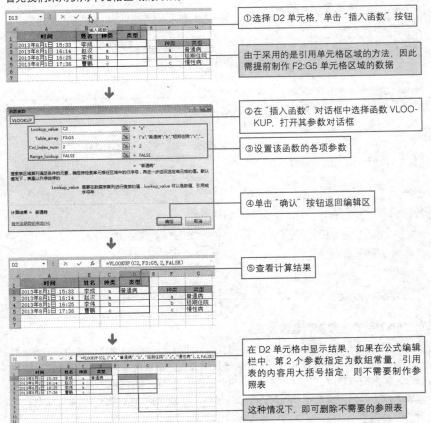

①选择 D2 单元格，单击"插入函数"按钮

由于采用的是引用单元格区域的方法，因此需提前制作 F2:G5 单元格区域的数据

②在"插入函数"对话框中选择函数 VLOOKUP，打开其参数对话框

③设置该函数的各项参数

④单击"确认"按钮返回编辑区

⑤查看计算结果

在 D2 单元格中显示结果，如果在公式编辑栏中，第 2 个参数指定为数组常量，引用表的内容用大括号指定，则不需要制作参照表

这种情况下，即可删除不需要的参照表

EXAMPLE 2　使用数组公式

使用数组公式直接在 D7 单元格内求所有商品的金额。使用数组公式时，即使不计算每件商品的金额，也会计算出指定的每个元素，然后算出总金额。

▼ 数组公式结构

所有的行和列的范围必须相等

$$\{=SUM(B2:B6*C2:C6*D2:D6)\}$$

输入单价的单元格区域　输入折扣的单元格区域　输入数量的单元格区域　用大括号指定全部数组

▼ 使用 SUM 函数求和

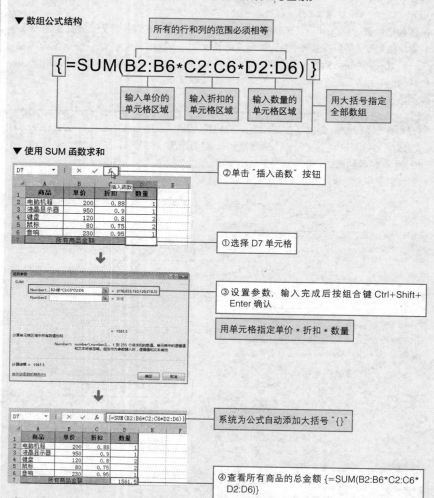

②单击"插入函数"按钮

①选择 D7 单元格

③设置参数，输入完成后按组合键 Ctrl+Shift+Enter 确认

用单元格指定单价 * 折扣 * 数量

系统为公式自动添加大括号"{}"

④查看所有商品的总金额 {=SUM(B2:B6*C2:C6*D2:D6)}

✌ POINT ● 修改或删除数组公式

修改数组公式时，必须选中全部输入相同数组公式的单元格。或者，先选中它们当中的一个单元格，按组合键 Ctrl+/，选中全部数组公式。然后再按 F2 键，使公式呈编辑状态。如果完成修改，按组合键 Ctrl+Shift+Enter，单元格中的公式发生改变。如果要删除数组公式，也是按照相同的方法，选中全部输入相同数组公式的单元格后，按 Delete 键删除。

SECTION
02

X

日期与时间函数

SECTION 02 日期与时间函数

日期与时间函数表示当前的时间和日期，经常被用于时间的处理。如计算"几个月后最后一天"或"计算两段时间的时间差"。Excel 中的日期是使用序列号的数字进行管理的。序列号被分为整数部分和小数部分。整数部分代表日期，小数部分代表时间。下面将对日期与时间函数的分类、用途以及关键字进行介绍。

→ 函数分类

1. 当前日期

表示电脑的当前日期和时间的函数。此函数不使用参数。

TODAY	返回当前日期
NOW	返回当前日期和时间

2. 周数

按照指定的序列号，返回第几周的日期。

WEEKNUM	返回日期序列号代表的一年中的第几周

3. 用序列号表示日期

用指定序列号表示"年"或"月"的数字。此函数用于统计每月的销售款数据或总计每个时间段等。

YEAR	返回日期序列号对应的年份数
MONTH	返回日期序列号对应的月份数
DAY	返回日期序列号对应的月份中的天数
HOUR	返回日期序列号对应的小时数
MINUTE	返回日期序列号对应的分钟数
SECOND	返回日期序列号对应的秒数
WEEKDAY	返回日期序列号对应星期几

4. 日期期间差

用于求两个日期的期间差。把 1 年看作 360 天计算。

NETWORKDAYS	计算起始日和结束日间的天数（除星期六、星期天和节假日）
DAYS360	1 年当作 360 天来计算，返回两日期间相差的天数
DAYS	计算两个日期之间的天数
YEARFRAC	计算从开始日到结束日之间天数占全年天数的比例
DATEDIF	用指定的单位计算两个日期之间的天数

5. 计算时间的序列号

此类函数用于计算最后一天或不包含休息日的工作日，但单纯的序列号不能用于计算日期。

EDATE	求指定月数之前或之后的日期
EOMONTH	求指定月最后一天的序列号
WORKDAY	求指定工作日后的日期序列号

6. 特定日期的序列号

使用此类函数，可把输入到各个单元格内的年、月、日汇总成一个日期，或把文本转换成序列号。

DATE	求以年、月、日表示的日期的序列号
TIME	返回特定时间的序列号
DATEVALUE	把表示日期的文本转换成序列号
TIMEVALUE	把表示时间的文本转换成序列号

7. 来自序列值的文本

显示日期和日历的文本。

DATESTRING	把序列号转换为文本日期

➔ 关键点

日期与时间函数中经常使用的关键点如下。

1. 序列号

在 Excel 中，使用日期或时间进行计算时，包含有序列号的计算。序列号分为整数部分和小数部分。

序列号表示整数部分，如：1900 年 1 月 1 日看作 1，1900 年 1 月 2 日看作 2，即把每一天的每一个数字一直分配到 9999 年 12 月 31 日中。例如，序列号是 30000，从 1900 年 1 月 1 日开始数到第 30000 天，日期则变成 1982 年 2 月 18 日。序列号表示小数部分，从上午 0 点 0 分 0 秒开始到下午 11 点 59 分 59 秒的 24 小时分配到 0 到 0.99999999 的数字中。例如，0.5 可以表示为中午 12 点 0 分 0 秒。Excel 是把整数和小数部分组合成一个表示日期和时间的数字。

因为序列号作为数值处理，所以可以进行通常的加、减运算。例如，想知道某日期 90 天后的日期，只需把此序列号加上 90 就可以。相反，想知道 90 天前的日期，则用此序列号减去 90 即可。

把单元格的"单元格格式"转换为"日期"和"时间"以外的格式时，可以改变日期的序列号的格式。

2. 日期系统

序列号的起始日期在 Windows 版中是 1900 年 1 月 1 日，在 Macintosh 版中是 1904 年 1 月 1 日。因此，Windows 版与 Macintosh 版编制的工作表会有 4 年的误差。如果想使用

Macintosh 日期系统时，可以通过"文件"菜单打开"选项"对话框，勾选"1904 日期系统"复选框即可（如下图所示），然后进行计算。

3. 日期的单元格格式

按照序列号的定义，序列号分为整数部分和小数部分。整数部分表示日期，小数部分表示时间。但是，如果只有序列号，而使用者想知道日期或时间表示的数值时，就需先设置单元格格式。

在单元格内设定"日期"或"时间"的格式后，即使删除单元格中输入的日期，再输入其他数值也表示为日期。这是因为单元格还是表示日期的单元格格式。通过功能区或右键菜单均可打开"设置单元格格式"对话框，如下图所示。

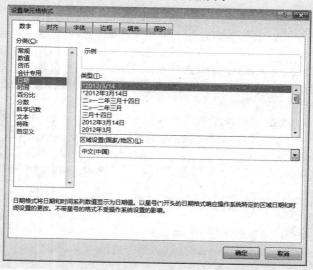

从中切换至"数字"选项卡,选择"日期"或"时间"。没有设置好需使用的单元格格式时,必须在"自定义"中设定用户需要的格式。

▼ 表 1:日期的表示格式(如 2013 年 8 月 15 日)

种类	记号	表示
年 (公历显示 4 位数)	Yyyy	2013
年 (公历显示 2 位数)	Yy	13
月	m	8
月 (显示 2 位)	mm	08
月 (显示 3 个英文字母) mmm	mmm	Aug
月 (英文表示)	mmmm	August
月 (显示一个英文字母)	mmmmm	A
日	d	15
日 (显示 2 位)	dd	15
星期 (显示3个英文字母)	ddd	Thu
星期 (英文显示)	dddd	Thursday

▼ 表 2:时间的表示格式(如 9 时 25 分 9 秒)

种类	记号	表示
时间	h	9
时间 (显示2位)	hh	09
分	m	25
分 (显示2位)	mm	25
秒	s	9
秒 (显示2位)	ss	09

TODAY

返回当前日期

当前日期

格式 → **TODAY()**

参数 → 此函数没有参数，但必须有（）。请注意如果括号中输入任何参数，都会返回错误值。

使用 TODAY 函数，返回计算机系统内部时钟当前日期的序列号。

EXAMPLE 1 显示当前日期

选择需显示日期的单元格，然后输入 TODAY 函数，当前日期即被显示在指定的单元格中。输入函数的单元格格式为"常规"时，则自动显示设置好的"2010-10-1"形式的日期。如果想设定所需的时间格式，则需更改单元格格式。

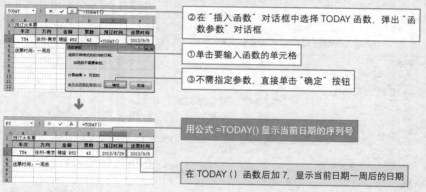

②在"插入函数"对话框中选择 TODAY 函数，弹出"函数参数"对话框

①单击要输入函数的单元格

③不需指定参数，直接单击"确定"按钮

用公式 =TODAY() 显示当前日期的序列号

在 TODAY() 函数后加 7，显示当前日期一周后的日期

😊😊 **组合技巧** 表示时间以外的年月日（TODAY+ 时间函数）

TODAY 函数和 YEAR 函数组合使用，会显示当前年数；和 MONTH 函数组合使用，会显示当前月数。

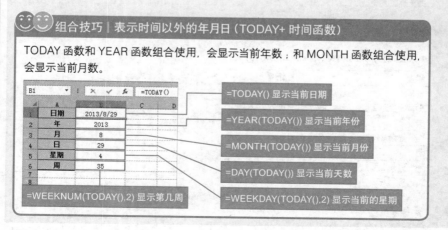

=TODAY() 显示当前日期

=YEAR(TODAY()) 显示当前年份

=MONTH(TODAY()) 显示当前月份

=DAY(TODAY()) 显示当前天数

=WEEKDAY(TODAY(),2) 显示当前的星期

=WEEKNUM(TODAY(),2) 显示第几周

NOW
返回当前日期和时间

格式 → **NOW()**

参数 → 此函数没有参数，但必须有 ()。请注意，如果括号中输入参数，则会返回错误值。

使用 NOW 函数可返回电脑当前日期和时间对应的序列号。TODAY 函数是表示日期的函数，而 NOW 函数是表示日期和时间的函数。

EXAMPLE 1 　表示当前日期和时间

输入 NOW 函数，当前日期和时间被显示出来。当函数所在的单元格格式为"常规"时，则自定设为如"2010-10-15 7:35"的日期格式。使用者可根据需要重新设置单元格格式。

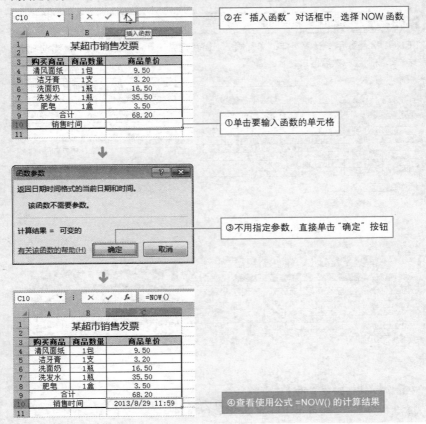

②在"插入函数"对话框中，选择 NOW 函数

①单击要输入函数的单元格

③不用指定参数，直接单击"确定"按钮

④查看使用公式 =NOW() 的计算结果

WEEKNUM
返回序列号对应的一年中的周数

周数

格式 → **WEEKNUM(serial_number, return_type)**

参数 → serial_number

为一个日期值，还可以指定加双引号表示日期的文本，例如，"2010 年 1 月 15 日"。如果参数为日期以外的文本，则返回错误值"#VALUE!"。（例如"7 月 15 日的生日"）。如果输入负数，则返回错误值"#NUM!"。

return_type

为一个数字，确定星期从哪一天开始计算。如果指定 1，则从星期日开始进行计算，如果指定 2，则从星期一开始进行计算。

使用 WEEKNUM 函数，可从日期值或表示日期的文本中显示一年中的第几周。

📚 EXAMPLE 1 计算剩余周数

WEEKNUM 函数用于计算某年的第几周。下面我们先计算"预定日期"和"当前日期"在这一年的周数，然后再求剩余的周数。

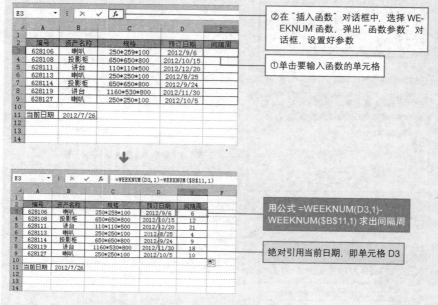

②在"插入函数"对话框中，选择 WE-EKNUM 函数，弹出"函数参数"对话框，设置好参数

①单击要输入函数的单元格

用公式 =WEEKNUM(D3,1)-WEEKNUM($B$11,1) 求出间隔周

绝对引用当前日期，即单元格 D3

✌ POINT ● 注意跨年度的计算

2009 年 1 月 1 日，2010 年 1 月 1 日和 2011 年 1 月 1 日全是这一年的第一周，所以为 1。

YEAR

返回某日期对应的年份

> 格式 → **YEAR(serial_number)**
>
> 参数 → **serial_number**
>
> 为一个日期值。可以指定加双引号的表示日期的文本。例如,"2003 年 1 月 15 日"。如果参数为日期以外的文本,则返回错误值"#VALUE!"。

YEAR 函数只显示日期值或表示日期文本的年份。返回值为在 1900~9999 间的整数。

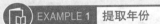 EXAMPLE 1 提取年份

使用 YEAR 函数,在输入日期的单元格中显示年份。

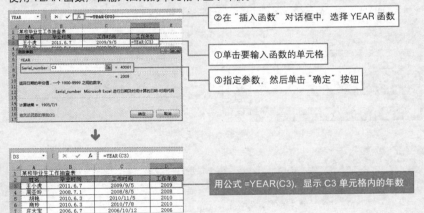

②在"插入函数"对话框中,选择 YEAR 函数

①单击要输入函数的单元格

③指定参数,然后单击"确定"按钮

用公式 =YEAR(C3),显示 C3 单元格内的年数

POINT ● YEAR 函数只提取年份信息

由于序列号具有日期的所有信息(月、日、时间),若只想得到年份数值时,可使用 YEAR 函数。

组合技巧 | 计算每年毕业工作的人数(YEAR+COUNTIF)

YEAR 函数的返回值也可用于求和等计算。如下例中用于计算每年工作的人数。

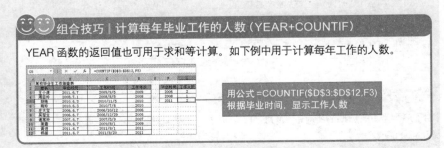

用公式 =COUNTIF($D$3:$D$12,F3) 根据毕业时间,显示工作人数

MONTH

返回序列号对应的日期中的月份

格式 → **MONTH(serial_number)**

参数 → serial_number

为一个日期值，还可以指定加双引号表示日期的文本。例如，"2010 年 1 月 15 日"。如果参数为日期以外的文本（例如"7 月 15 日的生日"），则返回错误值"#VALUE!"。

MONTH 函数只显示日期值或表示日期的文本的月份。返回值是 1~12 间的整数。

EXAMPLE 1　提取月份

使用 MONTH 函数，显示输入在单元格内的日期的月份。

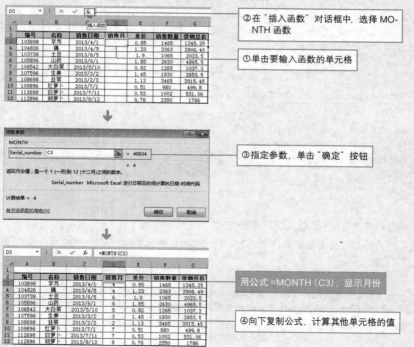

②在"插入函数"对话框中，选择 MONTH 函数

①单击要输入函数的单元格

③指定参数，单击"确定"按钮

用公式 =MONTH（C3），显示月份

④向下复制公式，计算其他单元格的值

✌POINT ● MONTH 函数只提取月份信息

由于序列号具有日期的所有信息（月、日、时间），如果只想得到月份数值时，可以使用 MONTH 函数。

DAY
返回序列号对应的月份中的天数

格式 → DAY(serial_number)

参数 → serial_number

为一个日期值，还可以指定加双引号表示日期的文本。例如，"2010年1月15日"。如果参数为日期以外的文本（例如"7月15日的生日"），则返回错误值"#VALUE!"。

使用 DAY 函数，只显示日期值或表示日期文本的天数。返回值为 1~31 间的整数。

 EXAMPLE 1　提取"某一天"

利用 DAY 函数，显示输入在单元格内的月份中的某一天。

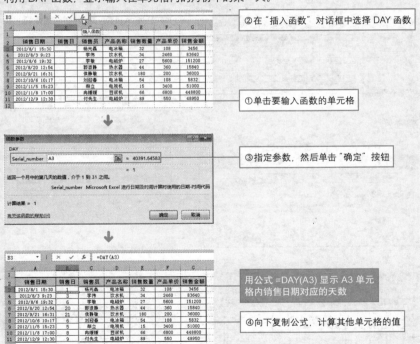

②在"插入函数"对话框中选择 DAY 函数

①单击要输入函数的单元格

③指定参数，然后单击"确定"按钮

用公式 =DAY(A3) 显示 A3 单元格内销售日期对应的天数

④向下复制公式，计算其他单元格的值

HOUR
返回序列号对应的小时数

格式 → **HOUR(serial_number)**

参数 → serial_number

为一个日期值，还可以指定加双引号表示日期的文本，例如，"21:19:08"
或"2010-7-9 19:30"。如果参数为日期以外的文本（例如"集合时间是
8:30"），则返回错误值"#VALUE!"。

使用HOUR函数，只显示日期值或表示日期的文本的小时数。返回值是0~23间的整数。

EXAMPLE 1　提取小时数

利用 HOUR 函数，从输入在单元格内的日期中提取小时数。

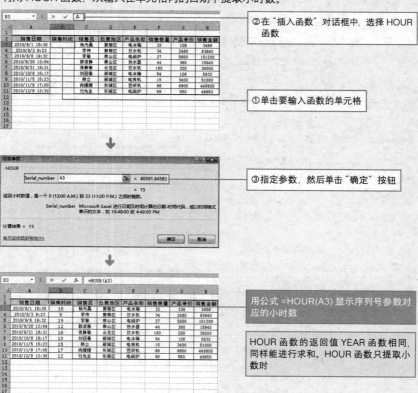

②在"插入函数"对话框中，选择 HOUR
函数

①单击要输入函数的单元格

③指定参数，然后单击"确定"按钮

用公式 =HOUR(A3) 显示序列号参数对
应的小时数

HOUR 函数的返回值 YEAR 函数相同，
同样能进行求和。HOUR 函数只提取小
数时

MINUTE

返回序列号对应的分钟数

格式 → **MINUTE(serial_number)**

参数 → serial_number

为一个日期值，还可以指定加双引号表示日期的文本，例如，"21:19:08"或
"2003-7-9 19:30"。如果参数为日期以外的文本（例如"集合时间是 8:30"），
则返回错误值"#VALUE!"。

使用 MINUTE 函数，从时间值或表示时间的文本中只提取分钟数。返回值为 0~59 间的
整数。

EXAMPLE 1　提取分钟数

利用 MINUTE 函数，在输入日期的单元格内显示分钟数。

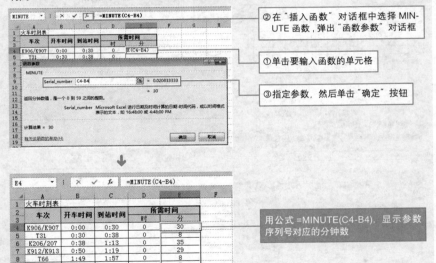

②在"插入函数"对话框中选择 MIN-
UTE 函数，弹出"函数参数"对话框

①单击要输入函数的单元格

③指定参数，然后单击"确定"按钮

用公式 =MINUTE(C4-B4)，显示参数
序列号对应的分钟数

POINT ● MINUTE 函数只提取分钟数

序列号具有所有日期的信息（年、月、日、时间），若只想得到分钟数，则可使用 MINUTE
函数。

SECOND

返回序列号对应的秒数

格式 → **SECOND**(serial_number)

参数 → serial_number

为一个日期值，还可以指定加双引号表示日期的文本，例如，"21:19:08"
或 "2003-7-9 19:30"。如果参数为日期以外的文本（例如剩余时间是
1:58:30），则返回错误值 "#VALUE!"。

使用 SECOND 函数从时间值或表示时间的文本中提取秒数。其返回值为 0~59 间的整数。

📋 EXAMPLE 1　提取秒数

利用 SECOND 函数，在输入时间的单元格内显示秒数。

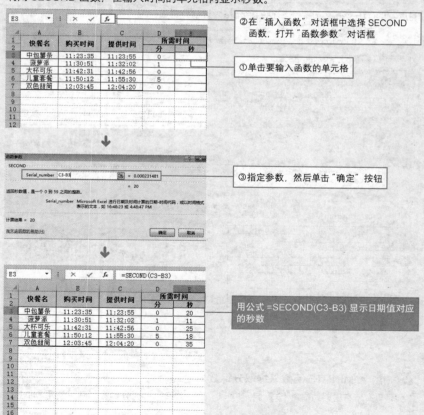

②在"插入函数"对话框中选择 SECOND 函数，打开"函数参数"对话框

①单击要输入函数的单元格

③指定参数，然后单击"确定"按钮

用公式 =SECOND(C3-B3) 显示日期值对应的秒数

WEEKDAY
返回序列号对应的星期几

格式 → **WEEKDAY(serial_number, return_type)**

参数 → serial_number

为一个日期值，还可以指定加双引号表示日期的文本。如果输入日期以外的文本，则返回错误值"#VALUE!"。如果输入负数，则返回错误值"#NUM!"。

return_type

为确定返回值类型的数字。

▼ 参数种类的说明

Return_type	返回结果
1 或省略	把星期日作为一周的开始，用数字1到7作为星期日到星期六的返回值(星期日：1，星期一：2，星期二：3，星期三：4，星期四：5，星期五：6，星期六：7)
2	把星期一作为一周的开始，用数字1到7作为星期一到星期日的返回值(星期一：1，星期二：2，星期三：3，星期四：4，星期五：5，星期六：6，星期日：7)
3	把星期日作为一周的开始，用数字0到6作为星期日到星期六的返回值(星期日：0，星期一：1，星期二：2，星期三：3，星期四：4，星期五：5，星期六：6)

▼ 种类和返回值与显示星期的关系

种类 1		种类 2		种类 3	
返回值	星期	返回值	星期	返回值	星期
1	星期日	7	星期日	6	星期六
2	星期一	1	星期一	0	星期日
3	星期二	2	星期二	1	星期一
4	星期三	3	星期三	2	星期二
5	星期四	4	星期四	3	星期三
6	星期五	5	星期五	4	星期四
7	星期六	6	星期六	5	星期五

使用 WEEKDAY 函数从日期值或表示日期的文本中提取表示星期几的数，返回值是 1~7 的整数。

EXAMPLE 1 提取星期数

下面我们将用 WEEKDAY 函数来提取序列号对应的星期数。

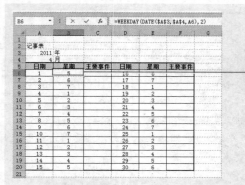

用公式 =WEEKDAY(DATE($A$3,$A$4,A6), 2) 显示序列号对应的星期数。使用 DATE 函数先计算出日期的序列号

组合技巧 | 使用日期表示格式中星期数的名称

WEEKDAY 函数同样可用于求和。而且它可和 CHOOSE 函数组合，显示日期中的星期数。

用公式=CHOOSE(WEEKDAY(DATE($A$1,$C$1,A3),1),"星期日","星期一","星期二","星期三","星期四","星期五","星期六") 计算出星期数

组合技巧 | 表示当前的年月日（NOW + 日期函数）

NOW 函数和 YEAR 函数组合可显示当前的年份，NOW 函数和 MONTH 函数组合，可显示当前的月份。而且，NOW 函数也可以显示时间，它和 HOUR 函数组合，显示当前的时间；和 MINUTE 函数组合，显示当前时间的分钟，和 SECOND 函数组合，显示当前时间的秒钟。

=NOW() 显示当前日期和时间

=YEAR(NOW()) 显示当前年份

=MONTH(NOW()) 显示当前月份

=DAY(NOW()) 显示当前天数

=HOUR(NOW()) 显示当前时间

=SECOND(NOW()) 显示当前秒数

=MINUTE(NOW()) 显示当前分钟

NETWORKDAYS

计算起始日和结束日间的天数（除星期六、日和节假日）

格式 → **NETWORKDAYS**(start_date, end_date, holidays)

参数 → start_date

为一个代表开始日期的日期，还可以指定加双引号表示日期的文本，例如，"2010 年 1 月 15 日"。如果参数为日期以外的文本（例如"7 月 15 日的生日"），则返回错误值"#VALUE!"。

end_date

与 start_date 参数相同，可以是表示日期的序列号或文本，也可以是单元格引用日期。

holidays

表示需要从工作日历中排除的日期值，如各种省 / 市 / 自治区和国家 / 地区的法定假日或非法定假日。参数可以是包含日期的单元格区域，也可以是由代表日期的序列号所构成的数组常量。也可以省略此参数，省略时，默认为星期六和星期天的天数。

使用 NETWORKDAYS 函数，可求两日期间的工作日天数，或计算出不包含星期六、星期天和节假日的工作日天数。

📖 EXAMPLE 1　**从开始日和结束日中求除去假期的工作日**

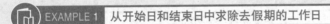

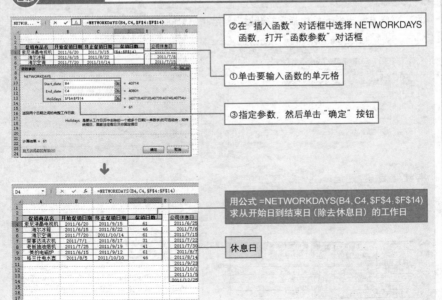

②在"插入函数"对话框中选择 NETWORKDAYS 函数，打开"函数参数"对话框

①单击要输入函数的单元格

③指定参数，然后单击"确定"按钮

用公式 =NETWORKDAYS(B4,C4,$F$4:$F$14) 求从开始日到结束日（除去休息日）的工作日

休息日

DAYS360

按照一年 360 天的算法，返回两日期间相差的天数

期间差

格式 → **DAYS360(start_date, end_date, Method)**

参数 → start_date

为一个代表开始日期的日期，还可以指定加双引号表示日期的文本，例如，"2010 年 1 月 15 日"。如果参数为日期以外的文本（例如"7 月 15 日的生日"），则返回错误值"#VALUE!"。

end_date

与 start_date 参数相同，可以是表示日期的序列号或文本，也可以是单元格引用日期。

method

用 TRUE 或 1、FALSE 或 0 指定计算方式。如省略，则作 FALSE 计算。

TRUE	用欧州方式进行计算
FALSE	用美国方式（NASD）进行计算

在证券交易所或会计事务所，一年不是 365 天，而是按照一个月 30 天，12 个月 360 天来计算。如果使用 DAYS360 函数，按照一年 360 天来计算两日期间的天数。

EXAMPLE 1 用 NASD 方式求到结束日的天数

用 NASD 方式求单元格内指定的开始日到结束日之间的天数。

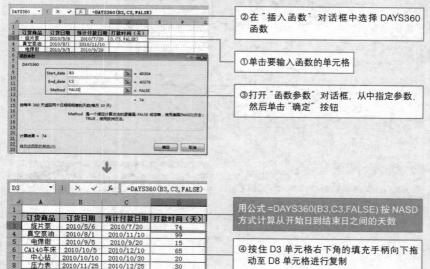

②在"插入函数"对话框中选择 DAYS360 函数

①单击要输入函数的单元格

③打开"函数参数"对话框，从中指定参数，然后单击"确定"按钮

用公式 =DAYS360(B3,C3,FALSE) 按 NASD 方式计算从开始日到结束日之间的天数

④按住 D3 单元格右下角的填充手柄向下拖动至 D8 单元格进行复制

DAYS
计算两个日期之间的天数

格式 → DAYS(end_date, start_date)

参数 → end_date
用于指定计算期间天数的截止日期。
start_date
用于指定计算期间天数的起始日期。

Excel 可将日期存储为序列号，以便在计算中使用它们。默认情况下，1900 年 1 月 1 日的序列号是 1，而 2008 年 1 月 1 日的序列号是 39448，这是因为它距 1900 年 1 月 1 日有 39447 天。

在使用 DAYS 函数时，若两个日期参数为数字，则使用 end-date、start-date 参数计算两个日期之间的天数。

若任何一个日期参数为文本，则该参数将被视为 DATEVALUE(date_text) 并返回整型日期，而不是时间组件。

若日期参数是超出有效日期范围的数值，则 DAYS 函数返回错误值"#NUM!"。

若日期参数是无法解析为字符串的有效日期，则 DAYS 函数返回 错误值"#VALUE!"。

📄 **EXAMPLE 1**　计算两个日期之间的间隔

该函数克服了函数 DAYS360 以一年为 360 天的计算缺陷，完全依据实际的日期进行计算，因此更具准确性。

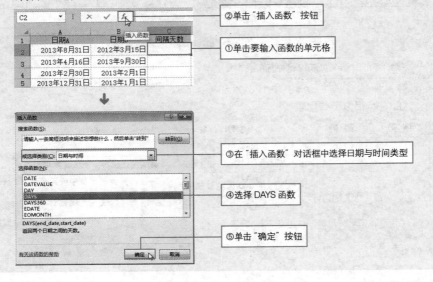

②单击"插入函数"按钮

①单击要输入函数的单元格

③在"插入函数"对话框中选择日期与时间类型

④选择 DAYS 函数

⑤单击"确定"按钮

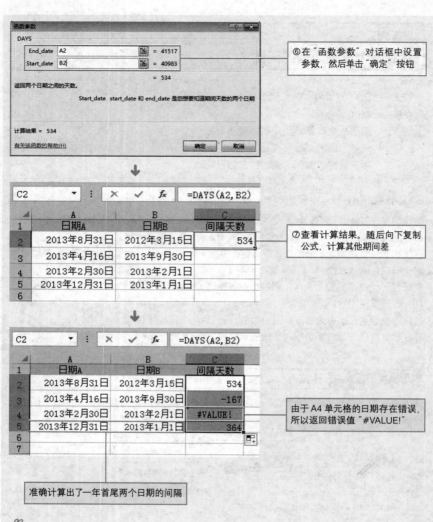

⑥在"函数参数"对话框中设置参数,然后单击"确定"按钮

⑦查看计算结果。随后向下复制公式,计算其他期间差

由于 A4 单元格的日期存在错误,所以返回错误值"#VALUE!"

准确计算出了一年首尾两个日期的间隔

POINT ● 相似函数比较

序 号	函数	说明	备注
1	DAY	用于将系列数转换为月份中的日	
2	DAYS	用于返回两个日期之间的天数	真实性比较高,差值计算更准确
3	DAYS360	用于按一年 360 天的算法(每月 30 天,一年 12 个月)返回两日期间相差的天数	常在一些会计计算中使用若会计系统是基于一年 12 个月,每月 30 天,则可以使用此函数计算支付款项

YEARFRAC
从开始日到结束日间所经过天数占全年天数的比例

格式 → YEARFRAC(start_date, end_date, basis)

参数 → start_date

为一个代表开始日期的日期，还可以指定加双引号表示日期的文本，例如，"2010年1月15日"。如果参数为日期以外的文本（例如"7月15日的生日"），则返回错误值"#VALUE!"。

end_date

与 start_date 参数相同，可以是日期的序列号或文本，也可以是单元格引用日期。

basis

用数字来指定日期的计算方法。可以省略，省略时作为 0 计算。数字的意义如下表。

0（或省略）	1 年计为 360 天，用 NASD 方式计算
1	用一年的天数（365 或 366）除经过的天数
2	360 除经过的天数
3	365 除经过的天数
4	1 年计为 360 天，用欧洲方式计算

函数 YEARFRAC 计算从开始日到结束日之间的天数占全年天数的百分比，返回值是比例数字。

EXAMPLE 1 计算所经过天数的比例

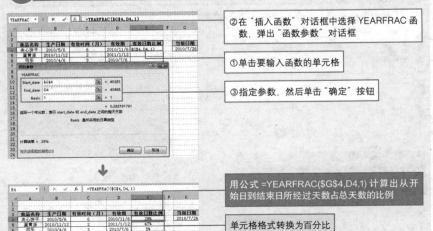

②在"插入函数"对话框中选择 YEARFRAC 函数，弹出"函数参数"对话框

①单击要输入函数的单元格

③指定参数，然后单击"确定"按钮

用公式 =YEARFRAC($G$4,D4,1) 计算出从开始日到结束日所经过天数占总天数的比例

单元格格式转换为百分比

DATEDIF
用指定的单位计算起始日和结束日之间的天数

格式 → **DATEDIF**(start_date, end_date, unit)

参数 → start_date

为一个代表开始日期的日期，还可以指定加双引号表示日期的文本，例如，"2010 年 1 月 15 日"。如果参数为日期以外的文本（例如 "7 月 15 日的生日"），则返回错误值 "#VALUE!"。

end_date

为时间段内的最后一个日期或结束日期，可以是表示日期的序列号或文本，也可以是单元格引用日期。

unit

用加双引号的字符指定日期的计算方法。符号的意义如下。

"Y"	计算期间内的整年数
"M"	计算期间内的整月数
"D"	计算期间内的整日数
"YM"	计算不到一年的月数
"YD"	计算不到一年的日数
"MD"	计算不到一个月的日数

用函数 DATEDIF 指定单位计算起始日和结束日间的天数。DATEDIF 函数不能从 "插入函数" 对话框中输入。使用此函数时，必须在计算日期的单元格内直接输入函数。

EXAMPLE 1　用年和月求起始日和结束日之间的天数

从输入的单元格开始，使用 DATEDIF 函数求购买商品的使用期限。

①单击要输入函数的单元格

②在单元格中输入 =DATEDIF(C3,$G$3,"Y") 函数公式，就能计算出从起始日到结束日的年数

在单元格中直接输入 =DATEDIF(C3,$G$3,"YM") 计算从起始日到结束日间不到一年的月数，表示此用品在何年何月之前可以使用

EDATE
计算出指定月数之前或之后的日期

格式 → **EDATE**(start_date, months)

参数 → start_date

为一个代表开始日期的日期，还可以指定加双引号表示日期的文本，例如，"2010 年 1 月 15 日"。如果参数为日期以外的文本（例如"7 月 15 日的生日"），则返回错误值"#VALUE!"。

months

为start_date之前或之后的月数。正数表示未来日期，负数表示过去日期。如果months不是整数，将截尾取整。

在计算第一个月后的相同日数或半年后的相同日数，只需加、减相同日数的月数，就能简单地计算出来。但一个月可能有 31 天或 30 天。而且，2 月在闰年或不是闰年的计算就不同。此时，使用 EDATE 函数，能简单地计算出指定月数后的日期。

📖 EXAMPLE 1 　算出指定月数后的日期

从输入月数开始，算出指定月数后的日期。

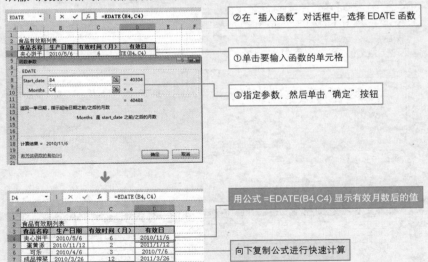

②在"插入函数"对话框中，选择 EDATE 函数

①单击要输入函数的单元格

③指定参数，然后单击"确定"按钮

用公式 =EDATE(B4,C4) 显示有效月数后的值

向下复制公式进行快速计算

✌ POINT ● EDATE 函数计算第几个月后的相同日

使用 EDATE 函数，如 EXAMPLE 1 可计算指定月数后的相同日。使用 EOMONTH 函数（见 P76），能计算出第几个月后的最后一天的序列号。

EOMONTH

返回指定月最后一天的序列号

格式 → EOMONTH(start_date, months)

参数 → start_date

为一个代表开始日期的日期，还可以指定加双引号表示日期的文本，例如，"2010 年 1 月 15 日"。如果参数为日期以外的文本（例如"7 月 15 日的生日"），则返回错误值"#VALUE！"。

months

为start_date之前或之后的月数。正数表示未来日期，负数表示过去日期。如果months不是整数，将截尾取整。

因为一个月有 31 天或 30 天，而闰年的 2 月或不是闰年的 2 月的最后一天不同，所以日期的计算方法也不同。使用 EOMONTH 函数，能简单地计算出月末日。

EXAMPLE 1 算出指定月的月末日

从被输入的月开始，算出指定月数后的月末日。

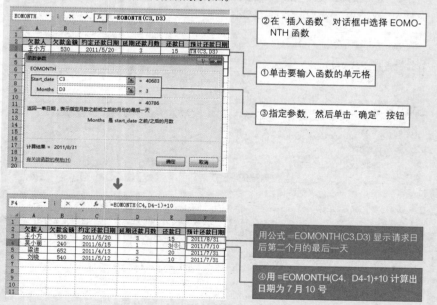

②在"插入函数"对话框中选择 EOMO-NTH 函数

①单击要输入函数的单元格

③指定参数，然后单击"确定"按钮

用公式 =EOMONTH(C3,D3) 显示请求日后第二个月的最后一天

④用 =EOMONTH(C4，D4-1)+10 计算出日期为 7 月 10 号

POINT ● EOMONTH 函数

使用 EOMONTH 函数，可以求出月末日到结算日。

WORKDAY
返回指定工作日后的日期

格式 → **WORKDAY**(start_date, days, holidays)

参数 → start_date

为一个代表开始日期的日期，还可以指定加双引号表示日期的文本，例如，"2013 年 3 月 15 日"。如果参数为日期以外的文本（例如 "8 月 15 日的生日"），则返回错误值 "#VALUE!"。

days

指定计算的天数，为 start_date 之前或之后不含周末及节假日的天数。days 为正值，将产生未来日期；为负值，则产生过去日期，如参数为-10，则表示10个工作日前的日期。

holidays

表示需要从工作日历中排除的日期值，如各种省 / 市 / 自治区和国家 / 地区的法定假日或非法定假日。参数可以是包含日期的单元格区域，也可以是由代表日期的序列号所构成的数组常量。也可以省略此参数，省略时，用除去星期六和星期天的天数计算。

使用 WORKDAY 函数，可返回起始日期之前或之后相隔指定工作日的某一日期的日期值。

EXAMPLE 1 计算工作日

使用 WORKDAY 函数，计算工作日。提前列出节假日和休息日，在计算中直接引用即可。

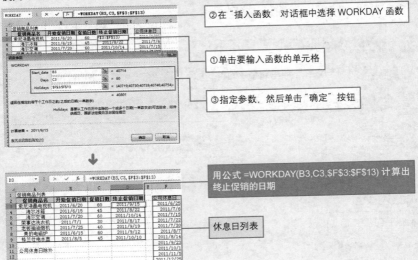

②在"插入函数"对话框中选择 WORKDAY 函数

①单击要输入函数的单元格

③指定参数，然后单击"确定"按钮

用公式 =WORKDAY(B3,C3,$F$3:$F$13) 计算出终止促销的日期

休息日列表

DATE

求以年、月、日表示的日期的序列号

格式 → **DATE**(year, month, day)

参数 → year

指定年份或者年份所在的单元格。在 Windows 系统中，年份范围为
1900 ~ 9999，在 Macintosh 系统中，年份范围为 1904 ~ 9999。如果
输入的年份为负数，函数返回错误值"#NUM！"。如果输入的年份数据
带有小数，则只有整数部分有效，小数部分将被忽略。

month

指定月份或者月份所在的单元格。月份数值在 1 ~ 12 之间，如果输入的
月份数据带有小数，那么小数部分将被忽略。如果输入的月份数据大于
12，那么月份将从指定年份的一月份开始往上累加计算（例如 DATE
(2008,14,2) 返回代表 2009 年 2 月 2 日的序列号）；如果输入的月份数据
为 0，那么就以指定年份的前一年的 12 月来进行计算；如果输入月份为
负数，那么就以指定年份的前一年的 12 月加上该负数来进行计算。

day

指定日或者日所在的单元格。如果日期大于该月份的最大天数，将从指定
月份的第一天开始往上累加计算。如果输入的日期数据为 0，那么就以指
定月份的前一个月的最后一天来进行计算；如果输入日期为负数，那么就
以指定月份的前一月的最后一天来向前追溯。

DATE 函数主要用于将分开输入在不同单元格中的年、月、日综合在一个单元格中进行
表示，或在年、月、日为变量的公式中使用。

EXAMPLE 1 求以年、月、日表示的序列号

DATE 函数使分开输入在不同单元格中的年、月、日综合在一个单元格中进行表示。

②在"插入函数"对话框中选择 DATE 函数，弹出"函
数参数"对话框

①单击要输入函数的单元格

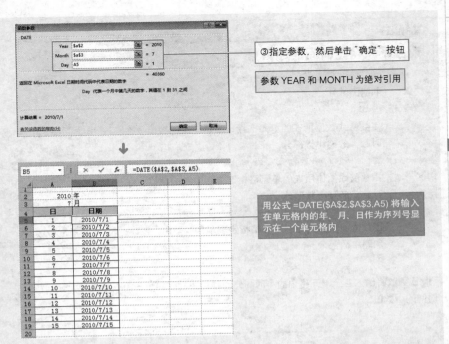

③指定参数，然后单击"确定"按钮

参数 YEAR 和 MONTH 为绝对引用

用公式 =DATE($A$2,$A$3,A5) 将输入
在单元格内的年、月、日作为序列号显
示在一个单元格内

组合技巧 | 显示 2 个月后的日期（DATE + 计算式）

使用 DATE 函数的时候还可以用公式来作为函数的参数。例如：利用 DATE 函数来
求 3 个月后的日期的时候，就需要在 month 参数上加上 3。

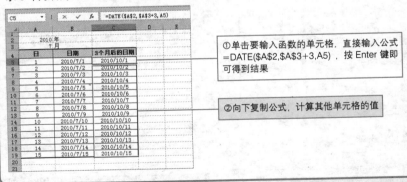

①单击要输入函数的单元格，直接输入公式
=DATE($A$2,$A$3+3,A5)，按 Enter 键即
可得到结果

②向下复制公式，计算其他单元格的值

🖐 POINT ● 在单元格中直接输入函数公式

在选择函数时，我们通常会单击"插入函数"按钮来选择要插入的函数，除了这种方法，
我们还可以在单元格中直接输入函数公式 =DATE($A$2,$A$3+3,A5)，然后按 Enter 键
得出结果，同时在单元格中输入的公式会直接显示在公式编辑栏中。

TIME

返回某一特定时间的序列号

格式 → **TIME**(hour, minute, second)
参数 → hour

用数值或数值所在的单元格指定表示小时的数值。在 0 ～ 23 之间指定小时数，忽略小数部分。

minute

用数值或数值所在的单元格指定表示分钟的数值。在 0 ～ 59 之间指定分钟数，忽略小数部分。

second

用数值或数值所在的单元格指定表示秒的数值。在 0 ～ 59 之间指定秒数，忽略小数部分。

TIME 函数将输入各个单元格内的小时、分和秒作为时间并统一为一个数值，返回特定时间的小数值。

📂 EXAMPLE 1　返回某一特定时间的序列号

使用 TIME 函数，将输入在各个单元格内的时、分、秒统一为一个数值。

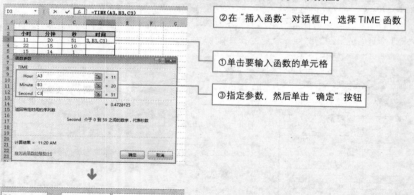

②在“插入函数”对话框中，选择 TIME 函数

①单击要输入函数的单元格

③指定参数，然后单击“确定”按钮

用公式 =TIME (A3,B3,C3) 以输入在各个单元格内的时、分、秒作为序列值，并用时间格式显示

	A	B	C	D	E
1					
2	小时	分钟	秒	时间	
3	11	20	51	11:20 AM	
4	22	15	10	10:15 PM	
5	15	14	1	3:14 PM	
6	16	46	26	4:46 PM	
7	7	20	35	7:20 AM	
8	9	21	32	9:21 AM	
9	20	14	5	8:14 PM	
10	23	19	22	11:19 PM	
11	24	0	25	12:00 AM	
12					

DATEVALUE
将日期值从字符串转换为序列号

格式 → **DATEVALUE**(date_text)

参数 → date_text

代表与Excel日期格式相同的文本，并加双引号。例如，"2010-1-05"或"1月15日"之类的文本。如果输入日期以外的文本，或指定Excel日期格式以外的格式，则返回错误值"#VALUE1!"。如果指定的数值省略了年数，则默认为当前的年数。

使用 DATEVALUE 函数，可将日期值从字符串转换为序列号。

EXAMPLE 1 将日期值从字符串转换为序列号

使用 & 组合字符串和字符串。用 DATEVALUE 函数组合作为字符串输入的年、月、日。

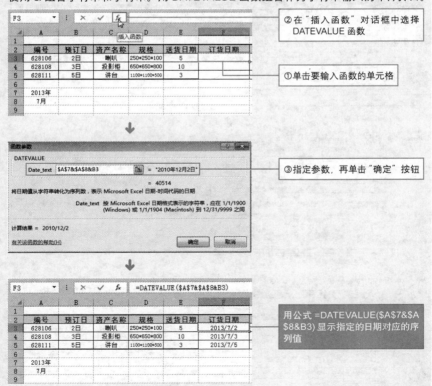

②在"插入函数"对话框中选择 DATEVALUE 函数

①单击要输入函数的单元格

③指定参数，再单击"确定"按钮

用公式 =DATEVALUE($A$7&$A$8&B3) 显示指定的日期对应的序列值

TIMEVALUE

将表示时间的文本转换为序列号

格式 → **TIMEVALUE(time_text)**

参数 → time_text

代表与 Excel 时间格式相同的文本，并加双引号。例如 "15:10" 或 "15 时 30 分"。但输入时间以外的文本，则返回错误值 "#VALUE1!"。忽略时间文本中包含的日期信息。

使用 TIMEVALUE 函数，可将表示时间的文本转换为序列号。

EXAMPLE 1 将时间文本转换为序列号进行计算

根据列车时刻表，计算到达目的地所需时间的数值。

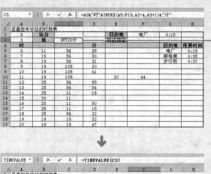

① =A2&" 时 "&INDEX(A5:F19,A2-4,A3+1)&" 分 "，从输入 A2 和 A3 单元格内的时刻表中，用 INDEX 函数检索下面的时刻表返回最合适的公交发车时间，并用时间文本显示

② 单击要输入函数的单元格

③ 在"插入函数"对话框中选择 TIMEVALUE 函数并指定参数，然后单击"确定"按钮

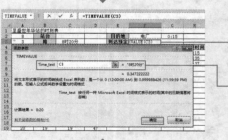

④ 在公式编辑栏中，设定 F3 单元格中的 TIMEVALUE 函数后，添加 G2 单元格的值

用公式 =TIMEVALUE(C3)+G2，显示指定时间对应的序列值

SECTION

03

X

数学与三角函数

数学与三角函数

通过使用数学与三角函数，可以轻松处理诸如对数字取整，计算单元格区域中的数值总和等复杂的计算，在Excel中，数学和三角函数共分为58种，有经常使用的求和函数，也有对数值进行四舍五入或向下舍入、向上舍入等的函数。下面我们将对数学与三角函数的分类、用途以及关键点进行介绍。

→ 函数分类

1. 零数处理

在四舍五入或舍去、舍入数字时使用。例如，金额的零数处理、勤务时间的零数处理。

INT	将数字向下舍入到最接近的整数
TRUNC	将数字的小数部分截去，返回整数
ROUND	返回某个数字按指定位数取整后的数字
ROUNDUP	远离零值，向上舍入数字
ROUNDDOWN	远离零值，向下舍入数字
CEILING	将参数向上舍入为最接近基数的整数
FLOOR	按给定基数进行向下舍入计算
MROUND	按照指定基数的倍数对参数四舍五入
EVEN	将正数向上舍入到最近的偶数，负数向下舍入到最接近的偶数
ODD	将正数向上舍入到最接近的奇数，负数向下舍入到最接近的奇数

2. 计算

运用于数值的四则运算中。根据指定的合计方法，在一个函数中进行求和、最大值、最小值、公差以及偏差等 11 种类型的计算。

SUM	计算单元格区域中所有的数值之和
SUMIF	对满足条件的单元格求和
PRODUCT	计算所有参数的乘积
SUMPRODUCT	计算相应数组或单元格区域乘积的和
SUMSQ	计算所有参数的平方和
SUMX2PY2	计算两数组中对应数值的平方和之和
SUMX2MY2	计算两数组中对应数值的平方差之和
SUMXMY2	返回两数组中对应数值之差的平方和
SUBTOTAL	返回数据清单或数据库中的分类汇总
QUOTIENT	计算两数相除商的整数部分
MOD	计算两数相除的余数
ABS	计算指定数值的绝对值
SIGN	计算数值的正负号
GCD	求最大公约数
LCM	求最小公倍数
SERIESSUM	用幂级数求近似值

3. 随机数
用于使用随机数的函数。例如，当需要一些无关紧要的数据时可使用这些函数来产生随机数。

RAND	求大于等于 0 且小于 1 的均匀分布随机数
RANDBETWEEN	在最小值和最大值之间整数的随机数

4. 圆周率与平方根
求圆周率的精确值或数值的平方根时使用。

PI	返回圆周率 PI 的近似精确值 3.14159265758979，精确到小数点后 14 位
SQRT	求正数的平方根
SQRTPI	求基数与 PI 的乘积的平方根

5. 组合
用于求数值的组合。

FACT	求某数的阶乘
COMBIN	计算从给定数目的对象集合中提取若干对象的组合数（二项系数）
MULTINOMIAL	返回参数和的阶乘与各参数阶乘乘积的比值

6. 三角函数
三角函数的中心是原点，半径为 1；圆周上的坐标 (x, y) 中的 x 为余弦，y 为正弦，y/x 为正切。以坐标 (1, 0) 为出发点，绕圆 1 周，弧长在 $0 \sim 2\pi$（π 约等于 3.141593）之间发生变化，中心角在 $0° \sim 360°$ 之间发生变化。由于中心角和弧长比例是 1:1 的关系，所以在三角函数中，把弧长作为角度处理，并把角度单位称为弧长，得出弧度 $2\pi = 360°$ 的结论。

RADIANS	将角度转换为弧度
DEGREES	将弧度转换为角度
SIN	用弧度求给定角度的正弦值
COS	用弧度求给定角度的余弦值
TAN	用弧度求给定角度的正切值

▼ 求三角函数的反函数

ASIN	计算数值的反正弦值
ACOS	计算数值的反余弦值
ATAN	计算数值的反正切值
ATAN2	计算给定的 X 及 Y 坐标值的反正切值

▼ 求双曲线函数

SINH	用弧度求数值的双曲正弦值
COSH	用弧度求数值的双曲余弦值
TANH	用弧度求数值的双曲正切值

▼ 求双曲线函数的反函数

ASINH	求数值的反双曲正弦值
ACOSH	求数值的反双曲余弦值
ATANH	求数值的反双曲正切值

7. 指数与对数函数

求指定数值的乘幂时，使用 POWER 函数。例如，求正方形的面积、立方体的体积等。
另外，指数函数的反函数定义为对数函数。

POWER	计算指定数值的乘幂
EXP	计算自然对数 e 的乘幂

▼ 求对数函数

LOG	POWER 函数的反函数，按所指定的底数，求它的对数
LN	EXP 函数的反函数，求指定数值的自然对数
LOG10	求指定数值以 10 为底的对数

8. 字符变换

阿拉伯数字与罗马数字互相转换。

ROMAN	将阿拉伯数字转换为文本式罗马数字
ARABIC	将罗马数字转换为阿拉伯数字
BASE	将数字转换为具备给定基数的文本表示

9. 矩阵行列式

用于求一个数组的矩阵行列式的值。

MDETERM	求一个数组的矩阵行列式的值
MINVERSE	求数组矩阵的逆矩阵
MMULT	求两数组的矩阵乘积

➜ 关键点

数学与三角函数中的关键字包括数值、四舍五入、向上舍入、向下舍去、数组常量、数
组公式、π（圆周长和直径的比，即圆周率）、三角函数与弧度。

其中，数值是计算数据的对象。四舍五入是对数值进行零数处理取整数。向上舍入、向
下舍去为无四舍五入的临界值，根据位数取整。三角函数是将单位圆周上的坐标 (x、y)
的 x 定义为余弦。y 定义为正弦，y/x 为正切函数。

INT
数值向下取整

格式 → INT(number)

参数 → number

指定需要进行向下舍入取整的实数。参数不能是一个单元格区域。如果指定数值以外的文本，则会返回错误值"#VALUE!"。

使用 INT 函数可以将数字向下舍入到最接近的整数。数值为正数时，舍去小数点部分返回整数。数值为负数时，由于舍去小数点后所取得的整数将大于原数值，所以返回不能超过该数值的最大整数，求舍去小数点部分后的整数时，请参照 TRUNC 函数。

EXAMPLE 1　求舍去小数部分的整数

INT 函数和 TRUNC 函数都可以求舍去小数部分的整数，但需确认两者之间的区别。当数值为正数时，INT 函数和 TRUNC 函数求得的结果相同。但是，当数值为负数时，INT 函数和 TRUNC 函数却会产生不同的结果：TRUNC 函数返回直接舍去小数部分的整数，而 INT 函数则返回不大于该数值的最大整数。

②单击"插入函数"按钮

①单击要插入函数的单元格

③选择"数学与三角函数"选项

④选择 INT 函数，弹出"函数参数"对话框

⑥单击"确定"按钮

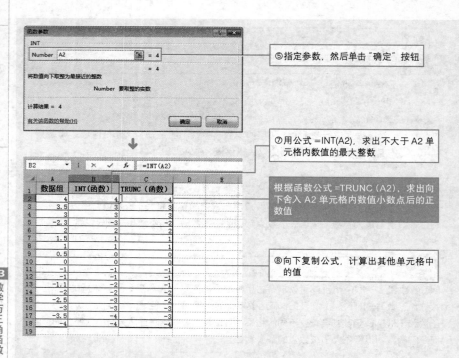

⑤指定参数，然后单击"确定"按钮

⑦用公式 =INT(A2)，求出不大于 A2 单元格内数值的最大整数

根据函数公式 =TRUNC（A2），求出向下舍入 A2 单元格内数值小数点后的正数值

⑧向下复制公式，计算出其他单元格中的值

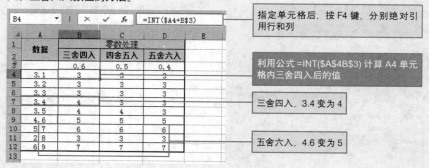

EXAMPLE 2　对数值进行零数处理

INT 函数是舍去数值小数点后的位数取整数，下面将举例讲解求整数三舍四入、四舍五入、五舍六入数值的方法。

指定单元格后，按 F4 键，分别绝对引用行和列

利用公式 =INT($A$4+B$3) 计算 A4 单元格内三舍四入后的值

三舍四入，3.4 变为 4

五舍六入，4.6 变为 5

🖐 POINT ● 使用 ROUND 函数对数值四舍五入更加简便

EXAMPLE 2 中介绍了 3 个小数点后的零数处理实例，另外，还能运用 INT 函数进行六舍七入等的计算。将整数值 N 小数点后的 n-1 位舍 n 位入的话，就输入"=INT[(N+(1-n)]"。然而，使用 ROUND 函数对数值四舍五入更加简便，具体可参照 ROUND 函数部分的介绍。

TRUNC
将数字的小数部分截去，返回整数

格式 → TRUNC(number, num_digits)

参数 → number
需要截尾取整的数字或者数字所在的单元格，参数不能是一个单元格区域。
如果参数为数值以外的文本，则会返回错误值"#VALUE!"。

num_digits
用数值或者输入数值的单元格指定舍去后的位数。如果指定数值以外的文
本，则返回错误值"#VALUE!"。

▼ 位数和舍去的位置

位数	舍去的位置
正数 n	舍去小数点后的 n+1 位
0，省略	舍去小数点后的第 1 位
负数 −n	舍去整数第 n 位

使用TRUNC函数可求舍去指定位数数值的值。例如，可用其处理消费税等金额的零
数。通常情况下的四舍五入，是舍去4以下的数字，入5以上的数字，而用TRUNC函
数进行舍入时，与数值的大小无关。ROUNDDOWN函数与TRUNC函数的功能相近。
TRUNC函数用于求舍去小数点后得到的整数，位数能够省略，而ROUNDDOWN函数
不能省略参数的位数。

EXAMPLE 1　舍去数值

可以用TRUNC函数舍去数值321.123的各种位数。当位数为负数时，如果舍去正数部
分，它和数值的误差就变得很大。

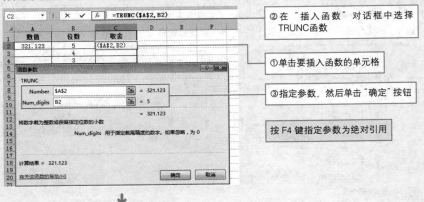

C2   × ✓ fx =TRUNC($A$2,B2)

	A	B	C	D	E
1	数值	位数	取舍		
2	321.123	5	321.123		
3		4	321.123		
4		3	321.123		
5		-2	300		
6		1	321.1		
7		0	321		
8		-1	320		
9		-2	300		
10		-3	0		
11	-321.123	5	321.123		
12		4	321.123		
13		3	321.123		
14		2	321.12		
15		1	321.1		
16		0	321		
17		-1	320		
18		-2	300		
19		-3	0		

用公式 =TRUNC($A$2,B2) 求出 C2 单元格取舍的值

④单击 C2 单元格，向下拖动填充手柄，即可得到 C3 至 C19 的值

✌ POINT ● 为符合小数位数而补充 0

TRUNC 函数必须用最小的位数表示，如"1234.5670"就在小数点后补充 0。为了保持与小数位数一致而补充 0 时，可单击"开始"选项卡中的"格式"按钮，选择"设置单元格格式"选项，在弹出的"设置单元格格式"对话框中"分类"列表框内的"数值"中对小数位数进行设定，或者也可以单击"分类"列表框中的"货币"选项，对小数位数进行设定。

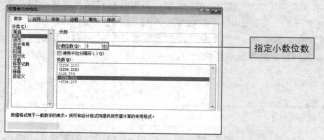

指定小数位数

EXAMPLE 2   舍去 10000 以下的数值，并以 10000 元为单位显示

运用 TRUNC 函数舍去 10000 以下的数值，并且销售概算以 10000 元为单位进行显示。

H2   × ✓ fx =TRUNC(G2,3)/10000

	A	B	C	D	E	F	G	H
1	日期	销售员	负责地区	产品名称	销售数量	产品单价	销售金额	销售概算
2	9月1日	张光磊	翠微区	电磁炉	47	108.000	5,076.000	0.5076
3	9月1日	李伟	翠微区	电冰箱	32	2,460.000	78,720.000	7.872
4	9月1日	李敏	景山区	电视机	27	5,600.000	151,200.000	15.12
5	9月3日	郭浩静	景山区	豆浆机	44	360.000	15,840.000	1.584
6	9月3日	张静敏	云岩区	饮水机	190	200.000	38,000.000	3.8
7	9月6日	刘晓娜	新城区	电磁炉	54	108.000	5,832.000	0.5832
8	9月6日	郭立	新城区	电磁炉	10	3,400.000	47,600.000	
9	9月6日	向振娟	东城区	电冰箱	20	6,800.000	136,000.000	13.6
10	9月6日	王先生	东城区	饮水机	52	550.000	28,600.000	2.86
11	9月7日	高翠	翠微区	电磁炉	94	128.000	12,032.000	1.2032
12	9月7日	路晓格	九龙区	热水器	43	1,800.000	77,400.000	7.74
13	9月8日	刘雅倩	景山区	电磁炉	108	120.000	12,960.000	1.296
14	9月9日	童敏	九龙区	电冰箱	32	2,808.000	89,856.000	8.9856
15	9月9日	杨东芝	九龙区	豆浆机	43	880.000	37,840.000	3.784
16	9月9日	伊丽娆	云岩区	豆浆机	58	330.000	19,140.000	1.914
17	9月10日	张冲阳	云岩区	电磁炉	77	118.000	9,086.000	0.9086
18	9月10日	余静敏	东城区	热水器	81	1,688.000	136,728.000	13.6728
19	9月10日	牛宝娟	新城区	热水器	91	4,398.000	400,218.000	40.0218
20	9月10日	江晓慧	新城区	热水器	67	1,999.000	133,933.000	13.3933
22	舍去一万元以下的数值							

在"插入函数"对话框中选择 TRUNC 函数，在公式编辑栏中输入 (G2,3) /10000，然后单击"确定"按钮

根据公式 =TRUNC (G2,3) /10000 求出销售概算

03 数学与三角函数

ROUND
按指定位数对数值四舍五入

格式 → **ROUND**(number, num_digits)

参数 → number

指定需要进行四舍五入的数字。参数不能是一个单元格区域。如果参数为数值以外的文本，则返回错误值"#VALUE!"。

num_digits

指定数值的位数，按此位数进行四舍五入。例如，如果位数为 2，则对小数点后第 3 位数进行四舍五入。如果参数为数值以外的文本，则返回错误值"#VALUE!"。

▼ 位数和四舍五入的位置

位数	舍去的位置
正数 n	对小数点后第 n+1 位进行四舍五入
0	对小数点后第 1 位进行四舍五入
负数 −n	对整数第 n 位四舍五入

使用 ROUND 函数可求按指定位数对数字四舍五入后的值，常用于对消费税或额外消费等金额的零数处理中。即使将输入数值的单元格设定为"数值"格式，也能对数值进行四舍五入，且格式的设定不会改变，作为计算对象的数值也不会发生变化。计算四舍五入后的数值时，由于没有格式的设定，可以使用 ROUND 函数来计算。另外，请参照 ROUNDUP 函数、ROUNDDOWN 函数对数值进行向上和向下舍入。

📄 EXAMPLE 1 　四舍五入数值

按照各种位数对数值 321.1230 进行四舍五入。当位数为负数时，若四舍五入整数部分，则它和数值的误差变得很大。

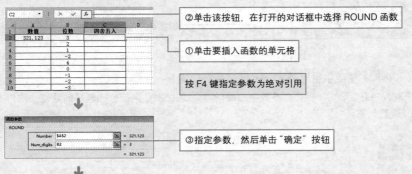

②单击该按钮，在打开的对话框中选择 ROUND 函数

①单击要插入函数的单元格

按 F4 键指定参数为绝对引用

③指定参数，然后单击"确定"按钮

03

数学与三角函数

| C2 | ▼ | : | × | ✓ | f_x | =ROUND($A$2,B2) |

	A	B	C	D
1	数值	位数	四舍五入	
2	321.123	3	321.123	
3		2	321.12	
4		1	321.1	
5		-2	300	
6		4	321.123	
7		0	321	
8		-1	320	
9		-2	300	
10		-3	0	
11				

→ 根据公式 =ROUND($A$2,B2) 求出 C2 单元格内四舍五入的值

→ 位数指定为 0 时，四舍五入到小数点后第 1 位

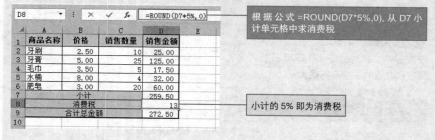

POINT ● 必须用最小位数表示 ROUND 函数的结果

必须用最小位数表示 ROUND 函数的结果，如 "1234.5670" 小数点后不能补充 0。如果仅数值的格式发生变化，则要在小数点后补充 0 增加位数。由于四舍五入后的数值不同，所以显示在工作表中的结果也不相同。

| C2 | ▼ | : | × | ✓ | f_x | =ROUND($A$2,B2) |

	A	B	C	D
1	数值	位数	四舍五入	数值格式
2	321.123	3	321.123	
3		2	321.12	
4		1	321.1	
5		-2	300	
6		4	321.123	321.1230
7		0	321	321
8		-1	320	320.00
9		-2	300	
10		-3	0	
11				

→ 选中单元格，单击鼠标右键，在弹出的选项卡中选择"设置单元格格式"命令，在弹出的对话框中设置小数位数

EXAMPLE 2　四舍五入不到 1 元的消费税

运用 ROUND 函数四舍五入不到 1 元的消费税。

| D8 | ▼ | : | × | ✓ | f_x | =ROUND(D7*5%,0) |

	A	B	C	D	E
1	商品名称	价格	销售数量	销售金额	
2	牙刷	2.50	10	25.00	
3	牙膏	5.00	25	125.00	
4	毛巾	3.50	5	17.50	
5	水桶	8.00	4	32.00	
6	肥皂	3.00	20	60.00	
7		小计		259.50	
8		消费税		13	
9		合计总金额		272.50	
10					

→ 根据公式 =ROUND(D7*5%,0)，从 D7 小计单元格中求消费税

→ 小计的 5% 即为消费税

POINT ● 参数中也能设定公式

由EXAMPLE 2可知，在函数参数中也能指定公式。5%是用百分比表示的数值，作为 0.05进行计算。

相关函数

ROUNDUP	按指定的位数向上舍入数值
ROUNDDOWN	按指定的位数向下舍入数值

ROUNDUP
按指定的位数向上舍入数值

格式 → **ROUNDUP**(number, num_digits)

参数 → number

可以是需要四舍五入的任意实数。参数不能是一个单元格区域。如果参数为数值以外的文本，则返回错误值"#VALUE!"。

num_digits

四舍五入后数字的位数。例如，如果位数为 2，则对小数点后第 3 位数进行四舍五入。如果参数为数值以外的文本，则返回错误值"#VALUE!"。

▼ 位数和舍入的位置

位数	舍去的位置
正数 n	小数点后第 n+1 位进行向上舍入
0	在小数点后第 1 位舍入
负数 –n	在整数第 n 位舍入

使用 ROUNDUP 函数可求出按指定位数对数值向上舍入后的值。如对保险费的计算或对额外消费等金额的零数处理等。通常情况下，对数值四舍五入时，是舍去 4 以下的数值，舍入 5 以上的数值。但运用 ROUNDUP 函数进行舍入时，与数值的大小无关。

📊 EXAMPLE 1 | 向上舍入数值

按照各种位数对数值 321.123 进行向上舍入。位数为负数时，由于向上舍入整数部分，所以求得的值和原数值误差很大。

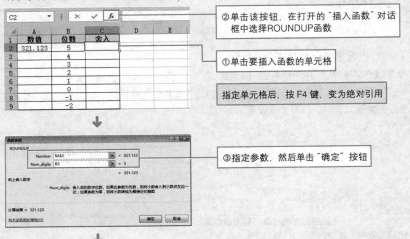

②单击该按钮，在打开的"插入函数"对话框中选择ROUNDUP函数

①单击要插入函数的单元格

指定单元格后，按 F4 键，变为绝对引用

③指定参数，然后单击"确定"按钮

| C2 | ▼ | : | × | ✓ | fx | =ROUNDUP($A$2, B2) |

	A	B	C	D	E	F
1	数值	位数	舍入			
2	321.123	5	321.123			
3		4	321.123			
4		3	321.123			
5		2	321.13			
6		1	321.2			
7		0	322			
8		-1	330			
9		-2	400			
10		-3	1000			
11						
12						

根据 ROUNDUP 函数，得到 A2 中的舍入值

位数指定为 0，向上舍入小数点后第 1 位取整

POINT ● 在小数点后添加 0 以保持与指定位数一致

用最小位数表示 ROUNDUP 函数的结果，所以"1234.5670"的小数点后的 0 不能添加，根据指定位数添加 0 时，可以单击"开始"选项卡中的"格式"按钮，选择"设置单元格格式"选项，弹出"设置单元格格式"对话框，在"分类"列表框中的"数值"或者"货币"中指定小数位数。

EXAMPLE 2　求向上舍入 1 元单位的准确金额

运用 ROUNDUP 函数计算向上舍入 1 元的精确金额。在此例中，用正数表示已支付额，用负数表示预支额。

| E4 | ▼ | : | × | ✓ | fx | =ROUNDUP(D4-$D$9, -1) |

指定单元格后，按 F4 键，变为绝对引用

	A	B	C	D	E
1					
2	某健身馆会员卡充值记录				
3	姓名	充值日期	充值金额	剩余金额	核算金额
4	王亮	2011.7.2	200	1,500	300
5	王丽	2011.7.5	500	1,100	-100
6	李婷婷	2011.6.29	300	1,400	200
7	薛佳琪	2011.7.3	600	700	-500
8	吴娜	2011.7.2	200	1,200	0
9	每人每月需支付金额			1,200	
10					
11					

根据 ROUNDUP 函数，计算出剩余金额和每人每月支付金额的差值，并向上舍入 1 元的精确金额

POINT ● 设置单元格格式为"货币"

EXAMPLE2 中金额的"单元格格式"设定为"货币"。用户可以从"开始"选项卡中单击"格式"按钮，选择"设置单元格格式"选项，弹出"设置单元格格式"对话框，在"分类"列表框中选择"货币"，即可完成设定。

相关函数	
ROUND	按照指定的位数对数值四舍五入
ROUNDDOWN	按指定的位数向下舍入数值

03
数学与三角函数

ROUNDDOWN

按照指定的位数向下舍入数值

零数处理

格式 → ROUNDDOWN(number, num_digits)

参数 → number

指定要向下舍入的任意实数。参数不能是一个单元格区域。如果参数为数值以外的文本，则返回错误值"#VALUE!"。

num_digits

指定为四舍五入后的数字的位数。例如，如果位数为2，则对小数点后第3位数进行四舍五入。如果参数为数值以外的文本，返回错误值"#VALUE!"。

▼ 位数和舍入的位置

位数	舍入的位置
正数 n	在小数点后第 n+1 位向下舍入
0	在小数点后第 1 位向下舍入
负数 −n	在整数第 n 位向下舍入

使用ROUNDDOWN函数可求出按指定位数对数值向下舍入后的值。通常情况下，对数值四舍五入是舍去4以下的数值，向上舍入5以上的数值，ROUNDDOWN函数是向下舍入数值，并且舍入时与数值的大小无关。有关四舍五入或者向上舍入数值的内容，请参照ROUND函数和ROUNDUP函数。

EXAMPLE 1　向下舍入数值

按照各种位数对数值 321.123 进行舍入。当位数参数为负数时，由于是在整数第 n 位向下舍入，所以求得的值和原数值的误差很大。

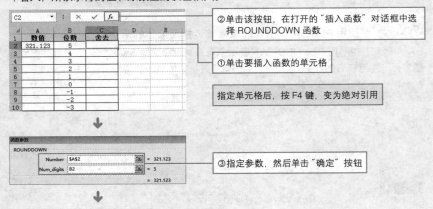

②单击该按钮，在打开的"插入函数"对话框中选择 ROUNDDOWN 函数

①单击要插入函数的单元格

指定单元格后，按 F4 键，变为绝对引用

③指定参数，然后单击"确定"按钮

03
数学与三角函数

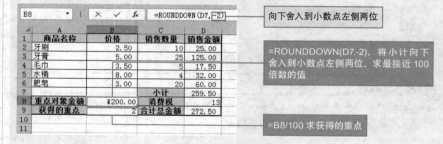

	A	B	C	D	E
1	数值	位数	舍去		
2	321.123	5	321.123		
3		4	321.123		
4		3	321.123		
5		2	321.12		
6		1	321.1		
7		0	321		
8		−1	320		
9		−2	300		
10		−3	0		
11					
12					

C2 · : × ✓ fx =ROUNDDOWN($A$2, B2)

④根据 ROUNDDOWN 函数，求出 C2 单元格内数值向下舍入的值，并复制到其他单元格求出值

当位数为 0 时，在小数点后第 1 位向下舍入取整

POINT ● 添加 0 以保持与指定位数一致

因为 ROUNDDOWN 函数用最小位数表示，所以"321.1230"后不能添加 0。如果需要添加 0 以保持与指定位数一致，可以单击"开始"选项卡中的"格式"按钮，选择"设置单元格格式"选项，弹出"设置单元格格式"对话框，在"分类"列表框中的"数值"或者"货币"中指定"小数位数"。

EXAMPLE 2 计算重点对象金额

下面，我们利用 ROUNDDOWN 函数来计算重点对象金额。

B8 · : × ✓ fx =ROUNDDOWN(D7,-2)

	A	B	C	D
1	商品名称	价格	销售数量	销售金额
2	牙刷	2.50	10	25.00
3	牙膏	5.00	25	125.00
4	毛巾	3.50	5	17.50
5	水桶	8.00	4	32.00
6	肥皂	3.00	20	60.00
7			小计	259.50
8	重点对象金额	¥200.00	消费税	13
9	获得的重点	2	合计总金额	272.50
10				
11				

向下舍入到小数点左侧两位

=ROUNDDOWN(D7,-2)，将小计向下舍入到小数点左侧两位，求最接近 100 倍数的值

=B8/100 求获得的重点

POINT ● 使用 FLOOR 函数也能求最接近指定倍数的值

EXAMPLE 2 中是用 ROUNDDOWN 函数求重点对象金额向下舍入到最接近 100 倍数的值，也可使用 FLOOR 函数求向下舍入到最接近指定倍数的数值。而且，EXAMPLE 2 中的金额也设定为"货币"格式。

相关函数

ROUND	按照指定的位数对数值四舍五入
ROUNDUP	按照指定的位数向上舍入数值

CEILING

将参数向上舍入为最接近的基数的倍数

零数处理

格式 → **CEILING**(number, significance)

参数 → number
　　　指定要四舍五入的数值。参数不能是一个单元格区域。如果参数为数值以外的文本，函数会返回错误值"#VALUE!"。
　　　significance
　　　指定需要四舍五入的乘数。如果指定数值以外的文本，则返回错误值"#VALUE!"。而且当 number 和 significance 的符号不同时，函数将返回错误值"#NUM!"。

使用 CEILING 函数可求出向上舍入到最接近的基数倍数的值。CEILING 函数引用基数除参数后得出的余数值，然后成为加基数的值。由于 CEILING 函数是求准确数量的值，所以有可能有剩余的数量。

📁 EXAMPLE 1 计算订货单位所订商品的箱数

把参数向上舍入到最接近指定基数的倍数，计算订货单位需要多少箱商品。此例中以必要的预订货量为参数 number，以订货单位为 significance。

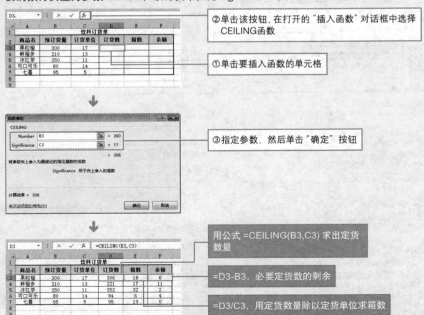

②单击该按钮，在打开的"插入函数"对话框中选择
　CEILING函数

①单击要插入函数的单元格

③指定参数，然后单击"确定"按钮

用公式 =CEILING(B3,C3) 求出定货数量

=D3-B3，必要定货数的剩余

=D3/C3，用定货数量除以定货单位求箱数

03
数学与三角函数

FLOOR

将参数向下舍入到最接近的基数的倍数

格式 → **FLOOR**(number, significance)

参数 → number

指定所要四舍五入的数值。参数不能是一个单元格区域。如果参数为数值以外的文本，则返回错误值"#VALUE!"。

significance

指定基数。如果 significance 为 2，则向下舍入到最接近 2 的倍数；如果指定数值以外的文本，则返回错误值"#VALUE！"。如果 number 和 significance 的符号不同，则函数将返回错误值"#NUM!"。如果 significance 为 0 时，则返回错误值"#DIV/0"。

使用 FLOOR 函数可求出数值向下舍入最接近基数倍数的值。FLOOR 函数是引用基数除以参数后的余数值。与 FLOOR 函数相反，求 number 向上舍入到最接近的 significance 的倍数时，请参照 CEILING 函数。

EXAMPLE 1　订货数量必须保持一致

把参数向下舍入到指定的倍数，与订货数量保持一致，可以计算需要订多少箱货。此例中，以预订货量为 number，订货单位为 significance。

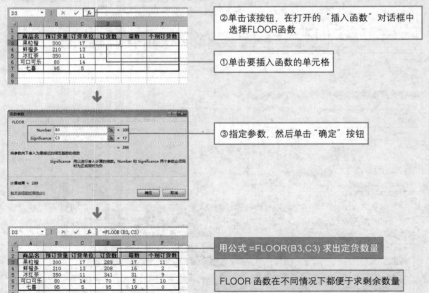

②单击该按钮，在打开的"插入函数"对话框中选择FLOOR函数

①单击要插入函数的单元格

③指定参数，然后单击"确定"按钮

用公式 =FLOOR(B3,C3) 求出定货数量

FLOOR 函数在不同情况下都便于求剩余数量

03
数学与三角函数

MROUND

按照指定基数的倍数对参数四舍五入

格式 → **MROUND**(number, multiple)

参数 → number

指定要四舍五入的数值。参数不能是一个单元格区域。如果参数为数值以外的文本，则返回错误值"#VALUE!"。

multiple

指定对数值 number 进行四舍五入的基数。如果参数为数值以外的文本，则返回错误值"#VALUE!"。如果 number 和 multiple 的符号不同，则函数将返回错误值"#NUM!"。

数值	倍数	数值 / 倍数的余数	倍数和余数的关系	返回值
8	5	3	余数大于倍数的一半	10
12	5	2	余数小于倍数的一半	10

使用 MROUND 函数可按照基数的倍数对数值进行四舍五入。如果数值除以基数得出的余数小于倍数的一半，将返回和 FLOOR 函数相同的结果，如果余数大于倍数的一半，则返回和 CEILING 函数相同的结果。

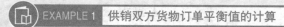

EXAMPLE 1　供销双方货物订单平衡值的计算

下面我们将用 MROUND 函数计算出保证供销双方货物订单平衡的值。

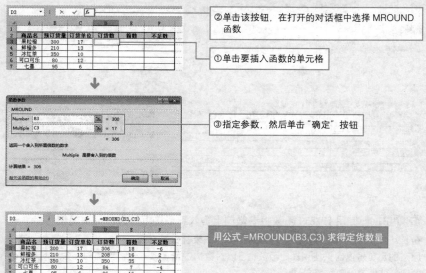

②单击该按钮，在打开的对话框中选择 MROUND 函数

①单击要插入函数的单元格

③指定参数，然后单击"确定"按钮

用公式 =MROUND(B3,C3) 求得定货数量

EVEN
将数值向上舍入到最接近的偶数

零数处理

格式 → EVEN(number)
参数 → number
指定要进行四舍五入的数值。参数不能是一个单元格区域。如果参数为数值以外的文本，则返回错误值"#VALUE!"。

使用 EVEN 函数可返回沿绝对值增大方向取整后最接近的偶数。不论数值是正数还是负数，返回的偶数值的绝对值比原来数值的绝对值大。如果要将指定的数值向上舍入到最接近的奇数值，请参照 ODD 函数。

EXAMPLE 1　将数值向上舍入到最接近的偶数值

由于将数值的绝对值向上舍入到最接近的偶整数，所以小数能够向上舍入到最接近的偶整数。当数值为负数时，返回值为向下舍入到最近的偶数值。

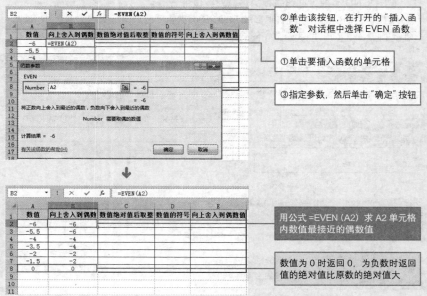

②单击该按钮，在打开的"插入函数"对话框中选择 EVEN 函数

①单击要插入函数的单元格

③指定参数，然后单击"确定"按钮

用公式 =EVEN（A2）求 A2 单元格内数值最接近的偶数值

数值为 0 时返回 0，为负数时返回值的绝对值比原数的绝对值大

POINT ● 使用 EVEN 函数将参数向上舍入到最接近的偶数值更简便

在 EVEN 函数中，将数值的绝对值取整数，如果整数是奇数，则向上舍入到偶数，并按原来的正负号返回。使用其他函数也可以对数值进行舍入，但将参数向上舍入到最接近的偶数值的方法更加简单。

▼ EVEN 函数

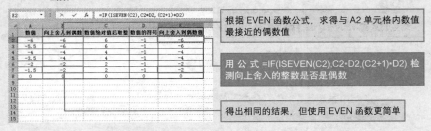

根据 EVEN 函数公式,求得与 A2 单元格内数值最接近的偶数值

用公式 =IF(ISEVEN(C2),C2*D2,(C2+1)*D2) 检测向上舍入的整数是否是偶数

得出相同的结果,但使用 EVEN 函数更简单

✌ **POINT ●** **不使用 EVEN 函数,将数值向上舍入到偶数值**

不使用 EVEN 函数,用其他函数将数值向上舍入到偶数值时,必须有取数值绝对值的 ABS 函数、将数值向上舍入到整数的 ROUNDUP 函数、返回数字符号的 SIGN 函数、判断数值是否为偶数的 ISEVEN 函数以及 IF 条件函数。

📖 **EXAMPLE 2** 求最接近偶数的房间人数

应用 EVEN 函数,根据参加的人数计算房间人数。参加人数和房间人数不一致时,把参加人数向上舍入到最接近偶数的房间人数,决定房间的分配。

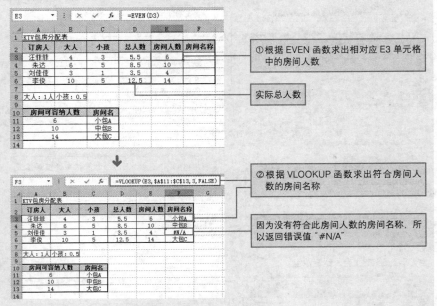

①根据 EVEN 函数求出相对应 E3 单元格中的房间人数

实际总人数

②根据 VLOOKUP 函数求出符合房间人数的房间名称

因为没有符合此房间人数的房间名称,所以返回错误值"#N/A"

✌ **POINT ●** **从表格中查找合适的数据**

EXAMPLE 2 中的 VLOOKUP 函数,用于在表格中查找前行中所指定的数据,并由此返回该数据,属于查找与引用函数。

ODD

将数值向上舍入到最接近的奇数

零数处理

格式 → **ODD(number)**

参数 → **number**

指定四舍五入的数值。参数不能是一个单元格区域。如果参数为数值以外的文本，则会返回错误值"#VALUE!"。

使用 ODD 函数可以将指定的数值向上舍入到最接近的奇数值。不论数值是正数还是负数，返回的奇数值的绝对值比原来的数值的绝对值大。如果要将指定数值向上舍入到最接近的偶数值，可参照 EVEN 函数。

EXAMPLE 1 将数值向上舍入到最接近的奇数值

由于将数值的绝对值向上舍入到最接近的奇数数值，所以当数值为小数时，向上舍入到最接近的奇整数。当数值为负数时，返回值是向下舍入到最接近的奇数。

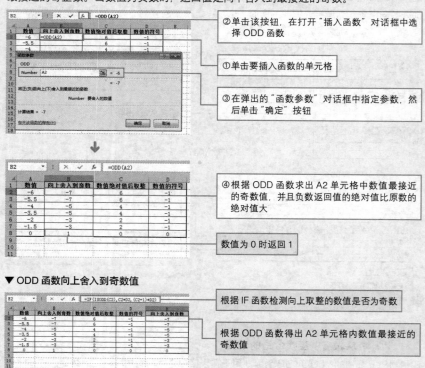

②单击该按钮，在打开"插入函数"对话框中选择 ODD 函数

①单击要插入函数的单元格

③在弹出的"函数参数"对话框中指定参数，然后单击"确定"按钮

④根据 ODD 函数求出 A2 单元格中数值最接近的奇数值，并且负数返回值的绝对值比原数的绝对值大

数值为 0 时返回 1

▼ ODD 函数向上舍入到奇数值

根据 IF 函数检测向上取整的数值是否为奇数

根据 ODD 函数得出 A2 单元格内数值最接近的奇数值

SUM
对单元格区域中的所有数值求和

计算

格式 → SUM(number1,number2,...)

参数 → number1,number2 ...

用于计算单元格区域中所有数值的和。参数用"," 分隔，最多能指定 30
个参数。求相邻单元格内数值之和时，使用冒号指定单元格区域，如
A1:A5。单元格中的逻辑值和文本会被忽略。但当作为参数键入时，逻辑值
和文本有效。参数如果为数值以外的文本，则返回错误值"#VALUE!"。

SUM 函数用来求数值之和，是 Excel 中经常使用的函数之一。可使用"插入函数"对话
框来插入 SUM 函数求和，也可单击"公式"选项卡中的"自动求和"按钮求和，这是最
方便快捷的方法。另外，SUM 函数是求实数的和。要求复数的和时，可参照工程函数中
的 IMSUM 函数。

EXAMPLE 1   求和

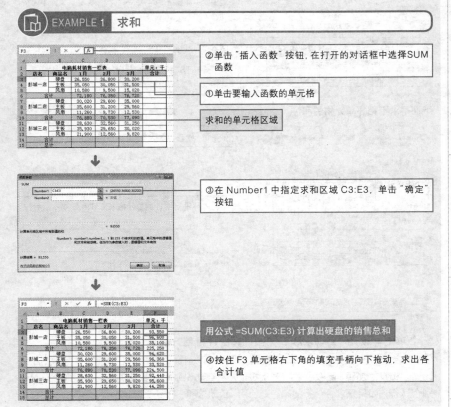

②单击"插入函数"按钮，在打开的对话框中选择SUM
函数

①单击要输入函数的单元格

求和的单元格区域

③在 Number1 中指定求和区域 C3:E3，单击"确定"
按钮

用公式 =SUM(C3:E3) 计算出硬盘的销售总和

④按住 F3 单元格右下角的填充手柄向下拖动，求出各
合计值

🖐 POINT ● 自动修改输入单元格内的参数

在"插入函数"对话框中，选择 SUM 函数后，进入"函数参数"对话框，此时在所需参数值的单元格内，有可能会自动插入相邻数值的单元格。若求和范围不同时，则需要单击正确的单元格或单元格区域以重新指定。

EXAMPLE 2　使用"自动求和"按钮

使用"自动求和"按钮求和。当明细行和合计行同时存在于总和表中时，只计算合计行的和，然后汇总。

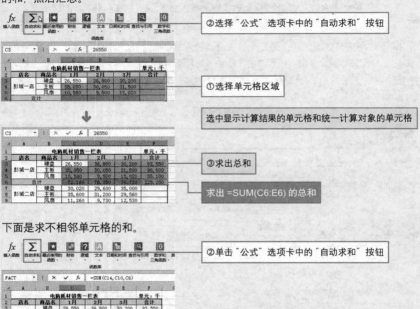

下面是求不相邻单元格的和。

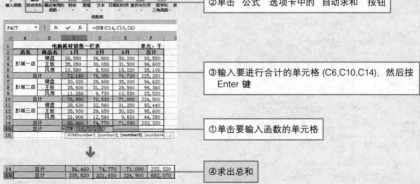

🖐 POINT ● 使用"自动求和"按钮计算合计行更方便

使用"自动求和"按钮输入 SUM 函数，会自动识别合计行，如果明细行重复，则不能计算。相反，使用"函数参数"对话框时，可自动识别相邻数值的单元格，而不只是识别合计行。如果只求合计行的和，则使用"自动求和"按钮更方便。

 EXAMPLE 3 求 3D 合计值

在 SUM 函数中，跨多个工作表也能求和，这样的求和方式称为 3D 合计方法。下面我们将在 SUM-1 的"彭城一店"中求 SUM-2 至 SUM-4 销售额的总和。

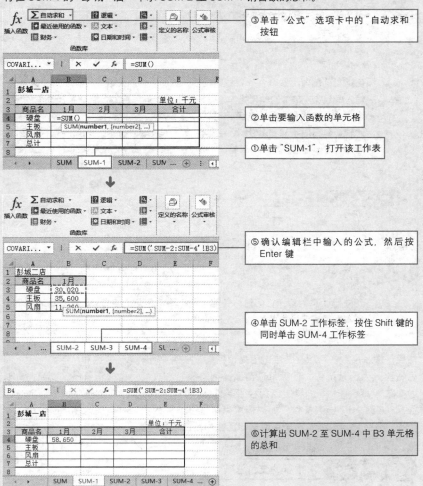

③单击"公式"选项卡中的"自动求和"按钮

②单击要输入函数的单元格

①单击"SUM-1"，打开该工作表

⑤确认编辑栏中输入的公式，然后按 Enter 键

④单击 SUM-2 工作标签，按住 Shift 键的同时单击 SUM-4 工作标签

⑥计算出 SUM-2 至 SUM-4 中 B3 单元格的总和

POINT ● 3D 合计求和方式中各工作表的数据位置必须一致

进行 3D 求和时，作为计算对象的数据必须在各个工作表的同一位置。例如，在 SUM-2 的 B4 单元格内输入"1 月硬盘销售额"，在 SUM-3 的 B5 单元格内输入"2 月主板销售额"，这种情况就不能得到正确的计算结果。另外，参数中被指定的"SUM-4!B3"称为引用公式，它是用工作表名称表示计算对象的单元格。当引用公式在同一工作表时，如"工作表名称! A1"，用"!"分隔显示。

SUMIF
根据制定条件对若干单元格求和

计算

格式 → SUMIF(range,criteria,sum_range)

参数 → range

对满足条件的单元格求和。

criteria

在指定范围内检索符合条件的单元格。其形式可以为数字、表达式或文本。输入有数字、文本的单元格内，指定使用比较运算符的公式。直接在单元格或者公式编辑栏中指定检索条件时，应加双引号将条件引起来。如果使用比较运算符时不加双引号，则会显示"输入的公式不正确"之类的错误信息。另外，对于检索条件中一些意义不明的字符，应使用通配符表示。通配符的含义如下。

▼ 通配符

符号 / 读法	含义
*（星号）	和符号相同的位置处有多个任意字符
?（问号）	在和符号相同的位置处有任意的 1 个字符
~（波形符）	检索包含 * ? ~ 的文本时，在各符号前输入 ~

sum_range

要进行计算的单元格区域。忽略求和范围中包含的空白单元格、逻辑值和文本。求满足检索条件的单元格的和。

使用SUMIF函数，可以在选中范围内根据指定条件求若干单元格的和。例如指定"商品名称"为检索条件，计算每件商品的销售额总和，使用比较运算符，指定"~以上"或"~不满"等的界定值为检索条件，计算日期以前的销售额总和。SUMIF函数只能指定一个检索条件。如果需求两个以上条件的和，可以先运用IF函数加入一个检索条件作为前提，再使用数据库函数中的DSUM函数。

EXAMPLE 1 求银行的支付总额

求各银行的支付总额。在银行名称所在的单元格内指定检索条件。

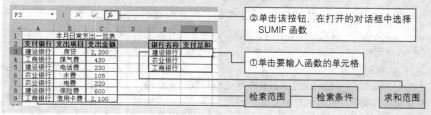

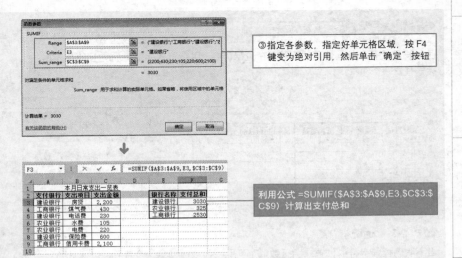

③指定各参数，指定好单元格区域，按 F4 键变为绝对引用，然后单击"确定"按钮

利用公式 =SUMIF($A$3:$A$9,E3,$C$3:$C$9) 计算出支付总和

✌ POINT ● 在单元格内直接指定检索条件时，检索条件加 ""

当使用"函数参数"对话框或单元格引用检索条件时，可以不使用 ""。但是，在单元格或公式编辑栏内直接指定检索条件时，必须加 ""。不使用比较运算符的检索条件，条件中即使不加 ""，也不会返回错误值，但如果没有符合检索条件的单元格，则返回 0。

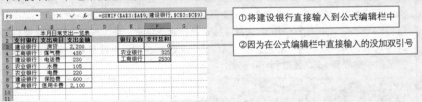

①将建设银行直接输入到公式编辑栏中

②因为在公式编辑栏中直接输入的没加双引号

EXAMPLE 2　求到每月 15 日的总额和 16 日以后的总金额

使用比较运算符，求每月 15 号前的金额总和和每月 16 号后的金额总和。使用比较运算符时，检索条件必须加 ""。

利用公式 =SUMIF($C$3:$C$9,"<=15",$D$3:$D$9)，求到 15 日所支付金额的总和

利用公式 =SUMIF($C$3:$C$9,">15",$D$3:$D$9)，求 16 日后所支付金额的总和

✌ POINT ● 在 SUMIF 函数中使用比较运算符

在 SUMIF 函数中，比较运算符是作为界定值使用的。例如"16 号以后"是指比 15 大，所以将其表示为 " > 15"。

EXAMPLE 3 在条件中使用通配符求和

通配符是代替文本而使用的字符,在通配符中,用"*"表示任意文本字符串。用"?"表示任意一个字符。

	E5	▼	:	×	✓	fx	??银行	

	A	B	C	D	E	F
1	本月日常支出一览表					
2	支付银行	支出项目	支出金额		银行名称	支付总和
3	建设银行	房贷	2,200		建设银行	3030
4	工商银行	煤气费	430		农业银行	325
5	建设银行	电话费	230		??银行	5885
6	农业银行	水费	105			
7	农业银行	电费	220			
8	建设银行	保险费	600			
9	工商银行	信用卡费	2,100			
10						

用公式 =SUMIF($A$3:$A$9,"建设银行",$D$3:$D$9) 求出支付总和

用公式 =SUMIF($A$3:$A$9,"??银行",$D$3:$D$9) 求出支付总和

POINT ● 通配符"?"

当不明确检索字符的位置或字符数时,可用"?"表示任意一个字符,也可使用"*"进行任意字符的检索。例如,在检索条件中输入"??银行"时,只能检索出银行前带3个字的内容,如"ABC银行"。

组合技巧 求满足多个条件的和(SUMIF+IF)

SUMIF 函数只能指定一个检索条件,使用多个 IF 函数判定时,需提前加入满足多个条件的单元格。如果在 SUMIF 函数中指定此检索的结果,结果是求满足多个条件的单元格总和。如下例,求农业银行支付的"照明费"。另外,设定多个条件时,在 IF 函数中需嵌套 AND 函数和 OR 函数。

输入 =IF(AND(B3="照明",C3="农业银行"),"",1),符合"农业银行"和"照明"时返回1

用公式 =SUMIF(F3:F9,"1",D3:D9),求符合检索条件为"1"的单元格的总金额

相关函数	
IF	执行真假值判断,根绝逻辑测试的真假值返回不同结果
DSUM	返回列表或数据库中的列中满足指定条件的数字之和
AND	判定指定的多个条件是否全部成立
OR	在其参数组中,任何一个参数逻辑值为 TRUE,即返回 TRUE

PRODUCT
计算所有参数的乘积

计算

格式 → **PRODUCT(number1,number2…)**

参数 → number1,number2…

指定求积的数值或者输入有数值的单元格。最多能指定 30 个数值，并用逗号 "," 分隔每一个指定数值，或指定单元格范围。当指定为数值以外的文本时，返回错误值 "#VALUE！"。但是，如果参数为数组或引用，则只有其中的数字被计算。数组或引用中的空白单元格、逻辑值、文本或错误值将被忽略。指定 30 个以上的参数时，就会出现 "此函数输入参数过多" 之类的错误信息。

使用 PRODUCT 函数可求数组数值的乘积。例如，根据 "定价"、"数量"、"消费税" 和 "折扣率" 求商品的金额时，使用 PRODUCT 函数比较方便。也可使用算术运算符 "＊" 求乘积，但在求多数值的乘积时，使用 PRODUCT 函数运算更简单。

EXAMPLE 1 用单价 × 数量 × 折扣率求商品金额

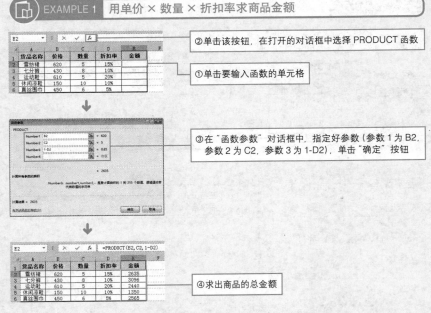

②单击该按钮，在打开的对话框中选择 PRODUCT 函数

①单击要输入函数的单元格

③在 "函数参数" 对话框中，指定好参数（参数 1 为 B2，参数 2 为 C2，参数 3 为 1-D2），单击 "确定" 按钮

④求出商品的总金额

POINT ● **百分比值 10% 作为数值 0.1 处理**

折扣率的百分比作为数值处理时，10% 作为 0.1 计算。另外，在 PRODUCT 函数中，将参数直接指定为文本和用单元格引用指定文本，会得到不同的计算结果。

SUMPRODUCT

将数组间对应的元素相乘，并返回乘积之和

计算

格式 ➡ SUMPRODUCT(array1,array2,array3,…)

参数 ➡ array1,array2,array3,…

在给定的几组数组中，将数组间对应的元素相乘，并返回乘积之和。指定的数组范围在2~30个之间。数组参数必须具有相同的维数，否则函数SUMPRODUCT将返回错误值"#VALUE!"。如果指定超过30个参数，则出现"此函数输入参数过多"的错误信息。函数SUMPRODUCT将非数值型的数组元素作为0处理。

使用 SUMPRODUCT 函数可以在给定的几个数组中将数组间对应的元素相乘，并返回乘积之和。通常，在计算多种商品的总金额时，是先根据商品的单价与数量计算出单个商品的总值（小计），之后再对其求和，此函数的重点是在参数中指定数组，或使用数组常量来指定参数。所有数组常量加"{}"指定所有数组，用","隔开列，用";"隔开行。

📖 EXAMPLE 1 用单价、数量、折扣率求商品的合计金额

使用每件商品的单价、数量、折扣率，求商品的总金额。通过公式"单价"×"数量"×"1-折扣率"即可求出需要的合计金额。

②单击该按钮，在打开的"插入函数"对话框中选择 SUMPRODUCT 函数

①选择要输入函数的单元格

③在打开的"函数参数"对话框中逐一指定参数，然后单击"确定"按钮

计算各数组相同元素乘积的和，求得合计金额

SUMSQ
求参数的平方和

格式 → SUMSQ(number1,number2,…)

参数 → number1,number2,…

指定求平方和的数值或者数值所在的单元格。最多可指定 30 个参数，每个参数用逗号"，"分隔，当指定数值以外的文本时，将返回错误值"#VALUE!"。但是，引用数值时，空白单元格或不能转化为数值的文本、逻辑值可全部忽略。指定 30 个以上的参数时，会显示出"此函数输入参数过多"的错误提示信息。

使用 SUMSQ 函数可求指定参数的平方和。例如，求偏差平方和即是求多个数据和该数据平均值偏差的平方和，用数值除以偏差平方和，推测数值的偏差情况。SUMSQ 函数用以下公式计算。

$$SUMSQ(x_1, x_2, \cdots, x_{30}) = x_1^2 + x_2^2 + \cdots + x_{30}^2$$

EXAMPLE 1 　求体力测试结果的偏差平方和

求各数据和数据平均值的差，在 SUMSQ 函数的参数中指定各个差值，求它的偏差平方和。

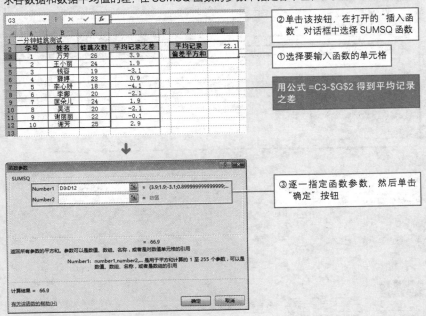

②单击该按钮，在打开的"插入函数"对话框中选择 SUMSQ 函数

①选择要输入函数的单元格

用公式 =C3-$G$2 得到平均记录之差

③逐一指定函数参数，然后单击"确定"按钮

03
数学与三角函数

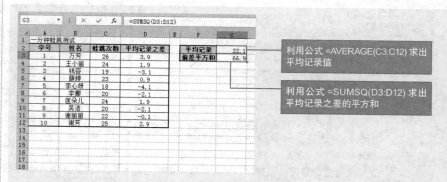

利用公式 =AVERAGE(C3:C12) 求出平均记录值

利用公式 =SUMSQ(D3:D12) 求出平均记录之差的平方和

👆 POINT ● 没必要求各个数据的平方

使用 SUMSQ 函数求数值的平方和时，不必求每个数据的平方。另外，可使用统计函数中的 DEVSQ 函数代替 SUMSQ 函数求偏差平方和。

😊😊 组合技巧 | 求二次方、三次方坐标的最大向量 (SUMSQ+SQRT)

结合 SUMSQ 函数和求数值平方根的 SQRT 函数，能够求得二次方坐标 (X，Y) 及三次方坐标 (X，Y，Z) 的最大向量。

坐标 (1,0,0) 在 x 轴上

利用 =SQRT(SUMSQ(A5:C5)) 求得坐标向量大小

坐标 (1,1,0) 和二次方 (x,y) 坐标相同

相关函数	
DEVSQ	返回数据点与各自样本平均值偏差的平方和
SQRT	返回正平方根

SUMX2PY2

返回两数组中对应数值的平方和之和

计算

格式 → SUMX2PY2(array_x, array_y)

参数 → array_x, array_y

array_x 为第一个数组或数值区域，array_y 为第二个数组或数值区域。array_x 和 array_y 中的元素数目必须相等。否则将返回错误值 "#N/A"。另外，如果数组或引用参数包括文本、逻辑值或空白单元格，则这些值将被忽略。

返回两数值中对应数值的平方和之和，平方和之和总在统计计算中经常使用（如下图）。此函数的重点是在参数中指定数组，参数可以是数字，也可以是包含数字的名称、数组或引用。数组常量是用 "{}" 指定所有数组，用 "," 分隔列，用 ";" 分隔行。

$$SUMX2PY2(A_{nm}, B_{nm}) = \sum_{n,m} (A_{nm}^2 + B_{nm}^2)$$

其中，
$A_{nm} = \{a_{11} \cdots a_{1m}, a_{21} \cdots a_{2m}, a_{31} \cdots a_{3m}, \cdots, a_{n1} \cdots a_{nm}\}$
$B_{nm} = \{b_{11} \cdots b_{1m}, b_{21} \cdots b_{2m}, b_{31} \cdots b_{3m}, \cdots, b_{n1} \cdots b_{nm}\}$
表示数组。

03
数学与三角函数

📖 EXAMPLE 1　求两数组中对应数值的平方和之和

求两数组中对应数值的平方和之和。为了确认，也能求每个对应值的平方和。

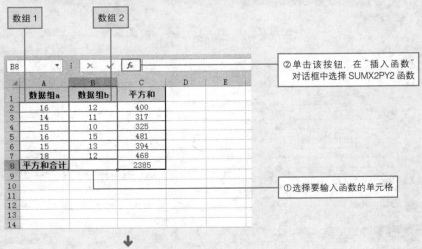

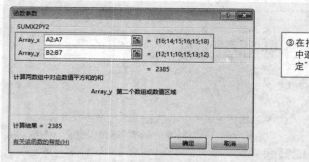

③在打开的"函数参数"对话框
中逐一指定参数，然后单击"确
定"按钮

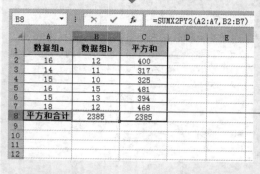

求出数组1和数组2的平方和的
合计

POINT ● 没必要求每个数据的平方之和

使用 SUMX2PY2 函数求数组平方和之和时，没必要求每个数组对应数值的平方和之和。
但是，数组1和数组2的构成必须是相同的。另外，求数值的平方和时，可参照
SUMSQ 函数。

错误例

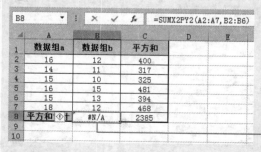

因为数组1和数组2结构不同，所
以返回错误值"#N/A"

相关函数

SUMSQ	求数值的平方和
SUMX2MY2	返回两数组中对应数值的平方差之和
SUMXMY2	返回两数组中对应数值差的平方和

SUMX2MY2

返回两数组中对应数值的平方差之和

计算

格式 → SUMX2MY2(array_x, array_y)

参数 → array_x, array_y

array_x 为第一个数组或数值区域。array_y 为第二个数组或数值区域。
array_x 和 array_y 中的元素数目必须相等，否则将返回错误值"#N/A"。
另外，如果数组或引用参数包括文本、逻辑值或空白单元格，则这些值将
被忽略。

使用 SUMX2MY2 函数时，返回两数组中对应数值的平方差之和。此函数的重点是在
参数中指定数组，参数可以是数字，也可以是包含数字的名称、数组或引用。数组常
量加"{}"指定所有数组，用","分隔列，用";"分隔行。

$$SUMX2MY2(A_{nm}, B_{nm}) = \sum_{n,m} (A_{nm}^2 - B_{nm}^2)$$

其中
$A_{nm} = \{a_{11} \cdots a_{1m}, a_{21} \cdots a_{2m}, a_{31} \cdots a_{3m}, \cdots, a_{n1} \cdots a_{nm}\}$
$B_{nm} = \{b_{11} \cdots b_{1m}, b_{21} \cdots b_{2m}, b_{31} \cdots b_{3m}, \cdots, b_{n1} \cdots b_{nm}\}$
表示数组

EXAMPLE 1 求两数组元素的平方差之和

下面我们用 SUMX2MY2 函数求两数组的平方差之和。为了确认，也能求每个元素的平
方差之和。

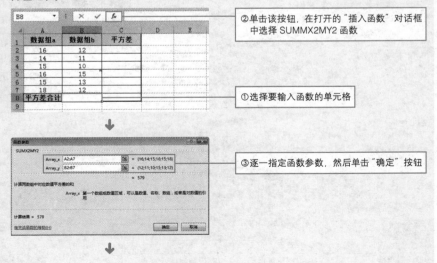

②单击该按钮，在打开的"插入函数"对话框中选择 SUMMX2MY2 函数

①选择要输入函数的单元格

③逐一指定函数参数，然后单击"确定"按钮

03
数学与三角函数

| B8 | | ▼ | : | × | ✓ | fx | =SUMX2MY2(A2:A7,B2:B7) |

	A	B	C	D	E
1	数据组a	数据组b	平方差		
2	16	12	112		
3	14	11	75		
4	15	10	125		
5	16	15	31		
6	15	13	56		
7	18	12	180		
8	平方差合计	579	579		
9					
10					
11					
12					
13					

用公式 =POWER(A2,2)-POWER(B2,2) 求数组的平方，如果中间是减号，则求平方差

用公式 =SUM(C2:C7) 求数组平方差的和，在此可以看出与使用函数 SUNMX2MY2 的计算结果一致

④求出数组 a 和数组 b 的平方差的合计

 POINT ● 没有必要计算每个数据的平方差之和

使用 SUMX2MY2 函数求的是数组的平方差之和，所以没必要求每个数组元素的平方差之和。另外，求数值的乘幂时，可参照 POWER 函数。

😞 错误例

| B8 | | ▼ | : | × | ✓ | fx | =SUMX2MY2(A2:A6,B2:B7) |

	A	B	C	D	E
1	数据组a	数据组b	平方差		
2	16	12	112		
3	14	11	75		
4	15	10	125		
5	16	15	31		
6	15	13	56		
7	18	12	180		
8	平方差合计	#N/A	579		
9					
10					
11					
12					

因为数组 1 和数组 2 的结构不同，所以返回错误值 "#N/A"

相关函数

POWER	求数字的乘幂
SUMX2PY2	求两数组对应数值的平方和之和
SUMXMY2	求两组对应数值差的平方和

SUMXMY2

求两数组中对应数值差的平方和

计算

格式 → **SUMXMY2**(array_x, array_y)

参数 → array_x, array_y

array_x 为第一个数组或数值区域，arra_y 为第二个数组或数值区域。array_x 和 array_y 中的元素数目必须相等，否则将返回错误值"#N/A"。另外，如果数组或引用参数包括文本、逻辑值或空白单元格，则这些值将被忽略。

使用 SUMXMY2 时，求两数组中对应数值之差的平方和。此函数的重点是在参数中指定数组，参数可以是数字，也可以是包含数字的名称、数组或引用。数组常量加"{}"指定所有数组，用","分隔列，用";"分隔行。

$$SUMXMY2(A_{nm}, B_{nm}) = \sum_{n,m} (A_{nm} - B_{nm})^2$$

其中
$$A_{nm} = \{a_{11} \cdots a_{1m}, a_{21} \cdots a_{2m}, a_{31} \cdots a_{3m}, \cdots, a_{n1} \cdots a_{nm}\}$$
$$B_{nm} = \{b_{11} \cdots b_{1m}, b_{21} \cdots b_{2m}, b_{31} \cdots b_{3m}, \cdots, b_{n1} \cdots b_{nm}\}$$
表示数组

EXAMPLE 1 求两数组中对应数值差的平方和

下面，我们将利用 SUMXMY2 函数来求两数组中对应数值差的平方和。

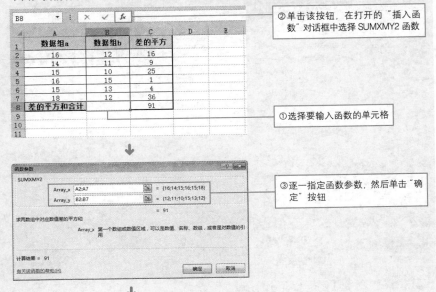

②单击该按钮，在打开的"插入函数"对话框中选择 SUMXMY2 函数

①选择要输入函数的单元格

③逐一指定函数参数，然后单击"确定"按钮

| B8 | ▼ | : | × | ✓ | fx | =SUMXMY2(A2:A7, B2:B7) |

	A	B	C	D	E
1	数据组a	数据组b	差的平方		
2	16	12	16		
3	14	11	9		
4	15	10	25		
5	16	15	1		
6	15	13	4		
7	18	12	36		
8	差的平方和合计	91	91		
9					
10					
11					
12					
13					
14					

用公式 =POWER(B2-A2,2) 求出数组 1 和数组 2 的差的平方

用公式 =SUM(C2:C7) 求出数组差的平方和，由此可以看出，其计算结果与使用函数 SUMXMY2 的值一致

④求出数组 a 和数组 b 的平方差的合计

👆 POINT ● **没有必要计算每个数据差的平方**

使用 SUMXMY2 函数求的是两数组对应数值差的平方和，所以没必要求每个数组元素差的平方。另外，要求数字的乘幂时，可参照 POWER 函数。

😕 错误例

| B8 | ▼ | : | × | ✓ | fx | =SUMXMY2(A2:A6, B2:B7) |

	A	B	C	D	E
1	数据组a	数据组b	差的平方		
2	16	12	16		
3	14	11	9		
4	15	10	25		
5	16	15	1		
6	15	13	4		
7	18	12	36		
8	差的平方和	#N/A	91		
9					
10					
11					
12					
13					
14					

利用公式 =SUMXMY2(A2:A6,B2:B7) 进行计算，由于数组 1 和数组 2 结构不同，所以返回错误值 "#N/A"

相关函数

POWER	求数字的乘幂
SUMX2PY2	求两数组对应数值的平方和之和
SUMX2MY2	返回两数组中对应数值的平方差之和

SUBTOTAL

返回数据列表或数据库中的分类汇总

格式 → SUBTOTAL(function-num,ref1,ref2,…)

参数 → function-num

用 1~11 的数字或者用输入有 1 ~ 11 数字的单元格指定合计数据的方法。
各数值相对应的合计方法参照下表。如果参数指定为 1~11 以外的数值或
者数值以外的文本时,将返回错误值 "#VALUE!"。

▼ SUBTOTAL 函数的合计方法

数值	合计方法	有相同功能的函数
1	求数据的平均值	AVERAGE
2	求数据的数值个数	COUNT
3	求数据非空值的单元格个数	COUNTA
4	求数据的最大值	MAX
5	求数据的最小值	MIN
6	求数据的乘积	PRODUCT
7	求样本的标准偏差	STDEV
8	求样本总体的标准偏差	STDEVP
9	求数据的和	SUM
10	求样本总体的方差	DVAR
11	计算总体样本的方差	DVARP

ref1, ref2, ...

用 1~29 个区域指定求和的数据范围。当其他合计值被插入到指定的数据
范围内时,为了避免重复计算,合计它的小计。如果超出 29 个数据,则会
出现 "此函数输入参数过多" 之类的错误信息。

使用 SUBTOTAL 函数,按照指定的求和方法,可以求选中范围内的合计值、平均值、
最大值和最小值等。这是统计学中具有代表性的处理数据方法。通常情况下,单击
"数据"选项卡中的"分类汇总"按钮对清单类的表格或数据库进行汇总求和时,
SUBTOTAL 函数用于求表格中的和。但作为合计对象的数据可以不是清单形式,对
于不构成清单形式的数据,也要按照合计方法求总和。

🖐 POINT ● SUBTOTAL 函数使用说明

在 Office 2003、2007 中,Function_num 参数可以用 101 到 111 之间的数值代替。如果
在 ref1, ref2,… 中有其他的分类汇总 (嵌套分类汇总),那么将忽略这些嵌套分类汇总,
以避免重复计算。换句话说,若在数据区域中有 SUBTOTAL 获得的结果则将被忽略。

EXAMPLE 1　求 11 种类型的合计值

根据各种合计方法,对样本数据进行 11 种类型的运算。如果不在求和对象的数据范围内,则请使用绝对引用。

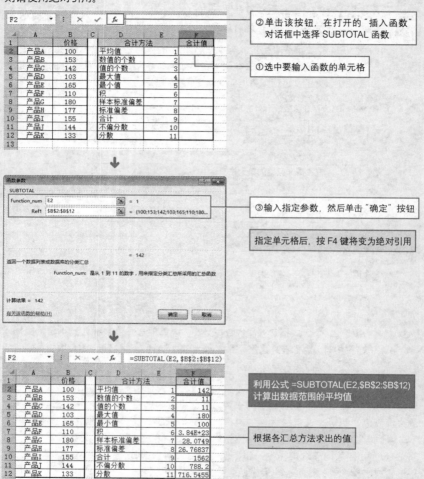

②单击该按钮,在打开的"插入函数"对话框中选择 SUBTOTAL 函数

①选中要输入函数的单元格

③输入指定参数,然后单击"确定"按钮

指定单元格后,按 F4 键将变为绝对引用

利用公式 =SUBTOTAL(E2,$B$2:$B$12) 计算出数据范围的平均值

根据各汇总方法求出的值

POINT ● 定义单元格区域名称

EXAMPLE1 使用绝对引用,把求和对象的数据范围复制到其他单元格内,其实,指定有区域名称的求和范围可以代替绝对引用。因为有区域名称,所以可以把拥有强大信息的数据库作为求和对象,以防数据范围的指定出现错误。选中数据范围,在名称框里输入名称,然后再单击鼠标右键,执行"定义名称"命令,用"定义名称"对话框定义区域名称即可。

▼ 定义单元格区域名称

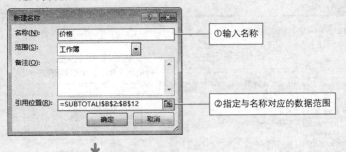

①输入名称

②指定与名称对应的数据范围

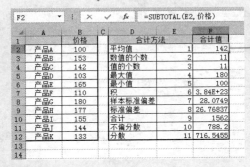

利用公式=SUBTOTAL(E2,价格)，
指定与名称对应的数据范围

EXAMPLE 2　只求小计

使用 SUBTOTAL 函数，可以只求店铺营业额的总和。

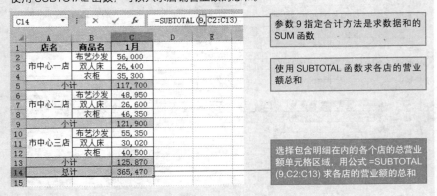

参数 9 指定合计方法是求数据和的
SUM 函数

使用 SUBTOTAL 函数求各店的营业
额总和

选择包含明细在内的各个店的总营业
额单元格区域，用公式 =SUBTOTAL
(9,C2:C13) 求各店的营业额的总和

POINT ● 求和对象包含小计

如果使用 SUBTOTAL 函数先求小计，当再用该函数来求总和时，即使求和对象的数据
范围中包含小计单元格，SUBTOTAL 函数也可以自动忽略这些单元格，以避免重复计算
数据。虽然 SUM 函数也可以用来求小计的总和，但这样再求合计值时，则会重复计算
数据。

EXAMPLE 3 按照求和功能插入 SUBTOTAL 函数

使用 Excel 的数据求和功能，在求和的行中插入 SUBTOTAL 函数。此时，就可得各部门工资的平均值。

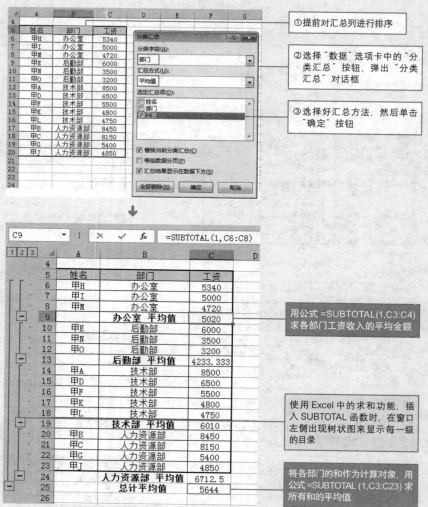

①提前对汇总列进行排序

②选择"数据"选项卡中的"分类汇总"按钮，弹出"分类汇总"对话框

③选择好汇总方法，然后单击"确定"按钮

用公式 =SUBTOTAL(1,C3:C4) 求各部门工资收入的平均金额

使用 Excel 中的求和功能，插入 SUBTOTAL 函数时，在窗口左侧出现树状图来显示每一级的目录

将各部门的和作为计算对象，用公式 =SUBTOTAL (1,C3:C23) 求所有和的平均值

POINT ● 修改求和的数值

插入 SUBTOTAL 函数后，可在单元格或者公式编辑栏中修改求和的数值，以改变它的各种合计值。

QUOTIENT

计算两数相除商的整数部分

计算

格式 → **QUOTIENT**(numerator,denominator)

参数 → numeator
　　　被除数。如果参数为非数值型，则会返回错误值 "#VALUE!"。
　　　denominator
　　　除数。如果参数为非数值型，将返回错误值 "#VALUE!"。另外，指定为
　　　0 时，也会返回错误值 "#DIV/0!"。

使用 QUOTIENT 函数可以求出用分子除以分母的整除数。例如，分子为 10，分母为 3，
则公式为 10/3，用 10 除以 3 得商为 3，余数为 1。QUOTIENT 函数得到商数 3。在实际
运用中可用该函数求预算内可购买的商品数等。

📋 EXAMPLE 1　求在预算内能买多少商品

使用 QUOTIENT 函数即可求出预算内能买多少商品。

| D2 | | ⋮ | × | ✓ | fx | =QUOTIENT(C2,B2) |

▲	A	B	C	D	E
1	货名	价格	预算	预计购买	余额
2	洋葱	0.85	10.00	11	
3	藕	1.23	5.00	4	
4	土豆	1.9	6.00	3	
5	山药	1.85	5.00	2	
6	番茄	2	10.00	5	
7	茄子	1.5	6.00	4	
8	大白菜	0.82	10.00	12	
9	豆角	1.5	8.00	5	
10	生姜	1.45	8.00	5	
11	韭菜	1.13	4.00	3	
12	冬瓜	0	5.00	#DIV/0!	
13					
14					

利用 QUOTIENT 函数求预算
除以单价的整数商，求得购
入的商品数量

分母如果指定为 0 时，预计购
买数则返回错误值 "#DIV/0!"

🐰 POINT ● TRUNC 函数也能求整数商

QUOTIENT 函数可以求除法的整数商。另外，也可使用 TRUNC 函数将数值取整，它和
QUOTIENT 函数一样，都能求除法的整除数。

相关函数

TRUNC	将数字的小数部分截去，返回整数

MOD
求两数相除的余数

计算

> 格式 → **MOD**(number, divisor)
> 参数 → number
>   被除数。当指定数值以外的文本时，返回错误值"#VALUE!"。
>   divisor
>   除数。当指定数值以外的文本时，返回错误值"#VALUE!"，如果指定为 0，
>   返回错误值"#DIV/0!"。

使用 MOD 函数可以求两数相除时的余数。例如，分子为 10，分母为 3，公式为 10/3，用 10 除以 3 得整除数 3，余数 1，MOD 函数返回余数 1。因此，在求平均分配定量的余数，或在预算范围内求购入商品后的余额时，可使用 MOD 函数。

> EXAMPLE 1　在预算范围内求购买商品后的余额

用 MOD 函数求两数相除后的余数，即可求出预算范围内买入商品后的余额。

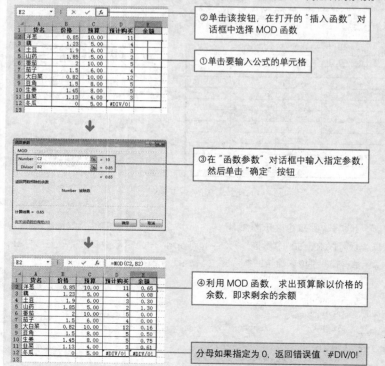

②单击该按钮，在打开的"插入函数"对话框中选择 MOD 函数

①单击要输入公式的单元格

③在"函数参数"对话框中输入指定参数，然后单击"确定"按钮

④利用 MOD 函数，求出预算除以价格的余数，即求剩余的余额

分母如果指定为 0，返回错误值"#DIV/0!"

ABS
求数值的绝对值

计算

格式 → **ABS**(number)

参数 → number

　　需要计算绝对值的实数。如果指定的是数值以外的文本，则会返回错误值
　　"#VALUE!"。

使用 ABS 函数可以求数值的绝对值。绝对值不用考虑正负问题，例如，收入"+10000"，
支出"-10000"。如果使用 ABS 函数，则收入和支出都用"10000"来表示。另外，ABS
函数注重实数的大小，不能取负值。求多个元素的绝对值时，请参照 IMABS 函数。

EXAMPLE 1　求数值的绝对值

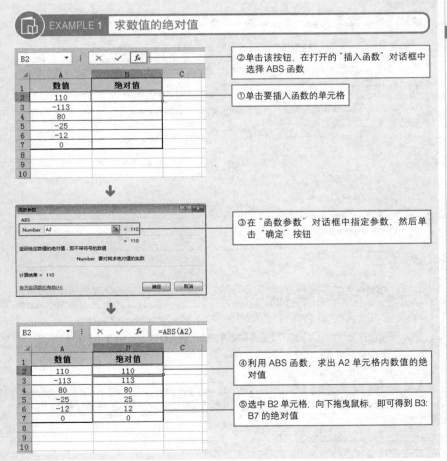

②单击该按钮，在打开的"插入函数"对话框中选择 ABS 函数

①单击要插入函数的单元格

③在"函数参数"对话框中指定参数，然后单击"确定"按钮

④利用 ABS 函数，求出 A2 单元格内数值的绝对值

⑤选中 B2 单元格，向下拖曳鼠标，即可得到 B3:B7 的绝对值

SIGN
求数值的正负号

计算

> 格式 → **SIGN(number)**
>
> 参数 → **number**
>
> 可以为任意实数。参数不能是一个单元格区域。如果参数指定为数值以外的文本，则会返回错误值 "#VALUE!"。

使用 SIGN 函数，可以求数值的正负号。当数字为正数时返回 1，为零时返回 0，为负数时返回 -1。由于 SIGN 函数的返回值为 "±1" 或者 "0"，因此可以把销售金额是否完成作为条件，判断是否完成了销售目标。

EXAMPLE 1 检查销售金额是否完成

计算销售目标和实际业绩的差值，返回计算结果的符号。

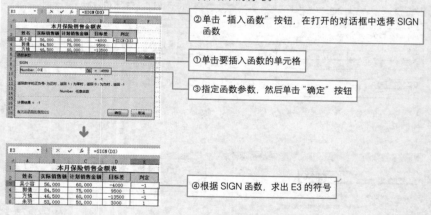

②单击 "插入函数" 按钮，在打开的对话框中选择 SIGN 函数

①单击要插入函数的单元格

③指定函数参数，然后单击 "确定" 按钮

④根据 SIGN 函数，求出 E3 的符号

😊😊 **组合技巧** | 显示目标达成情况的判定结果（SIGN+IF+COUNTIF）

把 SIGN 函数的结果作为 IF 函数的判定条件，得到文本式的显示结果。如果把 SIGN 函数的结果作为 COUNTIF 函数的检索条件，能够计算大于等于 0 的数和等于 -1 的数，并检查达到目标的件数和未达到目标的件数。

以 SIGN 函数返回的结果作为检索条件，并用文本表示判定结果 =IF(E3>=0,"目标达成","目标未达成")

GCD
求最大公约数

计算

格式 → GCD(number1, number2, ...)

参数 → number1, number2, ...

要计算最大公约数的 2 到 29 个数值。如果数值为非整数，则截尾取整。如果参数小于零，则返回错误值 "#NUM!"。如果参数为非数值型，则返回错误值 "#VALUE!"。

使用 GCD 函数，可以求两个以上的正整数的最大公约数。最大公约数是两个或两个以上的正整数的共同约数的最大值，即各因数相互分解时，各整数的相同因数的乘积。相反，两个以上正整数的相同倍数的最小值称为最小公倍数，可参照 LCM 函数求最小公倍数。

例 220 和 286 的最大公约数为它们的相同因数 2 和 11 的乘积 22。

$$220 = 2 \times 2 \times 5 \times 11$$
$$286 = 2 \times 11 \times 13$$
$$\text{最大公约数} = 2 \times 11$$

EXAMPLE 1 求最大公约数

指定正整数数值。如果数值是相邻单元格的多个数值时，也可按照 A2:C2 的格式指定为单元格区域。

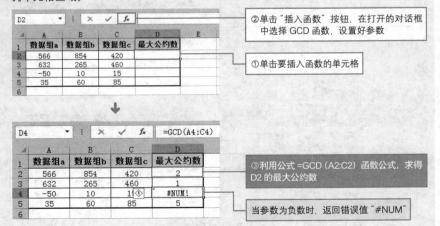

②单击"插入函数"按钮，在打开的对话框中选择 GCD 函数，设置好参数

①单击要插入函数的单元格

③利用公式 =GCD (A2:C2) 函数公式，求得 D2 的最大公约数

当参数为负数时，返回错误值 "#NUM"

POINT ● 元素相互间的关系

最大公约数为 1 时，各元素间没有相同的因数。

LCM
求最小公倍数

格式 → **LCM(number1, number2, ...)**

参数 → number1, number2, ...

要计算最小公倍数的 2 到 29 个参数。如果参数为非数值型，则返回错误值 "#VALUE!"。如果有任何参数小于 0，则返回错误值 "#NUM!"。

使用 LCM 函数可以求两个以上正整数的最小公倍数。如下所示，最小公倍数为两个或两个以上的正整数中相同倍数的最小值，即分解各因数时所有因数的乘积，相反，两个以上正整数中相同因数的最大值称为最大公约数。可参照 GCD 函数求最大公约数。

例 220 和 286 的最大公约数为它们的相同因数 2 和 11 的乘积 22。

$$220=2\times2\times5\times11$$
$$286=2\times\qquad11\times13$$
最小公倍数 $=2\times2\times5\times11\times13$

EXAMPLE 1 求最小公倍数

指定正整数数值。数值参数如果是相邻单元格的多个数值时，也可按照 A2:C2 的格式指定为单元格区域。

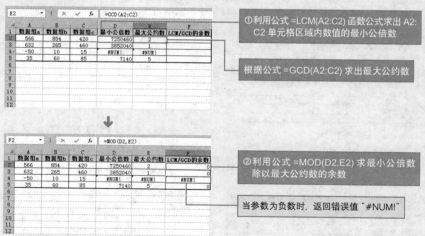

①利用公式 =LCM(A2:C2) 函数公式求出 A2:C2 单元格区域内数值的最小公倍数

根据公式 =GCD(A2:C2) 求出最大公约数

②利用公式 =MOD(D2,E2) 求最小公倍数除以最大公约数的余数

当参数为负数时，返回错误值 "#NUM!"

POINT ● **最小公倍数是最大公约数的整数倍**

MOD 函数是用来求两数相除后余数的一种函数。从 F 列的 MOD 函数结果中可以看到，用最小公倍数除以最大公约数后余数为 0，即最小公倍数是最大公约数的整数倍。

SERIESSUM
用幂级数求近似值

格式 → **SERIESSUM**(x, n, m, coefficients)

参数 → x

指定为幂级数的输入值。如果指定为单元格区域或者数值以外的文本，则会返回错误值"#VALUE!"。

n

指定为 x 的首项乘幂。如果指定为单元格区域或者数值以外的文本，则会返回错误值"#VALUE!"。

m

指定为级数中每一项的乘幂 n 的步长增加值。如果指定为单元格区域或者数值以外的文本，则会返回错误值"#VALUE!"。

coefficients

指定为一系列与 x 各级乘幂相乘的系数。系数指定得越多，近似值越准确。如果指定为数值以外的文本，则返回错误值"#VALUE!"。

使用 SERIESSUM 函数可以求幂级数的近似值，用下列公式表示。在闭区间 [a,b] 上，它可以是微积分函数，例如，正弦、余弦和指数函数等都可使用 SERIESSUM 函数求近似值。SERIESSUM 函数在区间 [0，b] 即在靠近原点处的展开公式如下。同样地，正弦、余弦和指数函数也可用下列展开公式求近似值。

$$SERIESSUM(x,n,m,a_1:a_i)=a_1x^n+a_2x^{n+m}+a_3x^{n+2m}+\cdots+a_ix^{n+(i-1)m}$$

$$\sin x = x - \frac{x^3}{3!} + \frac{x^5}{5!} - \frac{x^7}{7!} + \cdots = SERIESSUM(x,1,2,\{1,-\frac{1}{3!},\frac{1}{5!},-\frac{1}{7!},\cdots\})$$

$$\cos x = 1 - \frac{x^2}{2!} + \frac{x^4}{4!} - \frac{x^6}{6!} + \cdots = SERIESSUM(x,0,2,\{0,-\frac{1}{2!},\frac{1}{4!},-\frac{1}{6!},\cdots\})$$

$$e^x = 1 + x + \frac{x^2}{2!} + \frac{x^3}{3!} + \frac{x^4}{4!} + \cdots = SERIESSUM(x,0,1,\{0,1,\frac{1}{2!},\frac{1}{3!},\frac{1}{4!},\cdots\})$$

EXAMPLE 1 | 用幂级数求自然对数的底 e 的近似值

将自然对数的底 e 代入展开的公式中，求它的近似值。e 相当于指数函数 e^x 中的 x=1。按照公式，幂级数的输入值 x=1，首项乘幂 n=0，步长值 m=1 时，系数为 {0,1,1/2!,1/3!,…,1/n!}。此处的系数是指定到第 14 项的单元格。

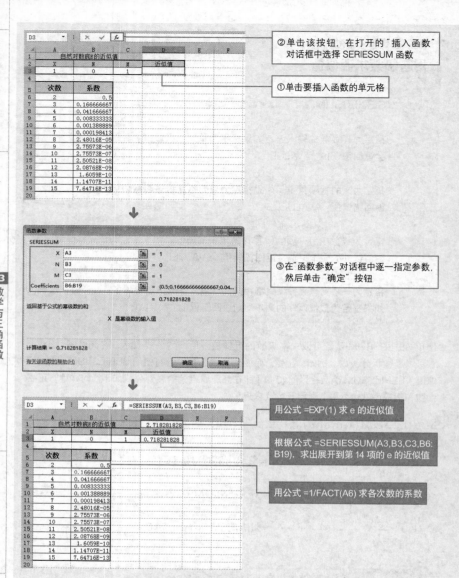

②单击该按钮，在打开的"插入函数"对话框中选择 SERIESSUM 函数

①单击要插入函数的单元格

③在"函数参数"对话框中逐一指定参数，然后单击"确定"按钮

用公式 =EXP(1) 求 e 的近似值

根据公式 =SERIESSUM(A3,B3,C3,B6:B19)，求出展开到第 14 项的 e 的近似值

用公式 =1/FACT(A6) 求各次数的系数

🖐 POINT ● 使用 SERIESSUM 函数的注意事项

使用 SERIESSUM 函数时，要提前求出各项系数。在 EXAMPLE 1 中的 EXP 函数，是用指数函数求以 e 为底的乘幂。而 FACT 函数是求阶乘的函数。

相关函数	
EXP	求自然对数的乘幂
FACT	求数值的阶乘

RAND

返回大于等于 0 及小于 1 的均匀分布随机数

随机数

格式 → RAND()

参数 → 不指定任何参数。在单元格或编辑栏内直接输入函数 =RAND() 即可。如果参数指定文本或者数字，则会出现"输入的公式中包含错误"的信息。

使用 RAND 函数可在大于等于 0 及小于 1 的范围内产生随机数。此处所说的随机数如"0.523416"是无规则的数值。

RAND 函数在下列情况中会产生新的随机数。

1. 打开文本的时候。
2. 单元格内的内容发生变化时。
3. 按 F9 键或者 Shift+F9 键时。
4. 执行菜单栏中的"工具 > 选项"命令，弹出"选项"对话框，在"重新计算"选项卡中单击"重算所有文档"按钮，或者单击"重算活动工作表"按钮时。

在 RAND 函数中，由于打开文档时随机数会被更新，所以无论修改多少次，在关闭文档时，都会出现"是否保存对文件名 .xls 的更改？"的提示框。

📁 **EXAMPLE 1**　在指定范围内产生随机数

在通常情况下使用 RAND 函数，都会在大于等于 0 及小于 1 的范围内产生随机数，如果公式是"=RAND()*(b-a)+a"，则会在大于等于 a 小于 b 的范围内产生随机数。

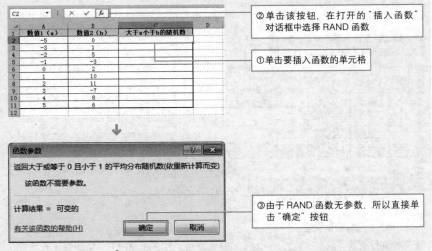

03
数学与三角函数

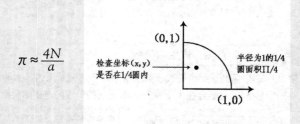

	A	B	C	D
	数值1（a）	数值2（b）	大于a小于b的随机数	
2	-5	0	-1.115702129	
3	-3	1	-0.700211137	
4	-2	5	-1.367607422	
5	-1	-3	-1.420699302	
6	0	2	0.415156976	
7	1	10	8.828812825	
8	2	11	7.14004552	
9	3	-7	-3.619440939	
10	4	8	6.053790603	
11	5	6	5.203669506	
12				

C2 =RAND()*(B2-A2)+A2

④在公式编辑栏中直接输入 RAND()* (B2-A2)+A2，得出 C2 的结果

选中 C2 单元格，向下拖曳鼠标复制求出实数随机数

POINT ● 使用 RAND 函数使实数产生随机数

RAND 函数可使实数在任意范围内产生随机数。如果要在任意范围内使整数发生随机数，可参照 RANDBETWEEN 函数。

EXAMPLE 2 求圆周率 π 的近似值

使用 RAND 函数，求圆周率 π 的近似值。在半径为 1 的 1/4 圆周上随意画点，判断画的点有几个在 1/4 圆周内。当点为 n 的时候，圆周率 π 的值近似于如下方程式。此例中表示任意点的坐标 (x，y)，通过随机抽取获得。

$$\pi \approx \frac{4N}{a}$$

检查坐标(x, y) 是否在1/4圆内

(0,1)

半径为1的1/4 圆面积 π/4

(1,0)

用公式 =RAND() 求 x 坐标的随机数

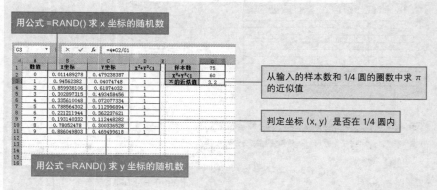

	A	B	C	D	E	F	G
1	数值	x坐标	y坐标	x²+y²<1		样本数	75
2	0	0.011489278	0.479238387	1		x²+y²<1	60
3	1	0.94562382	0.04074748	1		π 的近似值	3.2
4	2	0.859938106	0.61874032	1			
5	3	0.302897315	0.493458456	1			
6	4	0.335610048	0.072077334	1			
7	5	0.788564302	0.112996894	1			
8	6	0.221211944	0.362237621	1			
9	7	0.193140332	0.112448282	1			
10	8	0.78052478	0.300336528	1			
11	9	0.886049803	0.469499618	1			
12							
13							
14							
15							
16							

G3 =4*C2/G1

从输入的样本数和 1/4 圆的圈数中求 π 的近似值

判定坐标 (x，y) 是否在 1/4 圆内

用公式 =RAND() 求 y 坐标的随机数

POINT ● 蒙特卡罗法

使用随机数求近似解的计算方法，称为蒙特卡罗法。在 EXAMPLE 2 中的样本数是 100 个，使用随机数，进一步得出相近的样本数据，计算更接近圆周率的近似值。

RANDBEWEEN
产生整数的随机数

格式 → **RANDBETWEEN(bottom,top)**

参数 → **bottom**

bottom 是将返回的最小整数。Top 是将返回的最大整数。若 bottom 数值比 top 值大，则返回错误值 "#NUM!"。若参数为数值以外的文本，或是单元格区域，则会返回错误值 "#VALUE!"。若两者的参数都为小数，则截尾取整。

用 RANDBETWEEN 函数可在任意范围内产生整数的随机数。随机数指无规则的数值。RANDBETWEEN 函数在下列情况会产生新的随机数。

1. 打开文本的时候。
2. 单元格内的内容发生变化时。
3. 按 F9 键或者组合键 Shift+F9 时。
4. 执行菜单栏中的"工具 > 选项"命令，弹出"选项"对话框，在"重新计算"选项卡中单击"重算所有文档"按钮，或者单击"重算活动工作表"按钮时。

在 RANDBETWEEN 函数中，由于打开文本时会更新新的随机数，因此无论更改多少次，在关闭文本时，总会出现"是否保存文件名 .xls 的更改"的提示框。

EXAMPLE 1 根据产生的随机数决定当选者

在指定的范围内产生随机数，决定当选者。

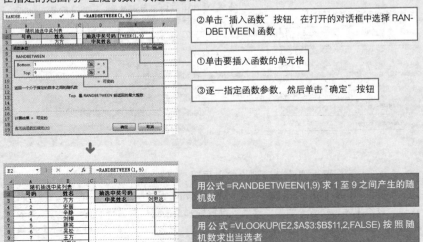

②单击"插入函数"按钮，在打开的对话框中选择 RANDBETWEEN 函数

①单击要插入函数的单元格

③逐一指定函数参数，然后单击"确定"按钮

用公式 =RANDBETWEEN(1,9) 求 1 至 9 之间产生的随机数

用公式 =VLOOKUP(E2,$A$3:$B$11,2,FALSE) 按照随机数求出当选者

PI

求圆周率的近似值

格式 → PI()

参数 → 不指定任何参数。在单元格或公式编辑栏内直接输入函数 "=PI()"。若指定文本或者数值等值为参数,则会出现 "输入的公式中包含错误" 的信息。

使用 PI 函数可求圆周率的近似值。圆周率 π 是用圆的直径除以圆周长所得的无理数。π=3.14159265358979323846,可无限延伸,PI 函数精确到小数点后第 15 位。在 Excel 中,使用圆周率进行计算可能会产生误差。PI 函数不指定参数。

EXAMPLE 1　求圆周率的近似值

下面我们来求圆周率的近似值。

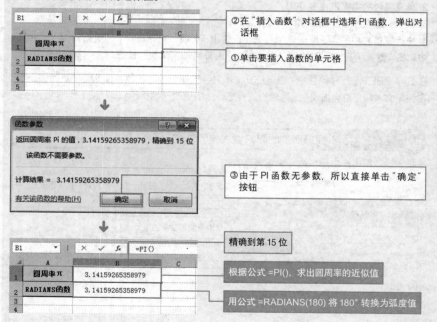

POINT ● 圆周率近似值精确到小数点后第 15 位

圆周率的近似值可精确到小数点后第 15 位,单击 "开始" 选项卡中的 "格式" 按钮,选择 "设置单元格格式" 选项,弹出 "设置单元格格式" 对话框,在 "分类" 列表框中选择 "数值",然后将 "小数位数" 设定为 14。另外,也可以使用 RADIANS 函数求圆周率的近似值,但使用 PI 函数求圆周率的近似值更简单。

SQRT

求正数的平方根

格式 → **SQRT(number)**

参数 → number

需要计算平方根的数。如果参数为负数，则返回错误值"#NUM!"。如果
参数为数值以外的文本，则返回错误值"#VALUE!"。

使用 SQRT 函数可求正数的正平方根。数值的平方根有正负两个。SQRT 函数求的是正
平方根。可使用算术运算符 ^ 代替函数 SQRT 来求平方根，如 "=x^0.5"，也可使用
POWER 函数求平方根。另外，求复数的平方根用 IMSQRT 函数。

$$SQRT(x)= \sqrt{x} =POWER(x,0.5)=x^0.5 \qquad 其中，x\geqslant 0，\sqrt{x}\geqslant 0。$$

 EXAMPLE 1 求数值的平方根

下面我们用 SQRT 函数求各数值的正平方根。

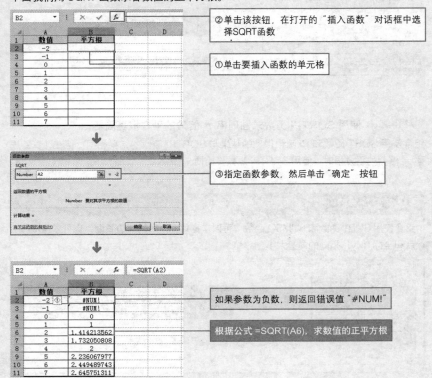

②单击该按钮，在打开的"插入函数"对话框中选择SQRT函数

①单击要插入函数的单元格

③指定函数参数，然后单击"确定"按钮

如果参数为负数，则返回错误值"#NUM!"

根据公式 =SQRT(A6)，求数值的正平方根

03 数学与三角函数

SQRTPI

求圆周率 π 的倍数的平方根

格式 ➡ **SQRTPI(number)**

参数 ➡ **number**

指用来与 π 相乘的数。如果该数为负，则会返回错误值"#NUM!"；如果参数为数值以外的文本，则会返回错误值"#VALUE!"。

使用 SQRTPI 函数，可按照下列公式求圆周率 π 的倍数的正平方根。通常情况下，平方根有正负两个值，但 SQRTPI 函数求的是正平方根。在求正平方根的 SQRT 函数的参数中，使用求圆周率 π 近似值的 PI 函数的结果和 SQRTPI 函数相同。

$$SQRTPI(x) = \sqrt{x \times \pi} = SQRT(x \times PI())$$

📖 EXAMPLE 1　求圆周率 π 的倍数的平方根

下面我们用 SQRTPI 函数求圆周率 π 的倍数的平方根。

用公式 =SQRTPI(B2) 求出 √x 的值

如果参数为负数时，返回错误值"#NUM!"

✌ POINT ● 使用 SQRTPI 函数求圆周率 π 倍数的平方根更简便

组合使用 SQRT 函数和 PI 函数得到的结果与 SQRTPI 函数的结果相同，但在计算圆周率 π 倍数的平方根时，使用 SQRTPI 函数更简便。

😀😀😀 组合技巧 ▏ 求连接原点和坐标 (x,y) 指向的向量大小

组合使用 SQRT 函数和 SUMSQ 函数，可以求直角三角形的斜边长度，也可求连接原点和坐标 (x,y) 指向的向量大小。

利用公式 =SQRT(SUMSQ(A2，B2)) 求数值平方和的正平方根

FACT
求数值的阶乘

组合

格式 → **FACT(number)**

参数 → **number**

　　要计算阶乘的非负数。如果参数不是整数，则需要截尾取整。如果参数为负数，则会返回错误值"#NUM!"，如果参数为数值以外的文本，则会返回错误值"#VALUE!"。

使用 FACT 函数可求数值的阶乘。所谓阶乘，即依顺序从指定的整数到 1 相乘。如 [5!]，在整数后面加!符号。阶乘是按顺序组合并进行准确计算。求整数 n 阶乘的公式如下。

$$FACT(n)=n!=n×(n-1)×(n-2)×\cdots×2×1$$

其中, n 为正整数, 且 0!=1。

EXAMPLE 1　求数值的阶乘

下面我们用 FACT 函数求数值的阶乘。

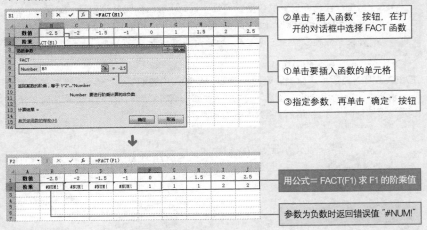

②单击"插入函数"按钮，在打开的对话框中选择 FACT 函数

①单击要插入函数的单元格

③指定参数，再单击"确定"按钮

用公式= FACT(F1) 求 F1 的阶乘值

参数为负数时返回错误值"#NUM!"

EXAMPLE 2　使用数值的阶乘求排列

从 10 个号码中选出 3 个号码，虽然取出的数值组合会一样，但是取出的顺序会不同，这就是排列。在数学中，通常用如下公式表示。

$$nPr = \frac{n!}{(n-r!)} = \frac{FACT(n)}{FACT(n-r)}$$

其中，n 为数量，r 为抽取数量。

| B5 | | ▼ | : | × | ✓ | fx | =FACT(A3) |

	A	B	C	D
1	从10个中奖号码中选择4个号码，按排序排列数			
2	中奖号码序号	取出号码	排序	
3	5	3	60	
4	排列计算			
5	分子	120		
6	分母	2		

用公式 =B5/B6，求排列的方法数

用公式 =FACT(A3) 求排列公式的分子

用公式 =FACT(A3-B3) 求排列公式的分母

COMBIN
求组合数

组合

格式 → COMBIN(number, number_chosen)

参数 → number

对象的总数量。如果参数为小数，则需截尾取整。如果 number<0 或 number<number_chosen，则会返回错误值"#NUM!"。如果参数为数值以外的文本，则会返回错误值"#VALUE!"。

number_chosen

为每一组合中对象的数量。如果参数为小数，则需截尾取整。如果 number_chosen<0 或 number_chosen>number，则会返回错误值"#NUM!"。如果参数为数值以外的文本，则会返回错误值"#VALUE!"。

使用COMBIN函数可求数据组合数。例如，从10人中选取3人，在不考虑顺序的情况下，求所有可能的组合数。不需考虑抽取顺序时，使用组合；而需考虑顺序时，使用排列。求排列时，可参照统计函数中的PERMUT函数。

$$COMBIN(n,k) = {}_nC_k = \frac{n!}{k!(n-k)!}$$

其中，n 为总数，k 为抽取数量。

$$(a+b)^n = \sum_n C_k \cdot a^{n-k}b^n = {}_nC_0 a^n + {}_nC_1 a^{n-1}b + \cdots + {}_nC_{n-1} \cdot ab^{n-1} + {}_nC_n \cdot b^n$$

$$= COMBIN(n,0)a^n + COMBIN(n,1)a^{n-1}b + \cdots + COMBIN(n,n-1)ab^{n-1} + COMBIN(n,n)b^n$$

📖 EXAMPLE 1　从 60 个号码中抽取 5 个号码的组合数

求从 60 个号码中抽取 5 个号码的组合数。

138 ○ SECTION 02 ● 数学与三角函数 ● 组合

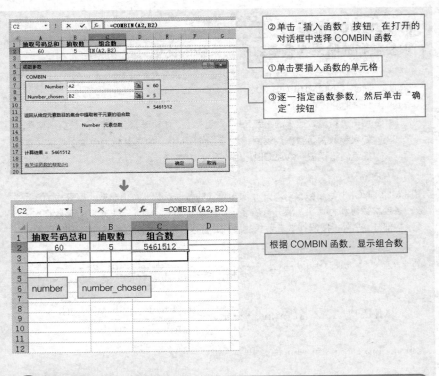

② 单击"插入函数"按钮，在打开的对话框中选择 COMBIN 函数

① 单击要插入函数的单元格

③ 逐一指定函数参数，然后单击"确定"按钮

根据 COMBIN 函数，显示组合数

EXAMPLE 2　求二项系数

$(a+b)^3$ 是含有 a 和 b 三次二项式的方程，用 COMBIN 函数可以求展开它的各项系数。展开式如下，各项次数变为 3 个 a 和 b 的 4 个组合数。

$$(a+b)^3={}_3C_0a^3+{}_3C_1a^2b+{}_3C_2ab^2+{}_3C_3b^3$$

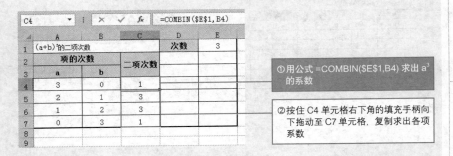

① 用公式 =COMBIN($E$1,B4) 求出 a^3 的系数

② 按住 C4 单元格右下角的填充手柄向下拖动至 C7 单元格，复制求出各项系数

POINT ● 使用 FACT 函数也能求组合

COMBN 函数使用阶乘表示组合，所以求数值的阶乘的 FACT 函数也能求组合数。

MULTINOMIAL
求参数和的阶乘与各参数阶乘乘积的比值

格式 ➜ **MULTINOMIAL**(number1, number2, ...)

参数 ➜ number1, number2, ...

用于进行函数运算的 1 到 29 个数值参数。如果参数为小数,则需截尾取整。
如果参数为负数,则返回错误值"#NUM!",如果参数为数值以外的文本,
则返回错误值"#VALUE!"。

使用 MULTINOMIAL 函数,求展开 n 次多项式的各项系数。数值参数为展开式的各项次
数。各项次数总和为 n 次。展开 n 次多项式的公式如下,MULTINOMIAL 函数相当于各
项系数部分。另外,按照 n 次二项式的展开公式求各项系数,可参照 COMBIN 函数。

$$(a_1+a_2+\cdots+a_{k-1}+a_k)^n = \sum \frac{(n_1+n_2+\cdots+n_{k-1}+n_k)!}{n_1!n_2!+\cdots n_{k-1}!n_k!} a_1^{n_1} a_2^{n_2} \cdots a_{k-1}^{n_{k-1}} a_k^{n_k}$$

$$MULTINOMIAL(n_1,n_2,\cdots n_{29}) = \frac{(n_1+n_2+\cdots+n_{k-1}+n_k)!}{n_1!n_2!\cdots n_{k-1}!n_k!}$$

其中,$n_1+n_2+\cdots+n_{k-1}+n_k=n$。

EXAMPLE 1 求多项系数

下面,我们使用 MULTINOMIAL 函数求展开二次四项式 $(a_1+a_2+a_3)^2$ 的各项系数。

D3			fx	=MULTINOMIAL(A3, B3, C3)		
	A	B	C	D	E	F
1	$(a_1+a_2+a_3)^2$的各项系数。					
2	a^1	a^2	a^3	系数		
3	0	0	0	1		
4	0	1	2	3		
5	3	1	0	4		
6	4	2	3	1260		
7	1	1	0	2		
8	1	0	2	3		
9	2	1	0	3		
10						
11						

用公式 =MULTINOMIAL(A3, B3, C3) 求 a 项的系数

求各项系数。此外,使用求数值阶乘的 FACT 函数也能求各项系数

RADIANS
将角度转换为弧度

三角函数

格式 → **RADIANS(angle)**

参数 → **angle**

需要转换为弧度的角度，参数是角度单位。如果参数为数值以外的文本，则会返回错误值"#VALUE!"。

使用RADIANS函数，将0°~360°的角度单位转换为0~2π的弧度单位。在以原点为中心，半径为1的单位圆中，从坐标（1，0）开始逆时针旋转一周，圆的中心角θ在0°~360°之间发生变化，弧长L在0~2π之间发生变化。因为中心角θ和弧长L为1:1的关系。所以在三角函数中，把弧长变化作为角度来处理，此时，中心角θ的单位为弧长单位，中心角θ为1时，弧长为1弧度（约57.3°）。

$$2 \cdot \pi = 360° \qquad 1弧度 = \frac{180°}{\pi}$$

其中，π 表示圆周率，近似值大约为 3.141593。

> EXAMPLE 1　将角度转换为弧度

在圆周上的 ±n 周和角度 ±2nπ 弧度间发生变化。

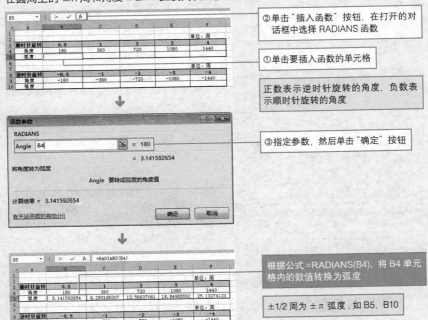

②单击"插入函数"按钮，在打开的对话框中选择 RADIANS 函数

①单击要插入函数的单元格

正数表示逆时针旋转的角度，负数表示顺时针旋转的角度

③指定参数，然后单击"确定"按钮

根据公式 =RADIANS(B4)，将 B4 单元格内的数值转换为弧度

±1/2 周为 ±π 弧度，如 B5、B10

DEGREES
将弧度转换为角度

格式 → **DEGREES(angle)**

参数 → angle

待转换的弧度角，如果参数为数值以外的文本，返回错误值"#VALUE!"。

使用 DEGREES 函数，将 0~2π 间的弧度单位转换为 0°~360° 的角度单位。在以原点为中心，半径为 1 的圆周上，从坐标 (1, 0) 开始沿圆周逆时针旋转 1 周，弧长在 0~2π 间发生变化，圆中心角 θ 在 0°~360° 间发生变化。弧长 L 和中心角 θ 的比例为 1:1，所以 1° 相当于 π/180 弧度。要将角度单位转换为弧度单位时，可参照 RADIANS 函数。

$$2 \cdot \pi = 360° \qquad 1° = \frac{\pi}{180}$$

EXAMPLE 1　将弧度单位转换为角度单位

在圆周上的 ±n 周和角度在 (360×n)°间变化。其中，符号"+"表示逆时针方向旋转的角度，符号"-"表示顺时针方向旋转的角度。

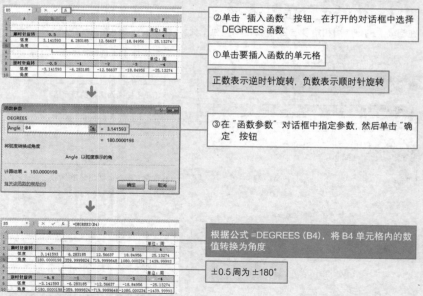

②单击"插入函数"按钮，在打开的对话框中选择 DEGREES 函数

①单击要插入函数的单元格

正数表示逆时针旋转，负数表示顺时针旋转

③在"函数参数"对话框中指定参数，然后单击"确定"按钮

根据公式 =DEGREES(B4)，将 B4 单元格内的数值转换为角度

±0.5 周为 ±180°

POINT ● 使用 DEGREES 函数转换角度单位比较方便

将弧度单位转换为角度单位时，也可以使用求圆周率的近似值的 PI 函数，用弧度乘以"180/PI()"即可。但使用 DEGREES 函数更方便，而且意义明确。

SIN

求给定角度的正弦值

格式 → **SIN(number)**

参数 → number

指定需要求正弦的角度，以弧度表示，如果参数为数值以外的文本，则会返回错误值"#VALUE!"。

使用 SIN 函数可用弧度求正弦值。即在以原点 O 为中心，半径为 1 的圆周上，用圆周上的点 A（X,Y）中的 Y 坐标来定义，相当于 OA 向量的垂直向量。相反，水平位置上的 X 坐标为余弦，可用 COS 函数求角度的余弦。半径为 r 的正弦用下列公式表示。

$$SIN(\theta) = \frac{y}{r}$$ 其中，θ 为圆的中心角，表示 OA 向量和 X 轴的夹角。

EXAMPLE 1　求数值的正弦值

用 y/r 求正弦值，正弦值的取值范围为 −1~1。

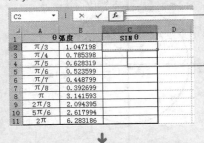

②单击"插入函数"按钮，在打开的对话框中选择 SIN 函数

①单击要插入函数的单元格

③在"函数参数"对话框中指定参数，然后单击"确定"按钮

根据公式 =SIN(B2) 求出 B2 单元格内数值的正弦

03
数学与三角函数

POINT ● 三角函数计算图例

正弦／余弦值计算图例

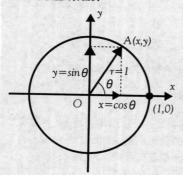

正切值计算图例

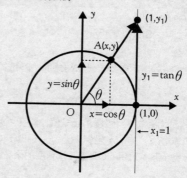

反正弦值计算图例

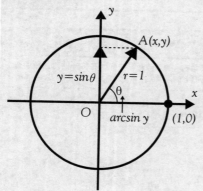

反正切值计算图例

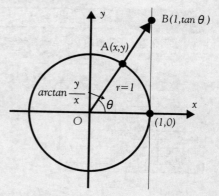

反余弦值计算图例

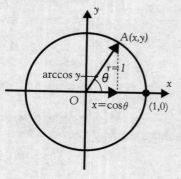

坐标的反正切值

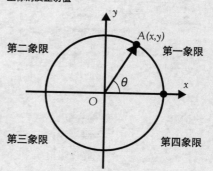

COS

求给定角度的余弦值

三角函数

格式 → **COS(number)**

参数 → number

　　　需要求余弦的角度，以弧度表示。如果参数为数值以外的文本，则会返回错误值"#VALUE!"。

使用COS函数可用弧度求余弦值。即在以原点为中心、半径为1的圆周上，用圆周上的点A(X, Y)的X坐标来定义余弦，相当于OA向量的水平向量。相反，垂直的Y坐标作为正弦，可用SIN函数求数值的正弦。另外，求半径为r的余弦用下列公式定义。

$$COS(\theta) = \frac{x}{r}$$ 　　　其中，θ为圆的中心角，表示OA向量和X轴的夹角。

EXAMPLE 1　求数值的余弦值

用 x/r 求正弦值，即使圆旋转无数周，它还是在 x 轴上，并在 −1~1 范围内周期性重复。

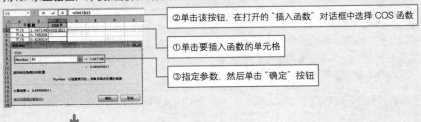

②单击该按钮，在打开的"插入函数"对话框中选择 COS 函数

①单击要插入函数的单元格

③指定参数，然后单击"确定"按钮

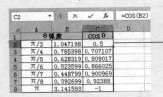

根据公式 =COS(B2)，求出 B2 单元格内数值的余弦

😊😊 **组合技巧 | COS 函数的参数使用角度单位（COS+RADIANS）**

组合使用 COS 函数和 RADIANS 函数，可以用角度单位表示 COS 函数的参数。

用公式 =COS(RADIANS(A2)) 将角度转换为弧度，并求它的余弦

TAN
求给定角度的正切值

三角函数

格式 → **TAN(number)**

参数 → number

需要求正切的角度，以弧度表示。如果参数为数值以外的文本，则返回错误值 "#VALUE!"。

使用 TAN 函数可用弧度单位求正切值。它是以原点为中心、半径为 1 的圆周上的点 A(X,Y) 的 x 坐标和 y 坐标的比值来定义正切。由于 x 坐标为余弦，y 坐标为正弦，所以正切用下列公式表示。关于正弦和余弦的计算方法，可参照 SIN 函数和 COS 函数。

根据正切公式，水平向量 X1 为 1 时，正切变为垂直向量 Y1。

$$TAN(\theta) = \frac{y}{x} = \frac{sin\theta}{cos\theta}$$ 其中，θ 为圆的中心角，表示 OA 向量和 x 轴的夹角。

> **EXAMPLE 1** 用弧度单位求正切

根据公式，圆周上的坐标在 y 轴上时，即当它的数值为 ±π/2 弧度时，分母为 0，正切值在 [−∞] ~ [+∞] 范围内变化。符号 "+" 表示逆时针方向旋转的角度。符号 "−" 表示顺时针方向的旋转角度。

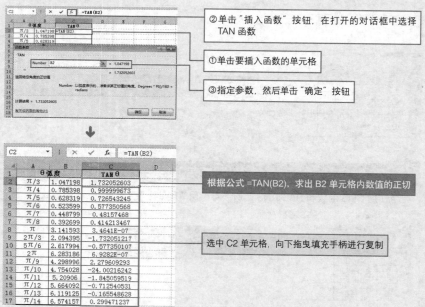

②单击 "插入函数" 按钮，在打开的对话框中选择 TAN 函数

①单击要插入函数的单元格

③指定参数，然后单击 "确定" 按钮

根据公式 =TAN(B2)，求出 B2 单元格内数值的正切

	θ弧度	TAN θ	
2	π/3	1.047198	1.732052603
3	π/4	0.785398	0.999999673
4	π/5	0.628319	0.726543245
5	π/6	0.523599	0.577350568
6	π/7	0.448799	0.48157468
7	π/8	0.392699	0.414213467
8	π	3.141593	3.4641E-07
9	2π/3	2.094395	-1.732051217
10	5π/6	2.617994	-0.577350107
11	2π	6.283186	6.9282E-07
12	π/9	4.298996	2.279609293
13	π/10	4.754028	-24.00216242
14	π/11	5.20906	-1.845059519
15	π/12	5.664092	-0.712540531
16	π/13	6.119125	-0.165548628
17	π/14	6.574157	0.299471237

选中 C2 单元格，向下拖曳填充手柄进行复制

ASIN
求数值的反正弦值

格式 → **ASIN**(number)

参数 → number

角度的正弦值，必须介于 −1~1 间，是 SIN 函数的最小值到它的最大值。如果参数为超过此范围的数值，则返回错误值"#NUM!"，如果参数为数值以外的文本，则会返回错误值"#VALUE!"。

使用 ASIN 函数可用弧度单位求数值的反正弦值。反正弦是 SIN 函数的反函数。正弦函数用半径为 1 的圆周上的点 A (x,y) 和原点 O 而组合的 OA 向量的垂直向量（y 坐标）来表示，而反正弦函数用 OA 向量与 y 轴形成的夹角表示。另外，半径为 r 的反正弦用下列公式表示。

$$ASIN(\frac{y}{r}) = \theta \quad 其中，SIN(\theta) = \frac{y}{r} \quad -1 \le \frac{y}{r} \le 1$$

EXAMPLE 1　求数值的反正弦值

在 y 轴上，正弦值在 −1~1 范围内发生变化，反正弦值在 −π/2~π/2 弧度范围内发生变化。返回值为整数时，表示逆时针旋转的角度，为负值则表示顺时针旋转的角度。

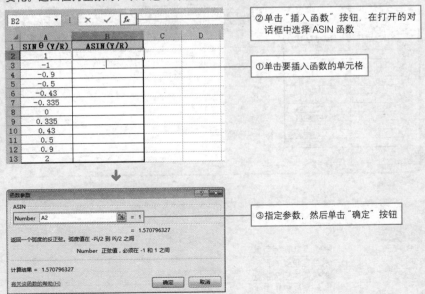

②单击"插入函数"按钮，在打开的对话框中选择 ASIN 函数

①单击要插入函数的单元格

③指定参数，然后单击"确定"按钮

B2	▼	:	×	✓	fx	=ASIN(A2)		

▲	A	B	C	D
1	SINθ(Y/R)	ASIN(Y/R)		
2	1	1.570796327		
3	−1	−1.570796327		
4	−0.9	−1.119769515		
5	−0.5	−0.523598776		
6	−0.43	−0.444492777		
7	−0.335	−0.34160523		
8	0	0		
9	0.335	0.34160523		
10	0.43	0.444492777		
11	0.5	0.523598776		
12	0.9	1.119769515		
13	2	#NUM!		
14				
15				

用公式 =ASIN（A2），求出 A2 单元格内数值的反正弦值

选中B2单元格，将其向下复制。如果参数超过−1到1的范围，则返回错误值"#NUM!"

✌ POINT ● ASIN 函数的返回值

例如，"sin θ =0.707（1/√2）" 对应的 θ 角为 "π/(4+2n)" 和 "3π/(4±2n)"(n为整数)，那么其对应的反正弦值则有多个，但在ASIN函数中，参数的返回值只能对应一个值。ASIN函数的返回值范围为 −π/2～π/2。如果将返回值转换为角度单位时，需乘以"180/PI()"，或者使用DEGREES函数转换。

☺☺ 组合技巧｜将 ASIN 函数的返回值转换为角度单位（ASIN+DEGREES）

组合是使用 ASIN 函数与 DEGREES 函数，可以将 ASIN 函数的返回值用角度单位表示。

B2	▼	:	×	✓	fx	=DEGREES(ASIN(A2))

▲	A	B	C	D
1	SINθ(Y/R)	ASIN(Y/R)		
2	1	90		
3	−1	−90		
4	−0.9	−64.15806724		
5	−0.5	−30		
6	−0.43	−25.46756014		
7	−0.335	−19.57253794		
8	0	0		
9	0.335	19.57253794		
10	0.43	25.46756014		
11	0.5	30		
12	0.9	64.15806724		
13	2	#NUM!		
14				
15				

②用公式 =DEGREES(ASIN(A2)) 将弧度单位的反正弦值转换为角度单位

①单击要插入函数的单元格

相关函数	
DEGREES	将弧度转换为角度
SIN	求给定角度的正弦值
ACOS	求数值的反余弦值
ATAN	求数值的反正切值
ATAN2	求坐标的反正切值

ACOS
求数值的反余弦值

格式 → **ACOS(number)**

参数 → number

角度的余弦值，必须介于 −1~1 之间，是 COS 函数的最小值到最大值。如果参数为超过此范围的数值，则返回错误值"#NUM!"；如果参数为数值以外的文本时，则会返回错误值"#VALUE!"。

使用 ACOS 函数可用弧度单位求数值的反余弦值。反余弦是 COS 函数的反函数。余弦函数用半径为 1 的圆周上的点 A (x,y) 和原点 O 结合的 OA 向量的水平向量（x 坐标）来表示，而反余弦函数用 OA 向量和 x 轴形成的夹角 θ 表示。另外，半径为 r 的反余弦用下列公式表示。

$$ACOS(\frac{x}{r})=\theta \quad 其中，COS(\theta)= \frac{x}{r} \quad -1 < \frac{x}{r} < 1 。$$

📄 EXAMPLE 1　求数值的反余弦值

余弦在 x 轴上，并在 −1~1 范围内发生变化，反余弦在 π~0 弧度范围内发生变化。

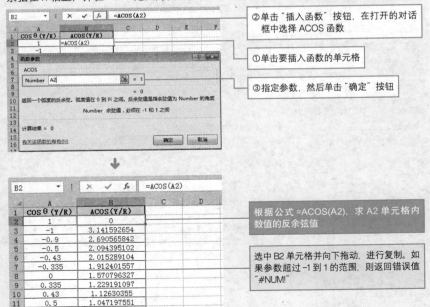

②单击"插入函数"按钮，在打开的对话框中选择 ACOS 函数

①单击要插入函数的单元格

③指定参数，然后单击"确定"按钮

根据公式 =ACOS(A2)，求 A2 单元格内数值的反余弦值

选中 B2 单元格并向下拖动，进行复制。如果参数超过 −1 到 1 的范围，则返回错误值"#NUM!"

03

数学与三角函数

ATAN
求数值的反正切值

格式 → **ATAN**(number)
参数 → number
　　　角度的正切值。如果参数为数值以外的文本，则会返回错误值"#VALUE!"。

使用ATAN函数可用弧度单位求数值的反正切值。反正切是TAN函数的反函数。正切是求以原点为中心的圆周上的点A (x,y) 的x坐标和y坐标的比值，反正切是求OA向量和x轴形成的角。反正切用如下公式表示。

$$ATAN(\frac{y}{x}) = \theta \quad 其中，TAN(\theta) = \frac{y}{x} 。$$

EXAMPLE 1 求数值的反正切值

正切值在 [– ∞] ～ [∞] 范围内发生变化，反正切值在 - π/2 ～ π/2 范围内发生变化。返回值为正数时，表示逆时针旋转的角度，为负数时则表示顺时针旋转的角度。

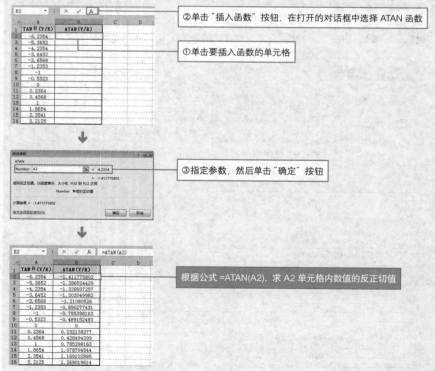

②单击"插入函数"按钮，在打开的对话框中选择 ATAN 函数

①单击要插入函数的单元格

③指定参数，然后单击"确定"按钮

根据公式 =ATAN(A2)，求 A2 单元格内数值的反正切值

ATAN2
求坐标的反正切值

三角函数

格式 → ATAN2(x_num, y_num)

参数 → x_num

点的 X 坐标。如果参数为数值以外的文本，则会返回错误值 "#VALUE!"。

y_num

点的 Y 坐标。如果参数为数值以外的文本，则会返回错误值 "#VALUE!"。

使用 ATAN2 函数可求指定点 A (x,y) 的反正切值。同样可以求反正切值的函数还有 ATAN 函数。ATAN2 函数和 ATAN 函数的关系可用下列公式表达。两者之间的不同之处在于：ATAN 函数返回 y/x 值，即反正切值，而 ATAN2 函数是求给定的 x 及 y 坐标值的反正切值。而且，ATAN 函数的返回值在 -π/2~π/2 范围内，而 ATAN2 函数则是根据指定的坐标，求从第一象限到第四象限间的反正切值。

$$ATAN2(x,y) = ATAN(\frac{y}{x}) = \theta \qquad 其中，TAN(\theta) = \frac{y}{x}。$$

03
数学与三角函数

📖 EXAMPLE 1 求坐标的反正切值

如果 x 坐标和 y 坐标都为 0，则 ATAN2 会返回错误值 "#DIV/0"。返回值为正数时，表示逆时针旋转的角度，为负数时，表示顺时针旋转的角度。

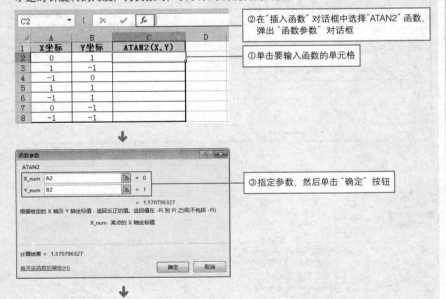

②在"插入函数"对话框中选择"ATAN2"函数，弹出"函数参数"对话框

①单击要输入函数的单元格

③指定参数，然后单击"确定"按钮

C2			✗ ✓	f_x	=ATAN2(A2,B2)	

▲	A	B	C	D
1	X坐标	Y坐标	ATAN2(X,Y)	
2	0	1	1.570796327	
3	1	-1	-0.785398163	
4	-1	0	3.141592654	
5	1	1	0.785398163	
6	-1	1	2.35619449	
7	0	-1	-1.570796327	
8	-1	-1	-2.35619449	
9				
10				
11				
12				
13				

根据公式 =ATAN2(A2,B2)，求坐标的反正切值

选中 C2 单元格，向下拖曳填充手柄进行复制，求第一象限至第四象限的反正切值

☝ POINT ● ATAN2 函数的返回值

指定坐标 (x,y) 的反正切返回值在 $-\pi \sim \pi$ 范围内，但不包括 $-\pi$。因为坐标 (-x，0)（x 为正数）对应的反正切值为 "$\pm\pi$"，所以坐标返回值必须控制在一个范围内。如果要将返回值从弧度转换到角度，需乘以 "180/PI()"，或者使用 DEGREES 函数转换。

☺☺ 组合技巧 | 将 ATAN2 函数的返回值转换为角度单位 (ATAN2+DEGREES)

组合使用 ATAN2 函数和 DEGREES 函数，能够将 ATAN2 函数的返回值转换为角度单位。

C2			✗ ✓	f_x	=DEGREES(ATAN2(A2,B2))	

▲	A	B	C	D	E
1	X坐标	Y坐标	ATAN2(X,Y)		
2	0	1	90		
3	1	-1	-45		
4	-1	0	180		
5	1	1	45		
6	-1	1	135		
7	0	-1	-90		
8	-1	-1	-135		

用公式 =DEGREES(ATAN2(A2,B2)) 将弧度单位反正切值转换到角度单位

相关函数

DEGREES	将弧度转换为角度
TAN	求给定角度的正切值
ATAN	返回数字的反正切值
ASIN	返回数字的反正弦值
ACOS	返回数字的反余弦值

SINH
求数值的双曲正弦值

格式 → **SINH**(number)

参数 → number

需要求双曲正弦的任意实数，用弦度单位来表示。如果参数为数值以外的文本，则返回错误值"#VALUE!"。

使用 SINH 函数可用弦度单位求数字的双曲正弦值。双曲正弦的公式如下。

$$SINH(x) = \sinh(x) = \frac{e^x - e^{-x}}{2}$$

在对复数应用双曲线函数和三角函数的情况下，复数的虚部用双曲正弦表示。IMSIN 函数可以用来求复数的正弦值，具体内容见本书的工程函数部分。

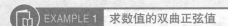
EXAMPLE 1　求数值的双曲正弦值

根据公式，SINH 函数的图像相对原点对称。

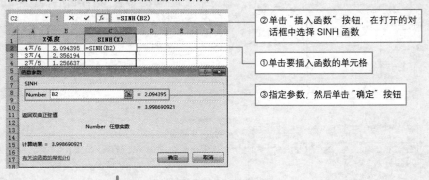

②单击"插入函数"按钮，在打开的对话框中选择 SINH 函数

①单击要插入函数的单元格

③指定参数，然后单击"确定"按钮

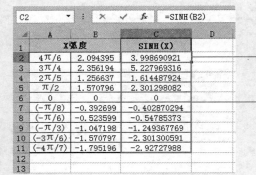

根据公式 =SINH(B2)，求出 B2 单元格数值的双曲正弦值

选中 C2 单元格，向下拖曳鼠标进行 C3: C11 的单元格复制

COSH
求数值的双曲余弦值

格式 → **COSH(number)**

参数 → number

> 需要求双曲余弦的任意实数，用弧度单位来表示。如果参数为数值以外的文本，则返回错误值"#VALUE!"。

使用 COSH 函数可用弧度单位求数值的双曲余弦值。双曲余弦用下列公式定义。

$$COSH(x) = \cosh(x) = \frac{e^x + e^{-x}}{2}$$

在对复数应用双曲线函数和三角函数的情况下，复数的虚部用双曲余弦表示。IMCOS 函数可以用来求复数的余弦值，具体内容见本书的工程函数部分。

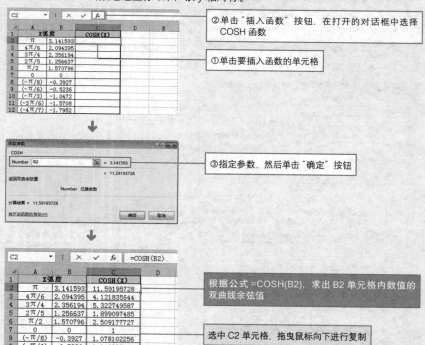

EXAMPLE 1 　求数值的双曲余弦值

根据公式 COSH 函数通过坐标 (0,1) 以 y 轴对称。

②单击"插入函数"按钮，在打开的对话框中选择 COSH 函数

①单击要插入函数的单元格

③指定参数，然后单击"确定"按钮

根据公式 =COSH(B2)，求出 B2 单元格内数值的双曲线余弦值

选中 C2 单元格，拖曳鼠标向下进行复制

TANH

求数值的双曲正切值

格式 → **TANH**(number)

参数 → number

需要求双曲正切值的任意实数，用弧度单位来表示。如果参数为数值以外的文本，返回错误值"#VALUE!"。

使用 TANH 函数可用弧度单位求数值的双曲正切值。双曲正切用下列公式定义。

$$TANH(x)=\tanh(x)= \frac{\sinh(x)}{\cosh(x)} = \frac{SINH(x)}{COSH(x)} = \frac{e^x - e^{-x}}{e^x + e^{-x}}$$

三角函数的正切用正弦和余弦的比值 sin(x)/cos(x) 表示，双曲正切也一样可以用 sin(x)/cos(x) 表示。

EXAMPLE 1 求数值的双曲正切值

数字在正方向变大时，忽略分母分子的第 2 项，返回值接近 1。同样地，数字在负方向变大时，忽略分母分子的第 1 项，返回值接近 –1。

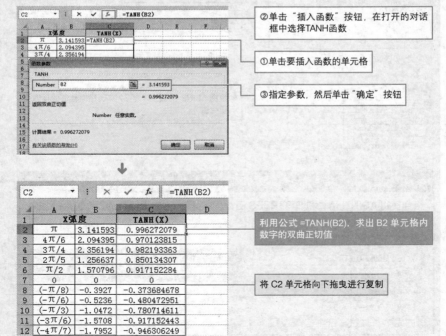

②单击"插入函数"按钮，在打开的对话框中选择TANH函数

①单击要插入函数的单元格

③指定参数，然后单击"确定"按钮

利用公式 =TANH(B2)，求出 B2 单元格内数字的双曲正切值

将 C2 单元格向下拖曳进行复制

C2 = TANH(B2)

	A	B	C	D
1	X弧度		TANH(X)	
2	π	3.141593	0.996272079	
3	4π/6	2.094395	0.970123815	
4	3π/4	2.356194	0.982193363	
5	2π/5	1.256637	0.850134307	
6	π/2	1.570796	0.917152284	
7	0	0	0	
8	(−π/8)	−0.3927	−0.373684678	
9	(−π/6)	−0.5236	−0.480472951	
10	(−π/3)	−1.0472	−0.780714611	
11	(−3π/6)	−1.5708	−0.917152443	
12	(−4π/7)	−1.7952	−0.946306249	

ASINH
求数值的反双曲正弦值

格式 → **ASINH**(number)

参数 → number

需要求反正弦值的任意实数。如果参数为数值以外的文本，则返回错误值"#VALUE!"。

使用 ASINH 函数可用弧度单位求数值的反双曲正弦值。反双曲正弦作为 SINH 函数的反函数，用下列公式定义。

$$ASINH(x) = \arcsin h(x) = \log(x + \sqrt{x^2+1})$$

📖 **EXAMPLE 1** 求数值的反双曲正弦值

根据公式，ASINH 函数的图像关于原点对称。

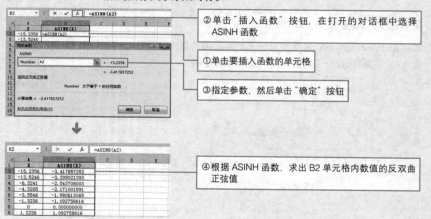

②单击"插入函数"按钮，在打开的对话框中选择 ASINH 函数

①单击要插入函数的单元格

③指定参数，然后单击"确定"按钮

④根据 ASINH 函数，求出 B2 单元格内数值的反双曲正弦值

😊😊 **组合技巧** 将 ASINH 函数的返回值转换成角度单位（ASINH+DEGREES）

组合使用 ASINH 函数和 DEGREES 函数，能够将 ASINH 函数的返回值转换成角度单位。

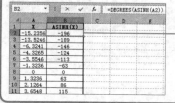

利用公式 =DEGREES(ASINH(A2)) 将返回值的弧度单位转换到角度单位

156 ○ SECTION 03 ● 数学与三角函数 ● 三角函数

ACOSH
求数值的反双曲余弦值

格式 → **ACOSH(number)**

参数 → number

为大于等于1的实数。如果参数为小于1的数值，则返回错误值 "#NUM!"，如果参数为数值以外的文本，则会返回错误值 "#VALUE!"。

使用 ACOSH 函数可用弧度单位求数值的反双曲余弦值。反双曲余弦作为 COSH 函数的反函数，用下列公式定义。

$$ACOSH(x)=\mathrm{arccos}\,h(x)=\log(x+\sqrt{x^2-1}) \quad 其中，x \geqslant 1。$$

📁 EXAMPLE 1 求反双曲余弦值

根据公式，ACOSH 函数通过坐标 (1，0)。因为数字大于等于 1，所以它被显示在右侧。

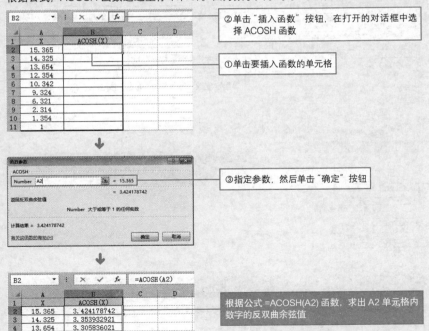

②单击"插入函数"按钮，在打开的对话框中选择 ACOSH 函数

①单击要插入函数的单元格

③指定参数，然后单击"确定"按钮

根据公式 =ACOSH(A2) 函数，求出 A2 单元格内数字的反双曲余弦值

选中 B2 单元格，向下拖曳填充手柄进行复制

ATANH

求数值的反双曲正切值

格式 → ATANH(number)

参数 → number

为 -1 到 1 之间的任意实数。如果参数不在这个范围内，则返回错误值 "#NUM!"，如果参数为数值以外的文本，则会返回错误值 "#VALUE!"。

使用 ATANH 函数可用弧度单位求反双曲正切值。反双曲正切作为 TANH 函数的反函数，用下列公式定义。

$$ATANH(x) = \arctan h(x) = \frac{1}{2}\log\left(\frac{1+x}{1-x}\right)$$

📖 EXAMPLE 1 求反双曲正切值

根据公式，ATANH 函数的图像相对原点对称。

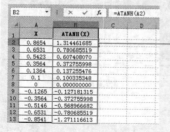

②单击"插入函数"按钮，在打开的对话框中选择 ATANH 函数

①单击要插入函数的单元格

③指定参数，然后单击"确定"按钮

↓

	X	ATANH(X)	C	D
1	X	ATANH(X)		
2	0.8654	1.314461685		
3	0.6531	0.780685519		
4	0.5423	0.607408070		
5	0.3564	0.372755998		
6	0.1364	0.137255476		
7	0.1	0.100335348		
8	0	0.000000000		
9	-0.1265	-0.127181315		
10	-0.3564	-0.372755998		
11	-0.5146	-0.568966682		
12	-0.6531	-0.780685519		
13	-0.8541	-1.271116613		

根据公式 =ATANH(A2)，求出 A2 单元格内数值的反双曲正切值

😊😊 组合技巧 │ 将 ATANH 函数的返回值转换成角度单位 (ATANH+DEGREES)

组合使用 ATANH 函数和 DEGREES 函数，能够将 ATANH 函数的返回值转换为角度单位。

利用 =DEGREES(ATANH(A2))，将弧度单位转换到角度单位

POWER
求数字的乘幂

格式 → POWER(number, power)
参数 → number
底数，可以为任意实数。如果忽略底数，则被指定为 0。如果参数为数值
以外的文本，则会返回错误值"#VALUE!"。当指数为"1/n"的分数时，如
果底数为负数，则根号中的数为负数，函数返回错误值"#NUM!"。
power
指数，底数按该指数次幂乘方。如果参数为数值以外的文本，则返回错误
值"#VALUE!"。

使用 POWER 函数可求给定数字的乘幂。指数为分数时，求出的是底数的 n 次方根。
POWER 函数的底数为实数，如果底数为复数，则请用 IMPOWER 函数。而且可以用"＾"
运算符代替 POWER 函数。

$$POWER(a,x)=a^x$$

指数为分数时 $POWER(a, \frac{1}{n})=a^{\frac{1}{n}}=\sqrt[n]{a}$，

其中，$a>0$，$\sqrt[n]{a}>0$；

指数为负数时 $POWER(a,-x)=a^{-x}=\frac{1}{a^x}$。

📖 **EXAMPLE 1** | 指数一定，底数发生变化

指数 x 固定为 2，底数 a 发生变化，求 2 次函数"$y=a^2$"。或者指数 x 固定为"1/2"，使
底数 a 变化，求正的平方根"$y=\sqrt{2a}$"。

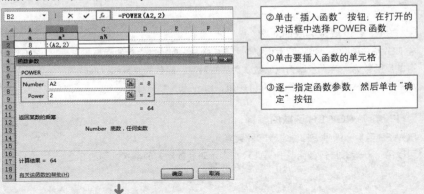

②单击"插入函数"按钮，在打开的
对话框中选择 POWER 函数

①单击要插入函数的单元格

③逐一指定函数参数，然后单击"确
定"按钮

03
数学与三角函数

| C4 | : | × | ✓ | f_x | =POWER(A4,1/2) |

用公式 =POWER (A2,2) 求出 A2 单元格内数值的平方

	A	B	C	D
1	a	a^z	$a^½$	
2	8	64	2.828427125	
3	6	36	2.449489743	
4	4	16	2	
5	2	4	1.414213562	
6	1	1	1	
7	0	0	0	
8	-1	1	#NUM!	
9	-2	4	#NUM!	
10	-4	16	#NUM!	
11	-6	36	#NUM!	
12	-8	64	#NUM!	
13				

④用公式 =POWER(A4,1/2) 求出 A4 单元格内数值的平方根

指数为分数，底数为负数时，会返回错误值"#NUM!"

✌ POINT ● n 次方和正的 n 次方根

在 POWER 函数中，指数为 n 时，求底数的 n 次方；相反地，指数为 1/n 时，则求的是底数正的 n 次方根。n 次方和 n 次方根互为反函数的关系。

EXAMPLE 2 底数一定，指数发生变化

如果底数固定为2，当指数发生变化，求以2为底的乘幂"$y=2^x$"。

| B2 | : | × | ✓ | f_x | =POWER(2,A2) |

	A	B	C	D
1	X	2^X	$LOG_2 X$	
2	8	256	3	
3	6	64	2.5849625	
4	4	16	2	
5	2	4	1	
6	1	2	0	
7	0	1	#NUM!	
8	-1	0.5	#NUM!	
9	-2	0.25	#NUM!	
10	-4	0.0625	#NUM!	
11	-6	0.015625	#NUM!	
12	-8	0.00390625	#NUM!	
13				

用公式 =POWER(2，A2) 求 2 的乘幂

用公式 =LOG(A6,2) 求以 2 为底数的对数

当指数为分数，底数为负数时，返回错误值"#NUM!"

✌ POINT ● 以底数为底的对数

在 POWER 函数中，当指数发生变化，而底数一定时，求底数的乘幂"$y=a^x$"。因此，乘幂的反函数为"$x=a^y$"，称为以底数 a 为底的对数。底数的乘幂和以底数为底的对数互为反函数关系。对数函数请参见 LOG 函数。

✌ POINT ● POWER 函数的解释

POWER 函数，即是返回给定数字的乘幂。
可以用""^"" 运算符代替函数 POWER 来表示对底数乘方的幂次，例如 5^2。

EXP

求指数函数

格式 → **EXP(number)**

参数 → number

为底数 e 的指数。如果参数为数值以外的文本，则会返回错误值"#VALUE!"。

EXP函数为指数函数，它是求以自然对数e为底的乘幂。自然对数的底e约为2.71828，是一个连续无理数。如果指数为分数，它和SQRT函数相同；如果指数为负数，则是求e的乘幂的倒数。EXP函数的指数是实数。如果指数为复数时，可参照IMEXP函数。

$$\text{EXP}(x) = e^x$$

指数为分数时 $\text{EXP}(\dfrac{1}{n}) = e^{\frac{1}{n}} = \sqrt[n]{e}$ 其中，$\sqrt[n]{e} \geqslant 0$。

指数为负数时 $\text{EXP}(-x) = e^{-x} = \dfrac{1}{e^x}$

📋 EXAMPLE 1 求自然对数的底数 e 的乘幂

指数数值在负方向变大时，分母无限变大，则返回值接近 0。相反，指数数值在正方向变大时，则返回值为无限大。

② 单击"插入函数"按钮，在打开的对话框中选择 EXP 函数

① 单击要插入函数的单元格

③ 指定参数，然后单击"确定"按钮

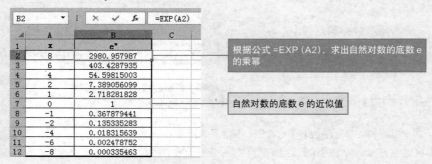

根据公式 =EXP（A2），求出自然对数的底数 e 的乘幂

自然对数的底数 e 的近似值

LOG
求以指定参数为底的对数

格式 → **LOG**(number, base)

参数 → **number**

　　用于计算对数的正实数。如果参数为"0"或负数，则返回错误值"#NUM!"。
　　如果参数为数值以外的文本，则返回错误值"#VALUE!"。

　　base

　　对数的底数。如果省略，则假定其值为 10，即求常用对数。如果为 0 或者
　　负数时，则返回错误值"#NUM!"。如果为 1，则返回错误值"#DIV/0!"。
　　如果参数为数值以外的文本，则返回错误值"#VALUE!"。

使用 LOG 函数可求指定底数的对数。LOG 函数是 POWER 函数的反函数。使用 LN 函
数求自然对数的底数 e 作为底数的对数，LOG10 函数求以 10 为底的对数。

求数值的乘幂公式　　$y=a^x=POWER(a,x)$

求数值的乘幂的反函数公式　　$x=a^y \rightarrow y=log_a x=LOG(x,a)$

📑 **EXAMPLE 1** 　求指定底数的对数

根据公式，LOG 函数的图像通过坐标 (1,0)，x 越接近 0，y 值越向负方向发散。

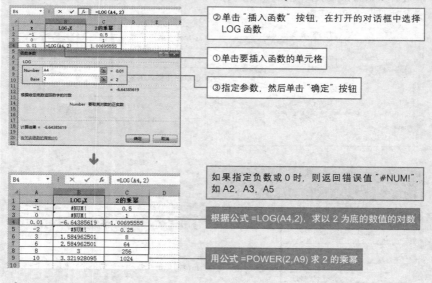

②单击"插入函数"按钮，在打开的对话框中选择
　LOG 函数

①单击要插入函数的单元格

③指定参数，然后单击"确定"按钮

↓

如果指定负数或 0 时，则返回错误值"#NUM!"，
如 A2，A3，A5

根据公式 =LOG(A4,2)，求以 2 为底的数值的对数

用公式 =POWER(2,A9) 求 2 的乘幂

✌ **POINT ● LOG 函数和 POWER 函数互为反函数关系**

LOG 函数和 POWER 函数互为反函数关系。数值 x 在 0~1 区间时，会对其产生显著影响。

LN
求自然对数

格式 → **LN(number)**

参数 → number

是用于计算其自然对数的正实数。如果参数为 0 或者负数，则返回错误值
"#NUM!"，如果参数为数值以外的文本，则返回错误值"#VALUE!"。

使用 LN 函数可求指定数值的自然对数。自然对数以 e 为底，它是一个约为 2.71828 的
连续无理数。LN 函数是 EXP 函数的反函数。另外，LOG 函数按指定的底数，返回一个
数的对数，而 LOG10 函数求以 10 为底的对数。

指数函数的公式 $\quad y = e^x = EXP(x)$

指数函数反函数的公式 $\quad x = e^y \longrightarrow y = log_e x = LN(x)$

📖 EXAMPLE 1　求数值的自然对数

根据公式，在坐标为 (x, y) 的图中，LN 函数通过坐标 (1,0)，且 x 越接近 0，y 值越向
负方向发散。

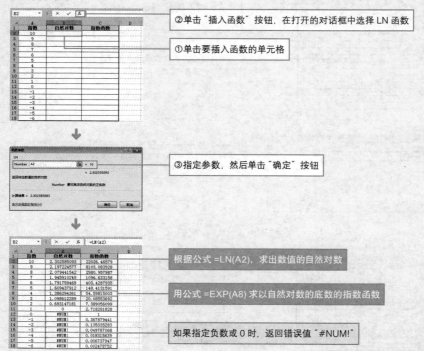

②单击"插入函数"按钮，在打开的对话框中选择 LN 函数

①单击要插入函数的单元格

③指定参数，然后单击"确定"按钮

根据公式 =LN(A2)，求出数值的自然对数

用公式 =EXP(A8) 求以自然对数的底数的指数函数

如果指定负数或 0 时，返回错误值"#NUM!"

LOG10
求数值的常用对数

格式 → **LOG10(number)**

参数 → **number**

用于计算常用对数的正实数。如果参数为 0 或负数，则会返回错误值
"#NUM!"，如果参数为数值以外的文本，则会返回错误值 "#VALUE!"。

使用 LOG10 函数求以 10 为底的对数。LOG10 函数是 POWER 函数中 10 的乘幂的反
函数。求以 e 为底的对数请参照 LN 函数，而 LOG 函数求指定数值作为底数的对数。

10 的乘幂的公式　　　$y=10^x=POWER(10,x)$

10 的乘幂的反函数公式　$x=10^y \rightarrow y=\log_{10}x=LOG10(x)$

EXAMPLE 1 求数值的常用对数

根据公式，在坐标为 (x, y) 的图中，LOG10 函数通过坐标 (1,0)，且 x 越接近 0，y 值
越向负方向发散。

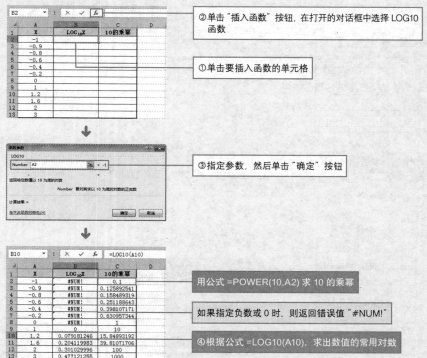

②单击"插入函数"按钮，在打开的对话框中选择 LOG10 函数

①单击要插入函数的单元格

③指定参数，然后单击"确定"按钮

用公式 =POWER(10,A2) 求 10 的乘幂

如果指定负数或 0 时，则返回错误值 "#NUM!"

④根据公式 =LOG10(A10)，求出数值的常用对数

ROMAN
将阿拉伯数字转换为罗马数字

格式 → ROMAN(number, form)

参数 → number

需要转换的阿拉伯数字，在 1~3999 范围内。如果参数为小数，则需要截尾取整。如果参数为数值以外的文本，或者数字大于 3999，则返回错误值"#VALUE!"。

form

数字，指定所需的罗马数字类型。表示方法参照下表。罗马数字中的 1, 5, 10, 50, 100, 500, 1000 是基本的数字，例如，数字 6 按照组合 5 和 1 的 VI 来表示。

▼ 罗马数字的表示格式

Form	表示形式	999 的表示	计算方法		
0, TRUE, 省略	正式形式	CMXCIX	1000−100=900	100−10=90	10−1=9
			CM	XC	IX
1	简化形式	LMVLIV	1000−50=950	50−5=45	5−1=4
			LM	VL	IV
2	比 1 简化的格式	XMIX	1000−10=990		5−1=4
			XM		IV
3	比 2 简化的格式	VMIV	1000−5=995		5−1=4
			VM		IV
4	省略形式		1000−1=999		
			IM		

▼ 阿拉伯数字的罗马字母表

阿拉伯数字	1	5	10	50	100	500	1000
罗马数字	I	V	X	L	C	D	M

使用 ROMAN 函数可将阿拉伯数字转换成罗马数字。阿拉伯数字即是日常使用的 0，1，2 等的算术数字。罗马数字用 I，II，III 等表示，经常用于时钟的文字盘。ROMAN 函数虽然用于文本操作，但它属于数学与三角函数。

 EXAMPLE 1 │ 将阿拉伯数字转换为罗马数字

5~90 的正式形式和省略形式相同。

03
数学与三角函数

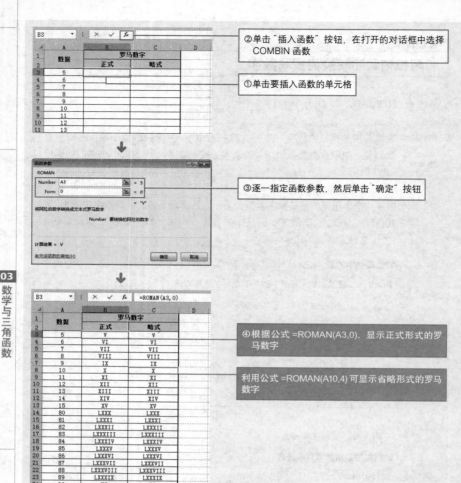

②单击"插入函数"按钮,在打开的对话框中选择 COMBIN 函数

①单击要插入函数的单元格

③逐一指定函数参数,然后单击"确定"按钮

④根据公式 =ROMAN(A3,0),显示正式形式的罗马数字

利用公式 =ROMAN(A10,4) 可显示省略形式的罗马数字

POINT ● 正规形式和省略形式

如把 999 的每一位数分开,则表示为 900、90 和 9,此表示方法为正式形式。相反,省略形式是把 999 看成 1000-1,用表示 1000 的 M 和表示 1 的 I 表示成 MI。另外,在 ROMAN 函数中,由于转换的罗马数字作为文本处理,所以不用于计算。

POINT ● 输入函数时,锁定相关单元格

在大部分单元格内可随时输入数据,但是,有的单元格中的内容不能修改。这时可以保护工作表,并锁定单元格。在 Excel 中,有锁定单元格和保护工作表的功能。通常情况下,因为单元格被锁定,工作表被保护,工作表上的所有单元格中的内容不能更改。但是特定的单元格锁定除外,虽然保护了工作表,但是解除锁定后,这些单元格仍可以进行编辑。因此,只需要锁定输入函数的单元格即可。

ARABIC
将罗马数字转换为阿拉伯数字

格式 → **ARABIC(text)**

参数 → **text**

指定用引号括起来的字符串、空字符串 ("") 或对包含文本的单元格的引用。

在使用 ARABIC 函数时，若 text 为无效值（包括不是有效罗马数字的数字、日期和文本），则 ARABIC 返回错误值 #VALUE!。若将空字符串 ("") 用作输入值，则返回 0。此外，虽然负罗马数字为非标准数字，但可支持负罗马数字的计算。在罗马文本前插入负号，例如 "-MMXI"。

EXAMPLE 1 将罗马数字转换为阿拉伯数字

ARABIC 函数与 ROMAN 函数执行相反的运算。

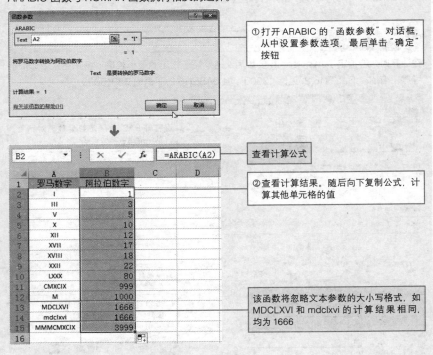

① 打开 ARABIC 的"函数参数"对话框，从中设置参数选项，最后单击"确定"按钮

查看计算公式

② 查看计算结果。随后向下复制公式，计算其他单元格的值

该函数将忽略文本参数的大小写格式，如 MDCLXVI 和 mdclxvi 的计算结果相同，均为 1666

	A	B	C	D
1	罗马数字	阿拉伯数字		
2	I	1		
3	III	3		
4	V	5		
5	X	10		
6	XII	12		
7	XVII	17		
8	XVIII	18		
9	XXII	22		
10	LXXX	80		
11	CMXCIX	999		
12	M	1000		
13	MDCLXVI	1666		
14	mdclxvi	1666		
15	MMMCMXCIX	3999		
16				

B2 = =ARABIC(A2)

BASE
将数字转换为具备给定基数的文本表示

字符变换

格式 → BASE(number, radix [min_length])

参数 → number
要转换的数字。必须为大于或等于 0 并小于 2^{53} 的整数。
radix
将数字转换成基本基数。必须为大于或等于 2 且小于或等于 36 的整数。
min_length
该参数为可选项。用于指定返回字符串的最小长度,必须为大于或等于 0 的整数,且最大值为 255。

使用 BASE 函数时,如果 number、radix 或 min_length 超出最小值或最大值的限制范围,则 BASE 返回错误值"#NUM!"。如果 number 是非数值,则 BASE 返回错误值"#VALUE!"。作为参数输入的任何非整数数字将被截尾取整。

EXAMPLE 1 按要求将各整数转换为不同进制的数值

在计算时,若指定了 min_length 参数后,结果短于指定的最小长度,将在结果中添加前导零。例如,BASE(16,2) 返回 10000,但 BASE(16,2,8) 返回 00010000。

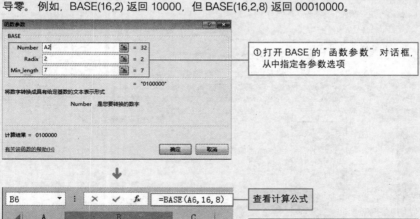

①打开 BASE 的"函数参数"对话框,从中指定各参数选项

查看计算公式

②查看计算结果。B2 与 B3 不同的是,返回字符串的长度不同

B4 的公式为 =BASE(A4,8);
B5 的公式为 =BASE(A5,16);
B6 的公式为 =BASE(A5,16,8);

MDETERM
求数组的矩阵行列式的值

格式 → **MDETERM(array)**

参数 → array

　　行数和列数相等的数值数组。如果数组的行列数不相等，或者 array 单元格是空白或包含文字，则函数返回错误值"#VALUE!"。

使用 MDETERM 函数，求行数和列数相等的矩阵行列式的值。矩阵的行列式值是由数组中的各元素计算而来的，其行列式的值用下列公式定义。矩阵的行列式值常被用来求解多元联立方程。此函数的重点是在参数中指定数组，可以指定表示数组的单元格区域或数组常量。所有的数组加大括号 {}，列用逗号"，"，行用分号"；"分隔。如果 array 中单元格是空白或包含文字，则函数会返回错误值"#VALUE!"。

▼ 2 次矩阵行列式的值

$$MDETERM(\{a_1,b_1;a_2,b_2\}) = \begin{vmatrix} a_1 & b_1 \\ a_2 & b_2 \end{vmatrix} = a_1 \cdot b_2 - a_2 \cdot b_1$$

$$\begin{matrix} a_1 b_1 \\ a_2 b_2 \end{matrix}$$

$-$　$+$

将联立方程式按如下方式定义，方程式的解可以用矩阵求得。

$$\begin{cases} a_1 \cdot x + b_1 \cdot y = c_1 \\ a_2 \cdot x + b_2 \cdot y = c_2 \end{cases} \longrightarrow \begin{array}{l} (a_1b_2 - a_2b_1)x = c_1b_2 - c_2b_1 \\ (a_1b_2 - a_2b_1)x = a_1c_2 - a_2c_1 \end{array}$$

$$x = \frac{\begin{vmatrix} c_1 & b_1 \\ c_2 & b_2 \end{vmatrix}}{\begin{vmatrix} a_1 & b_1 \\ a_2 & b_2 \end{vmatrix}}, y = \frac{\begin{vmatrix} a_1 & c_1 \\ a_2 & c_2 \end{vmatrix}}{\begin{vmatrix} a_1 & b_1 \\ a_2 & b_2 \end{vmatrix}}$$

其中，$\begin{vmatrix} a_1 & b_1 \\ a_2 & b_2 \end{vmatrix} \neq 0$。

EXAMPLE 1   求数组的矩阵行列式值

根据公式,使用矩阵行列式值求二元一次联立方程的解。联立方程式作为向量方程式考虑,也可以使用逆矩阵和矩阵乘积求解。

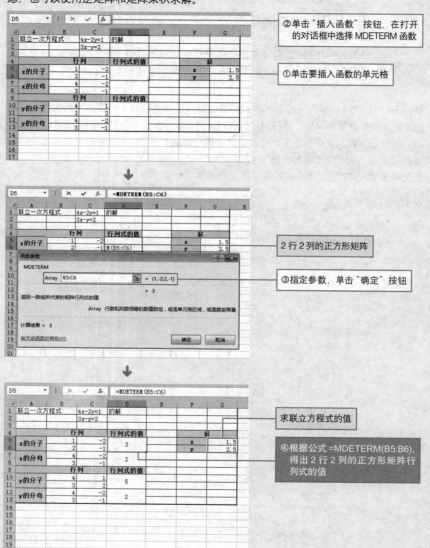

②单击"插入函数"按钮,在打开的对话框中选择 MDETERM 函数

①单击要插入函数的单元格

2 行 2 列的正方形矩阵

③指定参数,单击"确定"按钮

求联立方程式的值

④根据公式 =MDETERM(B5:B6),得出 2 行 2 列的正方形矩阵行列式的值

MINVERSE
求数组矩阵的逆矩阵

格式 → **MINVERSE(array)**

参数 → array

具有相等行数和列数的数值数组。如果行和列数目不相等，或者 array 中单元格是空白单元格或包含文字，则返回错误值"#VALUM!"。

使用 MINVERSE 函数可求行数和列数相等的数组矩阵的逆矩阵。如一个 2 行 2 列的数组矩阵，其逆矩阵用下列公式定义。求解矩阵的逆矩阵常被用于求解多元联立方程组。此函数的重点是在参数中指定数组，可以指定表示数组的单元格区域或数组常量。所有的数组加大括号 {}，列用逗号"，"，行用分号分隔"；"。

▼ 2 阶逆矩阵定义

$$MINVERSE(\{a_1, b_1; a_2, b_2\}) = A^{-1} = \dfrac{\begin{bmatrix} b_2 & -b_1 \\ -a_2 & a_1 \end{bmatrix}}{\begin{vmatrix} a_1 & b_1 \\ a_2 & b_2 \end{vmatrix}}$$

其中，$\begin{vmatrix} a_1 & b_1 \\ a_2 & b_2 \end{vmatrix} \neq 0$，$A = \begin{bmatrix} a_1 & b_1 \\ a_2 & b_2 \end{bmatrix}$。

将联立方程式按如下方式定义，求方程式的解。

$$\begin{cases} a_1 \cdot x + b_1 \cdot y = c_1 \\ a_2 \cdot x + b_2 \cdot y = c_2 \end{cases} \longrightarrow A = \begin{bmatrix} a_1 & b_1 \\ a_2 & b_2 \end{bmatrix}, X = \begin{bmatrix} x \\ y \end{bmatrix}, C = \begin{bmatrix} c_1 \\ c_2 \end{bmatrix}$$

向量方程式变为 $A \cdot X = C$，用下列公式求联立方程式的解 $X = \begin{bmatrix} x \\ y \end{bmatrix}, C = \begin{bmatrix} c_1 \\ c_2 \end{bmatrix}$

$$X = A^{-1} \cdot C = \dfrac{\begin{bmatrix} b_2 & -b_1 \\ -a_2 & a_1 \end{bmatrix}}{\begin{vmatrix} a_1 & b_1 \\ a_2 & b_2 \end{vmatrix}} \begin{bmatrix} c_1 \\ c_2 \end{bmatrix}$$

其中，$\begin{vmatrix} a_1 & b_1 \\ a_2 & b_2 \end{vmatrix} \neq 0$。

03

数学与三角函数

EXAMPLE 1 求数组矩阵的逆矩阵

求二元一次方程式解的逆矩阵值。如果数组为2行2列，逆矩阵也是2行2列。而且，需提前选择求逆矩阵的单元格区域，然后作为数组公式输入到单元格内。在"函数参数"对话框中，按组合键Ctrl+Shift的同时，单击"确定"按钮，另外，作为数组公式输入的单元格不能单独编辑，需要先选择数组公式所在的单元格区域，然后再编辑公式。

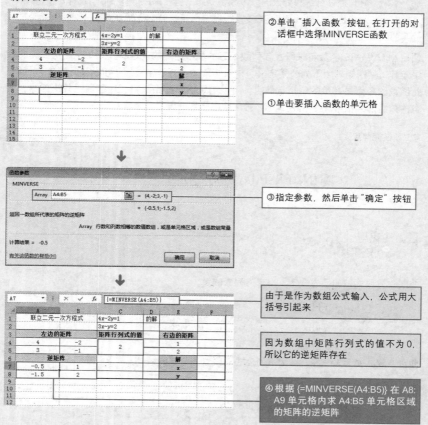

② 单击"插入函数"按钮，在打开的对话框中选择MINVERSE函数

① 单击要插入函数的单元格

③ 指定参数，然后单击"确定"按钮

由于是作为数组公式输入，公式用大括号引起来

因为数组中矩阵行列式的值不为 0，所以它的逆矩阵存在

④ 根据 {=MINVERSE(A4:B5)} 在 A8:A9 单元格内求 A4:B5 单元格区域的矩阵的逆矩阵

POINT ● 联立方程还可以利用行列式来求解

联立方程除作为向量方程式考虑外，如果数组的行列式不为 0 时，用行列式也可求出联立方程的值。请参照 MDETERM 函数求数组的行列式值。另外，MINVERSE 函数计算能精确到小数点后 16 位，如原本应该为 0，由于产生极小的误差，却显示出 0 的近似值。

MMULT
求数组的矩阵乘积

矩阵
行列式

格式 → MMULT(array1, array2)

参数 → array1, array2

array1 和 array2 都是是指定要进行矩阵乘法运算的数组。array1 的列数和 array2 的行数必须相等。如果单元格是空白单元格或含有字符串，或是 array1 的行数与 array2 的列数不相等时，返回错误值"#VALUE!"。

使用 MMULT 函数可求两数组的矩阵乘积。例如，2 行 2 列的矩阵和 2 行 1 列的矩阵的乘积用下列公式定义，矩阵积用于联立方程式求解。此函数的要点是，参数指定为数组，把数组公式输入到显示结果的单元格中。矩阵积的数组中行数为数组 1，列数为数组 2。可以指定表示数组的单元格区域，或者使用数组常量。所有的数组需加大括号 {}，列用逗号","，行用用分号";"分隔。

▼ 矩阵乘积定义

$$\text{MMULT}(\{a_1,b_1;a_2,b_2\},\{c_1;c_2\}) = \begin{bmatrix} a_1 & b_1 \\ a_2 & b_2 \end{bmatrix} \cdot \begin{bmatrix} c_1 \\ c_2 \end{bmatrix} = \begin{bmatrix} a_1c_1+b_1c_2 \\ a_2c_1+b_2c_2 \end{bmatrix}$$

用下列公式来定义联立方程式，用逆矩阵和矩阵乘积求方程式的解。

$$\begin{cases} a_1 \cdot x + b_1 \cdot y = c_1 \\ a_2 \cdot x + b_2 \cdot y = c_2 \end{cases} \longrightarrow A = \begin{bmatrix} a_1 & b_1 \\ a_2 & b_2 \end{bmatrix}, X = \begin{bmatrix} x \\ y \end{bmatrix}, C = \begin{bmatrix} c_1 \\ c_2 \end{bmatrix}$$

向量方程式变为 A•X=C，用下列公式求联立方程式的解 $X = \begin{bmatrix} x \\ y \end{bmatrix}$

$$X = A^{-1} \cdot C = \frac{\begin{bmatrix} b_2 & -b_1 \\ -a_2 & a_1 \end{bmatrix} \begin{bmatrix} c_1 \\ c_2 \end{bmatrix}}{\begin{vmatrix} a_1 & b_1 \\ a_2 & b_2 \end{vmatrix}} = \frac{1}{\begin{vmatrix} a_1 & b_1 \\ a_2 & b_2 \end{vmatrix}} \cdot \begin{bmatrix} b_2c_1 - b_1c_2 \\ -a_2c_1 + a_1c_2 \end{bmatrix}$$

其中，$\begin{vmatrix} a_1 & b_1 \\ a_2 & b_2 \end{vmatrix} \neq 0$。

03
数学与三角函数

EXAMPLE 1 　求数组的矩阵乘积

求二元一次方程式解的矩阵乘积。用参数指定数组 1 的行数和数组 2 的列数并返回矩阵乘积。在"函数参数"对话框中，按组合键 Ctrl+Shift 的同时，单击"确定"按钮。另外，作为数组公式输入的单元格不能单独编辑。

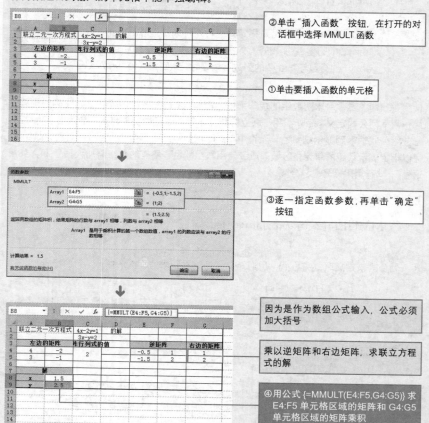

②单击"插入函数"按钮，在打开的对话框中选择 MMULT 函数

①单击要插入函数的单元格

③逐一指定函数参数，再单击"确定"按钮

因为是作为数组公式输入，公式必须加大括号

乘以逆矩阵和右边矩阵，求联立方程式的解

④用公式 {=MMULT(E4:F5,G4:G5)} 求 E4:F5 单元格区域的矩阵和 G4:G5 单元格区域的矩阵乘积

👆POINT ● 用逆矩阵和矩阵行列式值求联立方程式

联立方程式作为向量方程式考虑时，使用逆矩阵和矩阵行列式值求解。使用 MINVE-RSE 函数可以求数组的逆矩阵。除此之外，如果数组的矩阵行列式值不为 0 时，可用 MDETEERM 函数求数组的矩阵行列式值。

SECTION
04

X

统计函数

统计函数

统计函数从各种角度去分析统计数据，并捕捉统计数据的所有特征。常用于分析
统计数据的倾向，判定数据的平均值或偏差值的基础统计量，统计数据的假设是
否成立并检测它的假设是否正确。在 Excel 统计函数中，用于统计分析的有 80 个
种类，其中中高等的专业函数占多数，日常中经常使用的求平均值或数据个数的
函数也归于统计函数中。下面将对统计函数的分类、用途以及关键点进行介绍。

→ 函数分类

1. 基础统计量

基础统计量用于捕捉统计数据的所有特征。在基础统计量中，可以求统计数据的个数或
者分布状态、分布中心的位置（代表值）、分布形状和散布度。

▼ 求数据的散布度

MAX	求数值数据的最大值
MAXA	求参数列表中的最大值
MIN	求数值数据的最小值
MINA	求参数列表的最小值
QUARTILE	求数据集的四分位数
PERCENTILE	求数据集的百分位数
PERCENTRANK	求特定数值在一个数据集中的百分比排位
VAR	计算基于给定样本的方差
VARA	求空白单元格以外给定样本（包括逻辑值和文本）的方差
VARP	计算基于整个样本总体的方差
VARPA	计算空白单元格以外基于整个样本总体的方差
STDEV	估算样本的标准偏差
STDEVA	求空白单元格以外给定样本的标准偏差
STDEVP	返回以参数形式给出的整个样本总体的标准偏差
STDEVPA	求空白单元格以外整个样本总体的标准偏差，包含文本和逻辑值
AVEDEV	求一组数据与其均值的绝对偏差平均值
DEVSQ	求数据点与各自样本平均值偏差的平方和

▼ 求代表值

AVERAGE	求参数的算术平均值
AVERAGEA	求参数列表中非空单元格数值的平均值
TRIMMEAN	计算数据集的内部平均值
GEOMEAN	求数据的几何平均值
MEDIAN	求给定数值集合的中值
MODE	求在某一数组或数据区域中出现频率最多的数值
HARMEAN	求数据集合的调和平均值

▼ 求统计数据的个数

COUNT	求数值数据的个数
COUNTA	计算指定单元格区域中非空单元格的个数
COUNTBLANK	计算指定单元格区域中空白单元格的个数
COUNTIF	计算满足给定的条件的数据个数
FREQUENCY	返回频率分布

▼ 求数据分布的形状

SKEW	返回分布的偏斜度
KURT	返回数据集的峰值

2. 排位

对统计数据中的一个属性（项目）进行排位，或排位某数据。例如，从成绩一览表（统计数据）的总分数（项目）中，按照高分到低分顺序进行排位，或求第1位的数据。

RANK	返回一个数值在一组数值中的排位
LARGE	返回数据集中第 k 个最大值
SMALL	返回数据集中第 k 个最小值

3. 排列组合

▼ 求数值的排列数

PERMUT	求数值数据的排列数

4. 概率分布

概率分布即是概率变量的分布。例如，计算硬币的表面和背面出现的概率，出现任何一面的概率都是1/2。如果我们知道统计数据的概率分布情况，就可以用概率判定统计数据的倾向。

以下函数求的是离散型概率分布的概率。所谓离散型，是指只取不连续的整数，如求硬币的正面和背面出现的次数、家庭人员的人数、一次比赛的成绩。

BINOMDIST	返回一元二项式分布的概率值
CRITBINOM	返回使累积二项式分布大于等于临界值的最小值
NEGBINOMDIST	返回负二项式分布的概率
PROB	返回区域中的数值落在指定区间内的概率
HYPGEOMDIST	返回超几何分布
POISSON	返回泊松分布

以下函数求的是连续型概率分布的概率。所谓连续型，是指取任意实数值，可用于求身高、体重等。连续分布的基本分布呈正态分布。

NORMDIST	返回给定平均值和标准偏差的正态分布函数
NORMINV	求正态累积分布函数的反函数值
NORMSDIST	求标准正态累积分布函数的函数值
NORMSINV	求标准正态累积分布函数的反函数值

04
统计函数

STANDARDIZE	求正态化数值
LOGNORMDIST	求对数正态累积分布函数值
LOGINV	求对数正态累积分布函数的反函数值
EXPONDIST	求指数分布函数值
WEIBULL	求韦伯分布函数值
GAMMADIST	求伽马分布函数值
GAMMAINV	求伽马累积分布函数的反函数
GAMMALN	求伽马函数的自然对数
BETADIST	求 β 累积分布函数的值
BETAINV	求 β 累积分布函数的反函数值
CONFIDENCE	计算总体平均值的置信区间

5. 检验

检验是检查统计数据倾向的一个方法。从基础统计量中推定统计数据的倾向，根据已知内容或经验设立统计数据的假定条件，然后检查此假定条件是否成立。

CHIDIST	返回 X^2 分布的单尾概率
CHIINV	返回 X^2 分布单尾概率的反函数
CHITEST	求独立性检验值
FDIST	求 F 概率分布
FINV	求 F 概率分布的反函数值
FTEST	求 F 检验的结果
TDIST	返回 t 分布的概率
TINV	求 t 分布的反函数
TTEST	返回与 t 检验相关的概率
ZTEST	返回 z 检验的结果

6. 协方差、相关系数与回归分析

采用协方差可以决定两个数据集之间的关系，例如，可利用它来检验年龄和握力之间的关系。使用相关系数可以确定两种属性之间的关系。例如，可以检测训练时间和成绩之间的关系。回归分析是确定两种或两种以上变数间相互依赖的定量关系的一种统计分析方法。利用回归分析可以计算最符合数据的指数回归拟合曲线，并返回描述该曲线的数值数组。

COVAR	返回协方差

▼ 求相关系数的函数

CORREL	求两变量的相关系数
PEARSON	求皮尔生乘积矩相关系数
FISHER	返回点 x 的 Fisher 变换值
FISHERINV	返回 Fisher 变换的反函数值

▼ 求回归直线，或从回归直线的实测值中求预测值

SLOPE	求线性回归直线的斜率
INTERCEPT	求回归直线的截距
LINEST	求回归直线的系数和常数项
FORECAST	根据给定的数据计算或预测未来值
TREND	与 FORECAST 函数相同，求预测未来值，但 FORECAST 函数是求一个数值的预测未来值，TREND 函数是求多个数值的预测值
STEYX	求回归直线的标准误差
RSQ	求回归直线的判定系数。所谓判定系数，是指皮尔生乘积矩相关系数的平方

▼ 从指数回归曲线的实测值中求预测值

GROWTH	根据现有的数据预测指数增长值
LOGEST	求指数回归曲线的系数和底数

→ 关键点

统计函数中经常使用的关键点如下。

代表值，它是基础统计量之一，是统计数据的中心值，有平均值、中值和众数。

相关系数，检查统计数据内两个变量是否有关系（如果接近，则表示无关）。

散布度，它是基础统计量之一，是表示统计数据分散状态的数值，有方差、偏差、不对称度和峰值。

排位，用降序或升序排列统计数据。

检验，检查假设是否符合统计数据。

样本总体即所有统计数据，样本即是从样本总体中提出的样品。

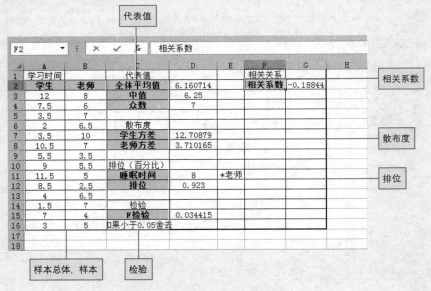

MAX
返回一组值中的最大值

格式 → **MAX(number1, number2, ...)**

参数 → number1, number2, ...

指定需求最大值的数值或者数值所在的单元格。各数值用逗号隔开，最多能指定到 30 个参数。也能指定单元格区域。参数如果指定数值以外的文本，则返回错误值"#VALUE!"。如果参数为数组或引用，则数组或引用中的文本、逻辑值或空白单元格将被忽略。如果参数超过 30 个，则会出现"此函数输入参数过多"的提示信息。

使用 MAX 函数可求一组值中的最大值，它是 Excel 中使用最频繁的函数之一。在统计领域中，最大值是代表值之一。可以在"插入函数"对话框中选择 MAX 函数求最大值。也可以单击"公式"选项卡中的"自动求和"按钮求最大值，后者更简便。通过使用"自动求和"按钮输入 MAX 函数时，会自动显示与输入函数的单元格相邻的单元格区域。另外，如果不忽略逻辑值和文本，请使用函数 MAXA 函数。

📖 **EXAMPLE 1** 使用"插入对话框"求最高成绩

使用"插入函数"对话框选择 MAX 函数，求体力测试的最高成绩。忽略表示缺席者的"缺席"文本单元格或空白单元格。

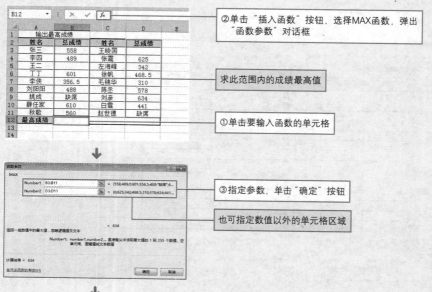

②单击"插入函数"按钮，选择MAX函数，弹出"函数参数"对话框

求此范围内的成绩最高值

①单击要输入函数的单元格

③指定参数，单击"确定"按钮

也可指定数值以外的单元格区域

用公式 =MAX(B3:B11,D3:D11 求出最高成绩

忽略空白单元格

忽略"缺席"文本单元格

✌ POINT ● **不相邻的单元格不能被自动输入**

使用 MAX 函数的"函数参数"对话框指定参数，如果单元格不相邻，则参数不能被自动输入。因此，需指定正确的单元格或者单元格区域。

✌ POINT ● **忽略空白单元格**

使用 MAX 函数时，空白单元格将被忽略，不成为计算对象。注意空白单元格并不是 0，如果要把 0 作为计算对象，必须在单元格内输入 0。

📖 EXAMPLE 2 **使用"自动求和"按钮求最高成绩**

把体力测试作为原始数据，使用"自动求和"按钮选择"最大值"，求最高的成绩。注意忽略表示缺席者的"缺席"文本单元格或者空白单元格。

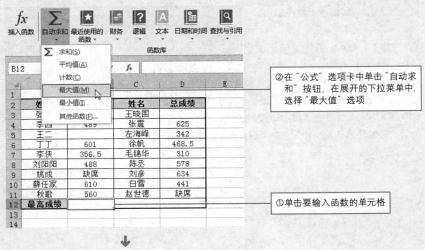

②在"公式"选项卡中单击"自动求和"按钮，在展开的下拉菜单中，选择"最大值"选项

①单击要输入函数的单元格

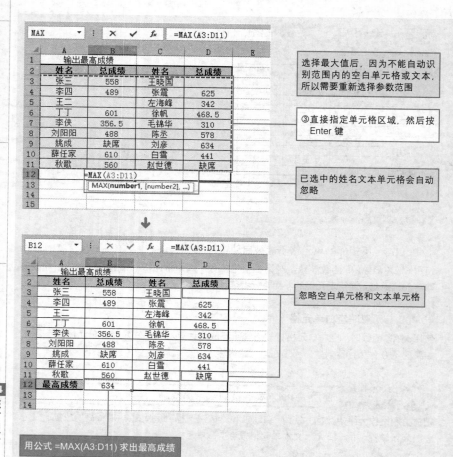

选择最大值后，因为不能自动识别范围内的空白单元格或文本，所以需要重新选择参数范围

③直接指定单元格区域，然后按 Enter 键

已选中的姓名文本单元格会自动忽略

忽略空白单元格和文本单元格

用公式 =MAX(A3:D11) 求出最高成绩

POINT ● MAX 函数的使用说明

在使用该函数时，可以将参数指定为数字、空白单元格、逻辑值或数字的文本表达式。若参数为错误值或不能转换成数字的文本，将产生错误。若参数为数组或引用，则只有数组或引用中的数字将被计算，而数组或引用中的空白单元格、逻辑值或文本将被忽略。如果逻辑值和文本不能忽略，请使用函数 MAXA 来代替。

此外，还需注意的是，如果参数不包含数字，那么该函数将返回 0。

04
统计函数

MAXA
返回参数列表中的最大值

格式 → **MAXA**(value1, value2, ...)

参数 → value1, value2, ...

指定需求最大值的数值,或者数值所在的单元格。各个值用逗号分隔,最多能够指定到30个参数,参数也能指定为单元格区域。如果直接指定数值以外的文本,则返回错误值"#NAME?"。如果参数为数组或引用,则数组或引用中的空白单元格将被忽略。包含TRUE的参数作为1计算;包含文本或 FALSE的参数作为0计算。如果超过30个参数,则会出现"此函数输入参数过多"的提示信息。

使用 MAXA 函数可返回参数列表中的最大值。它和求最大值的 MAX 函数的不同之处在于,文本值和逻辑值也作为数字计算。如果求最大值的数据数值最大值超过 1 时,函数 MAXA 和函数 MAX 返回相同的结果。但是,求最大值的数据数值如果全部小于等于1,而参数中包含逻辑值 TRUE 时,函数 MAXA 和函数 MAX 则返回不同的结果。

EXAMPLE 1　求体力测试的最高记录(包含缺席者)

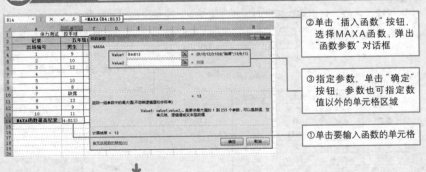

②单击"插入函数"按钮,选择MAXA函数,弹出"函数参数"对话框

③指定参数,单击"确定"按钮,参数也可指定数值以外的单元格区域

①单击要输入函数的单元格

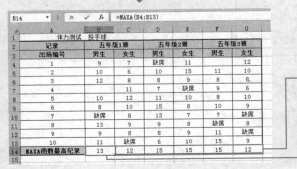

④按住 B14 单元格右下角的填充手柄,向右拖动至 G14 单元格进行复制,得出其他班级的最高纪录

用公式 =MAXA(B4:B13) 求出五年级 1 班男生的最高纪录

MIN
返回一组值中的最小值

格式 → MIN(number1, number2, ...)

参数 → number1, number2, ...

指定需求最小值的数值，或者数值所在的单元格。各数值用逗号隔开，最多能指定到 30 个参数，也能指定单元格区域。参数如果直接指定数值以外的文本，则会返回错误值"#VALUE!"。如果参数为数组或引用，则数组或引用中的文本、逻辑值或空白单元格将被忽略。如果参数超过 30 个，则会出现"此函数输入参数过多"的提示信息。

使用MIN函数可求一组值中的最小值。它是Excel中使用最频繁的函数之一。在统计领域内，最小值是代表值之一。在"插入函数"对话框中选择MIN函数求最小值，也可以通过单击"公式"选项卡中的"自动求和"按钮求最小值，后者更简便。使用"自动求和"按钮输入MIN函数时，会自动显示与输入函数的单元格相邻的单元格区域。另外，如果求空白单元格以外的数据中的最小值时，请参照MINA函数。

> **EXAMPLE 1** 使用"插入函数"对话框求学生的最低成绩（忽略缺席者）

使用"插入函数"对话框选择MIN函数，求学生的最低成绩。忽略表示缺席者的"缺席"文本单元格或空白单元格。

②在"插入函数"对话框中选择 MIN 函数，弹出"函数参数"对话框

	A	B	C	D	E
1	输出最低成绩				
2	姓名	总成绩	姓名	总成绩	
3	张三	558	王晓国		
4	李四	489	张震	625	
5	王二	582	左海峰	342	
6	丁丁	601	徐帆	468.5	
7	李侠	365.5	毛锦华	310	
8	刘阳阳	468	陈承	578	
9	姚成	555	刘彦	634	
10	薛任家	610	白雪	441	
11	秋歌	560	赵世德	缺席	
12	最低成绩				
13					

①单击要输入函数的单元格

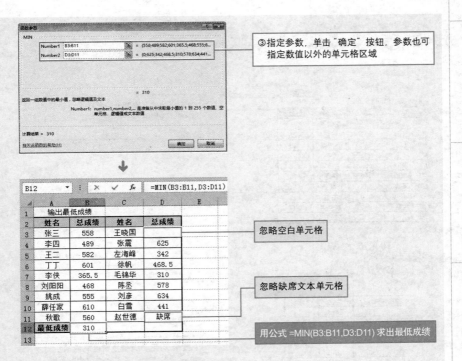

③指定参数，单击"确定"按钮，参数也可指定数值以外的单元格区域

忽略空白单元格

忽略缺席文本单元格

用公式 =MIN(B3:B11,D3:D11) 求出最低成绩

	A	B	C	D	E
1	输出最低成绩				
2	姓名	总成绩	姓名	总成绩	
3	张三	558	王晓国		
4	李四	489	张震	625	
5	王二	582	左海峰	342	
6	丁丁	601	徐帆	468.5	
7	李侠	365.5	毛锦华	310	
8	刘阳阳	468	陈丞	578	
9	姚成	555	刘彦	634	
10	薛任家	610	白雪	441	
11	秋歌	560	赵世德	缺席	
12	最低成绩	310			
13					

B12 =MIN(B3:B11,D3:D11)

POINT ● 不相邻的单元格不能被自动输入

使用 MIN 函数的"函数参数"对话框指定参数时，如果单元格不相邻，则参数不能被自动输入。此时，需重新指定正确的单元格或者单元格区域。

EXAMPLE 2　使用"自动求和"按钮求最低成绩

以学生的总成绩作为原始数据，求学生的最低成绩。忽略表示缺席者的"缺席"文本单元格或者空白单元格区域。

	A	B	C	D	E
1	输出最低成绩				
2	姓名	总成绩	姓名	总成绩	
3	张三	558	王晓国		
4	李四	489	张震	625	
5	王二	582	左海峰	342	
6	丁丁	601	徐帆	468.5	
7	李侠	365.5	毛锦华	310	
8	刘阳阳	468	陈丞	578	
9	姚成	555	刘彦	634	
10	薛任家	610	白雪	441	
11	秋歌	560	赵世德	缺席	
12			最低成绩		

D12

①单击要输入函数的单元格

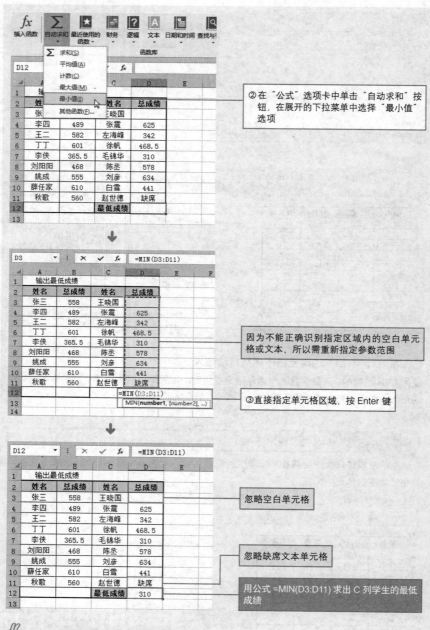

②在"公式"选项卡中单击"自动求和"按钮，在展开的下拉菜单中选择"最小值"选项

因为不能正确识别指定区域内的空白单元格或文本，所以需重新指定参数范围

③直接指定单元格区域，按 Enter 键

忽略空白单元格

忽略缺席文本单元格

用公式 =MIN(D3:D11) 求出 C 列学生的最低成绩

POINT ● 空白单元格不能被计算

空白单元格被忽略，不能成为计算对象。注意空白单元格并不是 0，如果把 0 作为计算对象，必须在单元格中输入 0。

MINA

返回参数列表中的最小值

格式 → **MINA**(value1, value2, ...)

参数 → number1, number2, ...

指定需求最小值的值，或者数值所在的单元格。各个值用逗号分隔，最多能够指定到 30 个参数，参数也能指定为单元格区域。参数如果直接指定数值以外的文本，则返回错误值"#NAME?"。如果参数为数组或引用，则数组或引用中的空白单元格将被忽略。包含TRUE的参数作为 1 计算；包含文本或 FALSE 的参数作为 0 计算。如果超过 30 个参数，则会出现"此函数输入参数过多"的提示信息。

使用 MINA 函数可求参数列表中的最小值。它与求最小值的 MIN 函数的不同之处在于，文本值和逻辑值（如 TRUE 和 FALSE）也作为数字来计算。如果参数不包含文本，MINA 函数和 MIN 函数返回值相同。但是，如果数据数值内的最小数值比 0 大，且包含文本值时，MINA 函数和 MIN 函数的返回值不同。

📁 **EXAMPLE 1** 求体力测试的最低记录（包含缺席者）

把体力测试记录作为原数据，求各年级和全体学生的最低记录。表示缺席者的"缺席"文本单元格作为计算对象，但空白单元格被忽略。

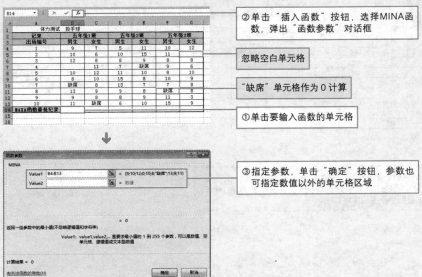

②单击"插入函数"按钮，选择MINA函数，弹出"函数参数"对话框

忽略空白单元格

"缺席"单元格作为 0 计算

①单击要输入函数的单元格

③指定参数，单击"确定"按钮，参数也可指定数值以外的单元格区域

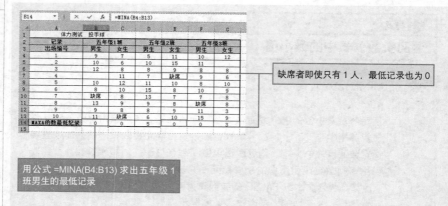

用公式 =MINA(B4:B13) 求出五年级 1
班男生的最低记录

缺席者即使只有 1 人，最低记录也为 0

POINT ● 分开使用 MINA 函数和 MIN 函数

MINA 函数和 MIN 函数都忽略空白单元格。而且，在指定的参数单元格中，如果不包含
文本或者逻辑值时，不管使用哪一个函数都会返回相同的值。除去 EXAMPLE 1 中的缺
席者的记录作为 0 计算外，可以使用 MIN 函数求参数列表中的最小值。

POINT ● 逻辑值 TRUE 为最小值时

函数 MINA 和 MIN 中的空白单元格被忽略。但是，MINA 函数的文本值和逻辑值也作为
数字计算，如果数据中的最小值比 1 小，则得到和 MIN 函数相同的结果。但是，如果逻
辑值 TRUE 为最小值时，则函数 MINA 和 MIN 函数得到的结果不同。

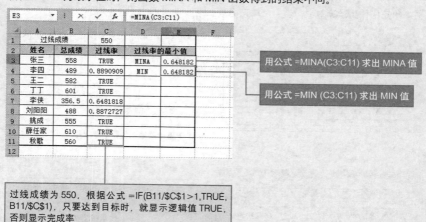

用公式 =MINA(C3:C11) 求出 MINA 值

用公式 =MIN (C3:C11) 求出 MIN 值

过线成绩为 550，根据公式 =IF(B11/$C$1>1,TRUE,
B11/$C$1)，只要达到目标时，就显示逻辑值 TRUE，
否则显示完成率

04
统计函数

QUARTILE
返回数据集的四分位数

格式 → **QUARTILE(array, quart)**

参数 → array

用于计算四分位数值的数组或数字型单元格区域。如果数组为空，则会返回错误值"#NUM!"。

quart

用0~4的整数或者单元格指定返回哪一个四分位值。如果quart不是整数，则将被截尾取整。返回值的指定方法如下表。

▼ quart 的指定

如果 quart 等于	返回值
0	最小值
1	第 25 个百分点值（第 1 个四分位数）
2	第 50 个百分点值（第 2 个四分位数）
3	第 75 个百分点值（第 3 个四分位数）
4	最大值
小于 0，大于 4 的数	返回错误值 #NUM!
数值以外的文本	返回错误值 #VALUE!

把从小到大排列好的数值数据看作四等分时的 3 个分割点，称为四分位数。使用 QUARTILE 函数，可按照指定的 quart 值，求按从小到大顺序排列数值数据时的最小值、第 1 个四分位数（第 25 个百分点值）、第 2 个四分位数（中值）、第 3 个四分位数（第 75 个百分点值）、最大值。特别是第 2 个四分位数正好是位于数据集的中央位置值，称为中值，也可以用 Excel 中的 MEDIAN 函数求取。如果不仅仅是四分位数，需要求按从小到大顺序排列的数据集的任意百分率值，请参照使用 PERCENTILE 函数。

04
统
计
函
数

📁 EXAMPLE 1   14 岁青少年身高数据的四分位数

以 14 岁青少年的身高数据为原始数据，用 QUARTILE 函数求其四分位数。

①单击要输入函数的单元格

②单击"插入函数"按钮，选择 QUARTILE 函数，弹出"函数参数"对话框

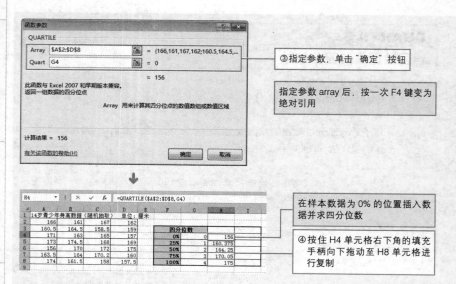

③指定参数，单击"确定"按钮

指定参数 array 后，按一次 F4 键变为绝对引用

在样本数据为 0% 的位置插入数据并求四分位数

④按住 H4 单元格右下角的填充手柄向下拖动至 H8 单元格进行复制

POINT ● 插入四分位数

使用 QUARTILE 函数时，没必要对数据进行排列。在统计学中，从第 3 个四分位数（第 75 个百分点值）到第 1 个四分位数（第 25 个百分点值）的值称为四分位区域，用于检查统计数据的方差情况。另外，四分位数位于数据与数据之间，实际中不存在四分位数，所以可以从它的两边插入四分位数求值。

根据公式编辑栏中的公式，求样本数据为 0% 的四分位数

用公式 =A7+3*(A8-A7)/4，第 75 个百分点值是样本数据 8（60%）和样本数据 10（80%）之间一个 3:1 的内分点

▼ 上例中的四分位数

04
统计函数

PERCENTILE
返回区域中数值的第 K 个百分点的值

格式 → PERCENTILE(array, k)

参数 → array

指定输入数值的单元格或者数组常量。如果 array 为空或其数据点超过 8191 个，则函数 PERCENTILE 返回错误值 "#NUM!"。

k

用 0~1 之间的实数或者单元格指定需求数值数据的位置。如果 k<0 或 k>1，则函数 PERCENTILE 返回错误值 "#NUM!"。如果 k 为数值以外的文本，则函数 PERCENTILE 返回错误值 "#VALUE!"。

使用 PERCENTILE 函数可求数值在第 k 个百分点的值。所谓百分点，即将按升序排列的数值数据看作 100 等分的各分割点称为百分点。特别是第 50 个百分点的值和中值相同，第 25 个、第 75 个百分点的值和四分位数相同。如果要求四分位数或中值，请参照 QUARTILE 函数或 MEDIAN 函数。

什么是百分点?

百分点是指以百分数形式表示的相对数指标（如速度、指数、构成）的增减变动幅度或对比差额。百分点是被比较的相对数指标之间的增减量，而不是它们之间的比值。

EXAMPLE 1　求数值的百分位数

下面，我们以 14 岁青少年的身高数据为原始数据，用 PERCENTILE 函数求各百分位数。

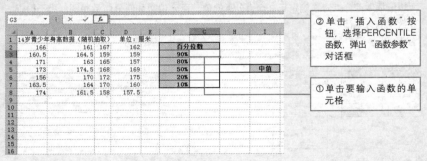

②单击"插入函数"按钮，选择PERCENTILE函数，弹出"函数参数"对话框

①单击要输入函数的单元格

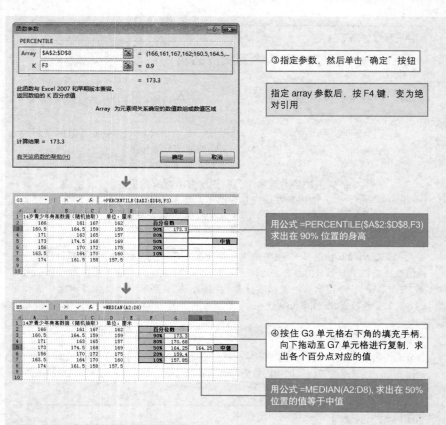

③指定参数，然后单击"确定"按钮

指定 array 参数后，按 F4 键，变为绝对引用

用公式 =PERCENTILE($A$2:$D$8,F3) 求出在 90% 位置的身高

④按住 G3 单元格右下角的填充手柄，向下拖动至 G7 单元格进行复制，求出各个百分点对应的值

用公式 =MEDIAN(A2:D8)，求出在 50% 位置的值等于中值

✌ POINT ● 插入百分位数

使用 PERCENTILE 函数时，没必要重排数据。如果 k 不是 1/(n-1) 的倍数时，需从它的两边值插入百分点值来确定第 k 个百分点的值。百分位数和四分位数相同，用于检查统计数据的方差情况。

用公式 =PERCENTILE($A$4:$A$9, D5)，从样本中求出第 15 个百分点值

PERCENTRANK
返回特定数值在一个数据集中的百分比排位

基础
统计量

格式 → **PERCENTRANK**(array, x, significance)

参数 → array
输入数值的单元格区域或者数组。如果 array 为空，则函数 PERCENTRANK 返回错误值 "#NUM!"。

x
需求排位的数值或者数值所在的单元格。如果 x 比数组内的最小值小，或比最大值大，则会返回错误值 "#N/A!"；如果 x 为数值以外的文本，则会返回错误值 "#VALUE!"。

significance
用数值或者数值所在的单元格表示返回的百分数值的有效位数。如果省略，则保留 3 位小数。如果 significance<1，则函数 PERCENTRANK 返回错误值 "#NUM!"。

使用 PERCENTRANK 函数可求数值在一个数据集中的百分比排位。百分比排位的最小值为 0%、最大值为 100%。例如，血压为 120mmHg 时，求该血压值位于统计数据百分之几的位置，或者英语成绩为 85 分时，求该成绩在班级中的百分比排位。与 PERCENTRANK 函数相反，如果要求第 k 个百分点的值，可使用 PERCENTILE 函数。另外，返回一个数字在数字列表中的排位，请使用 RANK 函数。

04
统计函数

📋 EXAMPLE 1 　求自己的成绩在期末考试中的排位

下面为期末考试的分数表，根据各数据求自己的成绩在全体学生成绩中的排位。

②单击"插入函数"按钮，选择 PERCENTRANK 函数，弹出"函数参数"对话框

①单击需要输入函数的单元格

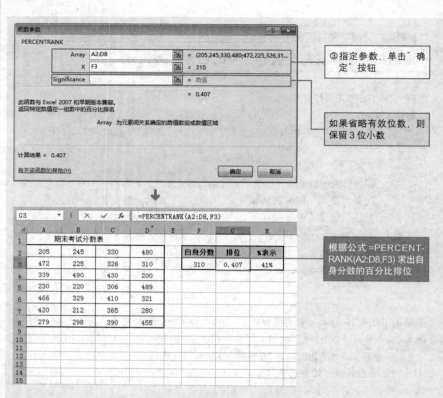

③指定参数，单击"确定"按钮

如果省略有效位数，则保留 3 位小数

根据公式 =PERCENT-RANK(A2:D8,F3) 求出自身分数的百分比排位

04
统计函数

🖐 POINT ● 插入百分比排位

使用 PERCENTRANK 函数时，没有必要重排数据。而且，如果数组里没有与 x 相匹配的值，但该值包含在数组数值内时，需从它的两侧插入值来返回正确的百分比排位。

样本数据为数组时，用公式 =PERCENTRANK ($A$4:$A$9,D4) 求出数值 6 的百分比排位

VAR

计算基于给定样本的方差

格式 ➡ **VAR(number1, number2, ...)**

参数 ➡ number1, number2, ...

样本值或样本值所在的单元格。各个值用逗号分隔，最多能够指定到 30 个参数，也能指定单元格区域。如果直接指定数值以外的文本，则会返回错误值"#NAME?"。如果单元格引用数值时，空白单元格、文本和逻辑值将被忽略。如果参数超过 30 个，则会出现"此函数输入参数过多"的提示信息。参数小于 1 时，则会返回错误值"#DIV/0!"。

在统计中分析大量的信息数据和零散数据时比较困难，所以需要从统计数据中随机抽出有代表性的数据进行分析，抽出的具有代表性的数据称为样本，以样本作为基数的统计数据的估计值称为方差。使用 VAR 函数可以求解把数值数据看作统计数据的样本这种情况下的方差。统计数据指定所有数据，方差是把全体统计数据的偏差状况数值化。方差一般用下列公式表达。

$$VAR(x_1, x_2, \cdots, x_{30}) = \frac{1}{n-1} \sum_{i=1}^{n} (x_i - m)^2$$

其中，n 为数据点，x_i 为数据，m 为数据的平均值。

EXAMPLE 1　求体力测试中各年级的方差和全体学生样本的方差

下面，我们以体力测试记录作为原始数据，用 VAR 函数来求各年级学生的方差和全体学生的方差值。

②单击"插入函数"按钮，选择 VAR 函数，弹出"函数参数"对话框

①单击要输入函数的单元格

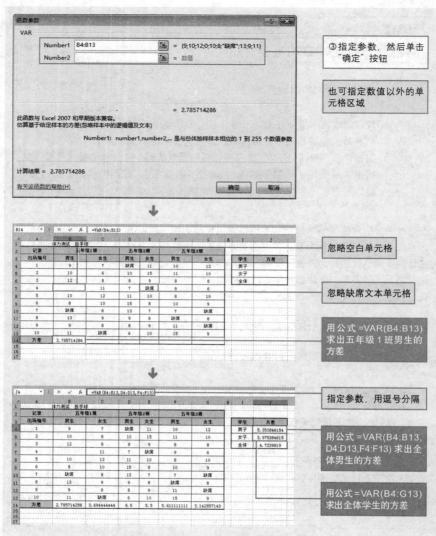

③指定参数，然后单击"确定"按钮

也可指定数值以外的单元格区域

忽略空白单元格

忽略缺席文本单元格

用公式 =VAR(B4:B13) 求出五年级 1 班男生的方差

指定参数，用逗号分隔

用公式 =VAR(B4:B13, D4:D13,F4:F13) 求出全体男生的方差

用公式 =VAR(B4:G13) 求出全体学生的方差

POINT ● 方差越接近 0，偏差越小

因为样本的方差越接近0，偏差、数据的波动性也就越小，所以推断出EXAMPLE 1中的男子记录较离散。在全学年中，男子记录和女子记录有差别，由此推定出全体方差变大。另外，还可根据一定条件抽取数据，把抽取的数据作为统计数据的一个样本，求它的方差，具体可参照数据库中的DVAR函数。

04
统计函数

VARA
求空白单元格以外给定样本的方差

格式 → **VARA(value1, value2, ...)**

参数 → **value1, value2, ...**

样本值或样本值所在的单元格。各个值用逗号分隔，最多能够指定到 30
个参数，也能指定为单元格区域。如果直接指定数值以外的文本，则会
返回错误值"#NAME?"。如果引用数值，则空白单元格将被忽略。包含
TRUE 的参数作为 1 计算；包含文本或 FALSE 的参数作为 0 计算。另外，
如果超过 30 个参数，则会出现"此函数输入参数过多"的提示信息。当
参数小于 1 时，则返回错误值"#DIV/0!"。

从统计数据中随机抽取具有代表性的数据称为样本。使用 VARA 函数可求空白单元格以
外给定样本的方差。它与求方差的 VAR 函数的不同之处在于，不仅数字，而且文本和逻
辑值（如 TRUE 和 FALSE）也将计算在内。例如，测试表中的"缺席"文本单元格就要
作为 0 计算。VARA 函数的计算结果比 VAR 函数的结果大。

方差的概述

在概率论和数理统计中，方差用来度量随机变量和其数学期望（即均值）之间的偏离
程度。在许多实际问题中，研究随机变量和均值之间的偏离程度有着很重要的意义。

EXAMPLE 1　求各年级和全年级学生体力测试的方差（包含缺席者）

把体力测试的记录作为原始数据，求各年级和全体学生体力测试的方差值。表示缺席
者的"缺席"文本单元格作为 0 计算。

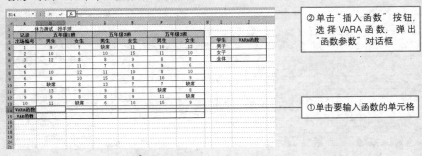

②单击"插入函数"按钮，
选择 VARA 函数，弹出
"函数参数"对话框

①单击要输入函数的单元格

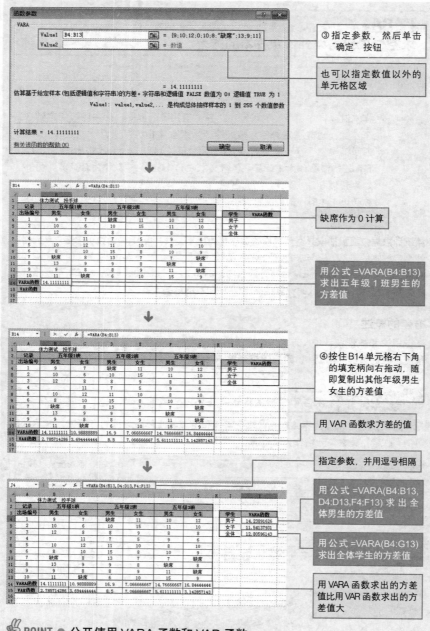

③指定参数，然后单击"确定"按钮

也可以指定数值以外的单元格区域

缺席作为 0 计算

用公式 =VARA(B4:B13) 求出五年级 1 班男生的方差值

④按住B14 单元格右下角的填充柄向右拖动，随即复制出其他年级男生女生的方差值

用 VAR 函数求方差的值

指定参数，并用逗号相隔

用公式 =VARA(B4:B13, D4:D13,F4:F13) 求出全体男生的方差值

用公式 =VARA(B4:G13) 求出全体学生的方差值

用 VARA 函数求出的方差值比用 VAR 函数求出的方差值大

🖐 POINT ● 分开使用 VARA 函数和 VAR 函数

VARA 函数和 VAR 函数中的空白单元格都将被忽略，不作为计算对象。但在 VARA 函数中，因为缺席者作为 0 计算，与 VAR 函数的结果相比较，方差变大。

VARP
计算基于整个样本总体的方差

格式 → VARP(number1, number2, ...)

参数 → number1, number2, ...

为对应于样本总体的 1 到 30 个参数或参数所在的单元格。各个值用逗号分隔，最多指定到 30 个参数，也能指定为单元格区域。如果直接指定数值以外的文本，则返回错误值 "#NAME?"。单元格引用数值时，空白单元格、文本和逻辑值将被忽略。如果参数超过 30 个，则会出现 "此函数输入参数过多" 的提示信息。

使用 VARP 函数可求基于整个样本总体的方差。它与求方差的 VAR 函数不同之处在于，函数 VARP 假设其参数为样本总体，或者看作所有样本总体数据点。方差一般用下列公式表示。

$$VARP(x_1, x_2, \cdots, x_{30}) = \frac{1}{n} \sum_{i=1}^{n} (x_i - m)^2$$

其中，n 为数据点，x_i 为数据，m 为数据的平均值。

EXAMPLE 1 求各年级和全体学生体力测试记录的方差

下面，我们把体力测试记录作为原始数据，用VARP函数来求各年级和全体学生的方差值。

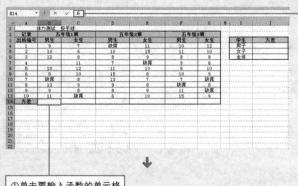

②单击 "插入函数" 按钮，选择VARP函数，弹出 "函数参数" 对话框

①单击要输入函数的单元格

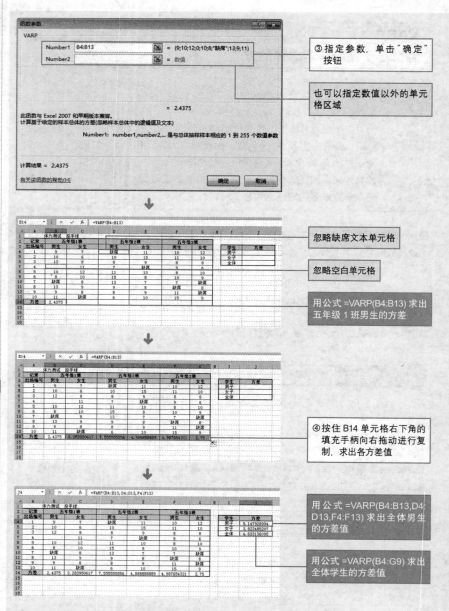

③指定参数，单击"确定"按钮

也可以指定数值以外的单元格区域

忽略缺席文本单元格

忽略空白单元格

用公式 =VARP(B4:B13) 求出五年级 1 班男生的方差

④按住 B14 单元格右下角的填充手柄向右拖动进行复制，求出各方差值

用公式 =VARP(B4:B13,D4:D13,F4:F13) 求出全体男生的方差值

用公式 =VARP(B4:G9) 求出全体学生的方差值

✌ POINT ● 方差越接近 0 值，偏差越小

方差值越接近 0 值，说明它的偏差就越小。因此，在 EXAMPLE 1 中的女子记录比男子记录更能达到全体平衡。另外，如果抽出一定条件下的数据，把这些数据看作样本总体求方差，请参照数据库函数中的 DVARP 函数。

VARPA
计算空白单元格以外基于整个样本总体的方差

格式 → **VARPA(value1, value2, ...)**

参数 → value1, value2, ...

各个值用逗号分隔，最多能够指定到 30 个参数，也能指定为单元格区域。
如果直接指定数值以外的文本，返回错误值"#NAME?"。如果单元格引
用数值时，空白单元格将被忽略。包含 TRUE 的参数作为 1 计算；包含文
本或 FALSE 的参数作为 0 计算。另外，如果超过 30 个参数，会出现"此
函数输入参数过多"的提示信息。

使用 VARPA 函数可求空白单元格以外基于整个样本总体的方差。它与求方差的 VARP
函数不同之处在于：VARPA 函数不仅计算数字，而且也计算文本值和逻辑值（如 TRUE
和 FALSE）。VARPA 函数的返回值比 VARP 函数的返回值大。

📁 **EXAMPLE 1** | 求各年级和全体学生体力测试的方差

用 VARPA 函数求各年级和全体学生的方差值。"缺席"文本单元格作为 0 计算。

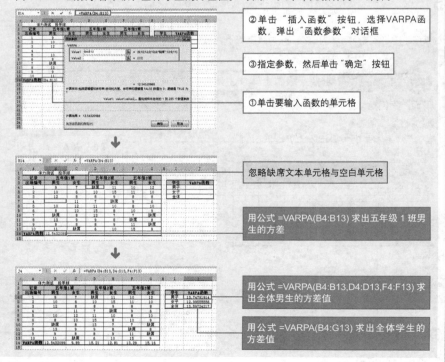

②单击"插入函数"按钮，选择VARPA函数，弹出"函数参数"对话框

③指定参数，然后单击"确定"按钮

①单击要输入函数的单元格

忽略缺席文本单元格与空白单元格

用公式 =VARPA(B4:B13) 求出五年级 1 班男生的方差

用公式 =VARPA(B4:B13,D4:D13,F4:F13) 求出全体男生的方差值

用公式 =VARPA(B4:G13) 求出全体学生的方差值

STDEV

估算给定样本的标准偏差

基础
统计量

格式 → STDEV (number1, number2, ...)

参数 → number1, number2, ...

为对应于总体样本的 1 到 30 个参数或参数所在的单元格。各个值用逗号分隔，最多能够指定到 30 个参数，也能指定为单元格区域。如果直接指定数值以外的文本，返回错误值 "#NAME?"。但是单元格引用数值时，空白单元格、文本和逻辑值将被忽略。如果参数超过 30 个，出现 "此函数输入参数过多" 的提示信息。当参数小于 1 时，返回错误值 "#DIV/0!"。

指定样本总体为全部统计数据。标准偏差是将统计数据的方差情况数值化。在统计中，如果信息数据很庞大，会给调查方差带来困难，所以从统计数据中随机抽出代表性的数据来分析。这样具有代表性数据称为样本。使用 STDEV 函数可求数值数据为样本总体的标准偏差。样本标准偏差一般用下列公式表达。它相当于样本方差的正平方根。

$$STDEVP(x_1, x_2, \cdots, x_{30}) = \sqrt{\frac{1}{n} \sum_{i=1}^{n} (x_i - m)^2}$$

其中，n 为数据点，x_i 为数据，m 为数据的平均值。

04
统
计
函
数

📖 **EXAMPLE 1** 求各年级和全体学生体力测试的标准偏差

下面，我们把体力测试记录看作原始数据，用 STDEV 函数来求各年级和全体学生体力测试的标准偏差。

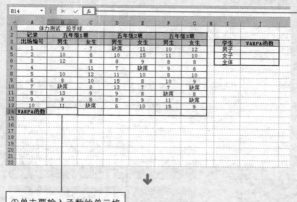

②单击"插入函数"按钮，选择STDEV函数，弹出"函数参数"对话框

①单击要入函数的单元格

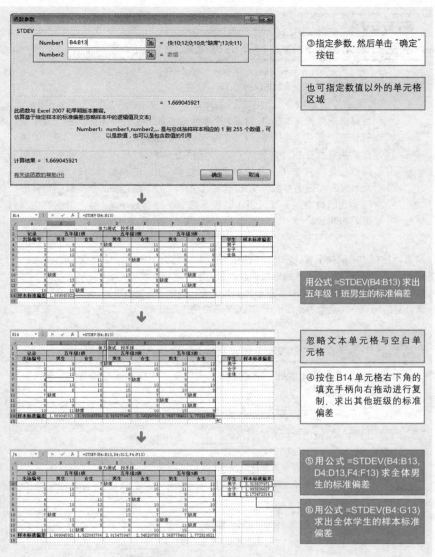

③指定参数，然后单击"确定"按钮

也可指定数值以外的单元格区域

用公式 =STDEV(B4:B13) 求出五年级 1 班男生的标准偏差

忽略文本单元格与空白单元格

④按住 B14 单元格右下角的填充手柄向右拖动进行复制，求出其他班级的标准偏差

⑤用公式 =STDEV(B4:B13, D4:D13,F4:F13) 求全体男生的标准偏差

⑥用公式 =STDEV(B4:G13) 求出全体学生的样本标准偏差

04 统计函数

✌ POINT ● **标准偏差值越接近 0，偏离程度越小**

样本标准偏差值越接近 0，偏离程度越小。由此可推断 EXAMPLE 1 中的男子记录比女子记录的偏差大。另外，如果要将列表或数据库的列中满足指定条件的数字作为一个样本，估算样本总体的标准偏差时，请参照数据库函数中的 DSTDEV 函数。

STDEVA
求空白单元格以外给定样本的标准偏差

格式 → STDEVA(value1, value2 ...)

参数 → value1, value2, ...

为对应于总体样本的 1 到 30 个参数或参数所在的单元格。各个值用逗号分隔，最多能够指定到 30 个参数，也能指定为单元格区域。如果直接指定数值以外的文本，返回错误值"#NAME?"。如果单元格引用数值时，空白单元格将被忽略。包含TRUE的参数作为1计算；包含文本或FALSE的参数作为 0 计算。另外，如果超过 30 个参数，则会出现"此函数输入参数过多"的提示信息。当参数小于1时，则返回错误值"#DIV/0!"。

从统计数据中随机抽出有代表性的数据，这些数据称为"样本"。使用 STDEVA 函数可求空白单元格以外给定样本的标准偏差。它与求样本标准偏差的 STDEV 函数的不同之处在于，STDEVA 函数可以计算逻辑值和文本值。例如，测试表中的"缺席"可以作为 0 来计算。STDEVA 函数的返回值比 STDEV 函数的返回值大。

📖 EXAMPLE 1　求各年级和全体学生体力测试的样本标准偏差

把体力测试记录看作原始数据，求各年级和全体学生的样本标准偏差。将表示缺席者的"缺席"文本单元格作为 0 计算。

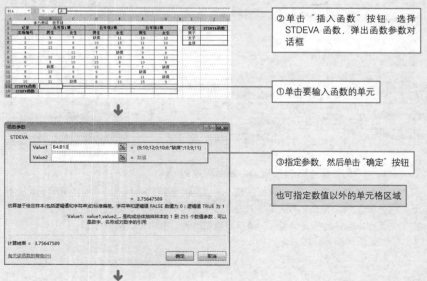

②单击"插入函数"按钮，选择 STDEVA 函数，弹出函数参数对话框

①单击要输入函数的单元

③指定参数，然后单击"确定"按钮

也可指定数值以外的单元格区域

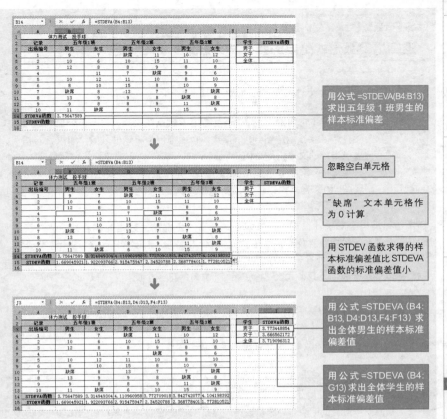

用公式 =STDEVA(B4:B13) 求出五年级 1 班男生的样本标准偏差

忽略空白单元格

"缺席" 文本单元格作为 0 计算

用 STDEV 函数求得的样本标准偏差值比 STDEVA 函数的标准偏差值小

用 公式 =STDEVA (B4: B13, D4:D13, F4:F13) 求出全体男生的样本标准偏差值

用公式 =STDEVA (B4: G13) 求出全体学生的样本标准偏差值

👍 POINT ● STDEVA 函数和 STDEV 函数

STDEVA 函数和 STDEV 函数中的空白单元格都被忽略，不作为计算对象。而且，由于 STDEVA 函数将缺席者作为 0 计算，所以与 STDEV 函数相比，它的返回值较大。如果不将缺席者作为 0 计算，则可以使用 STDEV 函数求数值数据的样本标准偏差。

04
统计函数

STDEVP

返回以参数形式给出的整个样本总体的标准偏差

格式 → **STDEVP(number1, number2, ...)**

参数 → number1, number2, ...

为对应于样本总体的 1 到 30 个参数或参数所在的单元格。各个值用逗号分隔，最多能够指定到 30 个参数，也能指定为单元格区域。如果直接指定数值以外的文本，则返回错误值 "#NAME?"。但是单元格引用数值时，空白单元格、文本和逻辑值将被忽略。如果指定的参数超过 30 个，则会出现"此函数输入参数过多"的提示信息。

样本总体是指全部统计数据，标准偏差是把它的全部统计数据的偏差数值化。使用 STDEVP 函数可求把数值数据看作样本总体的标准偏差。STDEVP 函数与求标准偏差的 STDEV 函数的不同之处在于，STDEVP 函数把数值数据看作样本总体，或者样本总体数据。标准偏差一般用下列公式表达，它相当于方差的正平方根。

$$STDEVP(x_1, x_2, \cdots, x_{30}) = \sqrt{\frac{1}{n} \sum_{i=1}^{n} (x_i - m)^2}$$

其中，n 为数据点，x_i 为数据，m 为数据的平均值。

EXAMPLE 1 求各年级和全体学生体力测试的标准偏差

下面，我们把体力测试记录作为原始数据，用 STDEVP 函数求各年级和全体学生体力测试的标准偏差值。

②单击"插入函数"按钮，选择 STDEVP 函数，弹出"函数参数"对话框

①单击要输入函数的单元格

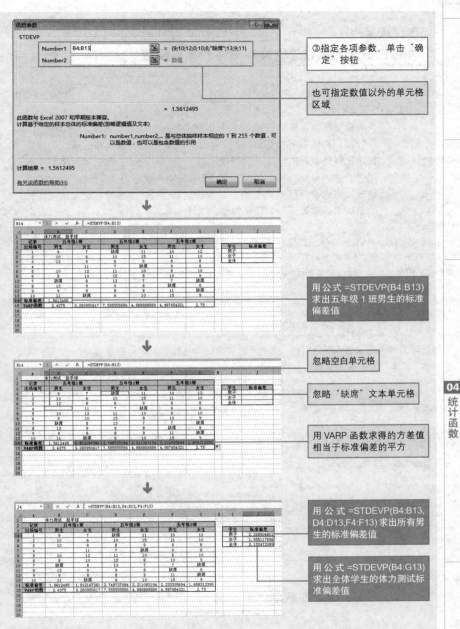

③指定各项参数，单击"确定"按钮

也可指定数值以外的单元格区域

用公式 =STDEVP(B4:B13) 求出五年级1班男生的标准偏差值

忽略空白单元格

忽略"缺席"文本单元格

用 VARP 函数求得的方差值相当于标准偏差的平方

用 公 式 =STDEVP(B4:B13, D4:D13,F4:F13) 求出所有男生的标准偏差值

用 公 式 =STDEVP(B4:G13) 求出全体学生的体力测试标准偏差值

👆 POINT ● 方差和标准偏差的关系

方差是标准偏差的平方，例如，如果原数据的单位为"m"，方差的单位则变成 m^2。方差的正平方根即为标准偏差，能够返回到原数据的单位。

STDEVPA

计算空白单元格以外的样本总体的标准偏差

格式 → **STDEVPA(value1, value2, ...)**

参数 → value1, value2, ...

为对应于样本总体的 1 到 30 个参数或参数所在的单元格。各个值用逗号分隔，最多能够指定到 30 个参数，也能指定为单元格区域。如果直接指定数值以外的文本，返回错误值 "#NAME?"。如果单元格引用数值时，空白单元格将被忽略。包含TRUE的参数作为 1 计算；包含文本或FALSE的参数作为 0 计算。如果指定超过 30 个参数，则会出现"此函数输入参数过多"的提示信息。

使用 STDEVPA 函数可返回空白单元格以外样本总体的标准偏差。它与求标准偏差的 STDEVP 函数的不同之处在于，它可以把数值以外的文本或逻辑值作为数值计算，例如，把测试表中的"缺席"文本单元格作为 0 来计算。STDEVPA 函数的返回值比 STDEVP 函数的返回值大。

EXAMPLE 1　求各年级和全体学生的样本标准偏差（包含缺席者）

把体力测试记录当作原始数据，求各年级和全体学生体力测试的标准偏差。表示缺席者的"缺席"文本单元格作为 0 计算。

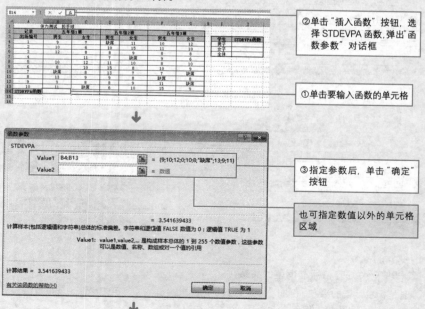

②单击"插入函数"按钮，选择 STDEVPA 函数，弹出"函数参数"对话框

①单击要输入函数的单元格

③指定参数后，单击"确定"按钮

也可指定数值以外的单元格区域

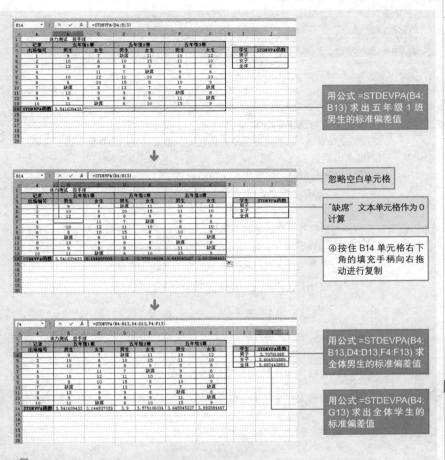

用公式 =STDEVPA(B4:B13) 求出五年级 1 班男生的标准偏差值

忽略空白单元格

"缺席" 文本单元格作为 0 计算

④按住 B14 单元格右下角的填充手柄向右拖动进行复制

用公式 =STDEVPA(B4:B13,D4:D13,F4:F13) 求全体男生的标准偏差值

用公式 =STDEVPA(B4:G13) 求出全体学生的标准偏差值

POINT ● STDEVPA 函数和 STDEVP 函数

STDEVPA 函数和 STDEVP 函数中的空白单元格都被忽略，不能作为计算对象。但是，由于 STDEVPA 函数将缺席者当作 0 计算，所以与 STDEVP 函数结果相比，它的返回值较大。如果不把缺席者作为 0 计算，可以使用 STDEVP 函数求数值数据的标准偏差。

AVEDEV
返回一组数据与其均值的绝对偏差的平均值

格式 → AVEDEV(number1, number2, ...)

参数 → number1, number2, ...

用于计算绝对偏差平均值的一组参数，各个值用逗号分隔，最多能够指定到 30 个参数，也能指定为单元格区域。如果直接指定数值以外的文本，则返回错误值 "#NAME?"。但是单元格引用数值时，空白单元格、文本和逻辑值将被忽略。如果指定的参数超过 30 个，则会出现 "此函数输入参数过多" 的提示信息。

全部数值数据的平均值和各数据的差称为偏差。使用 AVEDEA 函数可求偏差绝对值的平均值，即平均偏差。AVEDEA 函数得到的结果和数值数据的单位相同，用于检查这组数据的离散度。平均偏差用下列公式表达。

$$AVEDEV(x_1,x_2,\cdots,x_{30}) = \frac{1}{n}\sum_{i=1}^{n}|x_i-\overline{x}|$$

其中，$\overline{x} = \frac{1}{n}\sum_{i=1}^{n}x_i$ 为数值的平均值。

04
统计函数

📖 EXAMPLE 1　从抽样检查的面粉重量值求平均偏差

下面，我们以抽样检查的 25Kg 的面粉的重量值作为原始数据，用 AVEDEV 函数求平均偏差。

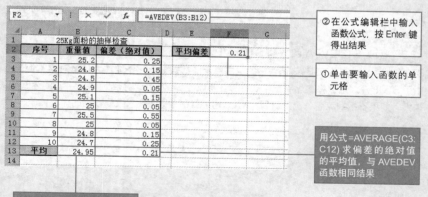

②在公式编辑栏中输入函数公式，按 Enter 键得出结果

①单击要输入函数的单元格

用公式 =AVERAGE(C3:C12) 求偏差的绝对值的平均值，与 AVEDEV 函数相同结果

用公式 =AVERAGE(B3:B12) 求出面粉重量的平均值

DEVSQ

返回数据点与各自样本平均值偏差的平方和

格式 → **DEVSQ(number1, number2, ...)**

参数 → number1, number2, ...

为 1 到 30 个需要计算偏差平方和的参数，各个值用逗号分隔，最多能够指定到 30 个参数，也能指定为单元格区域。如果直接指定数值以外的文本，则会返回错误值 "#NAME?"。但是单元格引用数值时，空白单元格、文本和逻辑值将被忽略。如果指定的参数超过 30 个，则会出现 "此函数输入参数过多" 的提示信息。

全部数值数据的平均值和各数据的差称为偏差。使用 DEVSQ 函数，求各数据点与各自样本平均值偏差的平方和。DEVSQ 函数得到的结果为数值数据单位的平方。偏差平方和用下列公式表达。

$$DEVSQ(x_1, x_2, \cdots, x_{30}) = \sum_{i=1}^{n} (x_i - \overline{x})^2$$

其中，$\overline{x} = \dfrac{1}{n} \sum_{i=1}^{n} x_i$ 为数值的平均值。

EXAMPLE 1 从抽样检查的面粉重量值求偏差平方和

以抽样检查的 25Kg 的面粉的重量值作为原始数据，求偏差平方和。

	A	B	C	D	E	F	G
	F2		× ✓ fx	=DEVSQ(B3:B12)			
1		25Kg面粉的抽样检查					
2	序号	重量值	偏差（绝对值）		偏差平方和	0.705	
3	1	25.2	-0.25				
4	2	24.8	0.15				
5	3	24.5	0.45				
6	4	24.9	0.05				
7	5	25.1	-0.15				
8	6	25	-0.05				
9	7	25.5	-0.55				
10	8	25	-0.05				
11	9	24.8	0.15				
12	10	24.7	0.25				
13	平均	24.95					
14							

② 在公式编辑栏中输入函数公式，按 Enter 键得出结果

① 单击要输入函数的单元格

求出偏差平方和的值为 0.705

③ 用 公 式 =AVERAGE(B3:B12) 求出面粉重量值的平均值

POINT ● 使用 DEVSQ 函数求偏差平方和更简便

使用 AVERAGE 函数求平均值，将平均值与各数点的差即偏差结果作为基数，再使用 SUMSQ 函数也能求得偏差平方和。但是，使用 DEVSQ 函数求偏差平方和更简便。

COUNT
求数值数据的个数

格式 → **COUNT**(value1, value2, ...)
参数 → value1, value2, ...
包含或引用各种类型数据的参数。用序列值表示日期，把 2010 年 1 月 1 日作为 1，为连续数值之一。用逗号分隔各个值，最多可指定 30 个参数，也可以指定包含数字的单元格。数组或引用中的空单元格、逻辑值、文字或错误值都将被忽略。直接指定参数时，包含日期的数值也能计算逻辑值。

使用 COUNT 函数可求包含数字的单元格个数，它是 Excel 中使用最频繁的函数之一。在统计领域中，个数是代表值之一，作为统计数据的全体调查数或样本数使用。可以使用"插入函数"对话框选择 COUNT 函数，但通过单击"公式"选项卡中的"自动求和"按钮求参数个数的方法最简便。使用"自动求和"按钮输入 COUNT 函数时，在输入函数的单元格中会自动确认相邻数值的单元格。

📁 EXAMPLE 1 　利用"插入函数"求参加体能测试的人数

利用"插入函数"对话框选择 COUNT 函数，求参加体能测试的人数。

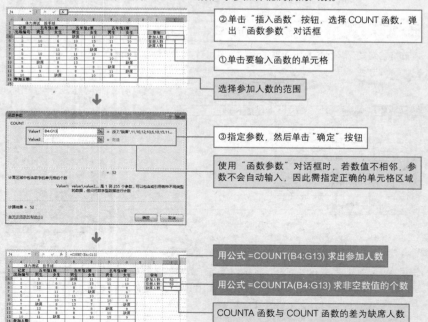

②单击"插入函数"按钮，选择 COUNT 函数，弹出"函数参数"对话框

①单击要输入函数的单元格

选择参加人数的范围

③指定参数，然后单击"确定"按钮

使用"函数参数"对话框时，若数值不相邻，参数不会自动输入，因此需指定正确的单元格区域

用公式 =COUNT(B4:G13) 求出参加人数

用公式 =COUNTA(B4:G13) 求非空数值的个数

COUNTA 函数与 COUNT 函数的差为缺席人数

EXAMPLE 2 用"自动求和"按钮求各年级的参加人数

以体力测试记录作为原数据，求各年级的参加人数。忽略表示缺席者的"缺席"文本单元格或者空白单元格。

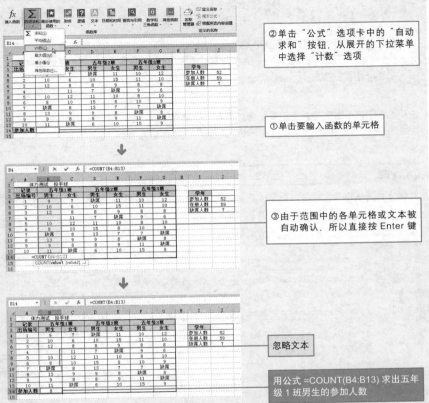

② 单击"公式"选项卡中的"自动求和"按钮，从展开的下拉菜单中选择"计数"选项

① 单击要输入函数的单元格

③ 由于范围中的各单元格或文本被自动确认，所以直接按 Enter 键

忽略文本

用公式 =COUNT(B4:B13) 求出五年级 1 班男生的参加人数

🖐 POINT ● 忽略空白单元格

空白单元格被忽略，不能成为计算对象。注意空白单元格不是 0，如果 0 作为计算对象，必须要在单元格内输入 0。

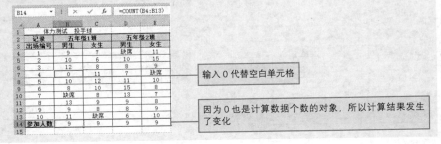

输入 0 代替空白单元格

因为 0 也是计算数据个数的对象，所以计算结果发生了变化

COUNTA
计算指定单元格区域中非空单元格的个数

格式 → COUNTA(value1, value2, ...)

参数 → value1, value2, ...

所要计算的值，参数个数为 1~30 个，也可以指定单元格范围。单元格
引用值N时，可忽略空白单元格，但作为数值以外的文本或逻辑值将被
计算在内。

使用 COUNTA 函数可求指定单元格区域中非空单元格的个数。它和 COUNT 函数的不
同之处在于，数值以外的文本或逻辑值可以算作统计数据的个数。

> EXAMPLE 1　求各年级学生全体在册人数

根据体力测试记录，求各年级学生全体在册人数。表示缺席者的"缺席"文本所在的单
元格作为在册人数计算，而转校等不在册的人数作为空白单元格被忽略。

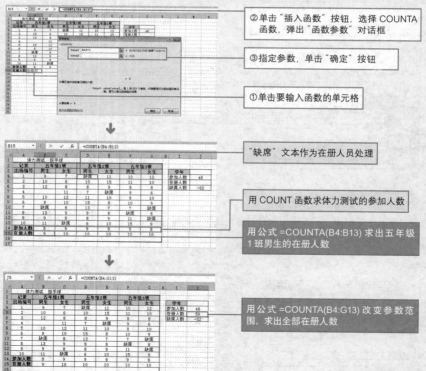

②单击"插入函数"按钮，选择 COUNTA
函数，弹出"函数参数"对话框

③指定参数，单击"确定"按钮

①单击要输入函数的单元格

"缺席"文本作为在册人员处理

用 COUNT 函数求体力测试的参加人数

用公式 =COUNTA(B4:B13) 求出五年级
1 班男生的在册人数

用公式 =COUNTA(B4:G13) 改变参数范
围，求出全部在册人数

COUNTBLANK
计算空白单元格的个数

格式 → **COUNTBLANK(range)**

参数 → range

需要计算某个区域中空白单元格个数，只能指定一个参数。如果同时选择多个单元格区域，则显示"此函数输入参数过多"的提示信息。

使用 COUNTBLANK 函数可求指定范围内空白单元格的个数，用于计算未输入数据的单元格个数比较简便。所谓空白单元格是指没有输入任何数值的单元格。以全角或半角方式输入的空格键，或在"选项"对话框中取消勾选"零值"复选框时，工作表中的单元格也显示为空白，但这样的空白单元格不作为计算对象。

 EXAMPLE 1　计算空白单元格的个数

求学生成绩统计表中无成绩人数。

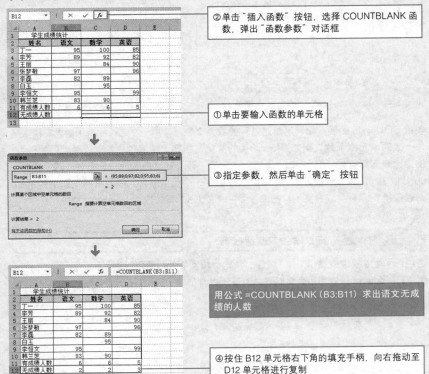

②单击"插入函数"按钮，选择 COUNTBLANK 函数，弹出"函数参数"对话框

①单击要输入函数的单元格

③指定参数，然后单击"确定"按钮

用公式 =COUNTBLANK（B3:B11）求出语文无成绩的人数

④按住 B12 单元格右下角的填充手柄，向右拖动至 D12 单元格进行复制

COUNTIF

求满足给定条件的数据个数

格式 → **COUNTIF(range, criteria)**

参数 → range

需要计算其中满足条件的单元格数目的单元格区域。如果省略参数，则会出现"输入的公式不正确"的提示信息。

criteria

确定哪些单元格将被计算在内的条件，其形式可以是数值、文本或表达式。在单元格或编辑栏中直接指定检索条件时，条件需加双引号，特别是使用比较运算符时，如果不加双引号，则会出现"输入的公式不正确"的提示信息。当检索条件中存在一部分不明意义的文字时，则需使用通配符。通配符的意义和使用方法如下表。

▼ 通配符

符号 / 读法	意义	使用方法的事例	被检索的例子
*（星号）	和符号在同一位置的大于 0 的任意字符	中 *（带中的文本字符串）中 *（以中开头的文本字符串）	中、中国、中间、中文、中意
?（问号）	和符号在同一位置的任意一个字符	? 国（第 2 个字符有国的文本字符串）中?（第 1 个字符有中的文本字符串）	中国
			中秋
~（波形符）	检索包含*、?、~字符时，在各符号前输入~	* 注（"* 注"之类的文本）	* 注

使用 COUNTIF 函数，求满足给定条件的数据个数。常用于在选择的范围内求与检索条件一致的单元格个数。例如，把"学生的成绩"指定为检索条件，求成绩相同的人数，使用比较运算符，把"～ 以上"或"～ 不满"等限定值指定为检索条件，求"成绩在 85 分以上"的人数。COUNTIF 函数只能指定一个检索条件，如果有两个以上的条件，则需使用 IF 函数，或者使用数据库函数中的 DCOUNT 函数。

EXAMPLE 1　统计学生专业课成绩

在统计学生专业课成绩中，将"成绩"指定为检索条件。使用绝对引用，将 range 绝对引用行、criteria 绝对引用列复制到其他单元格内。

②单击"插入函数"按钮，选择 COUNTIF 函数，弹出"函数参数"对话框

①单击要输入函数的单元格

③指定参数，然后单击"确定"按钮

参数范围指定后，在range中按两次F4键，在criteria中按三次F4键

用公式 =COUNTIF(D$3:D$10,$C16) 求出各成绩相同的人数

④按住 D13 单元格右下角的填充手柄，向下拖动至 D20 单元格进行复制

POINT ● 在单元格或编辑栏内直接指定检索条件时，必须加双引号

使用"函数参数"对话框，或者单元格引用检索条件时，没有必要加双引号。但是，在单元格或公式编辑栏内直接指定检索条件时，必须加双引号。对于不使用比较运算符的检索条件，如数值以外的条件，即使不加双引号，也不会返回错误值。但因为没有符合检索条件的单元格，所以函数返回 0。

在公式编辑栏中直接输入公式 =COUNTIF (D3:D10,成绩在 85 分以上)

由于没有加双引号，所以结果返回 0

EXAMPLE 2   统计学生专业课成绩在 85 分以上的学生人数

使用比较运算符，求专业课成绩在 85 分以上的学生人数，检索条件使用比较运算符时，必须加双引号。

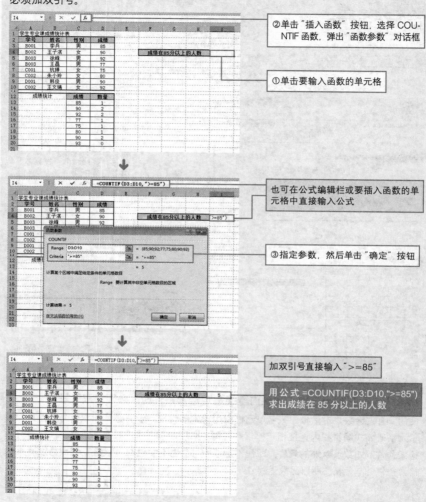

②单击"插入函数"按钮，选择 COUNTIF 函数，弹出"函数参数"对话框

①单击要输入函数的单元格

也可在公式编辑栏或要插入函数的单元格中直接输入公式

③指定参数，然后单击"确定"按钮

加双引号直接输入"＞=85"

用公式 =COUNTIF(D3:D10,"＞=85") 求出成绩在 85 分以上的人数

EXAMPLE 3   在检索条件中使用通配符求个数

在检索条件中使用通配符，求不同班级的考试人数。不同的班级被输入到学号列中，如 B001 的 B 作为二年级，C001 的 C 就作为三年级，D001 的 D 作为四年级，求二年级、三年级和四年级的考试人数。通配符是取代文本而使用的字符，* 表示任何字符，? 表示任意单个字符。

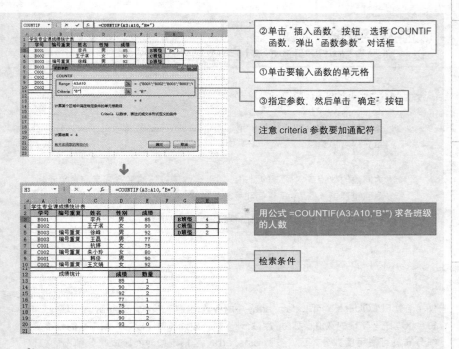

②单击"插入函数"按钮,选择 COUNTIF 函数,弹出"函数参数"对话框

①单击要输入函数的单元格

③指定参数,然后单击"确定"按钮

注意 criteria 参数要加通配符

用公式 =COUNTIF(A3:A10,"B*") 求各班级的人数

检索条件

POINT ● 使用通配符"?"进一步检索

如果知道检索字符或字符个数时,使用表示任意一个字符的"?"比使用表示任意字符的"*"更能进一步进行检索。例如,将 EXAMPLE 3 的检索条件设为"????4"时,只能检索末尾带有数字 4 且有 4 个字符的 B104。

☺☺ 组合技巧 | 检查数据是否重复(IF+COUNTIF)

在 IF 函数中组合使用 COUNTIF 函数,可以检查出数据是否重复。样本中,如果回答者编号重复,则显示"编号重复",否则显示为空白。另外,还可以用符合检索条件的数据是否大于 1 来检测数据是否重复。

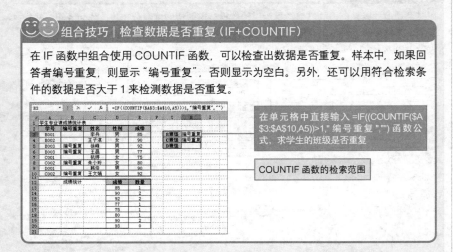

在单元格中直接输入 =IF((COUNTIF($A$3:$A$10,A5))>1," 编号重复 ","") 函数公式,求学生的班级是否重复

COUNTIF 函数的检索范围

FREQUENCY
以一列垂直数组返回某个区域中数据的频率分布

格式 → FREQUENCY(data_array, bins_array)

参数 → date_array

为一数组或对一组数值的引用，用来计算频率。数值以外的文本和空白单元格将被忽略。

bins_array

为间隔的数组或对间隔的引用。如果有数值以外的文本或者空白单元格，返回错误值"#N/A"。区间和度数的关系如下表。

▼ 区间和度数的事例（值为整数时，度数比区间多一个）

19	19 以下
29	20 以上（大于等于 20）小于 29
	30 以上（大于等于 30）（超过区间的最大值）

使用函数 FREQUENCY 可求 data_array 中的各数据在指定的 bins_array 内出现的频率。每个区间统一整理的数值表称为"度数分布表"。如计算时间段内入场人数的分布或成绩分布就可使用度数分布表。参数 bins_array 是指定如时间段或得分情况的数值。FREQUENCY 函数的要点是求结果的单元格区域，比 bins_array 要多选择一个。返回数组所多出来的元素表示超过最高间隔的数值个数。

EXAMPLE 1 某公司成立以来创造的产值分布表

以某公司成立以来创造的产值数据为原始数据，求差值的度数分布表。作为数组公式输入的单元格不能进行单独编辑，必须选定输入数组公式的单元格区域才能进行编辑。

②单击"插入函数"按钮，选择 AVERAGE 函数，弹出"函数参数"对话框

①单击要输入函数的单元格

③指定参数，然后按组合键 Ctrl+Shift 的同时单击"确定"按钮

用公式 {=FREQUENCY(A2:E10,G3:G11)} 作为频率求各区间内数值数据的个数

④按住 H2 单元格右下角的填充手柄向下拖动至 H10 单元格进行复制

用公式 =I10+H11 在 I11 单元格内求累积度数值，I11 单元格等于数据个数

基于度数分布表制作的度数分布和累积度数分布图表

✌ POINT ● 用图表制作度数分布表更明确

度数分布表可以统一整理统计数据，用于检查数据的分布状态。如果用图表直观化所求的度数分布表，则能进一步显示数据的分布状态。

AVERAGE
求参数的平均值

格式 → AVERAGE(number1, number2, ...)

参数 → number1, number2, ...

为需要计算平均值的 1 到 30 个参数。各个数用逗号隔开，能够指定 30 个参数，也能够指定单元格范围。如果参数为数值以外的文本，则返回错误值 "#VALUE!"。但是，如果数组或引用参数中包含文本、逻辑值或空白单元格，则这些值将被忽略。另外，如果指定超过 30 个参数，则会出现 "此函数输入参数过多" 的提示信息。如果分母为 0，则返回错误值 "#DIV/0!"。

使用 AVERAGE 函数可以求参数的平均值。它是 Excel 中使用最频繁的函数之一。在统计领域内，平均值也是代表值之一。作为统计数据的分布重心值使用。可以通过使用 "函数参数" 对话框求它的平均值，也可通过单击 "公式" 选项卡中的 "自动求和" 按钮求平均值，方法更简便。使用 "自动求和" 按钮输入 AVERAGE 函数时，在输入函数的单元格内会自动识别相邻数值的单元格。AVERAGE 函数用下列公式表达。

$$AVERAGE(x_1, x_2, \cdots, x_{30}) = \overline{x} = \frac{1}{n}\sum_{i=1}^{n} x_i$$

其中，$1 \leqslant i \leqslant 30$。

EXAMPLE 1　求初一（1）班学生的平均成绩

以学生的语文、数学、英语、政治、地理、历史和生物成绩为原始数据，在 "插入函数" 对话框中选择 AVERAGE 函数，求初一（1）班学生各科成绩的平均值。忽略表示缺席者的 "缺席" 文本单元格或者空白单元格。

②单击 "插入函数" 按钮，选择 AVERAGE 函数，弹出 "函数参数" 对话框

①单击要输入函数的单元格

姓名	语文	数学	英语	政治	地理	历史	生物	平均成绩
刘青	85	99	82		89	80	78	
王双	82	85	89	82	缺席	81	92	
岳泉	90	86	93	70	76	86	90	
李海龙			87	84	79	69	78	86	
李伟	缺席	85	缺席	73	77	90	81	
张莉	65		60	82	80	82	缺席	
郝东成	70	95		90	81	85	79	
牛立强	84	100	65	86	85	78	83	
王国庆	81	72	77	78	82	71	85	

↓

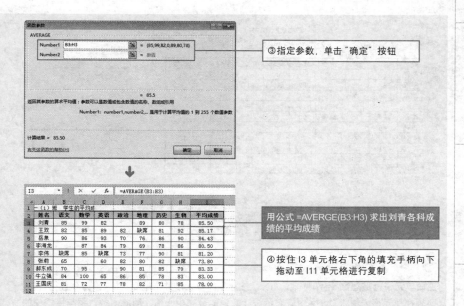

③指定参数，单击"确定"按钮

用公式 =AVERGE(B3:H3) 求出刘青各科成绩的平均成绩

④按住 I3 单元格右下角的填充手柄向下拖动至 I11 单元格进行复制

EXAMPLE 2　使用自动求和按钮求平均值

以所有学生的各科成绩作为原始记录，求所有学生的单科成绩的平均值。忽略表示在"缺席"文本单元格或空白单元格。

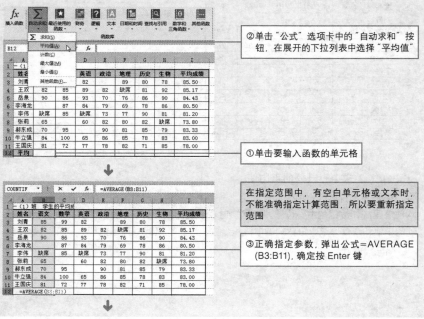

②单击"公式"选项卡中的"自动求和"按钮，在展开的下拉列表中选择"平均值"

①单击要输入函数的单元格

在指定范围中，有空白单元格或文本时，不能准确指定计算范围，所以要重新指定范围

③正确指定参数，弹出公式=AVERAGE(B3:B11)，确定按 Enter 键

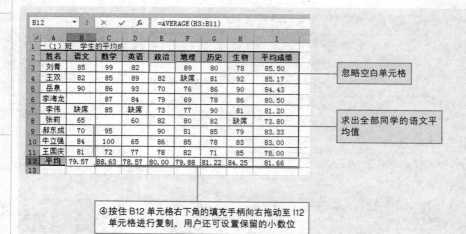

忽略空白单元格

求出全部同学的语文平均值

④按住 B12 单元格右下角的填充手柄向右拖动至 I12
单元格进行复制。用户还可设置保留的小数位

POINT ● 使用 0 计算

空白单元格将被忽略,不作为计算对象。注意空白单元格并不是 0。如果作为 0 进行计算,
必须在单元格内输入 0。平均值表示统计数据的分布中心值,因此,各数据与平均值的
差即偏差的总和逻辑上为 0。

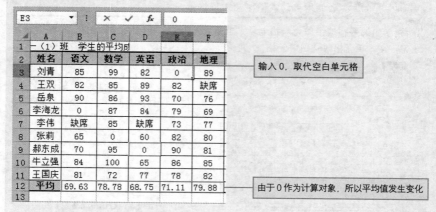

输入 0,取代空白单元格

由于 0 作为计算对象,所以平均值发生变化

POINT ● 求中心以外的平均值

平均值是表示统计数据中心的代表值之一。由于数值会产生偏差,所以不能断定只有平
均值表示统计数据的中心位置。如需知道表示统计数据的中心位置,就必须求平均值以
外的中值和众数。求数值数据的中值和众数,请参照 MEDIAN 函数和 MODE 函数。

AVERAGEA

计算参数列表中非空单元格中数值的平均值

格式 → **AVERAGEA**(value1, value2, ...)

参数 → value1, value2, ...

指定需求平均值的数值或者数值所在的单元格。各个值用逗号隔开，最多能够指定 30 个参数，也可以指定单元格区域。如果直接指定数值以外的文本，则返回错误值"#NAME!"。但是，如果单元格引用值，则空白单元格将被忽略。数值以外的文本或逻辑值 FALSE 作为 0 计算，包含逻辑值 TRUE 的参数作为 1 计算。如果参数超过 30 个，则会出现"此函数输入参数过多"的提示信息。

使用 AVERAGEA 函数可求参数列表中非空单元格数值的平均值，它和求平均值的 AVERAGE 函数的不同之处在于，AVERAGE 函数是把数值以外的文本或逻辑值忽略，而 AVERAGEA 函数却将文本和逻辑值也计算在内，例如，成绩表中的"缺席"文本单元格在 AVERAGEA 函数中作为 0 计算。

EXAMPLE 1　求初一（1）班学生的平均成绩

以学生的语文、数学、英语、政治、地理、历史和生物成绩为原始数据，求初一（1）班学生各科成绩的平均值。忽略表示缺席者的"缺席"文本单元格或者空白单元格。

姓名	语文	数学	英语	政治	地理	历史	生物	平均成绩
刘青	85	99	82	80	89	80	78	
王双	82	85	89		85	81	92	
岳泉	90	缺考	93	70	76	86	90	
李海龙	99	87	84	79	69	78	86	
李伟	75	85	71	73	77	90		
张莉	65	92	60	82	80	缺考	78	
郝东成	70	0	91	90	81	85	79	
牛立强	84	100	65	86	85	78	83	
王国庆	81	72	77	成绩作废	82	71		

初一（1）班　学生的平均成绩

②在"插入函数"对话框中选择 AVERAGEA 函数，弹出"函数参数"对话框

①单击要输入函数的单元格

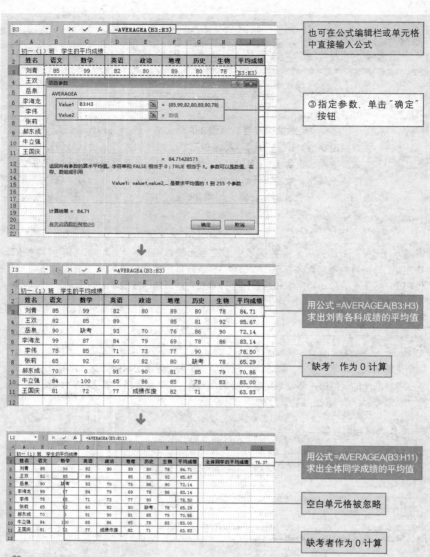

也可在公式编辑栏或单元格中直接输入公式

③指定参数，单击"确定"按钮

用公式 =AVERAGEA(B3:H3) 求出刘青各科成绩的平均值

"缺考"作为 0 计算

用公式 =AVERAGEA(B3:H11) 求出全体同学成绩的平均值

空白单元格被忽略

缺考者作为 0 计算

✌ POINT ● 忽略空白单元格

AVERAGEA函数和AVERAGE函数中的空白单元格被忽略，不能成为计算对象。除了"缺考"作为0计算的情况外，如果求忽略"缺考"文本单元格的数值的平均值，则应使用AVERAGE函数。

TRIMMEAN

求数据集的内部平均值

格式 → **TRIMMEAN**(array, percent)

参数 → array

需要进行整理并求平均值的数组或数值区域。如果数组不包含数值数据，函数返回错误值"#NUM!"。

percent

计算时所要除去的数据点的比例。用数据点的个数乘以该比例值则得出除去的数据点个数，得出的结果可能是奇数或偶数，除去的数据点也不同。而且，如果 percent<0 或 percent>1，则返回错误值"#NUM!"，如果参数为数值以外的文本，则返回错误值"#VALUE!"。

▼ 被除去的数据点

数据点 × 比例	被除去的数据点	例子
偶数	用数据点 x 比例，从头部和尾部除去所得结果的一半	数据点 10 个，比例 10×0.2=2 由于 2 为偶数，所以头部、尾部各除去一个数据
奇数	用数据点 x 比例，将除去的数据点向下舍入为最接近 2 的倍数，从头部、尾部除去所得结果的一半	数据点 10 个，比例 10×0.3=3，由于 3 以下最接近的偶数为 2，所以头部、尾部各除去一个数据

使用 TRIMMEAN 函数可先从数据集的头部和尾部除去一定百分比的数据点，再计算平均值。它计算的是对象中除去上限下限的数据量占全体数据的比例。如果部分数据中存在从众数中脱离出来的异常值，则全体平均值与众数相比较，有可能高，也可能低。由于 TRIMMEAN 函数不受异常值的影响，所以便于用来表现全体数据的倾向。

📋 **EXAMPLE 1** 求除去奖金数据的头部和尾部数据后的平均值

共有对职员的奖金数据为 50 个，求除去头部和尾部数据后的平均值。如果头部和尾部各除去 5% 的数据点，比例指定为 0.1（10%），则此时除去的数据点为 50×0.1=5 个，向下舍入到最接近的偶数为 4 个，因此此除去头部和尾部各两个数据。

②在"插入函数"对话框中选择 TRIMMEAN 函数，弹出"函数参数"对话框

①单击要输入函数的单元格

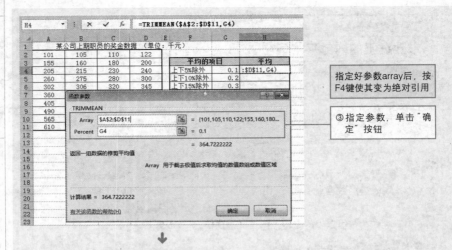

指定好参数array后，按F4键使其变为绝对引用

③指定参数，单击"确定"按钮

用公式=TRIMMEAN求出头部和尾部各除去5%的数据后所得的平均值

按住 H4 单元格右下角的填充手柄向下拖动至 H7 单元格进行复制

☞ POINT ● 参数比例指定为 0

当参数比例指定为 0 时，内部平均值和全体数据的平均值相等。如果比例指定为 1，意思是除去所有的数据，这样在数组中不存在计算对象的数据，因此返回错误值"#NUM!"。

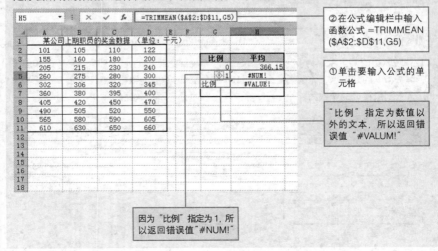

②在公式编辑栏中输入函数公式 =TRIMMEAN($A$2:$D$11,G5)

①单击要输入公式的单元格

"比例"指定为数值以外的文本，所以返回错误值"#VALUM!"

因为"比例"指定为 1，所以返回错误值"#NUM!"

GEOMEAN
求数值数据的几何平均值

基础
统计量

格式 → GEOMEAN(number1, number2, ...)

参数 → number1, number2, ...

指定需求几何平均值的数值，或者数值所在的单元格。各个数值用逗号隔开，最多能够指定到 30 个参数，也可以指定单元格区域。直接指定数值以外的文本，返回错误值"#VALUE!"；如果指定小于 0 的数值，则返回错误值"#NUM!"。如果数组或引用参数包含文本、逻辑值或空白单元格，则这些值将被忽略。如果指定参数超过 30 个，则出现"此函数输入参数过多"的提示信息。

使用 GEOMEAN 函数可求几何平均值，其方法是用各数据相乘，并用数据点 n 的 n 次方根求几何平均值。用于计算业绩的变化或物价的变动等时，比较简便。几何平均值使用下列公式表达。

$$GEOMEAN(x_1, x_2, \cdots, x_{30}) = \sqrt[n]{x_1 \times x_2 \times \cdots \times x_n}$$

EXAMPLE 1　用几何平均值求过去一年业绩的平均增长率

使用几何平均值求某公司过去一年业绩的平均增长率。但是，参数中指定的不是增长率，而是当年与上一年的比率。用"当年 / 上年"求上年的比例，用"当年 - 上年 / 上年"求增长率。因此，增长率加 1 的值为上年的比例。求出几何平均值后，用几何平均值减去 1 即为平均增长率。

②在"插入函数"对话框中选择 GEOMEAN 函数，弹出"函数参数"对话框

①单击要输入函数的单元格

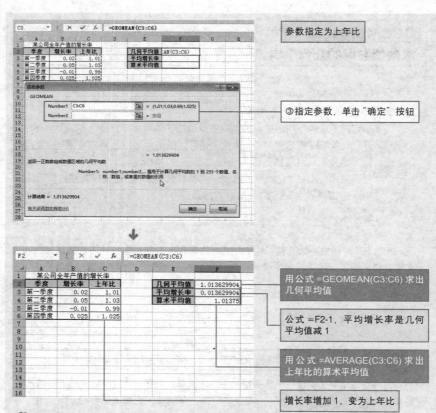

参数指定为上年比

③指定参数，单击"确定"按钮

用公式 =GEOMEAN(C3:C6) 求出几何平均值

公式 =F2-1，平均增长率是几何平均值减 1

用公式 =AVERAGE(C3:C6) 求出上年比的算术平均值

增长率增加 1，变为上年比

POINT ● 错误的负值参数

通常情况下，几何平均值和算术平均值的关系是"几何平均值≤算术平均值"。如果各数据不分散，则几何平均值接近算术平均值。组合使用 POWER 函数、PRODUCT 函数和 COUNT 函数，也能求几何平均值，但使用 GEOMEAN 函数求几何平均值的方法更简便。根据公式，用各数据的积的 n 次方根求几何平均值，所以根号中的数必须是正数。如果指定小于 0 的数值，则会返回错误值 "#NUM!"。

▼ 指定负值的情况

F2 单元格所输入的公式

当参数增长率为负值时，则会返回错误值 "#NUM!"

增长率中包括负值

04
统计函数

MEDIAN
求数值集合的中值

格式 → MEDIAN(number1, number2, ...)

参数 → number1, number2, ...

要计算中值的 1 到 30 个数值。各数值用逗号隔开，最多能指定到 30 个参数、也能指定单元格区域。参数如果直接指定数值以外的文本，则会返回错误值"#VALUE!"。但是，如果参数为数组或引用，数组或引用中的文本、逻辑值或空白单元格将被忽略。而且，如果参数超过 30 个，则会出现"此函数输入参数过多"的提示信息。

使用 MEDIAN 函数可求按顺序排列的数值数据中间位置的值，称为中值。如果数值集合中包含偶数个数字，则函数将返回位于中间的两个数的平均值。中值是统计数据的一个代表值，表示统计数据的分布中心值。中值用下列公式表达。

$$MEDIAN(x_1, x_2, \cdots, x_{30}) = \frac{n+1}{2}$$

其中，n 为奇数。

$$MEDIAN(x_1, x_2, \cdots, x_{30}) = \frac{\frac{n}{2} + \left(\frac{n}{2} + 1\right)}{2}$$

其中，n 为偶数。

EXAMPLE 1 求体力测试的中值（忽略缺席者）

以体力测试记录作为原始数据，求各年级和全体学生记录的中值。忽略表示缺席者的"缺席"文本单元格或空白单元格。

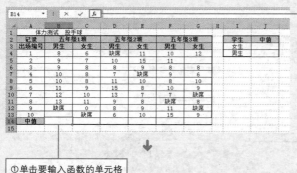

②在"插入函数"对话框中选择 MEDIAN 函数，弹出"函数参数"对话框

①单击要输入函数的单元格

③指定参数，单击"确定"按钮

忽略缺席文本单元格

④按住 B14 单元格右下角的填充手柄向左进行复制，得出其他班级的中值

用公式 =MEDIAN(B4:B13) 得出五年级 1 班男生的中值

用逗号分隔参数的范围

用公式 =MEDIAN(C4:C13,E4:E13,G4:G13) 得出全体女生的中值

🤞 POINT ● 中值位于各数据的中央位置

从 EXAMPLE 1 中可以看到，中值比平均值小，数据的幅宽比平均值宽。使用 MEDIAN 函数时，没有必要按顺序排列数据。因为中值位于各个数据的中央位置。

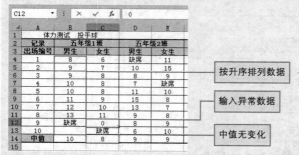

按升序排列数据

输入异常数据

中值无变化

🤞 POINT ● 中值不受异常值的影响

由于中值是数据按顺序排列时中央位置的值，所以它不受异常数据的影响。

MODE

求数值数据的众数

格式 → **MODE(number1, number2, ...)**

参数 → number1, number2, ...

用于计算众数的 1 到 30 个参数。各数值用逗号隔开，最多能指定到 30 个参数，也能指定单元格区域。参数如果直接指定数值以外的文本，则会返回错误值 "#VALUE!"。如果参数为数组或引用，则数组或引用中的文本、逻辑值或空白单元格将被忽略。如果参数超过 30 个，则会出现 "此函数输入参数过多"的提示信息。

使用MODE函数可求数值数据中出现频率最多的值，这些值称为众数。众数是统计数据的一个代表值。统计时，如果众数为多个数，则这些数在统计数据的分布中呈现出山形，因此在Excel中，如果数据出现多个众数，则返回最初的众数值。

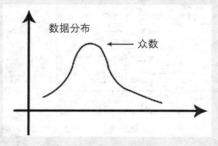

数据分布
← 众数

EXAMPLE 1　求体力测试记录的众数（忽略缺席者）

以体力测试记录作为原始数据，求各年级和全体学生记录的众数。忽略表示缺席者的 "缺席"文本单元格或者空白单元格。

②在 "插入函数"对话框中选择 MODE函数，弹出 "函数参数"对话框

出场编号	五年级1班		五年级2班		五年级3班	
	男生	女生	男生	女生	男生	女生
1	9	7	缺席	11	10	12
2	10	6	10	15	11	10
3	12	8	8	9	8	8
4		11	7	缺席	9	6
5	10	12	11	10	8	10
6	8	10	15	8	10	9
7	缺席	8	13	7	缺席	11
8	13	9	9	8	缺席	8
9	8	8	8	9	11	缺席
10	11	缺席	6	10	15	9
众数						

①单击要输入函数的单元格

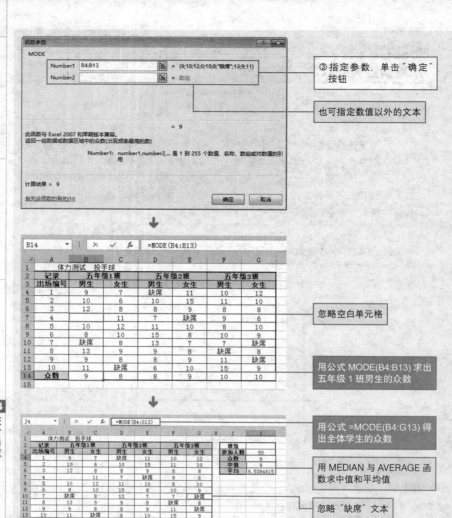

③指定参数，单击"确定"按钮

也可指定数值以外的文本

忽略空白单元格

用公式 MODE(B4:B13) 求出五年级 1 班男生的众数

用公式 =MODE(B4:G13) 得出全体学生的众数

用 MEDIAN 与 AVERAGE 函数求中值和平均值

忽略"缺席"文本

✌ POINT ● 众数的定义

众数（Mode）是统计学名词，是在统计分布上具有明显集中趋势点的数值，代表数据的一般水平（众数可以不存在或多于一个）。简单地说，众数就是一组数据中占比例最多的那个数。

✌ POINT ● 数据分布状态的偏向

从 EXAMPLE 1 可以看出，各种值的关系为：众数＜中值＜平均值。因此，数据的分布靠右，全体数据比平均值小，另外，平均值以上的记录幅度大。检查数据的分布状态，请参照 SKEW 函数。

HARMEAN
求数据集合的调和平均值

格式 → HARMEAN(number1, number2, ...)

参数 → number1, number2, ...

用于计算平均值的 1 到 30 个参数。各个数值用逗号隔开，最多能指定到 30 个参数，也能指定单元格区域。当直接指定数值以外的文本时，则会返回错误值"#VALUE!"。如果任何数据点小于等于 0，则函数会返回错误值"#NUM!"。如果参数为数组或引用中的文本、逻辑值或空白单元格，则这些值将被忽略。如果指定参数超过 30 个，则会出现"此函数输入参数过多"的提示信息。

使用 HARMEAN 函数可以求调和平均值。调和平均值的倒数是用各数据的倒数总和除以数据个数所得的数，所以求平均速度或单位时间的平均工作量时，使用调和平均值比较简便。调和平均值用下列公式表达。

$$HARMEAN(x_1, x_2, \cdots, x_{30}) = \frac{n}{\left(\dfrac{1}{x_1} + \dfrac{1}{x_2} + \cdots + \dfrac{1}{x_n}\right)}$$

$$\frac{1}{HARMEAN(x_1, x_2, \cdots, x_{30})} = \frac{1}{n} \times \left(\frac{1}{x_1} + \frac{1}{x_2} + \cdots + \frac{1}{x_n}\right)$$

EXAMPLE 1　求出发地到 C 地点的平均速度

以从出发地到 C 地点时各地间的速度数据为基数，使用调和平均值求平均速度。此时，各地点间的距离相等。平均速度是移动距离除以到各地点所需时间得出的值。作为参考值，也能求算术平均值和几何平均值。

②在"插入函数"对话框中选择 HARMEAN 函数，弹出"函数参数"对话框

①单击要输入函数的单元格

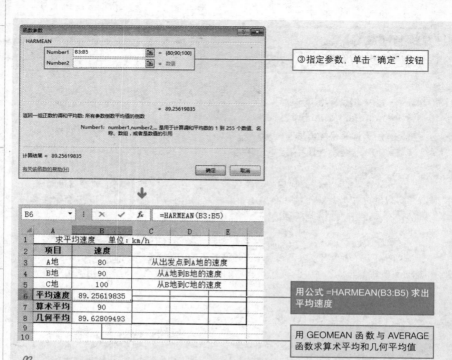

③指定参数，单击"确定"按钮

用公式 =HARMEAN(B3:B5) 求出平均速度

用 GEOMEAN 函数与 AVERAGE 函数求算术平均和几何平均值

👆POINT ● 调和平均值、算术平均值和几何平均值

如果各数据不分散，则调和平均值接近算术平均值和几何平均值。通常情况下，调和平均值、算术平均值和几何平均值之间的关系为调和平均值≤几何平均值≤算术平均值。若这 3 个平均值如果相等时，则所有参数值相等。

用相同的速度移动

求出的各种平均值也相同

SKEW

返回分布的偏斜度

格式 → SKEW(number1, number2, ...)

参数 → number1, number2, ...

指定数值或者数值所在的单元格。如果数组或引用参数里包含文本、逻辑值或空白单元格，则这些值将被忽略。如果直接指定数值以外的文本，则返回错误值"#VALUE!"。如果数据点个数少于 3 个，或样本标准偏差为 0，则 SKEW 函数返回错误值"#DIV/0!"。

将样本数据的分布与吊钟型的正态分布相比，向左或向右的偏斜数值称为"偏斜度"。使用 SKEW 函数可求样本数据分布的偏斜度。偏斜度用下列公式表达。由于公式把样本数据作为基数，在 Excel 中求偏斜度变成求统计数据的偏斜度的估计值。

$$SKEW(x_1, x_2, x_3, \cdots, x_{30}) = \frac{1}{(n-1)(n-2)} \sum_{i=1}^{n} \left(\frac{x_i - \overline{x}}{S}\right)^3$$

其中，S 为样本标准偏差。

▼ 偏斜度

值	偏斜度
正数	正态分布左侧为山形，右侧延伸分布
0	左右对称的吊钟形正态分布
负数	正态分布右侧为山形，左侧延伸分布

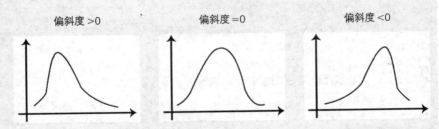

偏斜度 >0　　　　　　偏斜度 =0　　　　　　偏斜度 <0

EXAMPLE 1　根据 14 岁青少年身高数据，求偏斜度

以 14 岁青少年身高数据作为原始数据，求它的偏斜度。

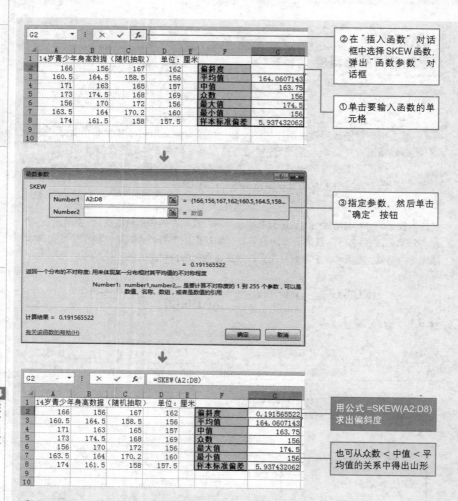

②在"插入函数"对话框中选择SKEW函数，弹出"函数参数"对话框

①单击要输入函数的单元格

③指定参数，然后单击"确定"按钮

用公式 =SKEW(A2:D8) 求出偏斜度

也可从众数＜中值＜平均值的关系中得出山形

🐸 POINT ● 求偏斜度使用 SKEW 函数，求峰值使用 KURT 函数

由于偏斜度大约为 0.15，靠近左右对称的正态分布的山形偏向左边。偏斜度是反映以平均值为中心分布的不对称程度，如果求数据集的峰值，请参照 KURT 函数。

KURT

返回数据集的峰值

格式 → KURT(number1, number2, ...)

参数 → number1, number2, ...

指定数值或者数值所在的单元格。如果数组或引用的参数中包含文本、逻辑值或空白单元格，则这些值将被忽略。如果直接指定数值以外的文本，则返回错误值 "#VALUE!"。如果数据点少于4个，或样本标准偏差等于0，根据公式，分母变为0，函数 KURT 返回错误值 "#DIV/0!"。

峰值反映的是与正态分布相比，某一分布的尖锐度或平坦度。使用 KURT 函数可求样本数据的分布峰值。可用下列公式表示。

$$KURT(x_1, x_2, x_3, x_4, \cdots, x_{30}) = \frac{n(n+1)}{(n-1)(n-2)(n-3)} \sum_{i=1}^{n} \left(\frac{x_i - \overline{x}}{S}\right)^4 - \frac{3(n-1)^2}{(n-2)(n-3)}$$

▼ 峰值

值	峰值
正数	正态分布左略尖的分布状态 (峰值集中分布在平均值周围)
0	标准正态分布，左右对称的吊钟型分布
负数	比正态分布略平的分布状态 (峰值分散分布)

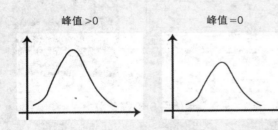
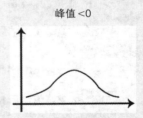

峰值 >0　　　　　　峰值 =0　　　　　　峰值 <0

EXAMPLE 1　根据 14 岁青少年身高数据，求峰值

以 14 岁青少年身高数据作为原始数据，用 KURT 函数求它的峰值。

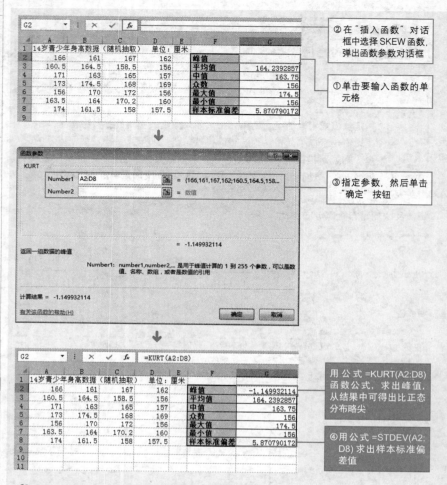

②在"插入函数"对话框中选择 SKEW 函数，弹出函数参数对话框

①单击要输入函数的单元格

③指定参数，然后单击"确定"按钮

用公式 =KURT(A2:D8) 函数公式，求出峰值，从结果中可得出比正态分布略尖

④用公式 =STDEV(A2:D8) 求出样本标准偏差值

POINT ● 求峰值使用 KURT 函数，求偏斜度使用 SKEW 函数

由于峰值大约为 -1.15，比正态分布略平。可求出峰值相对于正态分布的尖锐程度，如果需求偏斜度，请参照 SKEW 函数。

04
统计函数

RANK

返回一个数值在一组数值中的排位

排位

格式 → **RANK**(number, ref, order)

参数 → number

指定需找到排位的数值，或者数值所在的单元格。如果 number 在 ref 中或 number 为空白单元格或逻辑值时，返回错误值 "#N/A"。如果参数为数值以外的文本，则返回错误值 "#VALUE!"。

ref

指定包含数值的单元格区域或者区域名称。ref 区域内的空白单元格、文本或逻辑值将被忽略。

order

指明排位的方式。升序时指定为 1，降序时指定为 0。如果省略 order，则用降序排位。如果指定 0 以外的数值，用升序排位，如果指定数值以外的文本，则返回错误值 "#VALUE!"。

使用 RANK 函数，求一个数值在一组数值中的排位。可以按升序（从小到大）或降序（从大到小）排位。在对相同数进行排位时，其排位相同，但会影响后续数值的排位。另外，返回数据组中第 k 个最大值或最小值时，请参照 LARGE 函数和 SMALL 函数。

▼ 相同排位

数值	100	80	80	70	70	50
排位	1	2	2	4	4	6

> **EXAMPLE 1** 对学生成绩进行排位

对学生成绩结果进行排位。排位的方式为升序。

②在"插入函数"对话框中选择 RANK 函数，弹出"函数参数"对话框

①单击要输入函数的单元格

04
统计函数

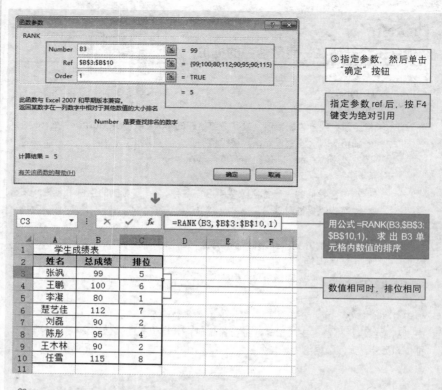

③指定参数，然后单击
"确定"按钮

指定参数 ref 后，按 F4
键变为绝对引用

用公式 =RANK(B3,$B$3:
$B$10,1)，求 出 B3 单
元格内数值的排序

数值相同时，排位相同

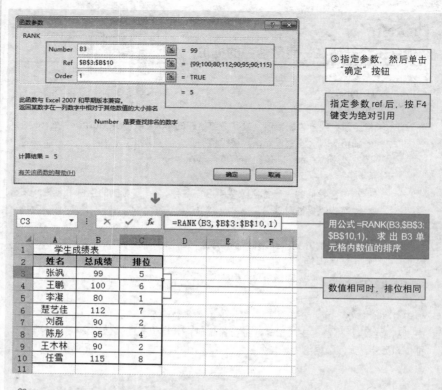

POINT ● 定义范围名称

排位的范围按原格式复制到其他单元格变为绝对引用，不用绝对引用，可以用名称来定义范围。如果指定范围名称，注意数据范围的指定不要错误。选择数据范围，然后在名称框内输入名字，按 Enter 键。或者执行"公式"选项卡中的"名称管理器 > 定义名称"命令，在弹出的"新建名称"对话框中自定义名称，然后指定引用位置，按"确定"键。

▼ 定义名称

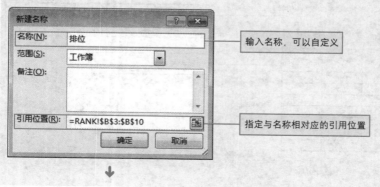

输入名称，可以自定义

指定与名称相对应的引用位置

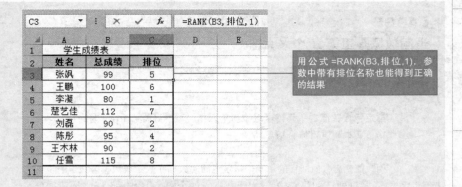

用公式 =RANK(B3,排位,1)，参数中带有排位名称也能得到正确的结果

EXAMPLE 2　对学生成绩进行排位（用降序排位）

对学生成绩进行排位。要求成绩高排位也高的降序排位。可以省略参数 order。

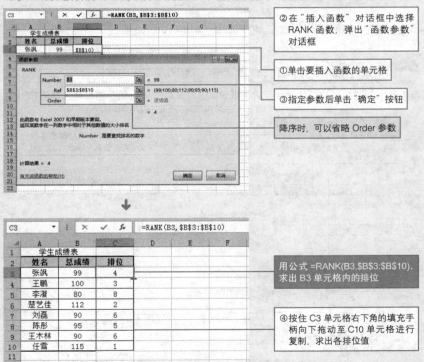

②在"插入函数"对话框中选择 RANK 函数，弹出"函数参数"对话框

①单击要插入函数的单元格

③指定参数后单击"确定"按钮

降序时，可以省略 Order 参数

用公式 =RANK(B3,$B$3:$B$10)，求出 B3 单元格内的排位

④按住 C3 单元格右下角的填充手柄向下拖动至 C10 单元格进行复制，求出各排位值

LARGE
返回数据集里第 K 个最大值

格式 → **LARGE**(array, k)

参数 → array

指定包含数值的单元格区域或者单元格区域的名称。array 内的空白单元格、文本和逻辑值将被忽略。

k

用数值或者数值所在的单元格指定返回的数据在数组或数据区域里的位置（降序排列）。如果k≤0或k大于数据点的个数，函数LARGE返回错误值"#NUM!"。如果参数为数值以外的文本，则返回错误值"#VALUE!"。

使用函数LARGE，在指定范围内，用降序（从大到小）排位，求与指定排位一致的数值。例如，求第三名的成绩等。相反，返回数据集中的第k个最小值，使用SMALL函数。另外，不求排位的数值只求排位时，请使用RANK函数。

📖 EXAMPLE 1　根据学生考试成绩表，求倒数第二名的得分

根据学生考试成绩的最后结果，求倒数第二名的最后分值。倒数第二名是按降序排列的，但学生的最后得分值偏大，因此 LARGE 函数的参数 k 指定为 2。

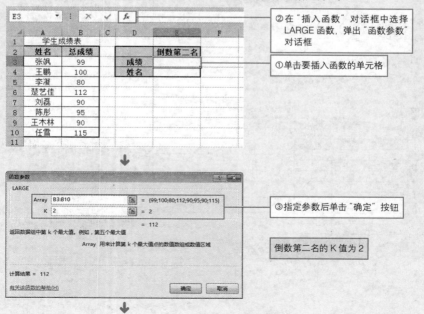

②在"插入函数"对话框中选择 LARGE 函数，弹出"函数参数"对话框

①单击要插入函数的单元格

③指定参数后单击"确定"按钮

倒数第二名的 K 值为 2

统计函数

| E3 | ▼ | : | × | ✓ | f_x | =LARGE(B3:B10,2) |

学生成绩表 table:

	A	B	C	D	E	F
1	学生成绩表					
2	姓名	总成绩			倒数第二名	
3	张飒	99		成绩	112	
4	王鹏	100		姓名		
5	李凝	80				
6	楚艺佳	112				
7	刘磊	90				
8	陈彤	95				
9	王木林	90				
10	任雪	115				
11						

用公式 =LARGE(B3:B10,2) 求出倒数第二名的成绩

组合技巧 | 显示各排位名次的姓名（LARGE+LOOKUP）

组合使用 LARGE 函数和 LOOKUP 函数，即使没有与指定排位对应的数值，也能求得与排位数值对应的姓名。以 LARGE 函数求得的最后得分值作为原始数据，使用 LOOKUP 函数，检索与最后得分相一致的姓名。使用 LOOKUP 函数，需提前按升序排列好"最后得分"列，方法是单击"最后得分"中的任意单元格，再单击"开始"选项卡中的"排序和筛选"按钮，选择"开启"选项进行升序排列。

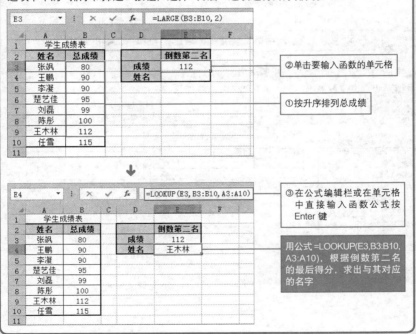

| E3 | ▼ | : | × | ✓ | f_x | =LARGE(B3:B10,2) |

	A	B	C	D	E	F
1	学生成绩表					
2	姓名	总成绩			倒数第二名	
3	张飒	80		成绩	112	
4	王鹏	90		姓名		
5	李凝	90				
6	楚艺佳	95				
7	刘磊	99				
8	陈彤	100				
9	王木林	112				
10	任雪	115				
11						

②单击要输入函数的单元格

①按升序排列总成绩

| E4 | ▼ | : | × | ✓ | f_x | =LOOKUP(E3,B3:B10,A3:A10) |

	A	B	C	D	E	F
1	学生成绩表					
2	姓名	总成绩			倒数第二名	
3	张飒	80		成绩	112	
4	王鹏	90		姓名	王木林	
5	李凝	90				
6	楚艺佳	95				
7	刘磊	99				
8	陈彤	100				
9	王木林	112				
10	任雪	115				
11						

③在公式编辑栏或在单元格中直接输入函数公式按 Enter 键

用公式 =LOOKUP(E3,B3:B10,A3:A10)，根据倒数第二名的最后得分，求出与其对应的名字

04
统计函数

SMALL
返回数据集里第 k 个最小值

格式 → **SMALL(array, k)**

参数 → array

> 指定包含数值的单元格区域，或者单元格区域的名称。array 中的空白单元格、文本和逻辑值将被忽略。
>
> k
>
> 用数值或数值所在的单元格指定返回的数据在数组或数据区域里的位置（升序排位）。如果 k ≤ 0 或 k 超过了数据点个数，函数 SMALL 返回错误值"#NUM!"。如果参数为数值以外的文本，则返回错误值"#VALUE！"。

使用 SMALL 函数，在指定范围内，用升序（从小到大）排位，求与指定排位相一致的数值。例如，求最后三名的成绩等。相反，需返回数据集中第 k 个最大值，使用 LARGE 函数。另外，如果不是求与排位对应的数值，而是求排位时，请使用 RANK 函数。

📋 **EXAMPLE 1** 根据学生考试成绩表，求第一名和第二名的最后得分

在学生考试成绩的结果中，求第一名和第二名的最后得分。利用升序排位，最后得分数值越小，排位就越高，第一名和第二名的排位指定为 1 和 2。

②在"插入函数"对话框中选择 SMALL 函数，弹出"函数参数"对话框

①单击要输入函数的单元格

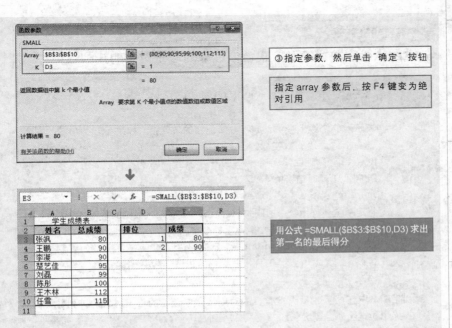

③指定参数，然后单击"确定"按钮

指定 array 参数后，按 F4 键变为绝对引用

用公式 =SMALL($B$3:$B$10,D3) 求出第一名的最后得分

POINT ● 参数 "k"

将 SMALL 函数的参数 "k" 指定为 1 时，SMALL 函数返回值和 MIN 函数的返回值相同。上式中对单元格区域的引用为绝对引用，复制到其他单元格时不变；而对排位的引用为相对引用。

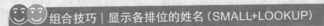

组合技巧 | 显示各排位的姓名（SMALL+LOOKUP）

组合使用 SMALL 函数和 LOOKUP 函数，即使没有与指定排位对应的数值，也能求得与排位数值对应的姓名。以 SMALL 函数求得的最后分值作为基数，使用 LOOKUP 函数，检索与"最后得分"相一致的姓名。使用 LOOKUP 函数时，需要提前按升序排列好"最后得分"列。方法是单击"最后得分"列中的任意单元格，然后再单击"开始"选项卡中的"排序和筛选"按钮，选择"升序"选项进行升序排列。

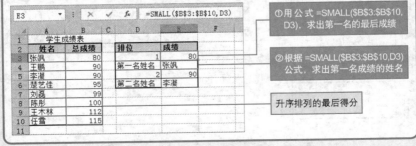

①用公式 =SMALL($B$3:$B$10, D3)，求出第一名的最后成绩

②根据 =SMALL($B$3:$B$10,D3) 公式，求出第一名成绩的姓名

升序排列的最后得分

PERMUT

返回从给定数目的对象集合中选取的若干对象的排列数

格式 → **PERMUT**(number, number_chosen)

参数 → number

表示对象个数的数值，或者数值所在的单元格。如果参数为小数，则需舍去小数点后的数字取整数。如果 number ≤ 0 或 number<number_chosen，则返回错误值"#NUM!"。如果参数为数值以外的文本，函数 PERMUT 返回错误值"#VALUE!"。

number_chosen

指定从全体样本数中抽取的个数数值，或者输入数值的单元格。但是，如果数值为小数，需舍去小数点后的数字取整数。如果 number_chosen<0 或 number_chosen>number，则返回错误值"#NUM!"。如果参数为数值以外的文本，函数 PERMUT 返回错误值"#VALUE!"。

使用 PERMUT 函数，求从给定数目的对象集合中选取的若干对象的排列数。例如，从 10 人中挑选会长、副会长和书记员。PERMUT 函数用下列公式表达。如果不是求排列数，而是求组合数，请使用数学与三角函数中的 COMBIN 函数。

$$PERMUT(n,k) = {}_nP_k = \frac{n!}{(n-k)!} = COMBIN(n,k) \times k!$$

其中，n 为样本数，k 为抽取数。

EXAMPLE 1　求提问数为 1 的解答方法的排列数

在 1 至 7 的 7 个解答中，区分设问数的个数，然后求排列数。

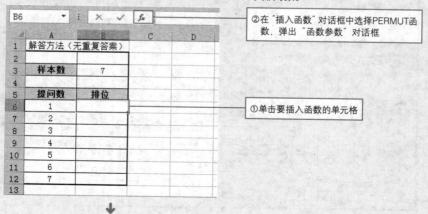

②在"插入函数"对话框中选择PERMUT函数，弹出"函数参数"对话框

①单击要插入函数的单元格

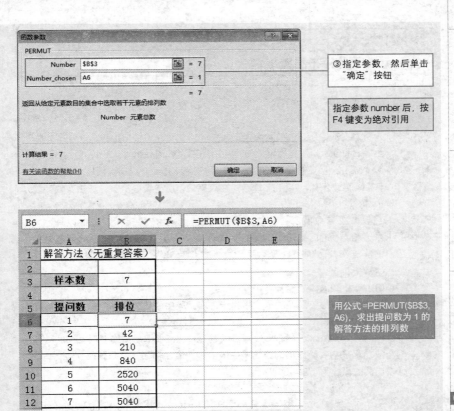

③指定参数，然后单击
"确定"按钮

指定参数 number 后，按
F4 键变为绝对引用

用公式 =PERMUT($B$3, A6)，求出提问数为 1 的解答方法的排列数

🖐 POINT ● 使用 FACT 函数也能求排列数

排列数也能通过使用阶乘被表示出来，所以使用求阶乘的 FACT 函数也能求排列数。

BINOMDIST
求一元二项式分布的概率值

格式 → BINOMDIST(number_s, trials, probability_s, cumulative)

参数 → number_s

用数值或数值所在的单元格指定独立成功次数。如果指定数值以外的文本，函数 BINOMDIST 返回错误值"#VALVE!"。如果 number_s<0 或 number_s>trials，函数 BINOMDIST 返回错误值"#NUM!"。成功次数表示发生某事件的次数，例如，买彩票 10 次，中奖有 3 次，这个 3 次就为成功次数。

trials

用数值或者数值所在的单元格指定试验次数。如果指定数值以外的文本，函数 BINOMDIST 返回错误值"#VALVE!"。试验次数表示某事件的实施次数。例如，买彩票10次，中奖有3次，那么买彩票10次为试验次数。

probability_s

用数值或者数值所在的单元格指定每次试验中成功的概率。如果指定数值以外的文本，函数 BINOMDIST 返回错误值"#VALVE!"。如果 probability_s<0 或 probability_s>1，函数 BINOMDIST 返回错误值"#NUM!"。成功率是指实验结果为成功或失败的比例值。例如，买彩票时，中奖与非中奖的概率为 1/2，则 1/2 为成功率。

cumulative

为一逻辑值，用于确定函数的形式。如果指定逻辑值 TRUE 或者 1，则求累积分布函数值，如果指定逻辑值 FALSE 或者 0，则表示求概率密度的函数值。如果指定逻辑值以外的文本，则返回错误值"#VALVE!"。

当反复进行某项操作时，发生成功和失败、合格与不合格、中奖和非中奖现象的概率分布称为一元二项分布。例如，从某工厂抽取 30 个产品进行检查，不合格品为 0 的概率按照一元二项分布。使用 BINOMDIST 函数，在参数中指定函数形式，求一元二项分布的概率密度函数值和累积分布函数值。一元二项分布的概率密度函数值和累积分布函数值用下列公式表达。

▼ 概率密度函数

$$BINOMDIST(x,n,p,0) = \frac{n!}{x!\,(n\text{-}x)!}\,p^x(1\text{-}p)^{n\text{-}x}$$

其中，x 为成功数，n 为试验次数，p 为成功率。

▼ 累积分布函数

$$BINOMDIST(x,n,p,1) = \Sigma\,BINOMDIST(x,n,p,0)$$

EXAMPLE 1 产品没有不合格品，也可求指定数以内的概率

抽取不同不合格率的产品进行检查，当抽取数为20、30、40时，求没有不合格品的概率（概率密度函数）。抽取数为30时，求不合格品在0～2以内的概率（累积分布函数），在下面例子中，不合格率为参数 probability_s，抽取数为参数 trials，不合格品数为参数 number_s。

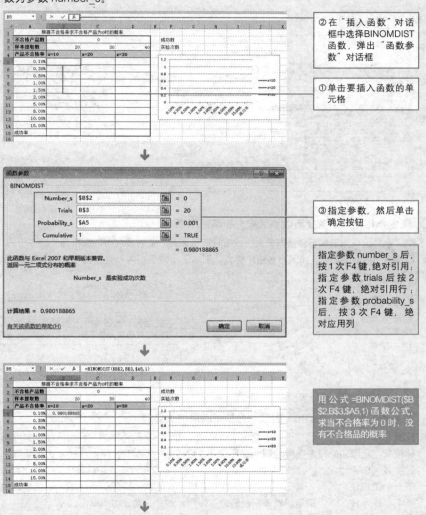

②在"插入函数"对话框中选择BINOMDIST函数，弹出"函数参数"对话框

①单击要插入函数的单元格

③指定参数，然后单击确定按钮

指定参数 number_s 后，按1次F4键，绝对引用；指定参数 trials 后按2次 F4 键，绝对引用行；指定参数 probability_s 后，按3次F4键，绝对应用列

用公式 =BINOMDIST($B$2,B$3,$A5,1) 函数公式，求当不合格率为0时，没有不合格品的概率

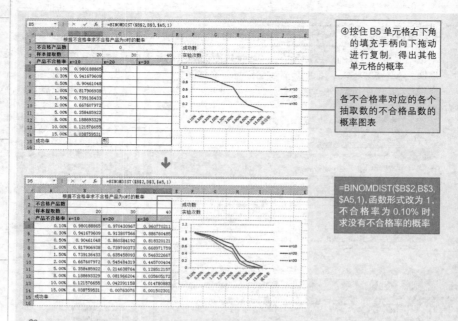

④按住 B5 单元格右下角的填充手柄向下拖动进行复制，得出其他单元格的概率

各不合格率对应的各个抽取数的不合格品数的概率图表

=BINOMDIST($B$2,D$3,$A5,1)，函数形式改为 1，不合格率为 0.10% 时，求没有不合格率的概率

POINT ● 概率密度函数和累积分布函数图表

概率密度函数图表的不合格率变大，或者抽取数多时，则表示没有不合格品的概率下降。累积分布函数图表中，如果不合格率变大，则表示指定个数内检查到的不合格品概率低。

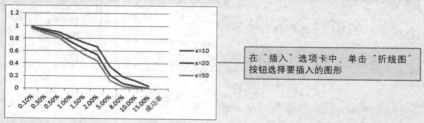

在"插入"选项卡中，单击"折线图"按钮选择要插入的图形

POINT ● BINOMDIST 函数的分析与应用

分析：BINOMDIST 函数适用于固定次数的独立实验，实验的结果只包含成功或失败两种情况，且成功的概率在实验期间固定不变。该函数的参数中，Number_s 为实验成功的次数，Trials 为独立实验的次数，Probability_s 为一次实验中成功的概率，Cumulative 是一个逻辑值，若为 TRUE，则该函数返回累积分布函数，即至多 number_s 次成功的概率；若为 FALSE，则返回概率密度函数，即 number_s 次成功的概率。

应用：在现实中抛掷硬币的结果不是正面就是反面，如果第一次抛硬币为正面的概率是0.5。那么抛掷硬币 10 次中 7 次的计算公式为 "=BINOMDIST(7，10，0.5，FALSE)"，计算的结果等于 0.117188。

CRITBINOM

返回使累积二项式分布大于等于临界的最小值

格式 → **CRITBINOM**(trials, probability_s, alpha)

参数 → trials

用数值或数值所在的单元格指定实验次数。如果参数为非数值型，函数 CRITBINOM 返回错误值"#VALUE!"。如果参数为负数，函数 CRITBI-NOM 返回错误值"#NUM!"。

probability_s

用数值或者数值所在的单元格指定一次实验的成功概率。如果参数为非数值型，函数 CRITBINOM 返回错误值"#VALUE!"。如果指定负数或者大于 1 的值，函数 CRITBINOM 返回错误值"#NUM!"。

alpha

用数值或者数值所在的单元格指定成为临界值的概率。如果参数为非数值型，函数 CRITBINOM 返回错误值"#VALUE!"。如果指定负数或者大于 1 的值，函数 CRITBINOM 返回错误值"#NUM!"。

使用 CRITBINOM 函数，求使累积二项分布大于等于临界值的最小值。例如，从一定的合格率产品中抽出 30 个，当合格率为 80% 时，求把不合格品控制在多少个才合适。

EXAMPLE 1 求不合格品的允许数量

从不合格率为 3% 的产品中，抽出 50 个进行检查，当产品合格率为 90% 时，允许的不合格品。

B5	▼ : × ✓ fx	=CRITBINOM(B2,B3,B4)		
	A	B	C	D	E

	A	B	C	D	E
1	容许不合格数				
2	提取数	50		使用二项分布函数	
3	不合格率	3%		容许不合格数	合格率
4	合格率	90%		0	0.218065375
5	容许不合格数	3		1	0.555279873
6				2	0.810798075
7				3	0.937240072
8				4	0.983189355
9				5	0.996263583
10					

①用公式 =BINOMDIST (D4,$B$2,$B$3,1) 当不合格产品数发生变化时的合格率

②用公式 =CRITBINOM (B2,B3,B4) 求出容许不合格数

POINT ● 使用 CRITBINOM 函数，求容许范围内的不合格品数更简便

使用 BINOMDIST 函数的累积分布函数，能够预测到容许的不合格品数量，但是使用 CRITBINOM 函数能够直接指定目标值，可以简单求得容许的不合格品数量。

NEGBINOMDIST

返回负二项式分布的概率

格式 → NEGBINOMDIST(number_f, number_s, probability_s)

参数 → number_f

用数值或者数值所在的单元格指定失败次数。如果参数为非数值型，函数NEGBINOMDIST返回错误值"#VALUE!"。如果"失败次数+成功次数-1"小于0，则返回错误值"#NUM!"。另外，如果指定小数，将被截尾取整。

number_s

用数值或者数值所在的单元格指定成功次数。如果参数为非数值型，函数NEGBINOMDIST返回错误值"#VALUE!"。如果"失败次数+成功次数-1"小于0，则返回错误值"#NUM!"。另外，如果指定小数，将被截尾取整。

probability_s

用数值或者数值所在的单元格指定实验的成功概率。如果参数为非数值型，函数NEGBINOMDIST返回错误值"#VALUE!"。如果probability_s<0或probability_s>1，则返回错误值"#NUM!"。

反复进行操作，某事物发生或不发生时，二项分布表示发生有目的性事物的概率。相反，负二项分布是实验次数在"r+x"次数内，有目的性的事物发生 r 次（成功数），求没有发生 x 次（失败次数）事物的概率。换言之，实验次数在"r+x-1"次数内，有"r-1"次是发生目的性事物，x 次数是不发生事物，然后求在第"r+x"次发生目的性事物的概率。使用 NEGBINOMDIST 函数求负二项分布的概率。负二项分布的概率用下列公式表达。

$$NEGBINOMDIST(x,r,p) = {}_{x+r-1}C_{r-1}\, p^r\,(1-p)^x$$

其中，x 为失败数，r 为成功数，p 为成功率；

$${}_aC_b = \frac{a!}{b!(a-b)!}$$ 表示从 a 中抽出 b 的组合数。

📖 EXAMPLE 1 | 求合同成功率为 25% 的合同在达到 4 份时的失败率

合同成功率为 25%，合同数量为 4 份时（成功数量），求在 x 份合同中失败的概率。合同达到 4 份的实验次数为成功数 + 失败数。

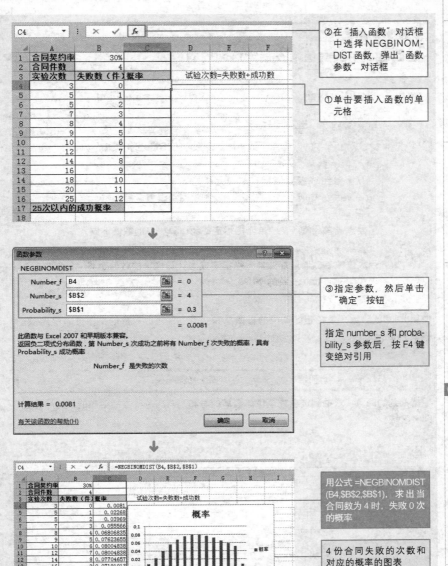

②在"插入函数"对话框中选择 NEGBINOM-DIST 函数，弹出"函数参数"对话框

①单击要插入函数的单元格

③指定参数，然后单击"确定"按钮

指定 number_s 和 probability_s 参数后，按 F4 键变绝对引用

用公式 =NEGBINOMDIST (B4,$B$2,$B$1)，求出当合同数为 4 时，失败 0 次的概率

4 份合同失败的次数和对应的概率的图表

👆 POINT ● 累积概率

根据各种失败次数合计所求概率，可得到累积概率。在 EXAMPLE 1 中，合同数达到 4 份，失败次数在 25 次以内的概率大约为 0.81%。实验次数在 25 次以内达到 4 份合同的概率大约为 0.81%。

PROB

返回区域中的数值落在指定区间内的概率

概率分布

格式 → PROB(x_range, prob_range, lower_limit, upper_limit)

参数 → x_range

用数值数组或者数值所在的单元格指定概率区域。如果 x_range 和 prob_rang 中的数据点个数不同,函数 PROB 返回错误值 "#N/A"。

prob_range

用数值数组或者数值所在的单元格指定概率区域对应的概率值。如果 prob_range 中所有值之和不是 1,则返回错误值 "#NUM!"。

lower_limit

用数值或者数值所在的单元格指定成为计算概率的数值下界。

upper_limit

用数值或者数值所在的单元格指定成为计算概率的数值上界。如果省略,求和 lower_limit 一致的概率。

使用 PROB 函数,求指定区间内的概率总和。PROB 函数对象的概率分布是离散型概率分布。

EXAMPLE 1　抽到黄色或蓝色球的概率总和

根据抽到的颜色,求抽到黄色或蓝色球概率的总和。与颜色种类相对应的设为序号栏,即 x 区域。

用公式 =PROB(A3:A7,D3:D7,A4,A6),抽到黄色或蓝色球的总概率为 63%

POINT ● x 区域在数值以外

按照运势的种类,x 区域不是数值时,可以制作 "序号" 栏,并将其数值化。

HYPGEOMDIST
返回超几何分布

格式 → **HYPGEOMDIST**(sample_s, number_sample, populations, number_population)

参数 → **sample_s**

用数值或者数值所在的单元格指定样本中成功的次数。如果参数为非数值型，则函数 HYPGEOMDIST 返回错误值"#VALUE!"。如果指定负数或比样本数大的值，函数 HYPGEOMDIST 返回错误值"#NUM!"。样本成功次数在有限样本总体时，表示发生某现象。例如，从不合格率为 5% 的 100 个产品中抽取 50 个，出现 3 个不合格品的 3 为样本中成功的次数。

number_sample

用数值或者数值所在的单元格指定样本数。如果参数为非数值型，函数 HYPGEOMDIST 返回错误值"#VALUE!"。如果指定值比样本总体大，函数 HYPGEOMDIST 返回错误值"#NUM!"。样本数即是表示从有限样本总体中抽取的样本数。例如，从不合格率为 5% 的 100 个产品中抽取 50 个，其抽取数量 50 为样本数。

populations

用数值或者数值所在的单元格指定样本总体中成功的次数。如果参数为非数值型，函数 HYPGEOMDIST 返回错误值"#VALUE!"。如果指定值比样本总体大，则返回错误值"#NUM!"。样本总体成功数与已知成功率成比例，例如，不合格率为 5% 的 100 个产品的样本总成功数为 5（100个X5%）。

number_population

用数值或者数值所在的单元格指定样本总体的大小。如果参数为非数值型，函数 HYPGEOMDIST 返回错误值"#VALUE!"。如果指定值比样本数、样本总体的成功数小，则返回错误值"#NUM!"。样本总体的大小表示有限样本总体，例如，不合格率为 5% 的 100 个产品中抽出 50 个时，产品数 100 为样本总体的大小。

04
统计函数

二项分布即重复 n 次伯努里试验。在每次试验中只有两种可能的结果，而且是互相对立的、独立的。把有限样本总体作为对象的分布称为超几何分布。例如，在某加工厂，从既定不合格率的 100 个产品中抽出 30 个检查，不合格的概率按照超几何分布。使用 HYPGEOMDIST 函数，求超几何分布的概率密度函数值。求二项分布概率，请参照 BINOMDIST 函数。

HYPGEOMDIST 的公式如下。

$$HYPGEOMDIST(x,n,M,N) = \frac{_MC_x \times _{N-M}C_{n-x}}{_NC_n}$$

SECTION 04 ● 统计函数 ● 概率分布　○　**257**

其中，x 为样本中成功数的次数，n 为样本数，M 为样本总体中成功的次数，N 为样本总体的容量；$_aC_b = \dfrac{a!}{b!(a-b)!}$ 表示从 a 中抽出 b 的组合数。

EXAMPLE 1 求没有不合格品的概率

对不同不合格率有限个数的产品进行检查，抽取 20 个，求没有不合格产品的概率（概率密度函数）。样本总体的成功次数指定为"产品数 × 不合格率"。而且，作为参考，产品数比样本数大许多，也可以求假定时的二项分布概率。

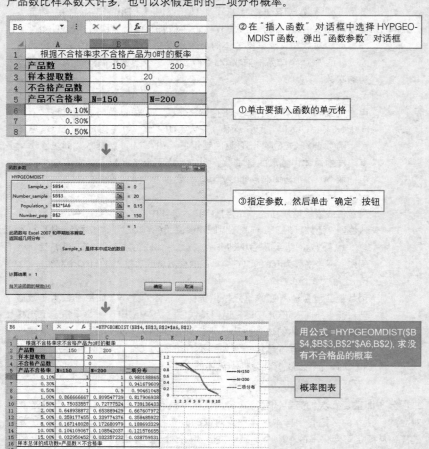

②在"插入函数"对话框中选择 HYPGEO-MDIST 函数，弹出"函数参数"对话框

①单击要插入函数的单元格

③指定参数，然后单击"确定"按钮

用公式 =HYPGEOMDIST($B$4,$B$3,B$2*$A6,B$2), 求没有不合格品的概率

概率图表

POINT ● 图表分析

不合格率变大，没有（不合格品为 0）不合格品的概率下降，或产品数（样本总体大小）比抽取数大许多，从图表中可知近似二项式的分布。

POISSON
返回泊松分布

格式 → POISSON(x, mean, cumulative)

参数 → x

用数值或者数值所在的单元格指定发生事件的次数。如果指定为非数值型，函数 POISSON 返回错误值 "#VALUE!"。如果指定负数，则返回错误值 "#NUM!"。如果 x 为小数，将被截尾取整。

mean

用数值或者数值所在的单元格指定一段时间内发生事件的平均数。如果指定为非数值型，函数 POISSON 返回错误值 "#VALUE!"。如果指定负数，则返回错误值 "#NUM!"。

cumulative

如果指定参数为 TRUE 或 1，函数 POISSON 返回累积分布函数，如果为 FALSE 或 0，则返回概率密度函数。如果指定逻辑值以外的文本，则返回错误值 "#VALUE!"。

使用 POISSON 函数，根据参数指定函数形式，求泊松分布的概率密度和累积分布。例如，偶发故障型零件每 1 年发生 2 次故障的概率等。泊松分布概率密度函数和累积分布函数用下列公式表达。

▼ 概率密度函数

$$POISSON(x, \lambda, 0) = \frac{e^{-\lambda}\lambda^x}{x!}$$

其中，x 为事件数，λ 为单位时间内发生事件的平均数。

▼ 累积分布函数

$$POISSON(x, \lambda, 1) = \Sigma POISSON(x, \lambda, 0)$$

| EXAMPLE 1 | 求产品在单位时间内不发生故障的概率 |

某家电维修公司维修的电脑每年发生故障 0.2 次，求各年一次也不发生故障的概率。此时，事件数为故障次数 0（无故障）。而且，用"经过年数 ×0.2 次 / 年"求平均值。另外，由于求故障为 0 的概率，所以函数形式指定为表示概率密度函数的 0（FALSE）。

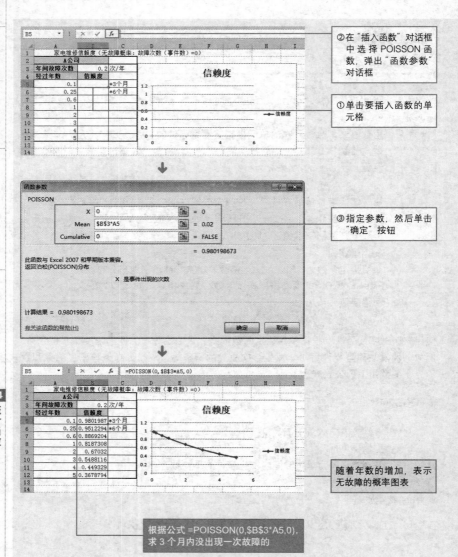

②在"插入函数"对话框中选择 POISSON 函数，弹出"函数参数"对话框

①单击要插入函数的单元格

③指定参数，然后单击"确定"按钮

随着年数的增加，表示无故障的概率图表

根据公式 =POISSON(0,$B$3*A5,0)，求 3 个月内没出现一次故障的

POINT ● 图表分析

从图中可知，根据使用年数的增加，发生故障的概率在上升。换言之，如果年数增加，对产品的信赖度就变低。

NORMDIST

返回给定平均值和标准偏差的正态分布函数

格式 → NORMDIST(x, mean, standard_dev, cumulative)

参数 → x

用数值或者数值所在的单元格指定需计算其分布的变量。如果指定参数为非数值型，函数 NORMDIST 返回错误值 "#VALUE!"。

mean

用数值或者数值所在的单元格指定分布的算术平均值。如果指定参数为非数值型，函数 NORMDIST 返回错误值 "#VALUE!"。

stardard_dev

用数值或者数值所在的单元格指定分布的标准偏差值。如果指定参数为小于 0 的数值，函数 NORMDIST 返回错误值 "#NUM!"。

cumulative

如果指定数值为 TRUE 或 1，函数 NORMDIST 返回累积分布函数，如果为 FALSE 或 0，则返回概率密度函数。如果指定逻辑值以外的文本，则返回错误值 "#VALUE!"。

正态分布即是表示连续概率变量。经常用于统计中的左右对称的吊钟型分布。例如，生产螺丝时的螺丝尺寸误差、工厂生产的饮用水的容量误差等都是按照正态分布的。使用 NORMDIST 函数，按照参数中指定的函数形式，求正态分布的概率密度函数和累积函数值。概率密度函数用下列公式表达。累积分布函数相当于概率密度函数的积分，即概率密度函数下的面积。取从最小值到指定的值的概率来求它的变量 x。

▼ 概率密度函数

$$NORMDIST(x, \mu, \sigma, 0) = f(x) = \frac{1}{\sqrt{2\pi}\sigma} e^{-\frac{(x-\mu)^2}{2\sigma^2}}$$

其中，x 为变量，μ 为平均值，σ 为标准偏差。

▼ 累积分布函数

$$NORMDIST(x, \mu, \sigma, 1) = \int_{-\infty}^{\infty} f(x)\,dx$$

04
统计函数

▼ 正态分布的例子（平均值为 0，标准偏差为 1）

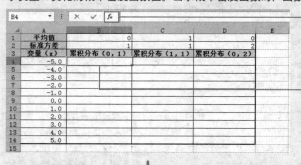

概率密度函数值

面积部分是正态分布函数值

EXAMPLE 1　求概率密度函数的值

求变量 x 变化的概率密度函数值。当求概率密度函数时，函数形式指定 0 或 FALSE。

	A	B	C	D	E
1	平均值	0	1	0	
2	标准方差	1	1	2	
3	变量（x）	累积分布（0，1）	累积分布（1，1）	累积分布（0，2）	
4	-5.0				
5	-4.0				
6	-3.0				
7	-2.0				
8	-1.0				
9	0.0				
10	1.0				
11	2.0				
12	3.0				
13	4.0				
14	5.0				
15					

②在"插入函数"对话框中选择NORMDIST函数，弹出"函数参数"对话框

①单击要插入函数的单元格

函数参数

NORMDIST

X	$A4	= -5
Mean	B$1	= 0
Standard_dev	B$2	= 1
Cumulative	0	= FALSE

= 1.48672E-06

此函数与 Excel 2007 和早期版本兼容。
返回指定平均值和标准方差的正态累积分布函数值

X 是用于计算正态分布函数的值

计算结果 = 0.0000

有关该函数的帮助(H)　　　　　确定　　取消

③指定参数，然后单击"确定"按钮

按 3 次 F4 键，x 绝对引用列，按 2 次 F4 键，mean 和 standard_dev 绝对引用行

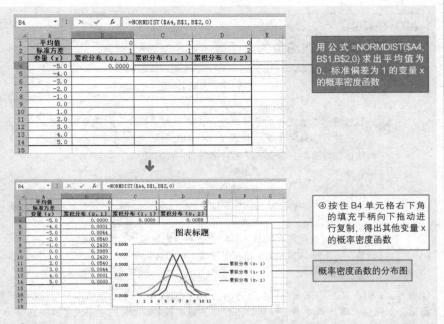

用公式 =NORMDIST($A4,
B$1,B$2,0) 求出平均值为
0、标准偏差为 1 的变量 x
的概率密度函数

④ 按住 B4 单元格右下角
的填充手柄向下拖动进
行复制，得出其他变量 x
的概率密度函数

概率密度函数的分布图

POINT ● 概率密度分布的图表特征

从概率密度分布的图表中可以看出，平均值随左右移动发生变化，标准偏差发生变化，偏斜度也发生变化。EXAMPLE 1 中的 mean=0，standard_dev=0 的正态分布称为标准正态分布。一般使用的正态分布是基于标准正态分布的。

EXAMPLE 2   求累积分布函数的值

求变量 x 的累积分布函数值。将累积分布函数的函数形式指定为 1 或者 TRUE。

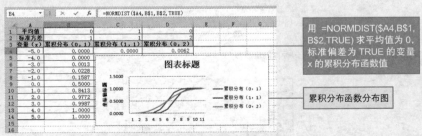

用 =NORMDIST($A4,B$1,
B$2,TRUE) 求平均值为 0、
标准偏差为 TRUE 的变量
x 的累积分布函数值

累积分布函数分布图

POINT ● 累积分布的图表特征

从累积分布图表中可以看出，平均值随左右移动发生变化，标准偏差和偏斜度也发生变化。另外，也可使用 NORMSDIST 函数，求平均值为 0、标准偏差为 1 的标准正态分布的累积分布函数值。

NORMINV

返回正态累积分布函数的反函数

格式 → **NORMINV**(probability, mean, standard_dev)

参数 → probability

用数值或者数值所在的单元格指定正态分布的概率。如果参数为非数值型，函数 NORMINV 返回错误值"#VALUE!"。如果指定小于 0 或大于 1 的数值，则函数 NORMINV 返回错误值"#NUM!"。

mean

用数值或者数值所在的单元格指定分布的算术平均值。如果参数为非数值型，函数 NORMINV 返回错误值"#VALUE!"。

standard_dev

用数值或者数值所在的单元格指定分布的标准偏差。如果指定小于 0 的数值，则函数 NORMINV 返回错误值"#NUM!"。

使用 NORMINV 函数，求正态累积分布函数的反函数。即，求给定概率 P 对应的变量值。例如，把螺丝尺寸误差引起的不合格品概率控制在 5% 时，求尺寸误差必须控制到多少合适。累积分布函数的反函数用下列公式表达。

▼ 累积分布函数

$$NORMDIST(x, \mu, \sigma, 1) = f(x) = \int_{-\infty}^{\infty} \frac{1}{\sqrt{2\pi}\sigma} e^{-\frac{(x-\mu)^2}{2\sigma^2}} = P$$

其中，x 为变量，μ 为平均值，σ 为标准偏差。

▼ 累积分布函数的反函数

$$NORMINV(p, \mu, \sigma) = x = f^{-1}(p)$$

▼ 正态分布的例子（平均值为 0，标准偏差值为 1）

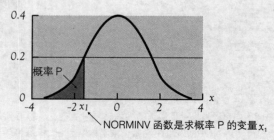

NORMINV 函数是求概率 P 的变量 x_1

EXAMPLE 1　求累积分布函数的反函数的值

求累积分布函数反函数的值，求概率 P 对应的变量值。

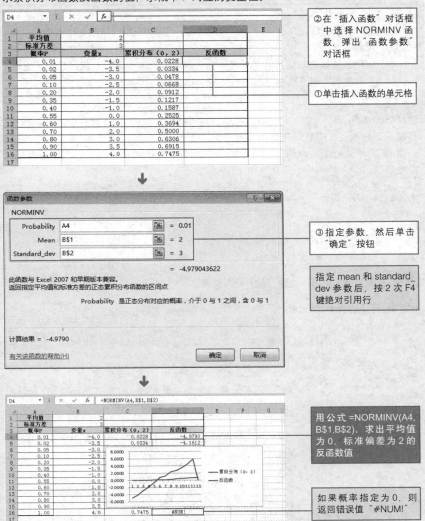

②在"插入函数"对话框中选择 NORMINV 函数，弹出"函数参数"对话框

①单击插入函数的单元格

③指定参数，然后单击"确定"按钮

指定 mean 和 standard_dev 参数后，按 2 次 F4 键绝对引用行

用公式 =NORMINV(A4,B$1,B$2)，求出平均值为 0、标准偏差为 2 的反函数值

如果概率指定为 0，则返回错误值"#NUM!"

✌POINT ● NORMINV 函数和 NORMDIST 函数

NORMINV 函数和 NORMDIST 函数互为反函数关系。已知正态分布的概率 p，求概率变量 x 可使用 NORMINV 函数；已知概率变量 x，求概率 p 可使用 NORMDIST 函数。另外，平均值为 0、标准偏差为 1 时，使用 NORMSDIST 函数和 NORMSINV 函数时，参数的指定变得简单。

NORMSDIST
返回标准正态累积分布函数

格式 → NORMSDIST(z)

参数 → z

用数值或者数值所在的单元格指定需要计算其分布的数值。如果 z 为非数值型，则函数 NORMSDIST 返回错误值 "#VALUE!"。

使用 NORMSDIST 函数，求平均值为 0、标准偏差为 1 的标准正态累积分布函数值。标准正态分布是标准化的变量的正态分布，用下列公式表示。另外，当概率为 1 时，引用 NORMSDIST 函数值，求下面的标准正态分布图部分的面积，能够制作出正态分布表。

▼ 概率密度函数

$$NORMDIST(x, \mu, \sigma, 0) = f(x) = \frac{1}{\sqrt{2\pi}\sigma} e^{-\frac{(x-\mu)^2}{2\sigma^2}}$$

其中，x 为变量，μ 为平均值，σ 为标准偏差。

▼ 标准正态分布的累积分布函数

$$NORMSDIST(z) = NORMDIST(x, 0, 1, 1) = \int_{-\infty}^{\infty} f(x)\,dx$$

其中，$z = \frac{x-\mu}{\sigma}$，$\mu = 0, \sigma = 1$。

▼ 标准正态分布

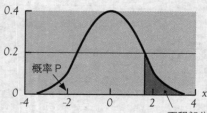

面积部分是正态分布表的值

04
统计函数

EXAMPLE 1　制作正态分布表

在概率为 1 时引用 NORMSDIST 函数值，制作正态分布表。在此，表示到小数点后第1位数值的A列和表示小数点后第 2 位的数值的"第 2 行"组合指定为参数 z。例如，"0.35"是 A6 单元格的值和 G2 单元格的值组合作为参数z的数值，在 G6 单元格内求它的结果。

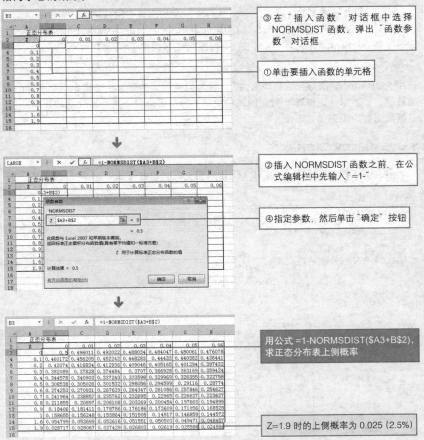

③ 在"插入函数"对话框中选择 NORMSDIST 函数，弹出"函数参数"对话框

① 单击要插入函数的单元格

② 插入 NORMSDIST 函数之前，在公式编辑栏中先输入"=1-"

④ 指定参数，然后单击"确定"按钮

用公式 =1-NORMSDIST($A3+B$2)，求正态分布表上侧概率

Z=1.9 时的上侧概率为 0.025（2.5%）

POINT ● 参数 z 的含义

正态分布表中的 z 是表示概率密度函数的上侧概率 p、两侧概率的上侧概率在 p/2 的临界点的概率变量。把上侧 100p% 点、两侧 100p% 点或单一的点称为百分点。"z=1.64"是上侧概率为 5% 的百分点，"z=1.96"是两侧概率为 5% 的百分点。另外，NORMSDIST 函数用于求相对于 z 的概率 p，相反求对应于概率 p 的 z 值，可使用 NORMINV 函数和 NORMSINV 函数。

NORMSINV

返回标准正态累积分布函数的反函数

格式 → **NORMSINV(probability)**

参数 → probability

用数值或者数值所在的单元格指定标准正态分布的概率。如果参数为非数值型，函数 NORMSINV 返回错误值 "#VALUE!"。如果 probability<0 或 probability>1，函数 NORMINV 返回错误值 "#NUM!"。

使用 NORMSINV 函数可求平均值为 0、标准偏差为 1 的标准正态累积分布函数的反函数值。即，求给定概率 p 对应的概率变量。标准正态分布是标准变量的正态分布，它的反函数用下列公式表示。

▼ 标准正态分布的累积分布函数

$$NORMSDIST(z) = NORMSDIST(x,0,1,1) = \int_{-\infty}^{\infty} \frac{1}{\sqrt{2\pi}} e^{-\frac{z^2}{2}} dx = P$$

其中，$z = \dfrac{x - \mu}{\sigma}$，$\mu = 0$，$\sigma = 1$。

▼ 标准正态分布函数的反函数

$$NORMSINV(p) = z$$

其中，p 为概率。

▼ 标准正态分布

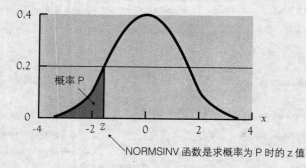

NORMSINV 函数是求概率为 P 时的 z 值

EXAMPLE 1 从正态分布概率开始求上侧百分点

用"1-p"（p为到区间"最小：z"的概率）求正态分布表中的上侧概率（参考NOR-MSDIST函数）。因此，NORMSINV用于求正态分布表中上侧概率对应的变量值，即百分点，其参数的概率值，从概率为1开始指定引用正态分布的概率值。

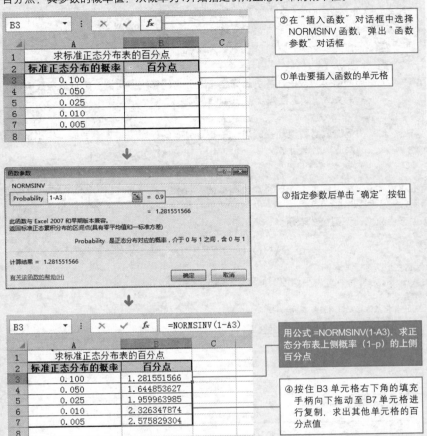

②在"插入函数"对话框中选择 NORMSINV 函数，弹出"函数参数"对话框

①单击要插入函数的单元格

③指定参数后单击"确定"按钮

用公式 =NORMSINV(1-A3)，求正态分布表上侧概率（1-p）的上侧百分点

④按住 B3 单元格右下角的填充手柄向下拖动至 B7 单元格进行复制，求出其他单元格的百分点值

POINT ● NORMSINV 函数和 NORMSDIST 函数的区别

NORMSINV 函数和 NORMSDIST 函数互为反函数。已知标准正态分布的概率 p，求概率变量 z，使用 NORMSINV 函数，已知概率变量 z，求概率 p，使用 NORMSDIST 函数。另外，没有标准化的变量（除去平均值 0、标准偏差 1）时，请使用 NORMDIST 函数和 NORMINV 函数。

STANDARDIZE
返回正态化数值

格式 → **STANDARDIZE**(x, mean, standard_dev)
参数 → x

用数值或者数值所在的单元格指定需要进行正态化的数值。如果指定数值以外的文本，则返回错误值"#VALUE!"。

mean

用数值或者数值所在的单元格指定分布的算术平均值。如果指定数值以外的文本，则返回错误值"#NUM!"。

standard_dev

用数值或者数值所在的单元格指定分布的标准偏差值，如果指定小于 0 的数值，则返回错误值"#NUM!"。

平均值为 0、标准偏差为 1 的正态分布称为"标准正态分布"。使用 STANDARDIZE 函数，返回以 mean 为平均值、以 standard_dev 为标准偏差的分布的正态化数值。正态化数值用下列公式表示。

$$Z = STANDARDIZE(x, \mu, \sigma) = \frac{x - \mu}{\sigma}$$

其中，x 为变量，μ 为平均值，σ 为标准偏差。

▼ 正态化数值与变量的关系

正态化数值（z）	变量（x）的含义
0	平均数
正数	比平均数大
负数	比平均数小
绝对值比 1 大的数	由于比标准偏差大，平均数为正则不变，若为负则平均数变大

EXAMPLE 1 求正态化数值

在年龄和握力的样本数据中求各种正态化数值。因为作为样本数据处理，所以用 STDEV 函数求样本标准偏差值。

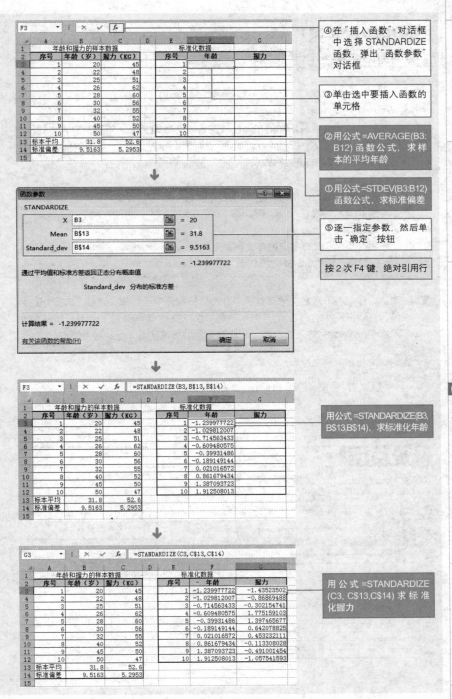

④在"插入函数"对话框中选择 STANDARDIZE 函数,弹出"函数参数"对话框

③单击选中要插入函数的单元格

②用公式 =AVERAGE(B3:B12) 函数公式,求样本的平均年龄

①用公式 =STDEV(B3:B12) 函数公式,求标准偏差

⑤逐一指定参数,然后单击"确定"按钮

按 2 次 F4 键,绝对引用行

用公式 =STANDARDIZE(B3,B$13,B$14),求标准化年龄

用公式 =STANDARDIZE(C3, C$13,C$14) 求标准化握力

LOGNORMDIST
返回对数正态累积分布函数

概率分布

格式 → **LOGNORMDIST**(x, mean, standard_dev)

参数 → x

用数值或者数值所在的单元格指定代入函数的变量。如果参数为非数值型，函数 LOGNORMDIST 返回错误值"#VALUE!"。如果 x<0，函数 LOGNORMDIST 返回错误值"#NUM!"。

mean

用数值或者数值所在的单元格指定 ln(n) 的标准偏差值。如果指定小于 0 的数值，函数 LOGNORMDIST 返回错误值"#NUM!"。

standard_dev

用数值或者数值所在的单元格指定 ln(n) 的标准偏差值。如果指定小于 0 的数值，函数 LOGNORMDIST 返回错误值"#NUM!"。

使用 LOGNORMDIST 函数，求对数正态分布的累积分布函数值。对数正态分布的累积分布函数值用下列公式表示。根据公式，取对数的概率变量"ln(x)"服从参数 mean 和 standard_dev 的正态分布，而取对数前的概率变量 x 服从对数正态分布。

▼ 对数正态分布的累积分布函数

$$LOGNORMDIST(x, \mu, \sigma) = NORMSDIST\left(\frac{\ln(x) - \mu}{\sigma}\right)$$

其中，x 为变量，μ 为平均值，σ 为标准偏差。

📘 EXAMPLE 1 　求对数正态分布的累积分布函数值

求变量 x 的对数正态分布的累积分布函数。

②在"插入函数"对话框中选择 LOGNORMDIST 函数，弹出"函数参数"对话框

①单击要插入函数的单元格

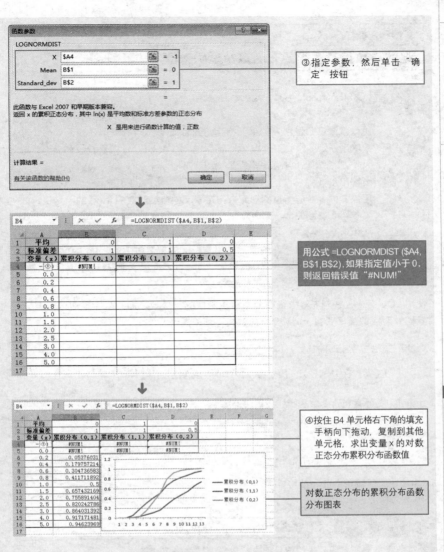

③指定参数，然后单击"确定"按钮

用公式 =LOGNORMDIST ($A4,B$1,B$2)，如果指定值小于 0，则返回错误值"#NUM!"

④按住 B4 单元格右下角的填充手柄向下拖动，复制到其他单元格，求出变量 x 的对数正态分布累积分布函数值

对数正态分布的累积分布函数分布图表

POINT ● 关于 LOGNORM.DIST 函数的介绍

语法：LOGNORM.DIST(x,mean,standard_dev,cumulative)

该函数适用于 Excel 2013, Excel Web App，用于返回 x 的对数分布函数，此处的 ln(x) 是含有 Mean 与 Standard_dev 参数的正态分布。使用此函数可以分析经过对数变换的数据。

其中，X 用来计算函数的值；Mean 为 ln(x) 的平均值；standard_dev 为 ln(x) 的标准偏差。Cumulative 用来决定函数形式的逻辑值。若 cumulative 为 TRUE，则将返回累积分布函数；若为 FALSE，则返回概率密度函数。

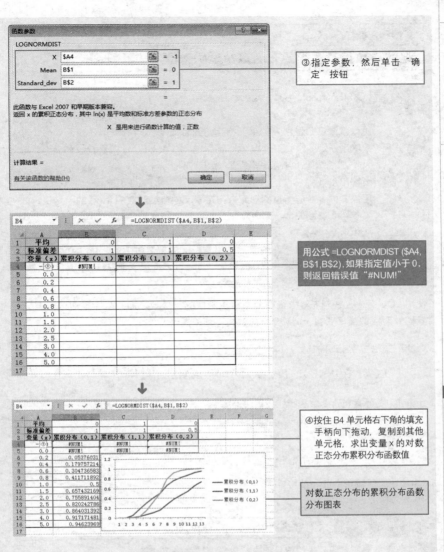（侧边栏）04 统计函数

LOGINV
返回对数正态累积分布函数的反函数值

格式 → **LOGINV**(probability, mean, standard_dev)

参数 → probability

用数值或者数值所在的单元格指定对数正态分布的概率。如果参数为非数值型，则函数 LOGINV 返回错误值 "#VALUE!"。如果参数为小于 0 或大于 1 的数值，则返回错误值 "#NUM!"。

mean

用数值或者数值所在的单元格指定取 x 的自然对数的 ln(x) 的平均值。如果参数为非数值型，则函数 LOGINV 返回错误值 "#VALUE!"。

stardard_dev

用数值或者数值所在的单元格指定取 x 的自然对数的 ln(x) 的标准偏差。如果标准偏差指定小于 0 的数值，则函数返回错误值 "#NUM!"。

使用 LOGINV 函数，求对数正态分布累积函数的反函数。即，求给定对数正态分布概率 p 对应的概率变量。LOGINV 函数用下列公式表示。

▼ 对数正态分布的累积分布函数

$$LOGNORMDIST(x, \mu, \sigma) = NORMSDIST\left(\frac{ln(x) - \mu}{\sigma}\right) = p$$

其中，x 为变量，μ 为平均值，σ 为标准偏差。

▼ 反函数

$$LOGINV(p, \mu, \sigma) = x$$

其中，p 为对数正态分布的概率。

> **EXAMPLE 1**　求对数正态累积分布函数的反函数

求对数正态分布累积函数的值，即求概率 p 对应的概率变量。

②在"插入函数"对话框中选择LOGINV函数，弹出"函数参数"对话框

①单击要插入函数的单元格

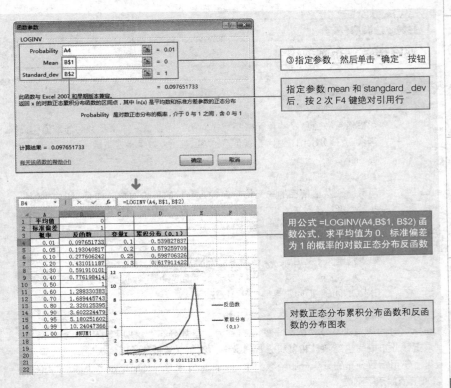

③指定参数，然后单击"确定"按钮

指定参数 mean 和 stangdard _dev 后，按 2 次 F4 键绝对引用行

用公式 =LOGINV(A4,B$1, B$2) 函数公式，求平均值为 0、标准偏差为 1 的概率的对数正态分布反函数

对数正态分布累积分布函数和反函数的分布图表

✌ POINT ● LOGINV 函数和 LOGNORMDIST 函数

LOGINV 函数和 LOGNORMDIST 函数互为反函数。已知对数正态分布的概率变量 x，求概率 p，使用 LOGNORMDIST 函数；而已知概率 P，求概率变量 x，使用 LOGINV 函数。

✌ POINT ● 关于函数的更替

随着 EXCEL 的不断升级，函数也在不断地发生着变化。比如 LOGINV 函数的应用虽已被老用户所熟悉，但是为了提高其准确度，完全可以使用新函数代替。为了保持与 Excel 早期版本的兼容性，开发者还是将此函数作了保留。

接下来，我们来认识一下新函数 LOGNORM.INV。该函数用于返回 x 的对数累积分布函数的反函数值，此处的 ln(x) 是服从参数 Mean 和 Standard_dev 的正态分布。其语法为 LOGNORM.INV(probability, mean, standard_dev)。其中，Probability 为与对数分布相关的概率；Mean 为 ln(x) 的平均值；standard_dev 为 ln(x) 的标准偏差。

在使用过程中需要注意以下事项：

● 若任一参数为非数值型，则 LOGNORM.INV 返回错误值 #VALUE!。
● 若 probability <= 0 或 probability >= 1，则 LOGNORM.INV 返回 错误值 #NUM!。
● 若 standard_dev <= 0，则 LOGNORM.INV 返回错误值 #NUM!。

EXPONDIST
返回指数分布函数值

格式 → **EXPONDIST**(x, lambda, cumulative)

参数 → x

用数值或数值所在的单元格指定代入函数的数值。如果参数为非数值型，函数 EXPONDIST 返回错误值 "#VALUE!"。如果指定负数，则返回错误值 "#NUM!"。

lambda

用数值或数值所在的单元格指定代入函数的平均次数。如果指定数值为非数值型，函数 EXPONDIST 返回错误值 "#VALUE!"。如果指定小于 0 的数值，则返回错误值 "#NUM!"。

cumulative

如果指定为 TRUE 或 1，函数 EXPONDIST 返回累积分布函数；如果指定为 FALSE 或 0，返回概率密度函数。如果指定数值为非数值型，函数 EXPONDIST 返回错误值 "#VALUE!"。

在指定时间内发生某事件的概率的分布称为"指数分布"。使用 EXPONDIST 函数，求指数分布概率密度函数和累积分布函数值。例如，某机器的平均故障间隔时间是 5 年，使用指数分布的累积分布函数，求在 3 年内发生故障的概率是多少等。EXPONDIST 函数用下列公式表示。

▼ 概率密度函数

$$EXPONDIST(x, \lambda, 0) = \lambda\, e^{-\lambda x}$$

▼ 累积分布函数

$$EXPONDIST(x, \lambda, 1) = 1 - e^{-\lambda x}$$

EXAMPLE 1 根据 3 家公司的经过年数，求它的故障概率

3 家公司的电脑，保修期不同，根据经过不同年数所发生故障的概率，调查买哪一家公司的电脑好。其中第 4 行的平均无故障时间，表示发生故障的平均间隔时间。而参数 λ 为故障率。

04 统计函数

276 SECTION 04 ● 统计函数 ● 概率分布

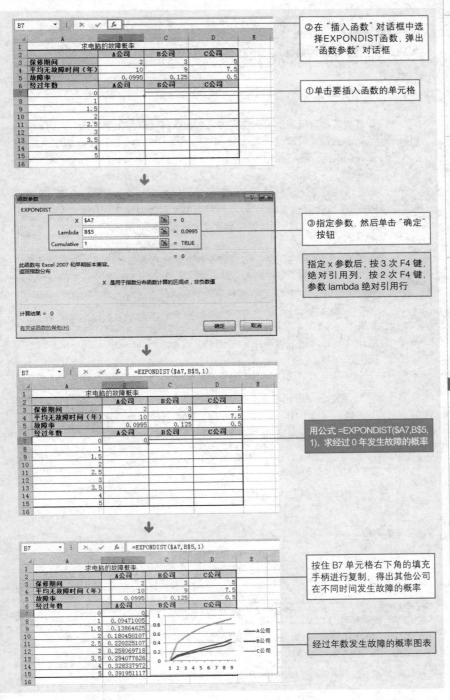

②在"插入函数"对话框中选择EXPONDIST函数,弹出"函数参数"对话框

①单击要插入函数的单元格

③指定参数,然后单击"确定"按钮

指定 x 参数后,按 3 次 F4 键,绝对引用列,按 2 次 F4 键,参数 lambda 绝对引用行

用公式 =EXPONDIST($A7,B$5,1),求经过 0 年发生故障的概率

按住 B7 单元格右下角的填充手柄进行复制,得出其他公司在不同时间发生故障的概率

经过年数发生故障的概率图表

04
统计函数

WEIBULL
返回韦伯分布函数值

格式 → WEIBULL(x, alpha, beta, cumulative)

参数 → x

用数值或数值所在的单元格指定代入函数的变量。如果指定数值为非数值型，函数返回错误值"#VALUE!"。如果指定为负数，函数 WEIBULL 返回错误值"#NUM!"。

alpha

用数值或数值所在的单元格指定参数。如果指定数值为非数值型，函数 WEIBULL 返回错误值"#VALUE!"。如果指定小于 0 的数值，函数返回错误值"#NUM!"。形状参数是决定分布形状的要素。

beta

用数值或数值所在的单元格指定参数。如果指定数值为非数值型，函数 WEIBULL 返回错误值"#VALUE!"。如果指定小于 0 的值，函数 WEIBULL 返回错误值"#NUM!"。尺度参数是分布规模的要素。

cumulative

如果指定为 TRUE 或 1，函数 WEIBULL 返回累积分布函数；如果为 FALSE 或 0，则返回概率密度函数。指定逻辑值以外的文本，函数 WEIBULL 返回错误值"#NUM!"。

韦伯分布是表示寿命分布的代表性分布，是可靠性分析及寿命检验的理论基础。使用 WEIBULL 函数，返回韦伯分布的概率密度函数和累积分布函数值。WEIBULL 函数用下列公式表示。特别是当 alpha=1，$\lambda = 1/\beta$，函数返回指数分布。

▼ 概率密度函数

$$WEIBULL(x, \alpha, \beta, 0) = \frac{\alpha}{\beta^{\alpha}} x^{\alpha-1} e^{-\left(\frac{x}{\beta}\right)^{\alpha}}$$

▼ 累积分布函数

$$WEIBULL(x, \alpha, \beta, 1) = 1 - e^{-\left(\frac{x}{\beta}\right)^{\alpha}}$$

EXAMPLE 1 利用韦伯分布求产品寿命

求 $\beta=1$，α 值变化时的韦伯分布概率密度函数。求零件寿命时，根据 α 值，区分零件故障型。$0<\alpha<1$ 为初期故障型，$\alpha=1$ 为偶发故障型，$\alpha>1$ 为损耗故障型。

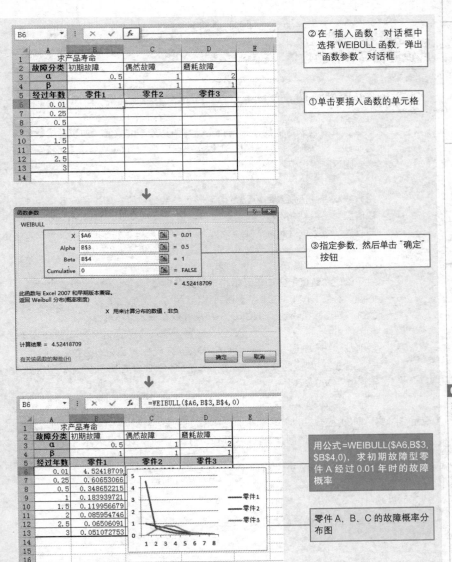

②在"插入函数"对话框中选择 WEIBULL 函数，弹出"函数参数"对话框

①单击要插入函数的单元格

③指定参数，然后单击"确定"按钮

用公式 =WEIBULL($A6,B$3,$B$4,0)，求初期故障型零件 A 经过 0.01 年时的故障概率

零件 A、B、C 的故障概率分布图

👆 POINT ● WEIBULL 函数结果

从 WEIBULL 函数的结果中得到，初期故障型零件使用年限短，故障概率高。偶发故障型零件 B 除偶发故障外为正常型，损耗故障型零件 C 随年数的增加，容易产生由损耗引起的故障。

GAMMADIST
返回伽马分布函数值

格式 → **GAMMADIST**(x, alpha, beta, cumulative)

参数 → **x**

用数值或者输入数值的单元格指定计算伽马分布的数值。如果指定数值为非数值型，函数 GAMMADIST 返回错误值 "#VALUE!"。如果为指定负数，则返回错误值 "#NUM!"。

alpha

用数值或者数值所在的单元格指定形状参数的数值。如果指定数值为非数值型，函数 GAMMADIST 返回错误值 "#VALUE!"。如果指定小于 0 的数值，则返回错误值 "#NUM!"。形状参数是决定分布形状的要素。为正整数时，伽马分布用于表示电话通话时间或速度时间的分布。

beta

用数值或者数值所在的单元格指定尺度参数数值。如果指定数值为非数值型，函数 GAMMADIST 返回错误值 "#VALUE!"。如果指定小于 0 的数值，则返回错误值 "#NUM!"。尺度参数是决定分布规模的要素。

cumulative

如果指定为 TRUE 或 1，函数 GAMMADIST 返回累积分布函数；如果为 FALSE 或 0，则返回概率密度函数。如果参数为逻辑值以外的文本，则返回错误值 "#VALUE!"。

使用 GAMMADIST 函数，求伽马分布的概率密度函数或累积分布函数值。伽马分布适用于求零件寿命或通话时间分布。GAMMADIST 函数用下列公式表示。

$$GAMMADIST(x, \alpha, \beta, 0) = \frac{1}{\beta^{\alpha}\Gamma(\alpha)} x^{\alpha-1} e^{-\left(\frac{x}{\beta}\right)}$$

其中，伽马函数 $\Gamma(x) = \int_{0}^{\infty} e^{-u} u^{x-1} du$。

👉 POINT ● 伽马分布

伽玛分布（Gamma distribution）是统计学的一种连续概率函数。Gamma 分布中的参数 α，称为形状参数（shape parameter），β 称为尺度参数（scale parameter）。

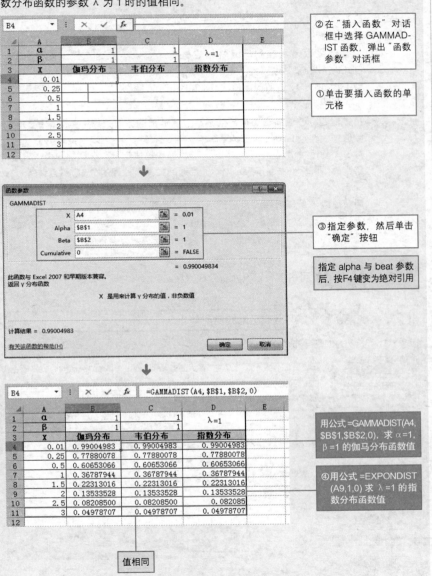

EXAMPLE 1　求伽马分布的函数值

求 α=1, β=1 的伽马分布概率密度函数值。此值和 α=1, β=1 的韦伯分布以及和指数分布函数的参数 λ 为 1 时的值相同。

②在"插入函数"对话框中选择 GAMMADIST 函数，弹出"函数参数"对话框

①单击要插入函数的单元格

③指定参数，然后单击"确定"按钮

指定 alpha 与 beat 参数后，按F4键变为绝对引用

用公式 =GAMMADIST(A4, $B$1,$B$2,0)，求 α=1，β=1 的伽马分布函数值

④用公式 =EXPONDIST (A9,1,0) 求 λ=1 的指数分布函数值

值相同

GAMMAINV

返回伽马累积分布函数的反函数

概率分布

格式 → **GAMMAINV**(probability, alpha, beta)

参数 → probability

用数值或数值所在的单元格指定概率。如果参数为非数值型，函数 GAMMAINV 返回错误值 "#VALUE!"。如果指定数值为负数或大于 1，函数 GAMMAINV 返回错误值 "#NUM!"。

alpha

用数值或者数值所在的单元格指定形状参数的数值。如果指定数值为非数值型，函数 GAMMAINV 返回错误值 "#VALUE!"。如果指定小于 0 的数值，则返回错误值 "#NUM!"。形状参数是决定分布形状的要素。为正整数时，伽马分布用于表示电话通话时间或速度时间的分布。

beta

用数值或者数值所在的单元格指定尺度参数数值。如果指定数值为非数值型，函数 GAMMAINV 返回错误值 "#VALUE!"。如果指定小于 0 的数值，则返回错误值 "#NUM!"。尺度参数是决定分布规模的要素。

使用 GAMMAINV 函数可求伽马累积分布函数的反函数。

EXAMPLE 1　求伽马分布函数的反函数

求 $\alpha=1$，$\beta=1$ 的伽马分布的概率对应的百分点。

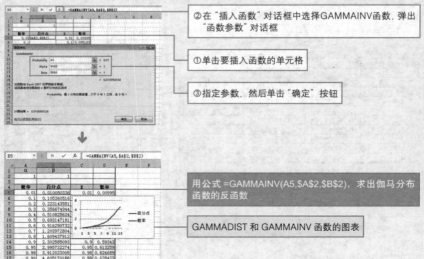

②在"插入函数"对话框中选择GAMMAINV函数，弹出"函数参数"对话框

①单击要插入函数的单元格

③指定参数，然后单击"确定"按钮

用公式 =GAMMAINV(A5,$A$2,$B$2)，求出伽马分布函数的反函数

GAMMADIST 和 GAMMAINV 函数的图表

GAMMALN
返回伽马函数的自然对数

格式 → GAMMALN(x)

参数 → x

用数值或数值所在的单元格指定代入函数的变量。如果 x 为非数值型，函数 GAMMALN 返回错误值"#VALUE!"。如果 $x<0$，函数 GAMMAIN 返回错误值"#NUM!"。

使用 GAMMALN 函数，求伽马函数的自然对数。GAMMALN 函数用下列公式表示。另外，指数函数 EXP 函数的参数中指定 GAMMALN 函数，求伽马函数的值。伽马函数用于求分布函数、F 分布函数、x2 分布函数、t 分布函数的概率密度函数。

$$GAMMALN(x) = ln(\Gamma(x))$$

$$\Gamma(x) = EXP(GAMMALN(x))$$

其中，伽马函数 $\Gamma(x) = \int_0^\infty e^{-u} u^{x-1} du$。

📖 EXAMPLE 1 | 求伽马函数值

返回伽马函数的自然对数后，使用EXP函数求伽马函数值。伽马函数根据参数x的值，表现它的特别性质。

		fx	=GAMMALN(A3)	

▲	A	B	C	D
1	求伽马函数的自然对数和伽马函数值			
2	**x**	**自然对数**	**伽马函数**	
3	0.5	0.572364943	1.772453851	
4	1	0	1	
5	1.5	−0.120782238	0.886226925	
6	2	0	1	
7	3	0.693147181	2	
8	4	1.791759469	6	
9				

① 用公式 =GAMMALN(A3) 函数公式，求出 x=0.5 (1/2) 的伽马函数的自然对数值

② 用公式 =EXP(B3)，GAMMALN 函数所求的值为指数函数的参数值，即是伽马函数值

04
统计函数

SECTION 04 ● 统计函数 ● 概率分布 ○ 283

BETADIST

返回 β 累积分布函数

格式 → **BETADIST(x, alpha, beta, A, B)**

参数 → **x**

用数值或数值所在的单元格指定代入函数的变量。如果参数为非数值型,
函数 BETADIST 返回错误值 "#VALUE!"。x 不在 [A, B] 范围内,则返回
错误值 "#NUM!"。

alpha

用数值或数值所在的单元格指定分布参数。如果参数为非数值型,函数
BETADIST 返回错误值 "#VALVE!"。如果指定小于 0 的数值,则返回错
误值 "#NUM!"。

beta

用数值或数值所在的单元格指定分布参数。如果参数为非数值型,函数
BETADIST 返回错误值 #VALVE!。如果指定小于 0 的数值,则返回错误
值 #NUM!。

A

用数值或数值所在的单元格指定区间的下限值。如果省略,则看作 0,如
果指定和 B 相同的值。则返回错误值 "#NUM!"。

B

用数值或数值所在的单元格指定区间的上限值。如果省略,则看作 1,如
果指定和 A 相同的值,则返回错误值 "#NUM!"。

使用 BETADIST 函数,求 β 累积分布函数值。用下列公式表示 β 分布函数,BETADIST
函数为区间 [A, B] 的累积分布函数。

$$B(x) = \frac{1}{\beta(\alpha,\beta)} x^{\alpha-1}(1-x)^{\beta-1}$$

其中,BETA 函数是 $\beta(\alpha,\beta) = \frac{\Gamma(\alpha)\Gamma(\beta)}{\Gamma(\alpha+\beta)}$;$\Gamma(x)$ 为伽马函数。

👆 POINT ● 一样分布

$\alpha=1$,$\beta=1$ 的累积分布函数用与变量成一定比例的直线表示。即 $\alpha=1$,$\beta=1$ 的概率密
度函数由于变量值不发生变化,保持一定的概率,称为一样分布。例如,硬币正面和反
面出现的概率。因此,β 分布函数称为连续离散型二项分布。关于二项分布,请参照
BINOMDIST 函数。

EXAMPLE 1　求 β 分布函数值

在 [0,1] 范围内，求 α=1，β=1 及 α=3，β=3 的 β 累积分布函数值。省略参数 A 和 B。

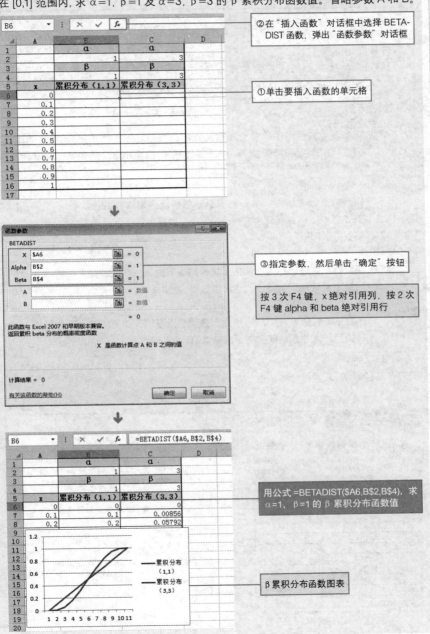

②在"插入函数"对话框中选择 BETA-DIST 函数，弹出"函数参数"对话框

①单击要插入函数的单元格

③指定参数，然后单击"确定"按钮

按 3 次 F4 键，x 绝对引用列，按 2 次 F4 键 alpha 和 beta 绝对引用行

用公式 =BETADIST($A6,B$2,B$4)，求 α=1，β=1 的 β 累积分布函数值

β 累积分布函数图表

BETAINV

返回 β 累积分布函数的反函数值

格式 → BETAINV(probability, alpha, beta, A, B)

参数 → probability

用数值或数值所在的单元格指定概率。如果参数为非数值型，函数 BETAINV 返回错误值 "#VALVE!"。如果指定负数或大于 1 的数值，函数 BETAINV 返回错误值 "#NUM!"。

alpha

用数值或数值所在的单元格指定分布参数。如果参数为非数值型，函数 BETADIST 返回错误值 "#VALVE!"。如果指定小于 0 的数值，则返回错误值 "#NUM!"。

beta

用数值或数值所在的单元格指定分布参数。如果参数为非数值型，函数 BETADIST 返回错误值 "#VALVE!"。如果指定小于 0 的数值，则返回错误值 "#NUM!"。

A

用数值或数值所在的单元格指定区间的下限值。如果省略，则看作 0，如果指定和 B 相同的值。则返回错误值 "#NUM!"。

B

用数值或数值所在的单元格指定区间的上限值。如果省略，则看作 1。如果指定和 A 相同的值，则返回错误值 "#NUM!"。

BETAINV 函数求 β 累积分布函数的反函数值。

 EXAMPLE 1　求 β 累积分布函数的反函数值

以 α、β 作为参数，求 β 分布的概率 1/2 对应的百分点。

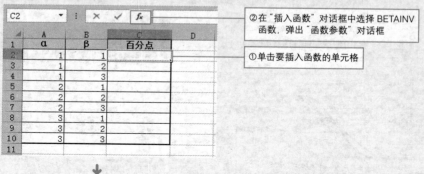

②在"插入函数"对话框中选择 BETAINV 函数，弹出"函数参数"对话框

①单击要插入函数的单元格

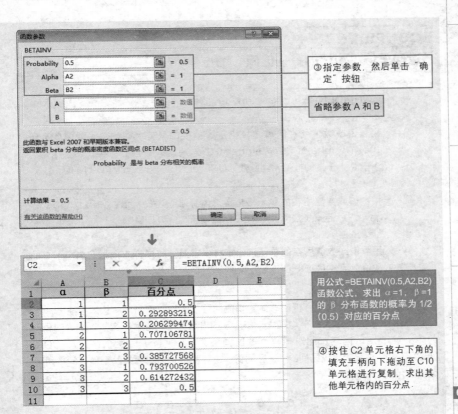

③指定参数，然后单击"确定"按钮

省略参数 A 和 B

用公式 =BETAINV(0.5,A2,B2) 函数公式，求出 α=1，β=1 的 β 分布函数的概率为 1/2 (0.5) 对应的百分点

④按住 C2 单元格右下角的填充手柄向下拖动至 C10 单元格进行复制，求出其他单元格内的百分点

	A	B	C	D	E
1	α	β	百分点		
2	1	1	0.5		
3	1	2	0.292893219		
4	1	3	0.206299474		
5	2	1	0.707106781		
6	2	2	0.5		
7	2	3	0.385727568		
8	3	1	0.793700526		
9	3	2	0.614272432		
10	3	3	0.5		
11					

POINT ● 当 α=β 时

当 α=β 时，概率 1/2 的百分点为 0.5。而且，BETAINV 函数使用迭代搜索技术。如果搜索在 100 次迭代之后没有收敛，则函数返回错误值"#N/A"。

POINT ● 关于 BETAINV 函数的使用说明

该函数返回指定的 beta 累积分布函数的反函数值。beta 累积分布函数可用于项目设计，在给定期望的完成时间和变化参数后，模拟可能的完成时间。如果已给定概率值，则 BETAINV 使用 BETADIST(x,alpha,beta,A,B) = probability 求解数值 x。因此，BETAINV 的精度取决于 BETADIST 的精度。

CONFIDENCE
返回总体平均值的置信区间

概率分布

格式 → CONFIDENCE(alpha, standard_dev, size)

参数 → alpha
用数值或数值所在的单元格指定置信度的显著水平参数。置信度等于 100×(1-alpha)%，如果 alpha=0.05，则置信度等于 95%。如果指定为小于 0 大于 1 的数值，则函数 CONFIDENCE 返回错误值 "#NUM!"。
standard_dev
用数值或数值所在的单元格指定总体标准偏差的数值。如果 standard_dev ≤ 0，函数 CONFIDENCE 返回错误值 "#NUM!"。
size
用数值或数值所在的单元格指定样本容量。如果样本数指定为小于 0 的数值，函数 CONFIDENCE 返回错误值 "#NUM!"。

使用 CONFIDENCE 函数，返回总体平均值的置信区间。例如，从总体中抽出样本的平均寿命 m 岁来推定人的平均寿命 u 岁。预测出人的平均寿命存在于以准确的概率 p 为中心的一定区间内。此时概率 p 的区间称为 "100（1-）% 置信区间"，CONFIDENCE 函数求它的置信区间的 1/2 区间值。总体标准偏差为已知的置信区间，用下列公式表示。

$$m-Z\left(\frac{\alpha}{2}\right)\frac{\sigma}{\sqrt{n}} \leqslant \mu \leqslant n+Z\left(\frac{\alpha}{2}\right)\frac{\sigma}{\sqrt{n}}$$

其中，σ 是样本的总体标准偏差，n 为数据点；

$Z\left(\frac{\alpha}{2}\right)$ 表示正态分布的上侧概率为 $\alpha/2$ 时的概率变量。

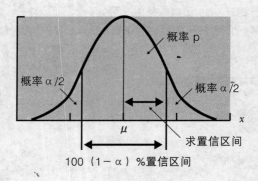

100（1-α）% 置信区间

04
统计函数

EXAMPLE 1　求平均视力的 96% 置信区间

从某公司职员的视力检查样本数据中，求全体职员的平均视力的 96% 置信区间。

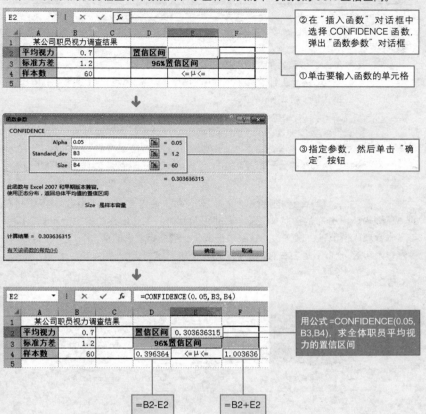

②在"插入函数"对话框中选择 CONFIDENCE 函数，弹出"函数参数"对话框

①单击要输入函数的单元格

③指定参数，然后单击"确定"按钮

用公式 =CONFIDENCE(0.05, B3,B4)，求全体职员平均视力的置信区间

=B2-E2

=B2+E2

✌ POINT ● 使用样本标准偏差代替标准偏差

CONFIDENCE 函数把已知的标准偏差作为前提。但是通常总体平均值为未知，因此标准偏差也不作为已知考虑。在统计学中，如果样本数很大，可以使用样本标准偏差代替标准偏差。

CHIDIST
返回 X^2 分布的概率

格式 → CHIDIST(x, degrees_freedom)

参数 → x

用数值或数值所在的单元格指定代入函数的变量。如果参数为非数值型，函数 CHIDIST 返回错误值"#VALUE!"。如果 x 为负数，函数 CHIDIST 返回错误值"#NUM!"。

degrees_freedom

用数值或数值所在的单元格指定自由度。如果数值不是整数，将被截尾取整。如果参数为非数值型，函数 CHIDIST 返回错误值"#VALUE!"。如果指定小于 1 或大于 10^{10} 的值，函数 CHIDIST 返回错误值"#NUM!"。

按照正态分布的总体样本得到的方差表示 X^2 分布。使用 CHIDIST 函数，求 X^2 分布的单尾概率。X^2 分布的形状如下图，从中心位置来看左边山形的右裾分布长。按照与样本数成比例的自由度，山的位置发生变化，随着自由度的变大，山形向右移动。另外，因为 X^2 分布不是左右对称分布，所以下侧概率用 1- 上侧概率求。

▼ X^2 的分布

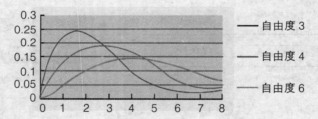

EXAMPLE 1　求 X^2 分布的概率

按照各自由度的 X^2 分布，求概率变量 x 的上侧概率。

②在"插入函数"对话框中选择 CHIDIST 函数，弹出"函数参数"对话框

①单击要插入函数的单元格

	A	B	C	D	E	F	G
1	按照各自由度的 x^2 分布的概率变量x的上侧概率						
2					x		
3	自由度	0.82	4.56	15.96	18.5	20.12	23.25
4	1						
5	5						
6	10						
7	15						
8	30						
9	30						
10	40						
11							

↓

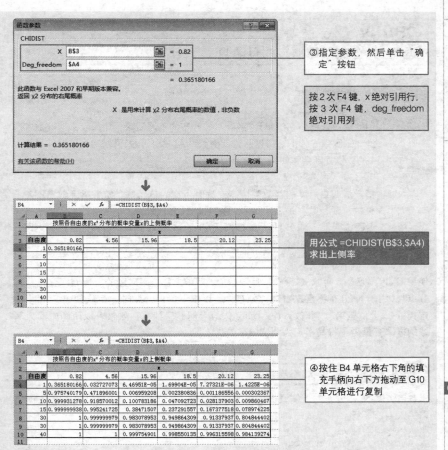

③指定参数，然后单击"确定"按钮

按2次F4键，x绝对引用行，按3次F4键，deg_freedom绝对引用列

用公式 =CHIDIST(B$3,$A4) 求出上侧率

④按住 B4 单元格右下角的填充手柄向右下方拖动至 G10 单元格进行复制

POINT ● 使用 X^2 分布检验适合度

X^2 分布检验从总体中抽出样本的方差的分布，或对适合度的检验。使用 CHITEST 函数检验假设值是否被实验所证实。求 X^2 分布概率对应的变量值（百分点），请参照 CHINV 函数，它与 CHIDIST 函数相反。

CHIINV
返回 X^2 分布单尾概率的反函数

格式 → **CHIINV(probability, degrees_freedom)**

参数 → **probability**

用数值或数值所在的单元格指定 X^2 分布的单尾概率。如果参数为非数字型，则函数 CHIINV 将返回错误值"#VALUE!"。如果指定小于 0 或大于 1 的数值，则会返回错误值"#NUM!"。

degrees_freedom

指定成为自由度的整数数值，或数值所在的单元格。如果指定数值不是整数，则参数将被截尾取整。如果参数为非数字型，则函数 CHIINV 将返回错误值"#VALUE!"。如果指定小于 1 或大于 10^{10} 的数值，则会返回错误值"#NUM!"。

使用 CHIINV 函数，可求 X^2 分布的反函数值，即求上侧概率对应的上侧概率变量（百分点）。由于 X^2 分布不是左右对称分布，所以求下侧百分点时，参数 Probability 指定为"1－上侧概率"。参数 probability 作为上侧概率计算，如果求以两侧概率为基数的概率变量时，将其指定为两侧概率的 1/2。

📖 EXAMPLE 1　求 X^2 分布上侧概率的反函数

求各自由度的 X^2 分布的上侧概率对应的概率变量（百分点）。自由度在 A 列，上侧概率输入到第 3 行。

B4	▼ : × ✓ fx	=CHIINV(B$3,$A4)				
▲	A	B	C	D	E	F	G
1		各自由度的x²分布的上侧概率P（x）对应的概率变量					
2		P（x）					
3	自由度	0.96	0.92	0.2	0.15	0.05	0.02
4	1	0.002515382	0.010086932	1.642374415	2.072250856	3.841458821	5.411894431
5	5	1.031322971	1.439000256	7.289276127	8.115199413	11.07049769	13.3882226
6	10	3.696541445	4.535049666	13.44195757	14.533936	18.30703805	21.16076754
7	15	6.913713598	8.093001619	19.31065711	20.60300782	24.99579014	28.25949634
8	30	17.90827855	19.86536835	36.25018678	37.99025135	43.77297183	47.96180282
9	30	17.90827855	19.86536835	36.25018678	37.99025135	43.77297183	47.96180282
10	40	25.79888263	28.16856471	47.26853771	49.2438502	55.75847928	60.43613356
11							

用公式 =CHIINV (B$3,$A4) 求出上侧概率为 0.96，自由度为 1 对应的上侧概率变量

✍ **POINT ● 显著水平**

上侧概率为 0.05（5%）的概率变量经常用于 X^2 检验的置信区间的显著水平。在 CHIINV 函数中，为了求概率变量，需反复进行计算。如果即使计算 100 次，也不会返回概率变量，则函数返回错误值"#N/A"。

CHITEST
返回独立性检验值

检验

格式 → CHITEST(actual_range, expected_range)

参数 → actual_range

用期望值区域和相同数据指定实测值区域。如果 actual_range 和 expected_ range 数据点的数目不同，则函数将会返回错误值 "#N/A"。

expected_range

用实测值区域和相同数据指定期望值区域。如果和实测值区域数据点的数目不同，则函数将会返回错误值 "#N/A"。期望值如果包含 0，则返回错误值 "#DIV/0"。

用行和列项目统一各种相当数量的表，称为 "交叉统计表"。例如，男女性别调查统计表等事例。使用 CHITEST 函数，可检验交叉统计表的行和列项目间是否有相关关系。在 X^2 检验中，实测值和期望值（逻辑值）的差的比例点作为百分点，求它的上侧概率。实测值和期望值的差别如果变大，百分点也变大，上侧概率值变小。期望值与项目间没有关系，被计算的上侧概率如果变小，项目间的相关关系增强。X^2 检验中使用的百分点可用下列公式表示，按照X^2分布求返回值的上侧概率。

$$Z(\chi^2) = \sum_{i=1} \frac{(f_i - E_i)^2}{E_i}$$

其中，f_i 为实测值，E_i 为期望值（逻辑值）。

$$CHITEST(f_i, E_i) = P(Z(\chi^2))$$

其中，$P(\chi)$ 为上侧概率。

EXAMPLE 1 用显著水平 5% 的两侧检验吸烟与肺癌的关系

以吸烟和肺癌的调查结果作为原始材料，用显著水平 5% 进行两侧检验，来检验吸烟是否和肺癌有关系。

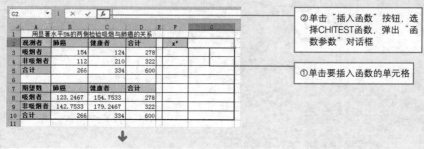

②单击 "插入函数" 按钮，选择CHITEST函数，弹出 "函数参数" 对话框

①单击要插入函数的单元格

04
统
计
函
数

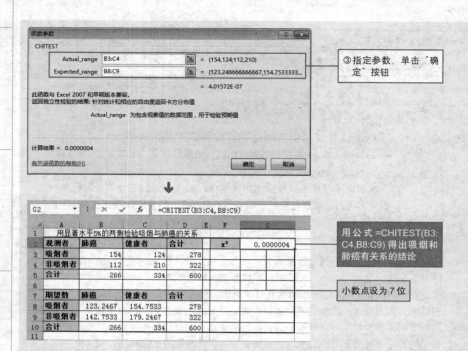

③指定参数，单击"确定"按钮

用公式 =CHITEST(B3:C4,B8:C9) 得出吸烟和肺癌有关系的结论

小数点设为 7 位

POINT ● EXAMPLE 1 的结果

EXAMPLE 1 的上侧概率为 0.00004%，利用显著水平 1% 或 0.5% 进行检验。期望值是吸烟和肺癌没有关系，即看作吸烟人和不吸烟人得肺癌的概率是一样的，全部肺癌患者有 266 人，如果患肺癌的概率相同，把吸烟者人数分成 278 人，不吸烟者人数分成 322 人，则可以用 278×266/（278+322）公式求由于吸烟患上肺癌的人数，其他单元格内也采用此方式进行计算。

FDIST

返回 F 概率分布

格式 → FDIST(x, degrees_freedom1, degrees_freedom2)

参数 → x

用数值或数值所在的单元格指定代入函数的变量。如果参数为非数值型，则函数 FDIST 将返回错误值 "#VALUE!"。如果 x 为负数，则函数 FDIST 将返回错误值 "#NUM!"。

degrees_freedom1

用数值或数值所在的单元格指定成为自由度（分子）的数值。如果不是整数，则参数将被截尾取整。如果参数为非数值型，则函数 FDIST 将返回错误值 "#VALUE!"。如果指定小于 1 或大于 10^{10} 的数值，则函数 FDIST 将返回错误值 "#NUM!"。

degrees_freedom2

用数值或数值所在的单元格指定自由度（分母）数值。如果不是整数，则参数将被截尾取整。如果参数为非数值型，则函数 FDIST 将返回错误值 "#VALUE!"。如果指定小于 1 或大于 10^{10} 的数值，则函数 FDIST 将返回错误值 "#NUM!"。

使用 FDIST 函数，可求按 F 分布的概率变量的上侧概率。F 分布是从正态分布的总体中抽出 2 个样本所得到的方差比分布。F 分布形状如下图所示，根据与样本数成比例的自由度，山的位置发生变化，随着自由度的增大，山形向右移动。另外，因为 F 分布不是左右对称的分布，所以下侧概率用 "1- 上侧概率" 求。

▼F 分布

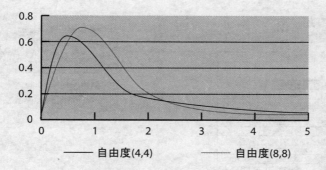

—— 自由度(4,4)　　　—— 自由度(8,8)

EXAMPLE 1　求 F 分布的概率

求按照 F 分布的变量 x 的上侧概率和下侧概率。由于 F 分布不是左右对称分布，所以用 "1-上侧概率" 求下侧概率。

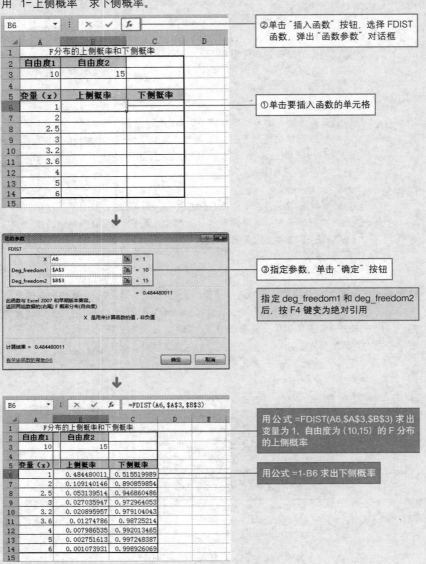

②单击 "插入函数" 按钮，选择 FDIST 函数，弹出 "函数参数" 对话框

①单击要插入函数的单元格

③指定参数，单击 "确定" 按钮

指定 deg_freedom1 和 deg_freedom2 后，按 F4 键变为绝对引用

用公式 =FDIST(A6,$A$3,$B$3) 求出变量为 1，自由度为 (10,15) 的 F 分布的上侧概率

用公式 =1-B6 求出下侧概率

04
统计函数

FINV

返回 F 概率分布的反函数值

格式 → FINV(probability, degress_freedom1, degress_freedom2)

参数 → probability

用数值或数值所在的单元格指定 F 分布的上侧概率。如果参数为非数值型，则函数 FINV 将返回错误值"#VALUE!"。如果指定数值小于 0 或大于 1，则函数 FINV 将返回错误值"#NUM!"。

degrees_freedom1

用数值或数值所在的单元格指定成为自由度（分子）的数值。如果参数不是整数，则将被截尾取整。如果参数为非数值型，则函数 FINV 将返回错误值"#VALUE!"。如果指定小于 1 或大于 10^{10} 的数值，则函数 FINV 将返回错误值"#NUM!"。

degrees_freedom2

用数值或数值所在的单元格指定自由度（分母）数值。如果参数不是整数，将被截尾取整。如果参数为非数值型，则函数FINV将返回错误值"#VALUE!"。如果指定小于1或大于10^{10}的数值，则函数FINV将返回错误值"#NUM!"。

使用 FINV 函数可求 F 分布的反函数值。即，上侧概率对应的概率变量（百分点）。由于 F 分布为左右非对称型分布，所以求下侧概率对应的百分点时，参数 probability 指定为"1- 上侧概率"。另外，当参数 probability 作为上侧概率来计算，求以两侧概率为基数的概率变量时，参数 probability 为两侧概率的 1/2。

> **EXAMPLE 1　求 F 分布的上侧概率变量**

求 F 分布的上侧概率对应的上侧概率变量（百分点）。自由度 1 输入到第 2 行，自由度 2 输入到 A 列。

②单击"插入函数"按钮，选择 FINV 函数，弹出"函数参数"对话框

①单击要插入函数的单元格

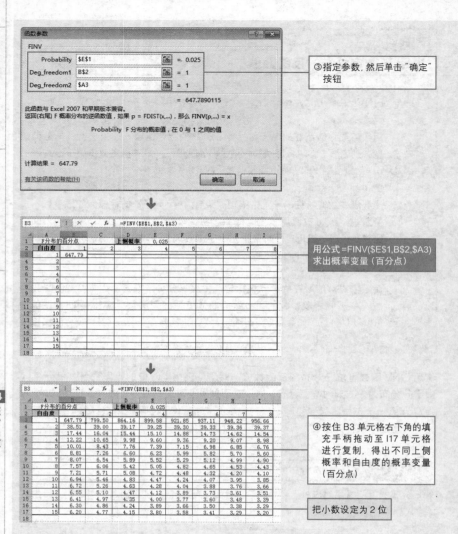

③指定参数，然后单击"确定"
按钮

用公式 =FINV($E$1,B$2,$A3)
求出概率变量（百分点）

④按住 B3 单元格右下角的填
充手柄拖动至 I17 单元格
进行复制，得出不同上侧
概率和自由度的概率变量
（百分点）

把小数设定为 2 位

POINT ● FINV 函数和 FDIST 函数

FINV 函数和 FDIST 函数互为反函数。使用 FINV 函数，从 F 分布的上侧概率 p 求上侧
概率变量 x；使用 FDIST 函数，可从上侧概率变量 x 求上侧概率 p。另外，用 FINV 函
数求概率变量时，需要反复进行计算。如果即使计算 100 次，也不能得到概率变量，则
函数将返回错误值"#N/A"。

POINT ● 反函数的定义

一般地，如果 x 与 y 关于某种对应关系 f (x) 相对应，y=f (x)，则 y=f (x) 的反函数为
y= f ′(x)。存在反函数的条件是原函数必须是一一对应的（不一定是整个数域内的）。

FTEST

返回 F 检验的结果

格式 ➡ FTEST(array1, array2)

参数 ➡ array1

用和数组 2 相同的数据点指定第 1 个样本区域。如果数组或引用的参数里包含文本、逻辑值或空白单元格，这些值将被忽略。如果 array1 和 array2 中的数据点不同，则函数将返回错误值 "#N/A"。如果 array1 和 array2 里数据点的个数小于 2 个，或者 array1 和 array2 的方差为 0，则函数 FTEST 将返回错误值 "#DIV/0!"。

array2

用和 array1 相同的数据点指定第 2 个样本区域。如果数组或引用的参数里包含文本、逻辑值或空白单元格，则这些值将被忽略。如果 array2 和 array1 中的数据点不同时，则函数将返回错误值 "#N/A"。

使用 FTEST 函数，可从指定的两个样本中检验两个方差是否有差异。例如，使用 F 检验两家工厂生产的饮料容量的差别程度，在 F 检验中求按照 F 分布的两侧概率。关于归无假设和对立假设，可参照 TTEST 函数。

📖 EXAMPLE 1 ┃ 检验小学生和中学生的学习时间方差

以小学生和中学生的学习时间的样本数据作为原始数据，在显著水平 5% 的区域内，从两侧检验小学生和中学生的学习时间的方差之间是否有差异。

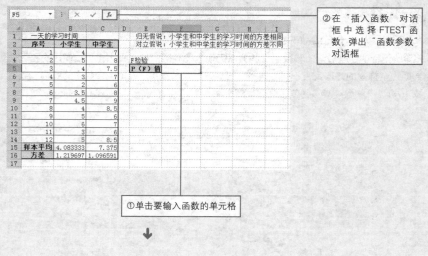

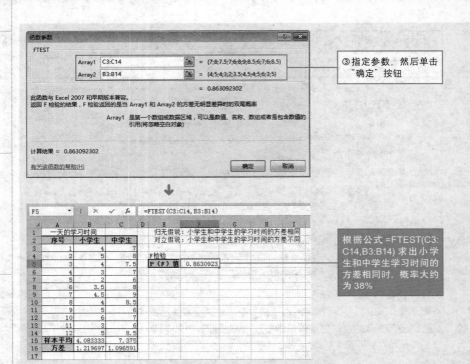

③指定参数，然后单击 "确定" 按钮

根据公式 =FTEST(C3:C14,B3:B14) 求出小学生和中学生学习时间的方差相同时，概率大约为 38%

🖐 POINT ● F 检验结果

从 F 检验结果中得到，小学生和中学生学习时间的方差相同时的概率为 38%，所以在显著水平 5% 的两侧检验区域中，归无假设成立，得到 "小学生和中学生学习时间的方差相等" 的结果。

🖐 POINT ● 关于 F 函数的使用说明

F 检验返回的是当数组 1 和数组 2 的方差无明显差异时的单尾概率，可以使用次函数来判断两个样本的方差是否不同。该函数的参数可以是数字，或是包含数字的名称、数组或引用。

04
统计函数

TDIST

返回 t 分布概率

格式 → TDIST(x, degrees_freedom, tails)

参数 → x

用数值或数值所在的单元格指定代入函数的变量。如果参数为非数值型，则函数 TDIST 将返回错误值 "#VALUE!"。如果指定负数，则函数 TDIST 将返回错误值 "#NUM!"。

degrees_freedom

指定自由度的整数数值或数值所在的单元格。参数如果包含小数，则将被截尾取整。如果参数为非数值型，则函数 TDIST 将返回错误值 "#VALUE!"。如果指定为小于 1 的数值，则函数 TDIST 将返回错误值 "#NUM!"。

tails

求上侧概率时，tails 为 1；求两侧概率时，tails 为 2。如果指定 1 或 2 以外的数值，则会返回错误值 "#NUM!"。另外，概率变量 x 的两侧概率为概率变量 x 的上侧概率的 2 倍。

使用 TDIST 函数，可求已知概率变量和自由度的 t 分布的上侧概率或两侧概率。NOR-MDIST 函数代表的正态分布是以已知的样本总体标准偏差为前提条件，但在通常的统计数据中，样本总体的标准偏差很少为已知。t 分布是按照未知的正态分布的样本总体的标准偏差而求得的概率分布。t 分布的形状如下图，呈正态分布和左右相同对称的吊钟型。与样本数成比例的自由度（样本数 -1）低时，与正态分布相比较，变得扁平。样本数变得多时，自由度变高，接近正态分布。总之，t 分布可以说成是正态分布和自由度的分布，在样本数小时使用。

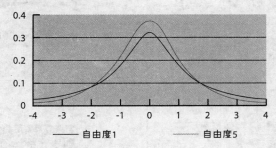

——— 自由度1   ——— 自由度5

📱 EXAMPLE 1 | 求 t 分布的概率

求 t 分布概率变量中各自由度的上侧概率。上侧概率的 tails 指定为 1。另外，作为参考，也可以求正态分布的概率变量 x 的上侧概率。

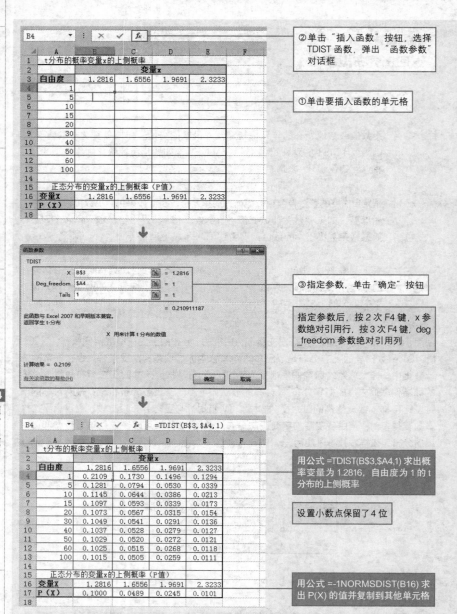

POINT ● 正态分布和 t 分布

t 分布的自由度小，即相对样本总体的样本数小，如果它和正态分布的概率差变大，使用 t 分布的方法比较好。但是，随着自由度的增加，t 分布的概率接近正态分布的概率，所以如果样本数十分大，即使样本总体的标准偏差未知，也能近似于正态分布。

TINV

求 t 分布的反函数

格式 → **TINV**(probability, degrees_freedom)

参数 → probability

用数值或数值所在的单元格指定 t 分布的两侧概率。如果参数为非数值型，则函数 TINV 将返回错误值"#VALUE!"。如果指定数值小于 0 或大于 1，则函数 TINV 将返回错误值"#NUM!"。

degrees_freedom

指定自由度的整数数值或数值所在的单元格。如果指定数值不是整数，则将被截尾取整。如果参数为非数值型，则函数TINV将返回错误值"#VALUE!"。如果指定数值小于1，则会返回错误值"#NUM!"。

使用 TINV 函数，可求 t 分布的反函数。即求指定的两侧概率对应的概率变量（百分点）。如果求上侧概率的百分点时，则要指定 probability 为上侧概率的 2 倍。

EXAMPLE 1　求 t 分布的上侧概率变量

求各自由度的 t 分布的上侧概率的概率变量（百分点）。TINV 函数的参数概率是两侧概率，所以是上侧概率的 2 倍。另外，作为参考，也可以求正态分布概率的概率变量。

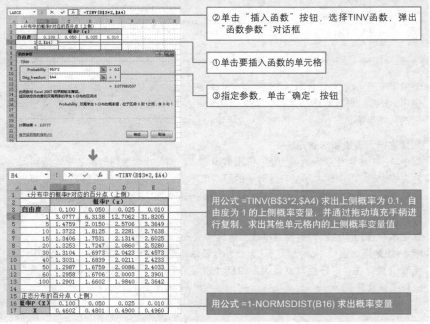

②单击"插入函数"按钮，选择TINV函数，弹出"函数参数"对话框

①单击要插入函数的单元格

③指定参数，单击"确定"按钮

用公式 =TINV(B$3*2,$A4) 求出上侧概率为 0.1，自由度为 1 的上侧概率变量，并通过拖动填充手柄进行复制，求出其他单元格内的上侧概率变量值

用公式 =1-NORMSDIST(B16) 求出概率变量

SECTION 04 ● 统计函数 ● 检验　○ 303

04
统计函数

TTEST

返回与 t 检验相关的概率

格式 ➡ **TTEST**(array1, array2, tails, type)

参数 ➡ array1

用和 array2 相同的数据点指定第 1 个变量区域。忽略数值以外的文本。如果 array1 和 array2 的数据点数目不同，则函数 TTEST 将返回错误值 "#N/A"。

array2

用和 array1 相同数据点指定第 2 个变量区域。忽略数值以外的文本。如果和 array1 的数据点数目不同，则函数 TTEST 将返回错误值 "#N/A"。

tails

求上侧概率时，tails 为 1；求两侧概率时，tails 为 2。如果指定为 1 或 2 以外的数值，则函数 TTEST 将返回错误值 "#NUM!"。

type

由于 2 变量内容或 2 变量方差的值不同，所以检验类型也不同。如果参数为小数，则将被截尾取整。如果参数不是 1、2、3 时，则函数 TTEST 将返回错误值 "#NUM!"。检验类型如下表。

▼ **检验类型**

type	检验方法
1	成对检验
2	双样本等方差假设
3	双样本异方差假设

使用 TTEST 函数可以判断两个样本是否可能来自两个具有相同平均值的总体。例如，使用 t 分布，检验 "小学生和中学生学习时间的平均值之间是否有差值"。进行检验时的共同事项如下。

1. 建立归无假说和对立假说

以小学、中学学生学习时间为例，归无假说是 "小学和中学学习时间的平均值相同"，对立假说是 "小学和中学学习的时间的平均值不同"。归无假说是希望回到无的假说，也就是需舍去的、为了证明对立假说而建立的一种假说。

2. 判定显著水平

显著水平是用于检验时的判定基准，决定舍去归无假说的概率。显著水平作为偏差 a%。如果用于检验中的概率（认为归无假设认为是成立时求的概率）比 a% 小，归无假说被舍去，而采用对立假说。相反，如果用于检验中的概率比 a% 大，则归无假说不被舍去。

▼ 概率分布

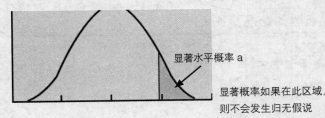

显著水平概率 a

显著概率如果在此区域，
则不会发生归无假说

EXAMPLE 1 检验小学生和中学生学习时间的平均值

以小学生和中学生学习时间的样本数据作为基数，在显著水平 5% 区域内，从两侧检验小学生和中学生学习的时间的平均值之间是否有差值。检验类型有 3 个。如果检验两个样本的方差是否有差异，请使用 FTEST 函数。

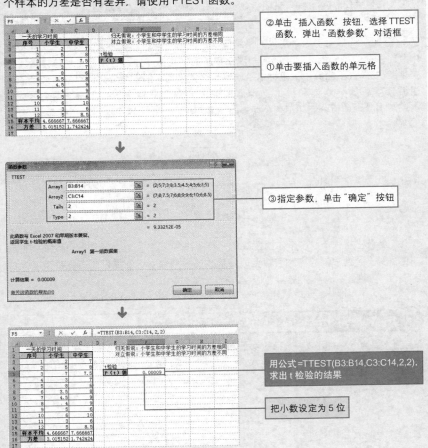

②单击"插入函数"按钮，选择 TTEST 函数，弹出"函数参数"对话框

①单击要插入函数的单元格

③指定参数，单击"确定"按钮

用公式 =TTEST(B3:B14,C3:C14,2,2)，求出 t 检验的结果

把小数设定为 5 位

ZTEST
返回 z 检验的结果

格式 → **ZTEST(array, x, sigma)**
参数 → array
指定样本区域。如果参数为数值以外的文本，则将被忽略。
x
用数值或数值所在的单元格指定被检验的数值。如果指定数值以外的文本，则会返回错误值"#VALUE!"。
sigma
用数值或数值所在的单元格指定总体标准偏差。如果指定数值以外的文本，则会返回错误值"#VALUE!"；如果指定为 0，则会返回错误值"#DIV/0!"。如果省略参数 sigma，则使用样本标准偏差。

使用 ZTEST 函数可检验平均值的预测值是否正确。例如，认为现在孩子的平均基本体力比以前的孩子低，比较以前和现在孩子的平均基本体力，检验平均值是否发生变化。在 ZTEST 函数中，求样本平均值和总体平均值的差所成比例点的百分点的上侧概率，总体平均值和样本平均值的差大，则百分点变大，上尾概率值变小。ZTEST 函数中的百分点用下列公式表达，并用正态分布求返回值的上侧概率。

$$Z = \frac{m - \mu}{\sigma / \sqrt{n}}$$

其中，m 为样本平均值，μ 为总体平均值，σ 为总体标准偏差，n 为样本数。

$$ZTEST(x_i, \mu, \sigma) = P(Z)$$

ZTEST 函数已被一个或多个新函数取代，如 Z.TEST 函数。这些新函数可以提取更高的准确度，而且它们的名称可以更好地反映出其用途。仍然提供此函数是为了保持与 Excel 早期版本的兼容性。

📁 **EXAMPLE 1** 检验女子 50m 跑步的平均记录

在显著水平为 5% 的区域内，检验女子 50m 跑步平均记录 8.7775 秒发生多大的变化。把总体的标准偏差 0.6 作为已知数据。

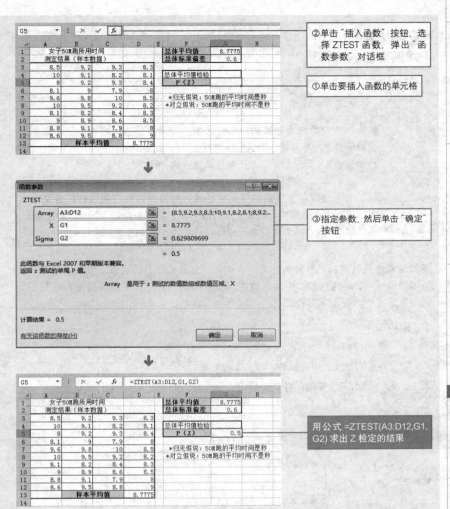

②单击"插入函数"按钮，选择 ZTEST 函数，弹出"函数参数"对话框

①单击要插入函数的单元格

③指定参数，然后单击"确定"按钮

用公式 =ZTEST(A3:D12,G1,G2) 求出 Z 检定的结果

📖 POINT ● 标准偏差不明确时

如果不知道总体标准偏差时，可以从参数数组中指定的数据中求得样本标准偏差，代替总体标准偏差来求概率。如果样本数少，则按 t 分布求概率会产生误差。因此，总体标准偏差不明确的情况下使用 ZTEST 函数时，必须忽略误差。另外，t 分布是正态分布中增加自由度的分布，自由度越增大（样本数增加），t 分布就越接近标准正态分布。关于 t 分布的相关内容可参照 TDIST 函数。

COVAR
求两变量的协方差

格式 → COVAR(array1, array2)

参数 → array1

第一个所含数据为整数的单元格区域。如果数组或引用参数包含文本、
逻辑值或空白单元格，则这些值将被忽略；如果 array1 和 array2 的数据
点个数不等，则函数 COVAR 将返回错误值 "#N/A"。

array2

第二个所含数据为整数的单元格区域。如果数组或引用参数包含文本、
逻辑值或空白单元格，则这些值将被忽略；如果 array2 和 array1 的数据
点个数不等，则函数 COVAR 将返回错误值 "#N/A"。

用数值判断两数据的关系称为协方差。例如，年龄和体力的关系、收入和消费的关
系等。使用 COVAR 函数，可求总体中两变量间的关系，并用数值符号判断它们之
间的关系。协方差用下列公式表示。

▼ 总体协方差

$$COVAR(x,y) = s_{xy} = \frac{1}{n} \sum (x-\bar{x})(y-\bar{y})$$

其中，$\bar{x}$、$\bar{y}$ 表示 2 个变量的样本平均值。

▼ 样本协方差

$$S_{xy} = \frac{n}{n-1} \cdot COVAR(x,y)$$

▼ 协方差

协方差	两变量关系
正数	正向关系（一方增加或减少，另一方也增加或减少）
负数	负向关系（一方增加或减少，另一方则减少或增加）

EXAMPLE 1 以年龄和握力的样本数据为基数，求协方差

把年龄和握力的样本数据（n=10 个）作为基数，求协方差。样品作为样本数据处理，
按说明的样本的协方差，在函数 COVAR 中增加 "10/（10-1）"加以补充。

04
统计函数

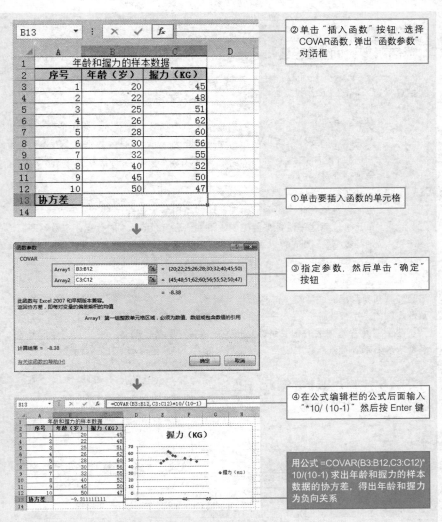

②单击"插入函数"按钮，选择
COVAR函数，弹出"函数参数"
对话框

①单击要插入函数的单元格

③指定参数，然后单击"确定"
按钮

④在公式编辑栏的公式后面输入
"*10/（10-1）"然后按 Enter 键

用公式 =COVAR(B3:B12,C3:C12)*
10/(10-1) 求出年龄和握力的样本
数据的协方差，得出年龄和握力
为负向关系

📖 POINT ● 两变量间的相关强度

协方差单位是两变量的单位乘积，因此年龄和握力变为"岁 ×Kg"。但所求结果不能表示两变量间的相关强度。如要表示两变量间的相关强度，则要使用无单位的相关系数，可以用 Excel 中的 CORREL 函数求相关系数。

CORREL
返回两变量的相关系数

格式 → CORREL(array1, array2)

参数 → array1

第一组数值单元格区域。如果数组或引用参数包含文本、逻辑值或空白单元格，则这些值将被忽略；如果 array1 和 array2 的数据点个数不同，则函数 CORREL 将返回错误值"#N/A"。如果标准偏差为 0，则会返回错误值"#DIV/0!"。

array2

第二组数值单元格区域。如果数组或引用参数包含文本、逻辑值或空白单元格，则这些值将被忽略；如果 array2 和 array1 的数据点个数不同，则函数 CORREL 将返回错误值"#N/A"。如果标准偏差为 0，则会返回错误值"#DIV/0!"。

用数值判断两数据间的关系强度称为相关系数。用大于等于 −1 和小于等于 1 的数值表示。例如，年龄和体力的关系或收入和消费的关系等。使用 CORREL 函数，可求表示两变量间关系强度的相关系数。相关系数用下列公式表达，并用协方差和标准偏差来求。求协方差和标准偏差，可使用参照 COVAR 函数和 STDEVP 函数。

$$CORREL(x,y) = r_{xy} = \frac{s_{xy}}{\sigma_x \cdot \sigma_y} = \frac{COVAR(x,y)}{STDEVP(x) \cdot STDEVP(y)}$$

其中，$-1 \leq r_{xy} \leq 1$。

▼ 相关系数

相关系数	两变量的相关强度
接近 −1	负向关系强（如果一方增加（减少），另一方则减少（增加））
接近 0	无关系
接近 1	正向关系强（如果一方增加（减少），另一方也增加（减少））

EXAMPLE 1　求年龄和握力的相关系数

下面，我们以年龄和握力的样本数据为基数，用 CORREL 函数求二者的相关系数。

04
统计函数

310 ○ SECTION 04 ● 统计函数 ● 协方差、相关系数与回归分析

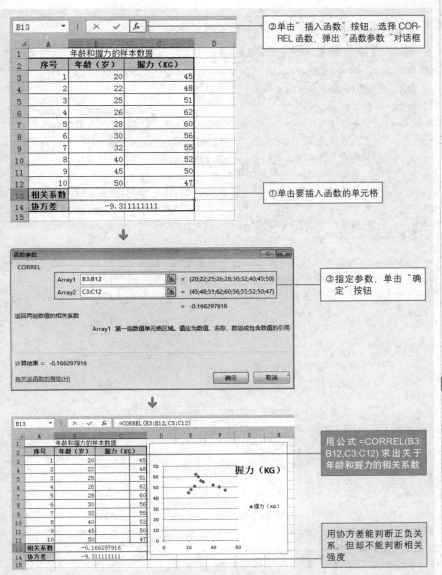

②单击"插入函数"按钮，选择CORREL函数，弹出"函数参数"对话框

①单击要插入函数的单元格

③指定参数，单击"确定"按钮

用公式 =CORREL(B3:B12,C3:C12) 求出关于年龄和握力的相关系数

用协方差能判断正负关系，但却不能判断相关强度

POINT ● 相关系数为无单位数值

从 EXAMPLE 1 的结果中可以看出，随着年龄的增大，握力变弱。另外，用分子和分母抵消了相关系数相互间的单位，相关系数变成无单位数值。而且，用于计算相关系数的即使是样本数据，也会得到和总体样本数据相同的结果。

PEARSON

返回皮尔生乘积矩相关系数

格式 → PEARSON(array1, array2)

参数 → array1

自变量集合。自变量是引起因变量变动的量。如果数组或引用参数包含文本、逻辑值或空白单元格，则这些值将被忽略；如果 array1 和 array2 的数据点个数不同，函数 PEARSON 返回错误值"#N/A"。

array2

因变量集合。因变量是随自变量而变化的量。如果数组或引用的参数包含文本、逻辑值或空白单元格，则这些值将被忽略；如果 array2 和 array1 的数据点个数不同，函数 PEARSON 返回错误值"#N/A"。

使用 PEARSON 函数，求皮尔生乘积矩的相关系数。例如，年龄和体力的关系或收入和消费的关系等，用数值来判断这两个数据间关系的强度，用大于等于 −1 小于等于 1 的数值表示，所得结果与 CORREL 函数相同。皮尔生的乘积矩相关系数用下列公式表示。

$$PEARSON(x,y) = r = \frac{s_{xy}}{\sigma_x \cdot \sigma_y} = \frac{n(\sum xy) - (\sum x)(\sum y)}{\sqrt{[n\sum x^2 - (\sum x)^2]}\sqrt{[n\sum y^2 - (\sum y)^2]}}$$

其中，$-1 \leqslant r \leqslant 1$。

▼ 皮尔生的乘积矩相关系数

相关系数	两变量的相关强度
接近 −1	负向关系强（如果一方增加（减少），另一方则减少（增加））
接近 0	无相关关系
接近 1	正向关系强（如果一方增强（减少），另一方则增强（减少））

EXAMPLE 1　求年龄和握力的皮尔生乘积矩相关系数

下面，我们以求年龄和握力的样本数据作为原始数据，用 PEARSON 函数求皮尔生乘积矩相关系数。

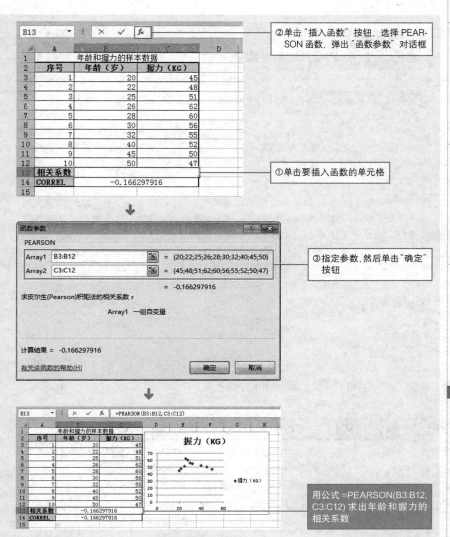

②单击"插入函数"按钮,选择 PEAR-SON 函数,弹出"函数参数"对话框

①单击要插入函数的单元格

③指定参数,然后单击"确定"按钮

用公式 =PEARSON(B3:B12, C3:C12) 求出年龄和握力的相关系数

POINT ● PEARSON 函数和 CORREL 函数

PEARSON 函数和求相关系数的 CORREL 函数功能相似。但参数中指定的两变量 (x, y) 有线性关系 (y=+x),因此 PEARSON 函数求有线性关系的两变量的相关程度。

FISHER
返回点 X 的 FISHER 变换值

格式 → FISHER(x)

参数 → x

为一个数字，在该点进行变换。在 $-1 \leqslant x \leqslant 1$ 范围内，如果 x 为非数值型，则函数 FISHER 将返回错误值 "#VALUE!"。如果 $x \leqslant -1$ 或 $x \leqslant 1$，则函数 FISHER 将返回错误值 "#NUM!"。

使用 FISHER 函数，可在相关系数中求 Fisher 变换值。Fisher 变换是 Fisher 的 z 变换，用下列公式表示。此公式和双曲反正切（ATANH 函数）值相同。使用 Fisher 变换值，该变换生成一个正态分布而非偏斜的函数。使用此函数可以完成相关系数的假设检验。另外，如果要求相关系数，请使用 PEARSON 函数或 CORREL 函数。

$$FISHER(x) = \frac{1}{2} log_e \left(\frac{1+x}{1-x} \right) = ATANH(x)$$

其中，x 为相关系数。

▼ 检验统计量

$$Z = \sqrt{n-3}(FISHER(r) - FISHER(\rho))$$

其中，r 为样本相关系数，ρ 为总体相关系数。

📋 EXAMPLE 1　FISHER 变换训练时间和成绩的相关系数

根据公式，从 FISHER 变换值中检验总相关系数。以训练时间和成绩样本数据作为基数，以求得的相关系数作为参数，进行 Fisher 变换。然后使用 Fisher 变换值，在显著水平为 5% 的区域内对所求得的统计量进行双尾检验，检验总相关系数是否为 0.2。因此，可将归无假说看作"总相关系数为 0.2"。

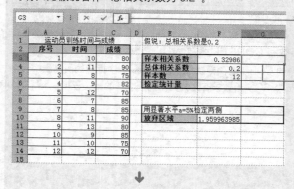

②单击"插入函数"按钮，选择 FISHER 函数，弹出"函数参数"对话框

①单击要插入函数的单元格

04
统计函数

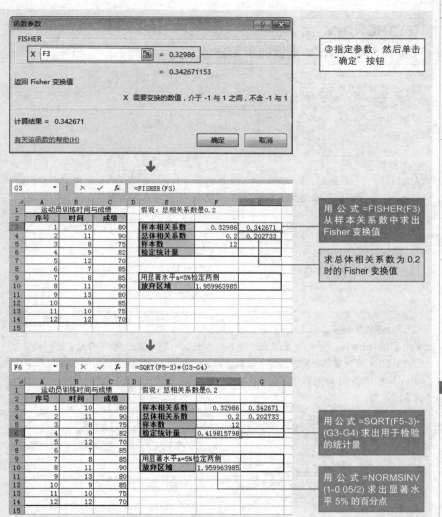

③指定参数，然后单击
"确定"按钮

用 公 式 =FISHER(F3)
从样本关系数中求出
Fisher 变换值

求总体相关系数为 0.2
时的 Fisher 变换值

用 公 式 =SQRT(F5-3)•
(G3-G4) 求出用于检验
的统计量

用 公 式 =NORMSINV
(1-0.05/2) 求 出 显 著 水
平 5% 的百分点

POINT ● 分析 FISHER 变换后的结果

由于检验统计量的绝对值比显著水平 5% 对应的百分点小，因此不包括在假设的放弃区域中。同时也不能得到总体相关系数必须是 0.2 的结论。

FISHERINV
求 FISHERINV 变换的反函数值

格式 → FISHERINV(y)

参数 → y

为一个数值，在该点进行反变换。如果 y 为非数值型，则函数将返回错误值"#VALUE!"。

使用 FISHERINV 函数可求 FISHERINV 变换的反函数值。能够返回到原来的相关系数。FISHERINV 变换值和双曲反正切值相同。FISHERINV 函数和双曲正切函数的值相同。

$$FISHER(x) = \frac{1}{2} \, log_e \left(\frac{1+x}{1-x} \right) = ATANH(x)$$ 其中，x 为相关系数。

$$FISHERINV(y) = \frac{e^{2y}-1}{e^{2y}+1} = TANH(y)$$ 其中，FISHERINV 为变换值。

EXAMPLE 1 使用 FISHERINV 变换的反函数值，求总体系数的置信区间

使用 FISHERINV 变换的反函数值，把 FISHERINV 变换值的 95% 的置信区间转换成相关系数的 95% 置信区间。因此，以运动员训练时间和成绩相关数据中求得的 FISHE-RINV 变换值的 95% 的置信区间作为参数，所求反函数值相当于总体相关系数的 95% 的置信区间。

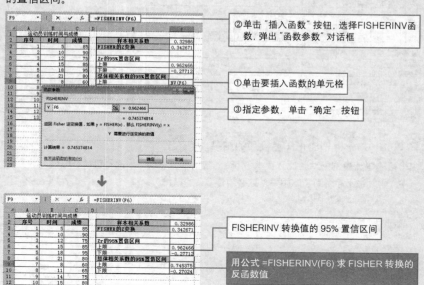

② 单击"插入函数"按钮，选择 FISHERINV 函数，弹出"函数参数"对话框

① 单击要插入函数的单元格

③ 指定参数，单击"确定"按钮

FISHERINV 转换值的 95% 置信区间

用公式 =FISHERINV(F6) 求 FISHER 转换的反函数值

SLOPE

返回线性回归直线的斜率

格式 → **SLOPE**(known_y's, known_x's)

参数 → known_y's

用数组或单元格区域指定从属变量(因变量)的实测值。从属变量(因变量)
是随自变量变化而变化的量。如果 known_y's 和 known_x's 的数据点个
数不同，则函数 SLOPE 将返回错误值"#N/A"。

known_x's

用数组或单元格区域指定独立变量(自变量)的实测值。独立变量(自变量)
是引起从属变量变化的量。如果 known_x's 和 known_y's 的数据点个数
不同，则函数 SLOPE 将返回错误值"#N/A"。

使用 SLOPE 函数，可求总体中两变量间关系近似于直线时的直线斜率。例如，"收入
增加，消费也增加"或"随着年龄增加，体力变弱"等，这些都是近似直线的关系。
近似直线称为回归直线。SLOPE 函数是求回归直线的斜率，可用下列公式表示。

▼ 回归直线公式

$$\hat{y} = a + bx$$

$\hat{y}$ 为预测值，a 为回归直线的截距，b 为斜率，x 为变量。

$$SLOPE(y_n, x_n) = b = \frac{n \sum_{i=1}^{n} x_i y_i - \left(\sum_{i=1}^{n} x_i \right) \left(\sum_{i=1}^{n} y_i \right)}{n \sum_{i=1}^{n} (x_i^2) - \left(\sum_{i=1}^{n} x_i \right)^2}$$

其中，y_i、x_i 为实测值。

> **EXAMPLE 1** 用回归直线求盐分摄入量和最高血压间的关系

以盐分摄入量和最高血压的数据作为原始数据，求回归直线的斜率。根据盐分摄入量，
求最高血压的变化程度，其中 known_x's 指定为盐分摄入量，known_y's 指定为最
高血压。

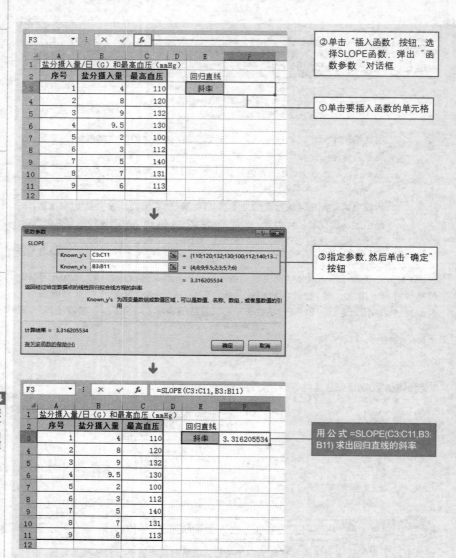

②单击"插入函数"按钮，选择SLOPE函数，弹出"函数参数"对话框

①单击要插入函数的单元格

③指定参数，然后单击"确定"按钮

用公式 =SLOPE(C3:C11,B3:B11) 求出回归直线的斜率

👆 POINT ● EXAMPLE 1 的结果

从回归直线的斜率中得到，盐分摄入量增加 1g，最高血压约增加 5.8mmHg。但是，从没有实测值的数据中求预测值，回归直线必须有截距。求回归直线的截距可参照 INTERCEPT 函数，SLOPE 函数和 INTERCEPT 函数对近似直线关系的变量有效。如果两变量没有直线的相关关系，即使使用这些函数，求出的值也没有意义。

INTERCEPT
求回归直线的截距

格式 → INTERCEPT(known_y's, known_x's)

参数 → known_y's

用数组或单元格区域指定从属变量(因变量)的实测值。从属变量(因变量)是随自变量变化而变化的量。如果 known_y's 和 known_x's 的数据点个数不同,则函数 INTERCEPT 将返回错误值"#N/A"。

known_x's

用数组或单元格区域指定独立变量(自变量)的实测值。独立变量(自变量)是引起从属变量变化的量。如果 known_x's 和 known_y's 的数据点个数不同,则函数 INTERCEPT 将返回错误值"#N/A"。

使用 INTERCEPT 函数,可求总体内两变量间关系近似直线时的截距。当回归直线和各数据的偏差的误差最小时,可引用直线来预测没有实测值的数据,或预测未来值。

$$\hat{y} = a + bx$$

其中,$\hat{y}$ 为预测值,a 为回归直线的截距,b 为斜率(参照 SLOPE 函数),x 为变量。

📖 EXAMPLE 1 | 从盐分摄入量和最高血压中求回归直线的截距

把盐分摄入量和最高血压的数据作为原始数据,求回归直线的截距。根据盐分摄入量,求最高血压的变化程度,其中 known_x's 指定为盐分摄入量,known_y's 指定为最高血压。

②单击"插入函数"按钮,选择 INTERCEPT 函数,弹出"函数参数"对话框

①单击要插入函数的单元格

04
统计函数

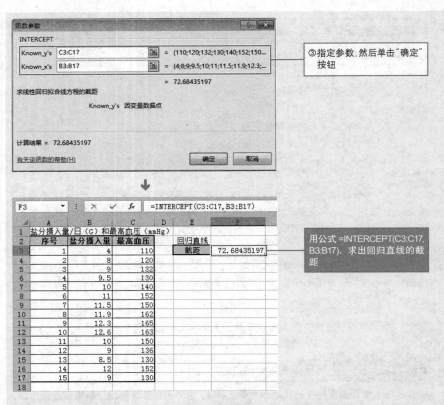

③指定参数, 然后单击"确定"按钮

用公式 =INTERCEPT(C3:C17, B3:B17), 求出回归直线的截距

👋 **POINT** ● **用 SLOPE 函数和 INTERCEPT 函数求没有实测值数据的预测值**

用 SLOPE 函数和 INTERCEPT 函数求回归直线的斜率和截距, 适用于回归直线的公式 ($\hat{y} =a+bx$), 可求得没有实测值数据的预测值。另外, 如果只求预测值, 可使用 FORE-CAST 函数和 TREND 函数。

👋 **POINT** ● **INTERCEPT 及 SLOPE 函数的主要算法与 LINEST 函数不同**

如果无法判定数据或共线数据, 这些算法之间的差异可以导致不同的结果。例如, 如果 known_y's 自变量的数据点 0 (零), 则 known_x's 自变量的数据点为 1。

● INTERCEPT 及 SLOPE 会返回错误值 "DIV/0!"。 INTERCEPT 及 SLOPE 算法的用意在于寻找一个且仅一个答案, 而再次情况下可能有多个答案。

● LINEST 会返回 0。LINEST 算术的用意在于返回合理的共线数据结果, 而在这个情况中, 至少可以找到一个答案。

LINEST
求回归直线的系数和常数项

格式 → **LINEST**(known_y's, known_x's, const, stats)

参数 → known_y's

用数组或单元格区域指定从属变量（因变量）的实测值。从属变量（或因变量）是随其他变量变化而变化的量。如果 known_y's 和 known_x's 的行数不同，则会返回错误值 "#REF!"。如果区域内包含数值以外的数据，则会返回错误值 "#VALUE!"。

known_x's

用数组或单元格区域指定独立变量（自变量）的实测值。独立变量（或自变量）即是引起其他变量发生变化的量。如果省略known_x's，则假设其大小与known_y's 相同。数组known_x's可以包含一组或多组变量。如果只用到一个变量，只要known_y's和known_x's 维数相同，它们可以是任何形状的区域。如果用到多个变量，则 known_y's 必须为向量（一行或一列）。如果区域内包含数值以外的数据时，则会返回错误值 "#VALUE!"。

const

如果 const 为 TRUE 或省略，b 将按正常计算。如果 const 为 FALSE，则 b 将被设为 0，并同时调整 m 值使 y=mx。

stats

指定是否返回附加回归统计值。如果 stats 为 TRUE 或 1，则 LINEST 函数返回附加回归统计值。如果 stats 为 FALSE、0 或省略，则 LINEST 函数只返回系数 m 和常量 b。

▼ 附加回归统计值如下：

统计值	说明
se1,se2,...,sen	系数 m1,m2,...,mn 的标准误差值
seb	常量 b 的标准误差值（当 const 为 FALSE 时，seb= #N/A）
r2	判定系数。Y 的估计值与实际值之比，范围在 0 到 1 之间
sey	Y 估计值的标准误差
F	F 统计或 F 观察值。使用 F 统计可以判断因变量和自变量之间是否偶尔发生过可观察到的关系
Df	自由度。用于在统计表上查找 F 临界值
Ssreg	回归平方和
Ssresid	残差平方和

使用 LINEST 函数，用回归直线表示统计数据内多个变量的关系，求决定直线偏斜的偏回归系数 m 或常数项 a。而且，LINEST 函数还可以返回附加回归统计值，例如，返回符合回归直线的判定系数或数据的标准误差等。LINEST 函数即使变小，也会返回回归直线的斜率和截距，但必须指定数组公式。

▼ 回归直线公式（2 个变量）

$$\hat{y}=a+bx$$ 其中，$\hat{y}$ 为预测值，a 为回归直线的截距，b 为回归直线的斜率。

▼ 回归直线公式（3 个变量以上）

$$\hat{y}=a+m_1x_1+m_2x_2+\cdots+m_ix_i$$ 其中，m_i 为偏回归系数，a 为常数项。

EXAMPLE 1   根据盐分摄入量和最高血压求回归直线

把盐分摄入量和最高血压作为基数，求回归直线的斜率、截距和附加回归统计值。以 Known_x's 为盐分摄入量，Known_y's 为最高血压。为了求附加回归统计值项，用 2 列～5 列的单元格区域选择返回值的单元格区域，并输入数组公式。

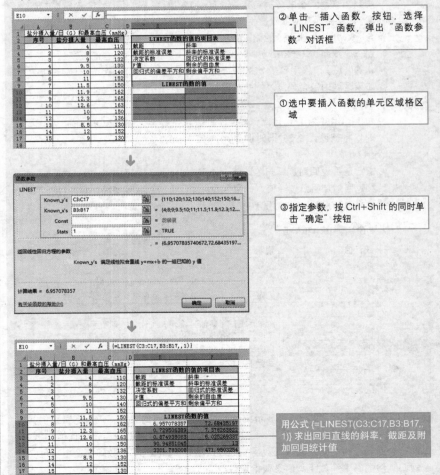

② 单击"插入函数"按钮，选择"LINEST"函数，弹出"函数参数"对话框

① 选中要插入函数的单元区域格区域

③ 指定参数，按 Ctrl+Shift 的同时单击"确定"按钮

用公式 {=LINEST(C3:C17,B3:B17,,1)} 求出回归直线的斜率、截距及附加回归统计值

FORECAST
求两变量间的回归直线的预测值

格式 → FORECAST(x, known_y's, known_x's)

参数 → x

用数值或输入数值的单元格指定用于预测的独立变量（自变量）。如果 x
为非数值型，则函数 FORECAST 将返回错误值"#VALUE!"。

known_y's

用数组或单元格区域指定从属变量(因变量) 的实测值。从属变量(因变量)
是值变动，为受到影响的变量。如果和 known_x's 的数据点个数不相同，
则函数 FORECAST 将返回错误值"#N/A"。

known_x's

用数组或单元格区域指定独立变量（自变量）的实测值。独立变量（或因
变量）是使值发生变动，并影响其他变量的变量。如果和 known_y's 的
数据点个数不相同，则函数 FORECAST 将返回错误值"#N/A"。

使用 FORECAST 函数可求样本总体内的两个变量间的关系近似于线性回归直线的预
测值。回归直线公式如下。由给定的 x 值推导出 y 值。另外，FORECAST 函数中指
定的变量 x 只有一个。如果基于多个变量求多个数的预测值，请使用 TREND 函数。

$$\hat{y} = a + bx$$

其中，$\hat{y}$ 为预测值，a 为回归直线的截距，b 为斜率。

EXAMPLE 1　预测特定盐分摄入量时的最高血压

以盐分摄入量和最高血压的数据作为原数据，预测盐分摄入量为 g 时的最高血压。根
据盐分摄入量，预测最高血压的变化。以 known_x´s 指定为盐分摄入量，known_y´s
指定为最高血压。

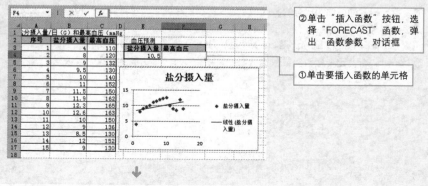

②单击"插入函数"按钮，选
择"FORECAST"函数，弹
出"函数参数"对话框

①单击要插入函数的单元格

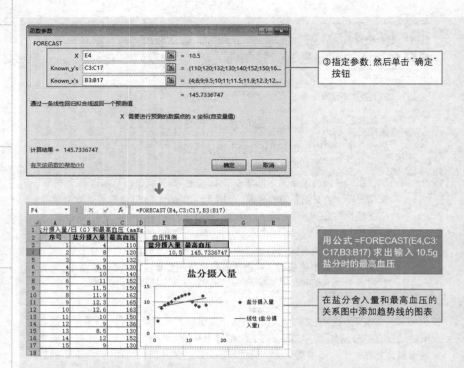

③指定参数,然后单击"确定"按钮

用公式 =FORECAST(E4,C3:C17,B3:B17) 求出输入 10.5g 盐分时的最高血压

在盐分舍入量和最高血压的关系图中添加趋势线的图表

POINT ● 在分布图中添加趋势线

制作分布图,很容易捕捉到二变量间的相关关系。另外,在分布图中添加趋势线可以更直观地看出二变量的关系。首先选择图表,单击"图表工具"选项卡中的"设计",然后选择"布局 3",就会出现如上表所示的趋势线。如果不想添加多余的网格线,则可以直接选中网格线删除。

POINT ● 关于 FORECAST 函数的使用说明

使用该函数可以根据已有的数值计算或预测未来值。此预测值为基于给定的 x 值推导出的 y 值。已知的数值为已有的 x 值和 y 值,再利用线性回归对新值进行预测。可以使用该函数对未来销售额、库存需求或消费趋势进行预测。

函数 FORECAST (x,known_y's,known_x's),其中,参数 x 为需要进行预测的数据点;参数 known_y's 为因变量数组或数据区域;参数 known_x's 为自变量数组或数据区域。

TREND
求回归直线的预测值

格式 → **TREND**(known_y's, known_x's, new_x's, const)

参数 → **known_y's**

用数组或单元格区域指定从属变量（因变量）的实测值。从属变量（或因变量）是随其他变量变化而变化的量。如果 known_y's 和 known_x's 的行数不同，则会返回错误值 "#REF!"。如果区域内包含数值以外的数据，则会返回错误值 "#VALUE!"。

known_x's

用数组或单元格区域指定独立变量（自变量）的实测值。独立变量（或自变量）即是引起其他变量发生变化的量。如果省略 known_x's，则假设该数组为 {1,2,3,...}，其大小与 known_y's 相同。数组 known_x's 可以包含一组或多组变量。如果只用到一个变量，只要 known_y's 和 known_x's 的维数相同，那么它们可以是任何形状的区域。如果用到多个变量，则 known_y's 必须为向量（即必须为一行或一列）。如果区域内包含数值以外的数据时，则会返回错误值 "#VALUE!"。

new_x's

用数组或单元格区域指定需要函数 TREND 返回对应 y 值的新 x 值。如果省略 new_x's，将假设它和 known_x's 一样。如果指定数值以外的文本，则会返回错误值 "#VALUE!"。独立变量是影响预测值的变量。

const

如果 const 为 TRUE 或省略，则 b 将按正常计算。如果 const 为 FALSE，则 b 将被设为 0，并同时调整 m 值使 y=mx。

使用 TREND 函数可求样本总体的多个变量间近似于直线关系的回归直线的预测值。回归直线公式如下，用于预测的变量 xi（i=1，2，3，）符合回归直线，并预测其在直线上对应的 y 值。当求两变量的回归直线且用于预测的变量有一个时，和使用 FORECAST 函数相同。而且，用于预测的变量如果有两个以上时，则返回值和指定的变量个数必须相同，所以必须作为数组公式输入。

▼ 回归直线公式（2 个变量）

$$\hat{y} = a + bx$$ 其中，$\hat{y}$ 为预测值，a 为回归直线的截距，b 为斜率，x 为变量。

▼ 回归直线公式（3 个以上变量）

$$\hat{y} = a + m_1 x_1 + m_2 x_2 + \cdots + m_i x_i$$

EXAMPLE 1　求回归直线上的预测血压

以盐分摄入量和最高血压作为基数，求已知盐分摄入量的回归直线上的血压预测值。参数 new_x´s 省略，把没有实测值的盐分摄入量作为基数，求血压的预测值。此时，没有实测值的盐分摄入量指定为 new_x´s 参数。

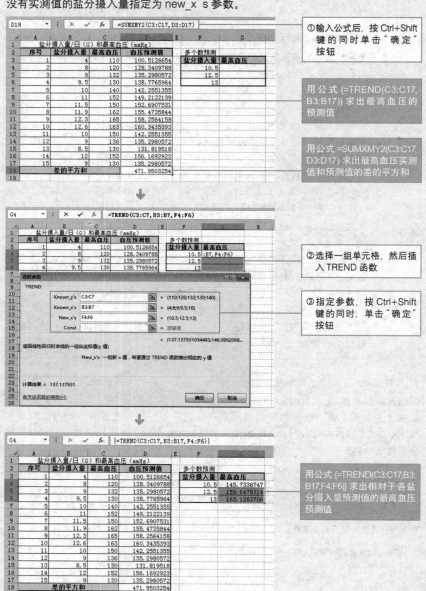

①输入公式后，按 Ctrl+Shift 键的同时单击"确定"按钮

用公式 {=TREND(C3:C17, B3:B17)} 求出最高血压的预测值

用公式 =SUMXMY2(C3:C17, D3:D17) 求出最高血压实测值和预测值的差的平方和

②选择一组单元格，然后插入 TREND 函数

③指定参数，按 Ctrl+Shift 键的同时，单击"确定"按钮

用公式 {=TREND(C3:C17,B3: B17,F4:F6)} 求出相对于各盐分摄入量预测值的最高血压预测值

STEYX
求回归直线的标准误差

格式 → **STEYX(known_y's, known_x's)**

参数 → known_y's

用数组或单元格区域指定从属变量（因变量）的实测值。从属变量（或因
变量）是随其他变量变化而变化的量。如果 known_y's 和 known_x's 的
数据点个数不同，则会返回错误值"#N/A"。

known_x's

用数组或单元格区域指定独立变量（自变量）的实测值。独立变量（或自
变量）是引起其他变量发生变化的量。如果 known_x's 和 known_y's 的
数据点个数不同，则会返回错误值"#N/A"。

使用 STEYX 函数可求回归直线上的预测值和实测值的标准误差。实测值和预测值的
差称为残差。用残差的自由度"n-2"除残差的变动（实测值与预测值的差的平方和）
得到的正平方根用 STEYX 函数表示。n 表示样本数。如果要求回归直线上的预测值，
请参照 TREND 函数。

▼ 回归直线的标准误差公式

$$STEYX(y_n, x_n) = \sqrt{\frac{\sum_{i=1}^{n}(y_i - \hat{y})^2}{n-2}}$$

其中，$\hat{y}$ 为预测值，y 为实测值，n 为样本数。

✌ POINT ● 用其他函数求标准误差

使用 LINEST 函数也可求得回归直线的标准误差。如果要求预测值和差的平方和，请使
用 TREND 函数和 SUMXMY2 函数。

📄 EXAMPLE 1　求回归直线的标准误差

把盐分摄入量和最高血压的数据作为基数，求回归直线的标准误差。根据不同的盐分
摄入量，观察最高血压的变化范围，将 known_x's 指定为盐分摄入量，known_y's 指
定为最高血压。另外，也可用残差偏差平方和除以残差的自由度 13（样本数从 n=15
中减去 2）的正平方根求得。

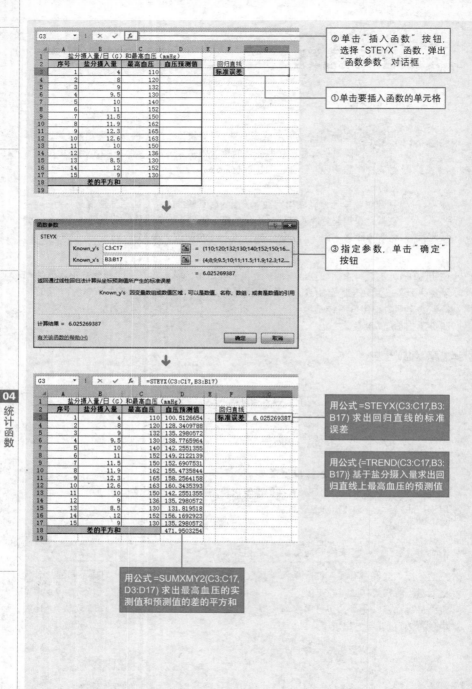

② 单击"插入函数"按钮,选择"STEYX"函数,弹出"函数参数"对话框

① 单击要插入函数的单元格

③ 指定参数,单击"确定"按钮

用公式 =STEYX(C3:C17,B3:B17) 求出回归直线的标准误差

用公式 {=TREND(C3:C17,B3:B17)} 基于盐分摄入量求出回归直线上最高血压的预测值

用公式 =SUMXMY2(C3:C17,D3:D17) 求出最高血压的实测值和预测值的差的平方和

04
统计函数

RSQ
求回归直线的判定系数

格式 → RSQ(known_y's, known_x's)

参数 → known_y's

用数组或单元格区域指定从属变量（因变量）的实测值。从属变量（或因变量）是随其他变量变化而变化的量。如果 known_y's 和 known_x's 的数据点个数不同，则会返回错误值"#N/A"。

knows_x's

用数组或单元格区域指定独立变量（自变量）的实测值。独立变量（或自变量）是引起其他变量发生变化的量。如果 known_x's 和 known_y's 的数据点个数不同，则会返回错误值"#N/A"。

表示回归直线精度高低的指标称为判定系数，其在 0~1 范围内。使用 RSQ 函数，可求回归直线的判定系数。判定系数等于皮尔生乘积矩相关系数的平方值，如果所求结果接近 0，则回归直线的精确度低；如果接近 1，则回归直线的精确度高。

EXAMPLE 1　求回归直线的判定系数

以盐分摄入量和最高血压的数据作为基数，求回归直线的判定系数。将 Known_x´s 指定为盐分摄入量，known_y's 指定为最高血压。

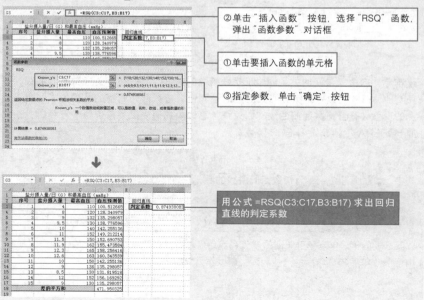

②单击"插入函数"按钮，选择"RSQ"函数，弹出"函数参数"对话框

①单击要插入函数的单元格

③指定参数，单击"确定"按钮

用公式 =RSQ(C3:C17,B3:B17) 求出回归直线的判定系数

GROWTH
根据现有的数据预测指数增长值

格式 → GROWTH(known_y's, known_x's, new_x's, const)

参数 → known_y's

用数组或单元格区域指定从属变量（因变量）的实测值。从属变量（或因变量）是随其他变量变化而变化的量。如果 known_y's 和 known_x's 的行数不同，则会返回错误值"#REF！"。如果区域内包含数值以外的数据，则会返回错误值"#VALUE!"。

known_x's

用数组或单元格区域指定独立变量（自变量）的实测值。独立变量（或自变量）即是引起其他变量发生变化的量。如果省略 known_x's，则假设该数组为 {1,2,3,...}，其大小与 known_y's 相同。数组 known_x's 可以包含一组或多组变量。如果只用到一个变量，只要 known_y's 和 known_x's 维数相同，那么它们可以是任何形状的区域。如果用到多个变量，则 known_y's 必须为向量（即必须为一行或一列）。如果区域内包含数值以外的数据时，则会返回错误值"#VALUE!"。

new_x's

用数组或单元格区域指定需要函数 GROWTH 返回对应 y 值的一组新 x 值。如果省略 new_x's，则假设它和 known_x's 一样。如果指定数值以外的文本，则会返回错误值"#VALUE!"。独立变量是影响预测值的变量。

const

如果 const 为 TRUE 或省略，则 b 将按正常计算。如果 const 为 FALSE，则 b 将设为 1，m 值将被调整以满足 y=m^x。

样本总体内两变量间的关系近似于指数函数的曲线，此曲线称为指数回归曲线。使用 GROWTH 函数可求指数回归曲线的预测值。指数回归曲线的公式如下，用于预测的变量 x 符合指数回归曲线。如果样本总体内的两变量关系近似于直线时，请参照 FORECAST 函数或 TREND 函数。

$$\hat{y} = b \times m^x$$

其中，$\hat{y}$ 为预测值，m 为指数回归曲线的底，b 为指数回归曲线的系数，x 为变量。

📖 EXAMPLE 1 从 1~5 年间的产值利润预测 6、7 年后的产值利润

以某公司的第一年到第五年间的产值利润作为基数，预测 6 年后和 7 年后的产值利润。由于求 6 年后和 7 年后的产值利润，所以作为数组公式输入。

330 ○ SECTION 04 ● 统计函数 ● 协方差、相关系数与回归分析

04
统计函数

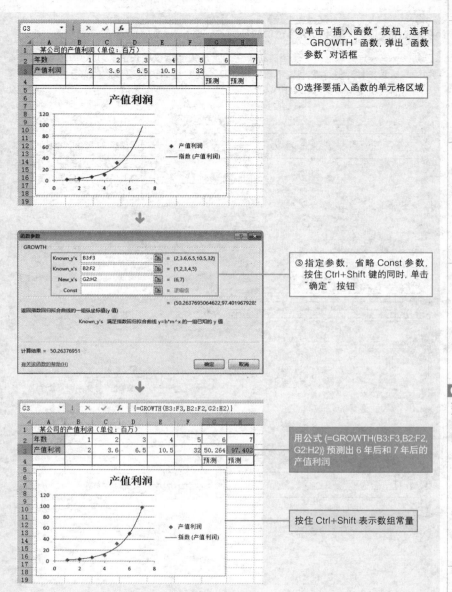

②单击"插入函数"按钮,选择"GROWTH"函数,弹出"函数参数"对话框

①选择要插入函数的单元格区域

③指定参数,省略 Const 参数,按住 Ctrl+Shift 键的同时,单击"确定"按钮

用公式 {=GROWTH(B3:F3,B2:F2,G2:H2)} 预测出 6 年后和 7 年后的产值利润

按住 Ctrl+Shift 表示数组常量

👆 POINT ● 在分布图中添加趋势线

制作分布图,很容易捕捉到二变量间的相关关系。另外,在分布图中添加趋势线可以更直观地看出二变量的关系,首先选择图表,然后单击"图表工具"选项卡中的"布局",单击"趋势线"下拉按钮,选择"指数趋势线"。

EXAMPLE 2   用自动填充功能预测

已知的 x 有一定间隔时，可使用自动填充功能来预测指数增长值。方法如下，选择已知的 y 区域，按住选中区域右下角的填充柄，向右拖动到需要预测的单元格。此时，从弹出的快捷菜单中选择"等比序列"。

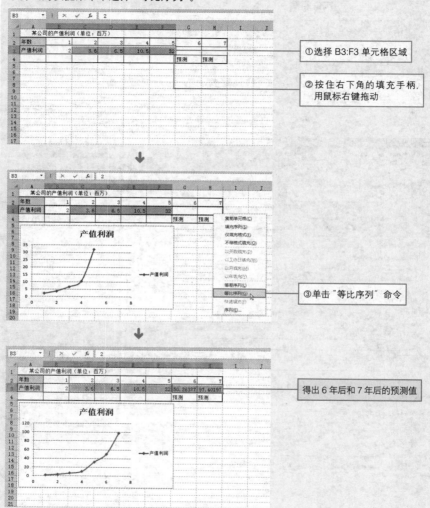

① 选择 B3:F3 单元格区域

② 按住右下角的填充手柄，用鼠标右键拖动

③ 单击"等比序列"命令

得出 6 年后和 7 年后的预测值

LOGEST
求指数回归曲线的系数和底数

格式 → **LOGEST**(known_y's, known_x's, const, stats)

参数 → known_y's

用数组或单元格区域指定从属变量（因变量）的实测值。从属变量（或因变量）是随其他变量变化而变化的量。如果 known_y's 和 known_x's 的行数不同，则会返回错误值"#REF!"。如果区域内包含数值以外的数据，则会返回错误值"#VALUE!"。

known_x's

用数组或单元格区域指定独立变量（自变量）的实测值。独立变量（或自变量）是引起其他变量发生变化的量。如果省略 known_x's，则假设其大小与 known_y's 相同。数组 known_x's 可以包含一组或多组变量。如果只用到一个变量，则只要 known_y's 和 known_x's 维数相同，那么它们可以是任何形状的区域。如果用到多个变量，则 known_y's 必须为向量（一行或一列）。如果区域内包含数值以外的数据，则函数将会返回错误值"#VALUE!"。

const

如果 const 为 TRUE 或省略，则 b 将按正常计算；如果 const 为 FALSE，则常量 b 将设为 1，而 m 的值将被调整以满足公式 $y=m^x$。

stats

指定是否返回附加回归统计值。如果 stats 为 TRUE 或 1，则 LINEST 函数返回附加回归统计值。如果 stats 为 FALSE、0 或省略，则 LINEST 函数只返回系数 m 和常量 b。

▼ 附加回归统计值如下：

统计值	说明
se1,se2,...,sen	系数 m1,m2,...,mn 的标准误差值
seb	常量 b 的标准误差值（当 const 为 FALSE 时，seb=#N/A）
r2	判定系数。Y 的估计值与实际值之比，范围在 0 到 1 之间
sey	Y 估计值的标准误差
F	F 统计或 F 观察值。使用 F 统计可以判断因变量和自变量之间是否偶尔发生过可观察到的关系
Df	自由度。用于在统计表上查找 F 临界值
Ssreg	回归平方和
Ssresid	残差平方和

使用 LOGEST 函数，可用指数回归曲线表示统计数据内多个变量间的关系，求决定直线偏斜的偏回归系数 m 或常数项 a（两个变量情况求斜率 b 和截距 a）。LINEST

04
统计函数

函数还可以返回附加回归统计值，例如，返回符合指数回归曲线的判定系数或数据的标准误差等。

▼ 指数回归曲线的公式（2 个变量的情况）

$$\hat{y} = b + \tilde{m}$$

其中，$\hat{y}$ 为预测值，m 为回归曲线的底数，b 为回归曲线的系数，x 为变量。

▼ 指数回归曲线的公式（3 个变量的情况）

$$\hat{y} = b + m_1^{x1} \times m_2^{x2} \times \cdots$$

EXAMPLE ● 求某公司第 1 ~ 5 年产值利润的指数回归曲线

以某公司第 1~5 年的产值利润作为基数，求指数回归曲线的底数，系数和附加回归统计值。随着年数的增加，观察差值利润的变化，将 known_x's 指定为年数，known_y's 指定为差值利润。求附加回归统计值时，在 2 列 ~5 行的单元格区域返回值的单元格区域，并作为数组公式输入。

因为是求系数和附加回归统计值，所以省略 const 参数

输入函数参数后，按 Ctrl+Shift 键的同时，单击"确定"按钮，用数组公式指定

用公式 {=LOGEST(B3:B7, A3:A7,,1)} 求出指数回归曲线的底数及附加回归统计值

04
统
计
函
数

👆 POINT ● 总体变量近似于直线状态

LOGEST 函数以指数曲线来拟合数据，用直线来拟合数据时，请使用 LINEST 函数。使用回归直线或回归曲线来分析统计数据称为回归分析，把两个变量作为对象的称为"单回归分析"，把 3 个变量作为对象的称为"重回归分析"。LOGEST 函数可看作是进行重回归分析的函数。

数据库函数

数据库是包含一组相关数据的列表，我们把数据库整体称为清单，其中包含相关信息的行称为记录，包含数据的列称为字段。列表的第一行包含着每一列的标志项。数据库用于提取满足条件的记录，然后得到有用的信息。

Excel 中的数据库函数是提取满足给定条件的记录，然后返回数据库的列中满足指定条件数据的和或平均值。在 SECTION 03 数学与三角函数或 SECTION 04 统计函数中，也有求和或平均值的相应函数，但数据库函数是求满足一定条件的数据的总和或平均值。下面将对数据库函数的分类、用途以及关键点进行介绍。

→ 函数分类

1. 数据库的计算

求和或求乘积的函数有 SUM 函数或 PRODUCT 函数，而 DSUM 函数和 DPRODUCT 函数是求和和求乘积的数据库函数，其函数名带有表示数据的字母 D。DSUM 函数或 DPRODUCT 函数与 SUM 函数或 PRODUCT 函数的不同点是：前者设定检索条件，并返回数据库的列中满足检索条件的数字总和或乘积。

DSUM	返回数据清单或数据库的列中满足指定条件的数字之和
DPRODUCT	返回数据清单或数据库的列中满足指定条件的数值的乘积

2. 数据库的统计

求平均值的函数有 AVERAGE 函数，而 DAVERAGE 函数是求平均值的数据库函数，它和 AVERAGE 函数的不同点是：设定检索条件，并求列表或数据库中满足指定条件的列中数值的平均值。在数据库函数中，除了求平均值的函数外，还有求最大值、最小值、单元格个数、偏差、方差等的函数。函数名的开头都带有表示数据库的字母 D。

DAVERAGE	返回数据清单或数据库的列中满足指定条件的数值的平均值
DMAX	返回数据清单或数据库的列中满足指定条件的数值的最大值
DMIN	返回数据清单或数据库的列中满足指定条件的数值的最小值
DCOUNT	返回数据清单或数据库的列中满足指定条件的数值的个数
DCOUNTA	返回数据清单或数据库的列中满足指定条件的非空单元格的个数
DGET	从数据清单或数据库的列中提取符合指定条件的单个值
DSTDEV	将数据清单或数据库的列中满足指定条件的数字作为一个样本，估算样本总体的标准偏差
DSTDEVP	将数据清单或数据库的列中满足指定条件的数字作为样本总体，计算总体的标准偏差
DVAR	将数据清单或数据库的列中指定满足条件的数字作为一个样本，估算样本总体的方差
DVARP	将数据清单或数据库的列中指定满足条件的数字作为样本总体，计算总体的方差

➔ 关键点

数据库经常使用的关键点如下。

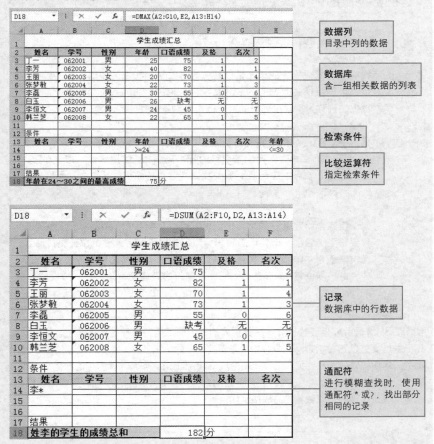

		数据列 目录中列的数据

D18 · ： × ✓ *fx* =DMAX(A2:G10,E2,A13:H14)

学生成绩汇总

姓名	学号	性别	年龄	口语成绩	及格	名次	
丁一	062001	男	25	75	1	2	
李芳	062002	女	40	82	1	1	
王丽	062003	女	20	70	1	4	
张梦敏	062004	女	22	73	1	3	
李磊	062005	男	30	55	0	6	
白玉	062006	男	26	缺考	无	无	
李恒文	062007	男	24	45	0	7	
韩兰芝	062008	女	22	65	1	5	

数据库
含一组相关数据的列表

条件							
姓名	学号	性别	年龄	口语成绩	及格	名次	年龄
			>=24				<=30

检索条件

比较运算符
指定检索条件

结果	
年龄在24~30之间的最高成绩	75 分

D18 · ： × ✓ *fx* =DSUM(A2:F10,D2,A13:A14)

学生成绩汇总

姓名	学号	性别	口语成绩	及格	名次
丁一	062001	男	75	1	2
李芳	062002	女	82	1	1
王丽	062003	女	70	1	4
张梦敏	062004	女	73	1	3
李磊	062005	男	55	0	6
白玉	062006	男	缺考	无	无
李恒文	062007	男	45	0	7
韩兰芝	062008	女	65	1	5

记录
数据库中的行数据

条件					
姓名	学号	性别	口语成绩	及格	名次
李*					

通配符
进行模糊查找时，使用
通配符 * 或?，找出部分
相同的记录

结果	
姓李的学生的成绩总和	182 分

DSUM
返回数据库的列中满足指定条件的数字之和

数据库的
计算

格式 → **DSUM**(database,field,driteria)

参数 → database

　　构成列表或数据库的单元格区域，也可以是单元格区域的名称。数据库
　　是包含一组相关数据的列表，其中包含相关信息的行称为记录，而包含
　　数据的列称为字段。列表的第一行包含着每一列的标志项。

　　field

　　指定函数所使用的数据列。列表中的数据列必须在第一行具有标志项。
　　field 可以是文本，即两端带引号的标志项，如"使用年数"或"产量"；
　　此外，field 也可以是代表列表中数据列位置的数字，其中 1 表示第一列，
　　2 表示第二列。

　　criteria

　　为一组包含给定条件的单元格区域。可以为参数 criteria 指定任意区域，
　　只要它至少包含一个列标志和列标志下方用于设定条件的单元格。而且，
　　在检索条件中除使用比较运算符或通配符外，如果在相同行内表述检索
　　条件时，需设置 AND 条件，而在不同行内表述检索条件时，需设置 OR
　　条件。

使用 DSUM 函数，返回数据清单或数据库的列中满足指定条件的数字之和。掌握数据
库函数的要点是正确指定从数据库中提取目的记录的检索条件。数据库函数的参数是相
同的，包括构成列表或数据库的单元格区域 (database)、作为计算对象的数据列 (field)
和设定检索条件 (criteria) 三个。因为参数的指定方法是相同的，所以只需修改函数名，
就可求满足条件的记录数据的总和或平均值等。

EXAMPLE 1 求第一名或第二名学生成绩总和

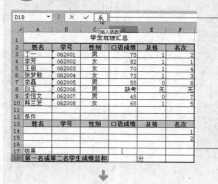

②单击"插入函数"按钮，在打开的对话框中选
择函数 DSUM

①单击要输入函数的单元格

05
数
据
库
函
数

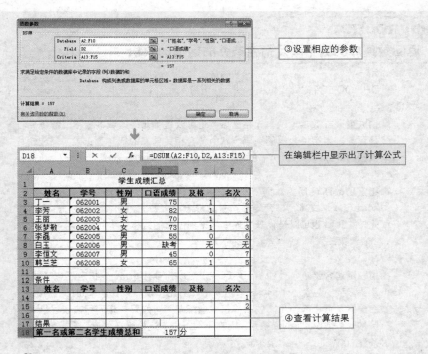

③设置相应的参数

在编辑栏中显示出了计算公式

	A	B	C	D	E	F
1				学生成绩汇总		
2	姓名	学号	性别	口语成绩	及格	名次
3	丁一	062001	男	75	1	2
4	李芳	062002	女	82	1	1
5	王丽	062003	女	70	1	4
6	张梦敏	062004	女	73	1	3
7	李磊	062005	男	55	0	6
8	白玉	062006	男	缺考	无	无
9	李恒文	062007	男	45	0	7
10	韩兰芝	062008	女	65	1	5
11						
12	条件					
13	姓名	学号	性别	口语成绩	及格	名次
14						1
15						2
16						
17	结果					
18	第一名或第二名学生成绩总和			157	分	

④查看计算结果

POINT ● 检索条件仅为一个时，也可使用 SUMIF 函数

求满足条件的数字的和时，也可使用 SUMIF 函数。但是，SUMIF 函数只能指定一个检索条件。数据库函数是在工作表的单元格内输入检索条件，所以可同时指定多个条件。

EXAMPLE 2 求姓氏为"李"的学生成绩总和

检查条件不清楚时，可以使用通配符进行模糊查找。例如"＊玉"是指以"玉"结尾的任意文本字符串，而"＊玉＊"是指带"玉"的任意文本字符串。

=DSUM(A2:F10,D2,A13:A14)

	A	B	C	D	E	F
1				学生成绩汇总		
2	姓名	学号	性别	口语成绩	及格	名次
3	丁一	062001	男	75	1	2
4	李芳	062002	女	82	1	1
5	王丽	062003	女	70	1	4
6	张梦敏	062004	女	73	1	3
7	李磊	062005	男	55	0	6
8	白玉	062006	男	缺考	无	无
9	李恒文	062007	男	45	0	7
10	韩兰芝	062008	女	65	1	5
11						
12	条件					
13	姓名	学号	性别	口语成绩	及格	名次
14	李＊					
15						
16						
17	结果					
18	姓李的学生的成绩总和			182	分	

利用 =DSUM(A2:F10,D2,A13:F14)
公式计算，返回姓氏为"李"的学生成绩总和

DPRODUCT

返回数据库的列中满足指定条件的数值的乘积

格式 → DPRODUCT(database,field,criteria)

参数 → database

构成列表或数据库的单元格区域，也可以是单元格区域的名称。数据库是包含一组相关数据的列表，其中包含相关信息的行称为记录，而包含数据的列称为字段。列表的第一行包含着每一列的标志项。

field

指定函数所使用的数据列。列表中的数据列必须在第一行具有标志项。field 可以是文本，即两端带引号的标志项，如"使用年数"或"产量"；此外，field 也可以是代表列表中数据列位置的数字，其中 1 表示第一列，2 表示第二列。

criteria

为一组包含给定条件的单元格区域。可以为参数 criteria 指定任意区域，只要它至少包含一个列标志和列标志下方用于设定条件的单元格。而且，在检索条件中除使用比较演算符或通配符外，如果在相同行内表述检索条件时，需设置 AND 条件，而在不同行内表述检索条件时，需设置 OR 条件。

使用 DPRODUCT 函数，能返回数据清单或数据库的列中满足指定条件的数值的乘积。通常按照乘积结果是 1 或 0 的情况，可以进行"有 / 没有"判断。

EXAMPLE 1   判断男生中口语成绩有没有不及格的人

用 1 或 0 表示"及格"和"不及格"判定项目，也可以用 1 或 0 求成绩结果，来判定指定条件下的结果。

②单击"插入函数"按钮，打开相应的对话框，从中选择函数 DPRODUCT

①单击要输入函数的单元格

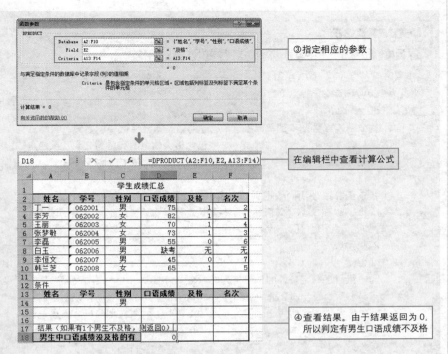

③指定相应的参数

在编辑栏中查看计算公式

④查看结果。由于结果返回为 0，所以判定有男生口语成绩不及格

POINT ● 使用 IF 函数进行条件判定

也可以使用 IF 函数进行条件判定。但是，当 IF 函数中有多个条件时，公式就变得很复杂。使用 DPRODUCT 函数进行多个条件判定则比较简单。

EXAMPLE 2　表示文本计算结果（DPRODUCT+IF）

用 DPRODUCT 函数求得的结果作为 IF 函数的参数，则返回文本结果。

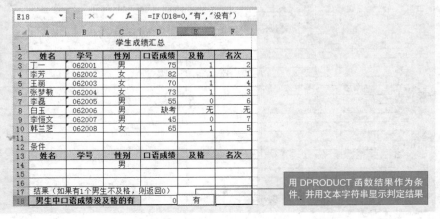

用 DPRODUCT 函数结果作为条件，并用文本字符串显示判定结果

DAVERAGE

返回数据库的列中满足指定条件的数值的平均值

格式 → DAVERAGE(database,field,criteria)

参数 → database

构成列表或数据库的单元格区域，也可以是单元格区域的名称。数据库是包含一组相关数据的列表，其中包含相关信息的行称为记录，而包含数据的列称为字段。列表的第一行包含着每一列的标志项。

field

指定函数所使用的数据列。列表中的数据列必须在第一行具有标志项。field 可以是文本，即两端带引号的标志项，如"使用年数"或"产量"；此外，field 也可以是代表列表中数据列位置的数字，其中 1 表示第一列，2 表示第二列。

criteria

为一组包含给定条件的单元格区域。可以为参数 criteria 指定任意区域，只要它至少包含一个列标志和列标志下方用于设定条件的单元格。而且，在检索条件中除使用比较演算符或通配符外，如果在相同行内表述检索条件时，需设置 AND 条件，而在不同行内表述检索条件时，需设置 OR 条件。

使用 DAVERAGE 函数，能返回数据清单或数据库的列中满足指定条件的数值的平均值。数据库函数可以直接在工作表中表述检索条件，所以随检索条件不同，会得到不同的结果。但是，更改检索条件时，在检索条件范围内不能包含空行。

EXAMPLE 1　成绩及格的女生平均成绩

| D18 | ▼ | : | × | ✓ | fx | =DAVERAGE(A2:F10,D2,A13:F14) |

	A	B	C	D	E	F	G
1			学生成绩汇总				
2	姓名	学号	性别	口语成绩	及格	名次	
3	丁一	062001	男	75	1	2	
4	李芳	062002	女	82	1	1	
5	王丽	062003	女	70	1	4	
6	张梦敏	062004	女	73	1	3	
7	李磊	062005	男	55	0	6	
8	白玉	062006	男	缺考	无	无	
9	李恒文	062007	男	45	0	7	
10	韩兰芝	062008	女	65	1	5	
11							
12	条件						
13	姓名	学号	性别	口语成绩	及格	名次	
14			女				
15							
16							
17	结果						
18	成绩及格的女生平均成绩			72.5 分			

检索条件

使用公式计算成绩及格的女生平均成绩

05

数据库函数

DMAX
返回数据库的列中满足指定条件的数值的最大值

格式 → **DMAX**(database,field,criteria)

参数 → database

构成列表或数据库的单元格区域，也可以是单元格区域的名称。数据库是包含一组相关数据的列表，其中包含相关信息的行称为记录，而包含数据的列称为字段。列表的第一行包含着每一列的标志项。

field

指定函数所使用的数据列。列表中的数据列必须在第一行具有标志项。field 可以是文本，即两端带引号的标志项，如"使用年数"或"产量"；此外，field 也可以是代表列表中数据列位置的数字，其中 1 表示第一列，2 表示第二列。

criteria

为一组包含给定条件的单元格区域。可以为参数 criteria 指定任意区域，只要它至少包含一个列标志和列标志下方用于设定条件的单元格。而且，在检索条件中除使用比较演算符或通配符外，如果在相同行内表述检索条件时，需设置 AND 条件，而在不同行内表述检索条件时，需设置 OR 条件。

使用 DMAX 函数，能返回数据清单或数据库指定的列中满足指定条件的数值的最大值。使用数据库中包含的 DMAX 函数，可以在检索条件中指定"～以上～以下"的条件，即指定上限 / 下限的范围。指定上限或下限的某个条件范围时，检索条件中必须是相同的列标志，并指定为 AND 条件。

📱 EXAMPLE 1 | 年龄在 24 ～ 30 之间的最高成绩

| D18 | ▼ | : | × | ✓ | fx | =DMAX(A2:G10,E2,A13:H14) |

	A	B	C	D	E	F	G	H
1				学生成绩汇总				
2	姓名	学号	性别	年龄	口语成绩	及格	名次	
3	丁一	062001	男	25	75	1	2	
4	李芳	062002	女	40	82	1	1	
5	王丽	062003	女	20	70	1	4	
6	张梦敏	062004	女	22	73	1	3	
7	李磊	062005	男	30	55	0	6	
8	白玉	062006	男	26	缺考	无	无	
9	李恒文	062007	男	24	45	0	7	
10	韩兰芝	062008	女	22	65	1	5	
11								
12	条件							
13	姓名	学号	性别	年龄	口语成绩	及格	名次	年龄
14				>=24				<=30
15								
16								
17	结果							
18	年龄在24～30之间的最高成绩			75	分			

设置的检索条件

使用公式计算年龄在 24～30 间的最高成绩

SECTION 05 ● 数据库函数 ● 数据库的统计 ○ **343**

DMIN

返回数据库的列中满足指定条件的数值的最小值

格式 → DMIN(database,field,criteria)

参数 → database

　　构成列表或数据库的单元格区域，也可以是单元格区域的名称。数据库是包含一组相关数据的列表，其中包含相关信息的行称为记录，而包含数据的列称为字段。列表的第一行包含着每一列的标志项。

　　field

　　指定函数所使用的数据列。列表中的数据列必须在第一行具有标志项。field 可以是文本，即两端带引号的标志项，如"使用年数"或"产量"；此外，field 也可以是代表列表中数据列位置的数字，其中 1 表示第一列，2 表示第二列。

　　criteria

　　为一组包含给定条件的单元格区域。可以为参数 criteria 指定任意区域，只要它至少包含一个列标志和列标志下方用于设定条件的单元格。而且，在检索条件中除使用比较演算符或通配符外，如果要在相同行内表述检索条件时，需设置 AND 条件，而在不同行内表述检索条件时，需设置 OR 条件。

使用 DMIN 函数，能返回数据清单或数据库的列中满足指定条件的数值的最小值。它和其他函数一样，重点是正确指定检索条件的范围。它与 DMAX 函数相类似，在满足检索条件的记录中，如果参数 field 中有空白单元格或文本时，则该列中的数据将被忽略。

EXAMPLE 1　求不及格学生的最低成绩

| D18 | ▼ | : | × | ✓ | fx | =DMIN(A2:G10, E2, A13:G14) |

查看计算公式

	A	B	C	D	E	F	G
1				学生成绩汇总			
2	姓名	学号	性别	年龄	口语成绩	及格	名次
3	丁一	062001	男	25	75	1	2
4	李芳	062002	女	40	82	1	1
5	王丽	062003	女	20	70	1	4
6	张梦敏	062004	女	22	73	1	3
7	李磊	062005	男	30	55	0	6
8	白玉	062006	男	26	缺考	无	无
9	李恒文	062007	男	24	45	0	7
10	韩兰芝	062008	女	22	65	1	5
11							
12	条件						
13	姓名	学号	性别	年龄	口语成绩	及格	名次
14						0	
15							
16							
17	结果						
18	不及格学生的最低成绩			45	分		

利用公式求出不及格学生的最低成绩

DCOUNT
返回数据库的列中满足指定条件的单元格个数

格式 → DCOUNT(database,field,criteri)

参数 → database
> 构成列表或数据库的单元格区域，也可以是单元格区域的名称。数据库是包含一组相关数据的列表，其中包含相关信息的行称为记录，而包含数据的列称为字段。列表的第一行包含着每一列的标志项。

> field
> 指定函数所使用的数据列。列表中的数据列必须在第一行具有标志项。field 可以是文本，即两端带引号的标志项，如"使用年数"或"产量"。此外，field 也可以是代表列表中数据列位置的数字，其中 1 表示第一列，2 表示第二列。

> criteria
> 为一组包含给定条件的单元格区域。可以为参数 criteria 指定任意区域，只要它至少包含一个列标志和列标志下方用于设定条件的单元格。而且在检索条件中除使用比较演算符或通配符外，如果在相同行内表述检索条件时，需设置 AND 条件，而在不同行内表述检索条件时，需设置 OR 条件。

使用 DCOUNT 函数，能返回数据清单或数据库的列中满足指定条件并且包含数字的单元格个数。在满足检索条件的记录中，忽略参数 field 所在列中的空白单元格或文本。DCOUNT 函数即使省略参数 field，也不会产生错误值，而是返回满足检索条件的指定数值的单元格个数。

EXAMPLE 1　男生口语成绩在 70 以上的记录数据个数

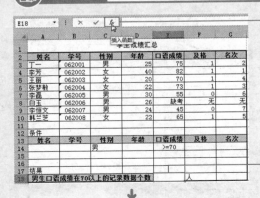

②单击"插入函数"按钮，在打开的对话框中选择函数 DCOUNT

①单击要输入函数的单元格

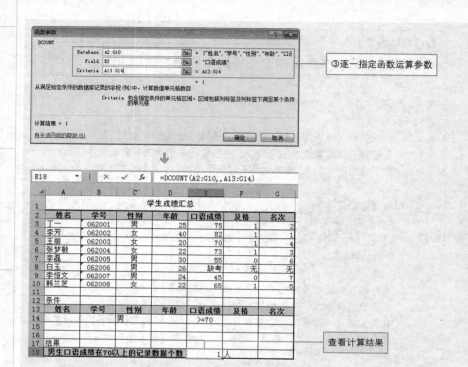

③逐一指定函数运算参数

	A	B	C	D	E	F	G
1				学生成绩汇总			
2	姓名	学号	性别	年龄	口语成绩	及格	名次
3	丁一	062001	男	25	75	1	2
4	李芳	062002	女	40	82	1	1
5	王丽	062003	女	20	70	1	4
6	张梦敏	062004	女	22	73	1	3
7	李磊	062005	男	30	55	0	6
8	白玉	062006	男	26	缺考	无	无
9	李恒文	062007	男	24	45	0	7
10	韩兰芝	062008	女	22	65	1	5
11							
12	条件						
13	姓名	学号	性别	年龄	口语成绩	及格	名次
14			男		>=70		
15							
16							
17	结果						
18	男生口语成绩在70以上的记录数据个数				1 人		

E18 =DCOUNT(A2:G10,,A13:G14)

查看计算结果

POINT ● 使用 COUNTIF 函数，也能计算满足给定条件的单元格个数

用 COUNTIF 函数也可以计算区域中满足给定条件的单元格个数，但 COUNTIF 函数不能带多个条件。当求满足多个条件下的结果，应该使用数据库函数 DCOUNT，该函数可以求满足多个给定条件的单元格个数。

POINT ● 省略 field 参数

如果省略参数 field，则返回满足检索条件的记录个数。

E18 =DCOUNT(A2:G10,,A13:G14)

	A	B	C	D	E	F	G
1				学生成绩汇总			
2	姓名	学号	性别	年龄	口语成绩	及格	名次
3	丁一	062001	男	25	75	1	2
4	李芳	062002	女	40	82	1	1
5	王丽	062003	女	20	70	1	4
6	张梦敏	062004	女	22	73	1	3
7	李磊	062005	男	30	55	0	6
8	白玉	062006	男	26	缺考	无	无
9	李恒文	062007	男	24	45	0	7
10	韩兰芝	062008	女	22	65	1	5
11							
12	条件						
13	姓名	学号	性别	年龄	口语成绩	及格	名次
14			男		>=70		
15							
16							
17	结果						
18	男生口语成绩在70以上的记录数据个数				1 人		

通过编辑栏可以发现省略了第 2 个参数 field

利用公式计算并返回男生口语成绩在 70 以上的记录数据个数

DCOUNTA
返回数据库的列中满足指定条件的非空单元格个数

格式 → DCOUNTA(database,field,driteria)

参数 → **database**

构成列表或数据库的单元格区域，也可以是单元格区域的名称。数据库是包含一组相关数据的列表，其中包含相关信息的行称为记录，而包含数据的列称为字段。列表的第一行包含着每一列的标志项。

field

指定函数所使用的数据列。列表中的数据列必须在第一行具有标志项。field 可以是文本，即两端带引号的标志项，如"使用年数"或"产量"。此外，field 也可以是代表列表中数据列位置的数字，其中 1 表示第一列，2 表示第二列。

criteria

为一组包含给定条件的单元格区域。可以为参数 criteria 指定任意区域，只要它至少包含一个列标志和列标志下方用于设定条件的单元格。而且，在检索条件中除使用比较演算符或通配符外，如果在相同行内表述检索条件时，需设置 AND 条件，而在不同行内表述检索条件时，需设置 OR 条件。

使用DCOUNTA函数，能返回数据清单或数据库的列中满足指定条件的非空单元格个数。它和DCOUNT函数类似，也能省略参数field，但不返回错误值。如果省略参数field，则返回满足条件的记录个数。

EXAMPLE 1 求 22 岁以上且成绩及格的非空数据个数

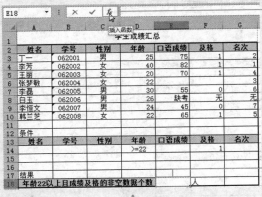

②单击"插入函数"按钮，在打开的对话框中选择函数 DCOUNTA

①单击要输入函数的单元格 E18

05
数据库函数

SECTION 05 ● 数据库函数 ● 数据库的统计 ○ **347**

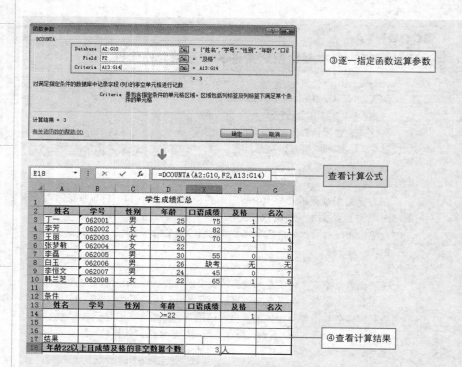

③逐一指定函数运算参数

查看计算公式

=DCOUNTA(A2:G10,F2,A13:G14)

④查看计算结果

POINT ● 参数 field 中包含文本时，它和 DCOUNT 函数的结果不同

如果在参数中指定 field，DCOUNT 函数是计算数值的个数，DCOUNTA 函数是计算非空白单元格的个数。如果参数 field 所在的列中包含文本时，两函数的计算结果不同。

POINT ● 省略 field 参数

如果省略参数 field，则返回满足检索条件的记录个数。省略参数 field 时，如果检索条件相同，DCOUNT 函数和 DCOUNTA 函数则返回相同结果。

E18 =DCOUNTA(A2:G10,,A13:G14)

数据库范围

检索条件范围

省略参数的计算结果

DGET
求满足条件的惟一记录

格式 → **DGET**(database,field,criteria)

参数 → database

构成列表或数据库的单元格区域，也可以是单元格区域的名称。数据库是包含一组相关数据的列表，其中包含相关信息的行称为记录，而包含数据的列称为字段。列表的第一行包含着每一列的标志项。

field

指定函数所使用的数据列。列表中的数据列必须在第一行具有标志项。field 可以是文本，即两端带引号的标志项，如"使用年数"或"产量"。此外，field 也可以是代表列表中数据列位置的数字，其中 1 表示第一列，2 表示第二列。

criteria

为一组包含给定条件的单元格区域。可以为参数 criteria 指定任意区域，只要它至少包含一个列标志和列标志下方用于设定条件的单元格。而且在检索条件中除使用比较演算符或通配符外，如果在相同行内表述检索条件时，需设置 AND 条件，而在不同行内表述检索条件时，需设置 OR 条件。

使用 DGET 函数提取与检索条件完全一致的一个记录，并返回指定数据列处的值。如果没有满足条件的记录，则函数 DGET 将返回错误值"#VALUE!"。如果有多个记录满足条件，则函数 DGET 将返回错误值"#NUM!"。

但是从数据众多的数据库中提取满足条件的一个记录很困难。使用此函数的重点是需提前使用 DMAX 函数和 DMIN 函数，求满足检索条件的最大值或最小值。

📋 EXAMPLE 1 求口语成绩最高的男生姓名

①用 DMAX 函数求得男生口语最高成绩记录

②单击要输入函数的单元格

↓

数据库函数

SECTION 05 ● 数据库函数 ● 数据库的统计 ○ **349**

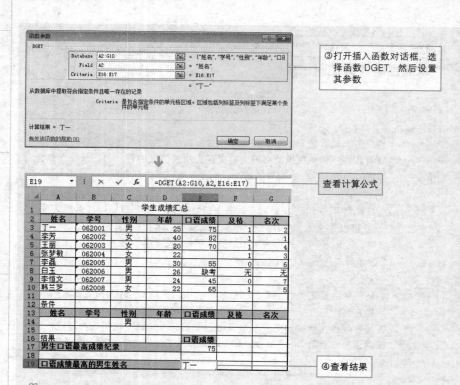

③打开插入函数对话框，选择函数 DGET，然后设置其参数

查看计算公式

④查看结果

✌ POINT ● 检索的结果为错误值时

DGET 函数是从多个条件中提取一个记录的函数。但是检索结果也有可能返回错误值，根据不同的错误值，可判断没有满足条件的记录还是有多个记录满足条件。

在数据库中存在两个最高分

在检索时，将返回错误的计算结果

数据库函数 05

DSTDEV
返回数据库列中满足指定条件数值的样本标准偏差

数据库的
统计

格式 → **DSTDEV(database,field,criteria)**

参数 → database

构成列表或数据库的单元格区域，也可以是单元格区域的名称。数据库是包含一组相关数据的列表，其中包含相关信息的行称为记录，而包含数据的列称为字段。列表的第一行包含着每一列的标志项。

field

指定函数所使用的数据列。列表中的数据列必须在第一行具有标志项。field 可以是文本，即两端带引号的标志项，如"使用年数"或"产量"。此外，field 也可以是代表列表中数据列位置的数字，其中 1 表示第一列，2 表示第二列。

criteria

为一组包含给定条件的单元格区域。可以为参数 criteria 指定任意区域，只要它至少包含一个列标志和列标志下方用于设定条件的单元格。而且，在检索条件中除使用比较演算符或通配符外，如果在相同行内表述检索条件时，需设置 AND 条件，而在不同行内表述检索条件时，需设置 OR 条件。

在拥有强大信息量的数据库中，分析所有的数据会很困难，所以需要从数据库中提取具有代表性的数据进行分析，我们把这些具有代表性的数据称为样本。使用 DSTDEV 函数，能返回数据清单或数据库的列中满足指定条件的数值的样本标准偏差。标准偏差是方差的平方根，用于分析数据标准偏差的偏差情况。DSTDEV 函数是根据检索条件，把提取的记录作为数据库的样本，由此估计样本总体的标准偏差。通常用下列公式表示。

$$样本标准方差 = \sqrt{\frac{1}{n-1}\sum_{i=1}^{n}(x_i - m)^2}$$

其中，n 表示数据个数；x_i 表示数据；m 表示数据的平均值。

EXAMPLE 1 求男生口语成绩的样本标准偏差

当满足条件的记录只有一个时，数据个数为 1，根据上面的公式，则公式的分母变为 0，所以返回错误值 #DIV/0!。此时，必须修改检索条件。

05
数据库函数

SECTION 05 ● 数据库函数 ● 数据库的统计 ○ **351**

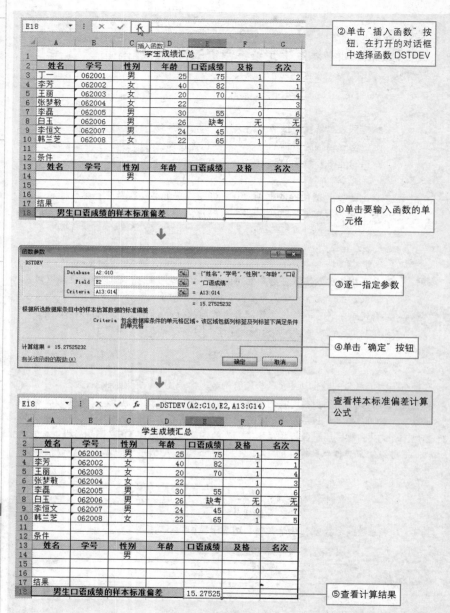

②单击"插入函数"按钮，在打开的对话框中选择函数 DSTDEV

③逐一指定参数

④单击"确定"按钮

①单击要输入函数的单元格

查看样本标准偏差计算公式

⑤查看计算结果

👆POINT ● STDEV 函数也能求样本的标准偏差

使用 STDEV 函数也能计算样本的标准偏差。但是如果带有检索条件，STDEV 函数则不能计算样本的标准偏差。如果带有检索条件，并求满足各种检索条件的结果，则需使用数据库函数 DSTDEV。

05 数据库函数

DSTDEVP

将满足指定条件的数字作为样本总体，计算标准偏差

格式 ➡ **DSTDEVP(database,field,criteria)**

参数 ➡ database

构成列表或数据库的单元格区域，也可以是单元格区域的名称。数据库是包含一组相关数据的列表，其中包含相关信息的行称为记录，而包含数据的列称为字段。列表的第一行包含着每一列的标志项。

field

指定函数所使用的数据列。列表中的数据列必须在第一行具有标志项。field 可以是文本，即两端带引号的标志项，如"使用年数"或"产量"。此外，field 也可以是代表列表中数据列位置的数字，其中 1 表示第一列，2 表示第二列。

criteriaa

为一组包含给定条件的单元格区域。可以为参数 criteria 指定任意区域，只要它至少包含一个列标志和列标志下方用于设定条件的单元格。而且，在检索条件中除使用比较演算符或通配符外，如果在相同行内表述检索条件时，需设置 AND 条件，而在不同行内表述检索条件时，需设置 OR 条件。

使用 DSTDEVP 函数，可将数据清单或数据库的列中满足指定条件的数字作为样本总体，计算总体的标准偏差。DSTDEVP 函数是按照检索条件提取的记录作为样本总体，求它的偏差情况。它和 DSTDEV 函数的不同点是：DSTDEV 函数将提取的记录假定为一个样本，而 DSTDEVP 函数将提取的记录假定为样本总体。用下列公式表示。

$$样本标准方差 = \sqrt{\frac{1}{n}\sum_{i=1}^{n}(x_i - m)^2}$$

其中，n 表示数据个数；x_i 表示数据；m 表示数据的平均值。

📁 EXAMPLE 1 | 求男生口语成绩的标准偏差

当满足条件的记录只有一个时，与 DSTDEV 函数不同，DSTDEVP 不返回错误值 "#DIV/0!"。只有一个数据时，平均值与该数据相同，标准偏差的结果即是无偏差，为 0。所以提取结果只有一个记录时，不能求它的标准偏差。此时需要改变检索条件，提取多个记录。

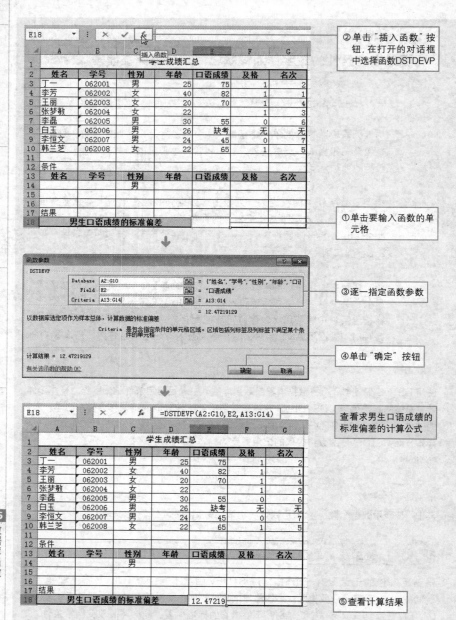

②单击"插入函数"按钮，在打开的对话框中选择函数DSTDEVP

①单击要输入函数的单元格

③逐一指定函数参数

④单击"确定"按钮

查看求男生口语成绩的标准偏差的计算公式

⑤查看计算结果

函数参数

DSTDEVP

Database A2:G10 = {"姓名","学号","性别","年龄","口语...

Field E2 = "口语成绩"

Criteria A13:G14 = 12.47219129

以数据库选定项作为样本总体，计算数据的标准偏差

Criteria 是包含指定条件的单元格区域。区域包括列标签及列标签下满足某个条件的单元格

计算结果 = 12.47219129

有关该函数的帮助OC 确定 取消

E18 单元格公式：=DSTDEVP(A2:G10,E2,A13:G14)

学生成绩汇总表

姓名	学号	性别	年龄	口语成绩	及格	名次
丁一	062001	男	25	75	1	2
李芳	062002	女	40	82	1	1
王丽	062003	女	20	70	1	4
张梦敏	062004	女	22		1	3
李磊	062005	男	30	55	0	6
白玉	062006	男	26	缺考	无	无
李恒文	062007	男	24	45	0	7
韩兰芝	062008	女	22	65	1	5

条件

姓名	学号	性别	年龄	口语成绩	及格	名次
		男				

结果

男生口语成绩的标准偏差	12.47219

✌ **POINT ● STDEVP 函数也能求标准偏差**

使用 STDEVP 函数也能求标准偏差。但是如果带有检索条件，STDEVP 函数则不能求它的标准偏差。如果带有检索条件，并且求满足各种检索条件的结果时，需使用数据库函数 DSTDEVP。

DVAR
将满足指定条件的数字作为样本，估算样本总体的方差

数据库的
统计

格式 → **DVAR**(database,field,criteria)

参数 → database

构成列表或数据库的单元格区域，也可以是单元格区域的名称。数据库
是包含一组相关数据的列表，其中包含相关信息的行称为记录，而包含
数据的列称为字段。列表的第一行包含着每一列的标志项。

field

指定函数所使用的数据列。列表中的数据列必须在第一行具有标志项。
field 可以是文本，即两端带引号的标志项，如"使用年数"或"产量"。
此外，field 也可以是代表列表中数据列位置的数字，其中 1 表示第一列，
2 表示第二列。

criteria

为一组包含给定条件的单元格区域。可以为参数 criteria 指定任意区域，
只要它至少包含一个列标志和列标志下方用于设定条件的单元格。而且，
在检索条件中除使用比较演算符或通配符外，如果在相同行内表述检索
条件时，需设置 AND 条件，而在不同行内表述检索条件时，需设置 OR
条件。

使用 DVAR 函数，可以将数据清单或数据库的列中满足指定条件的数字作为一个样本，
估算样本总体的方差。DVAR 函数是将按照检索条件提取的记录作为数据库的样本，由
此估计样本总体的方差情况，通常用下列公式表示。

$$方差 = \frac{1}{n-1}\sum_{i=1}^{n}(x_i - m)^2$$

其中，n 表示数据个数；x_i 表示数据；m 表示数据的平均值。

EXAMPLE 1 求男生口语成绩的方差

当满足条件的记录只有一个时，数据个数为 1，根据上面的公式，则公式的分母变为 0，
所以返回错误值"#DIV/0!"。此时，必须修改检索条件。

05

数据库函数

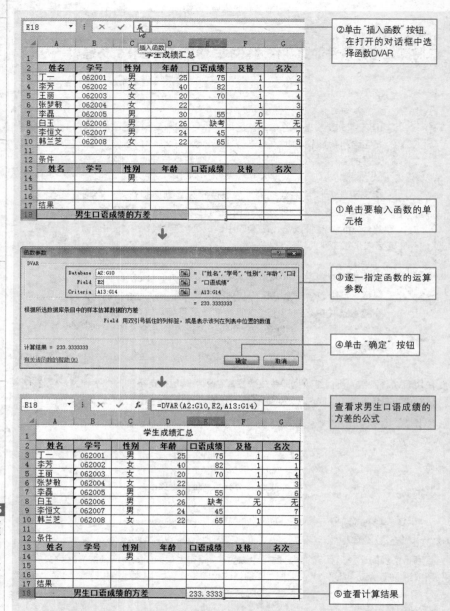

②单击"插入函数"按钮，在打开的对话框中选择函数DVAR

①单击要输入函数的单元格

③逐一指定函数的运算参数

④单击"确定"按钮

查看求男生口语成绩的方差的公式

⑤查看计算结果

POINT ● 使用 VAR 函数也能求方差

计算方差也可使用 VAR 函数。但是如果带有检索条件，并且求满足各种检索条件的结果时，则需使用数据库中的 DVAR 函数。

DVARP
将满足指定条件的数字作为样本总体，计算总体方差

数据库的
统计

格式 → **DVARP**(database,field,criteria)

参数 → database

构成列表或数据库的单元格区域，也可以是单元格区域的名称。数据库是包含一组相关数据的列表，其中包含相关信息的行称为记录，而包含数据的列称为字段。列表的第一行包含着每一列的标志项。

field

指定函数所使用的数据列。列表中的数据列必须在第一行具有标志项。field 可以是文本，即两端带引号的标志项，如"使用年数"或"产量"。此外，field 也可以是代表列表中数据列位置的数字，其中 1 表示第一列，2 表示第二列。

criteria

为一组包含给定条件的单元格区域。可以为参 criteria 指定任意区域，只要它至少包含一个列标志和列标志下方用于设定条件的单元格。而且，在检索条件中除使用比较演算符或通配符外，如果在相同行内表述检索条件时，需设置 AND 条件，而在不同行内表述检索条件时，需设置 OR 条件。

使用 DVARP 函数，可以将数据清单或数据库的列中满足指定条件的数字作为样本总体，计算总体的方差。DVARP 函数是将按照检索条件提取的记录作为数据库的样本总体，求它的方差。它和 DVAR 函数的不同点是：DVAR 函数将提取的记录假定为一个样本，而 DVARP 函数将提取的记录假定为样本总体。用下列公式表示。

$$方差 = \frac{1}{n}\sum_{i=1}^{n}(x_i - m)^2$$

其中，n 表示数据个数；x_i 表示数据；m 表示数据的平均值。

05
数据库函数

EXAMPLE 1 求男生口语成绩的方差

当满足条件的记录只有一个时，与 DVAR 函数一样，DVARP 不返回错误值 #DIV/0!。只有一个数据时，平均值与该数据相同，方差结果为 0。所以提取结果只有一个记录时，不能求它的方差。此时需要改变检索条件，提取多个记录。

SECTION 05 ● 数据库函数 ● 数据库的统计 ◯ 357

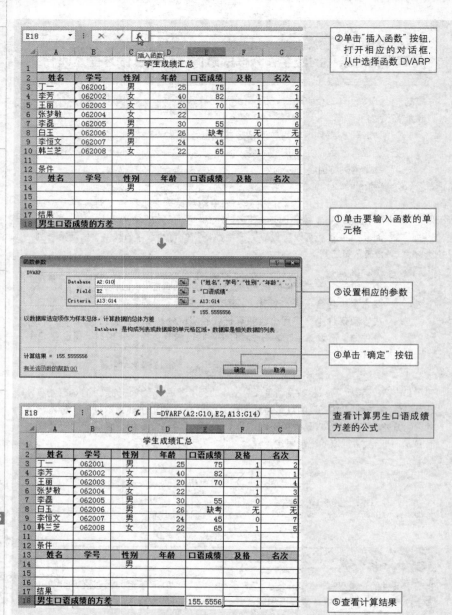

②单击"插入函数"按钮，打开相应的对话框，从中选择函数 DVARP

①单击要输入函数的单元格

③设置相应的参数

④单击"确定"按钮

查看计算男生口语成绩方差的公式

⑤查看计算结果

🖐 POINT ● 使用 VARP 函数也能求方差

使用 VARP 函数也能求方差。但是如果带有检索条件，且求满足各种检索条件的结果时，需使用数据库函数 DVARP。

05
数据库函数

SECTION
06

文本函数

SECTION 06 文本函数

使用文本函数，可以对文本进行提取、查找、替代、结合等操作，下面将以商品商品表或销售明细表为例，介绍有关文本函数的各种操作。文本函数可进行以下操作。

1. 查找商品表或商品名，改变它的一部分名称。

2. 按品种提取销售明细表中的商品代码。

3. 结合每个分类文本，制作新商品代码或商品名称。

4. 同时进行英文大小写、全角和半角的切换。

➔ 函数分类

1. 文本操作

文本函数可用于提取、查找、替代部分文本。文本可分为左、中、右，提取指定的文字部分，即为文本的提取。文本的查找是查找文本位于另一个文本字符串的第几个字符中。文本的替代是替代指定文本。在文本函数中，有 LEFTB 函数、LEFT 函数等带有 B 的函数和不带 B 的函数，这两个函数的功能相同，但计数单位却不同。带 B 的函数的文本以字节计算，半角文字为一个字节，全角文字为 2 个字节。不带 B 的函数的文本以字符数计算，不管全角文字还是半角文字，都作为 1 个字符计算。

▼ 求文本的长度

LEN	返回文本字符串中的字符数
LENB	返回文本字符串中用于代表字符的字节数

▼ 合并多个文本字符串

CONCATENATE	将多个文本字符串合并为一个文本字符串

▼ 查找文本字符串

FIND	返回一个字符串出现在另一个字符串的起始位置 (区分大小写)
FINDB	返回一个字符串出现在另一个字符串中基于字节数的起始位置
SEARCH	返回一个字符或字符串在字符串中第一次出现的位置 (不区分大小写)
SEARCHB	返回一个字符或字符串在字符串中的基于字节数的起始位置 (不区分大小写)

▼ 提取部分文本字符串

LEFT	从一个文本字符串的第一个字符开始返回指定个数的字符
LEFTB	从一个文本字符串的第一个字符开始返回指定字节数的字符
MID	从文本字符串中指定的起始位置开始返回指定长度的字符
MIDB	从文本字符串中指定的起始位置开始返回指定字节数的字符

| RIGHT | 从一个文本字符串的最后一个字符开始返回指定个数的字符 |
| RIGHTB | 从一个文本字符串的最后一个字符开始返回指定字节数的字符 |

▼ 替代文本字符串

REPLACE	将一个字符串中的部分字符用另一个字符串替换
REPLACEB	将一个字符串中的部分字符根据所指定的字节数用另一个字符串替换
SUBSTITUTE	用新字符串替换字符串中的部分字符串

2. 文本的转换

即使相同意思的文本，如果混淆英文的大、小写，以及全角和半角字符，Excel 也全部作为不同数据处理。文本的转换主要是英文的大、小写，文本字符串的全角和半角的转换，以及转换数值的表示形式。

▼ 把文本字符串转换为全角或半角字符

| ASC | 将全角（双字节）字符转换为半角（单字节）字符 |
| WIDECHAR | 将半角字符转换为全角字符 |

▼ 将英文转换为大写、小写及首字母大写

U PPER	将文本字符串内的小写全部转换成大写形式
LOWER	将文本字符串内的大写全部转换成小写形式
PROPER	将文本字符串的首字母转换成大写

▼ 转换数值的表示形式

TEXT	将数值转换为按指定数值格式表示的文本
FIXED	将数字按指定的小数位数进行取整，以文本形式返回结果
RMB	四舍五入数值，并转换为带 ¥ 和位符号的文本
DOLLAR	四舍五入数值，并转换为带 $ 和位符号的文本
BAHTTEXT	将数字转换为泰语文本
NUMBERSTRING	将数值转换为大写汉字

▼ 其他转换

VALUE	将文本转换为数值
CODE	返回文本字符串中第一个字符的数字代码
CHAR	返回对应于数字代码的字符
T	返回给定值所引用的文本

3. 文本的比较、删除和重复显示

用于判定两个文本字符串是否相等，删除不需要的文本字符串，以及重复显示指定次数的文本字符串。

EXACT	判定两个字符串是否完全相同
CLEAN	删除文本中不能打印的字符
TRIM	删除文本字符串中多余的空格
REPT	按照给定的次数重复显示文本

→ 关键点

经常用于文本字符串的关键点如下所示。

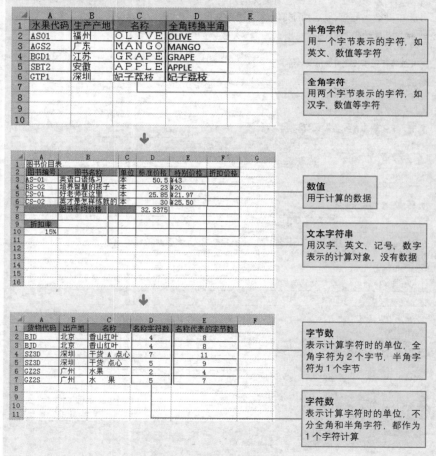

半角字符
用一个字节表示的字符，如英文、数值等字符

全角字符
用两个字节表示的字符，如汉字、数值等字符

数值
用于计算的数据

文本字符串
用汉字、英文、记号、数字表示的计算对象，没有数据

字节数
表示计算字节时的单位，全角字符为2个字节，半角字符为1个字节

字符数
表示计算字符时的单位，不分全角和半角字符，都作为1个字符计算

LEN

返回文本字符串的字符数

格式 → LEN(text)

参数 → text

　　查找其长度文本或文本所在的单元格。如果直接输入文本，需用双引号引起来。如果不加双引号，则会返回错误值"#NAME？"。而且指定的文本单元格只有一个，不能指定单元格区域。否则将返回错误值"#VALUE！"。

使用 LEN 函数，可返回文本字符串中的字符数，即字符串的长度。字符串中不分全角和半角，句号、逗号、空格作为一个字符进行计数。LEN 函数也可以单独使用，例如，根据字符串的长度提取部分文本字符串等。计数单位不是字符而是字节时，请使用 LENB 函数。LEN 函数和 LENB 函数有相同的功能，但计数单位不同。

EXAMPLE 1　返回商品名称的字符数

字符串中包含半角字符时，作为一个字符计算。

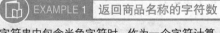

②单击该按钮，在打开的"插入函数"对话框中选择 LEN 函数

①单击要输入函数的单元格

③在"函数参数"对话框中设置相应的参数，然后单击"确定"按钮

④返回 C2 单元格中的字符数。按住 D2 单元格右下角的填充手柄向下拖动至 D7 单元格，然后释放鼠标

LENB
返回文本字符串中用于代表字符的字节数

文本的操作

格式 → LENB(text)

参数 → text

查找其长度的文本或文本所在的单元格。如果直接输入文本，则需要用双引号引起来。如果不加双引号，则会返回错误值"#NAME？"。只能指定一个文本单元格，不能指定单元格区域，否则会返回错误值"#VALUE!"。

使用LENB函数，可返回字符串的字节数，即字符的长度。字符串中的全角字符为两个字、半角字符为一个字，句号、逗号、空格也可计算。LENB函数可以单独使用，例如，根据字符串的长度提取部分文本字符串等。

EXAMPLE 1　返回字符串的字节数

字符串中包含半角字符时，作为1个字节数计算。

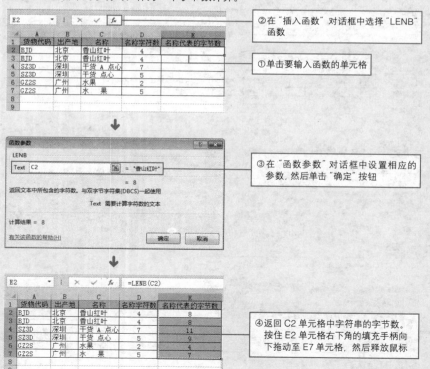

②在"插入函数"对话框中选择"LENB"函数

①单击要输入函数的单元格

③在"函数参数"对话框中设置相应的参数，然后单击"确定"按钮

④返回C2单元格中字符串的字节数。按住E2单元格右下角的填充手柄向下拖动至E7单元格，然后释放鼠标

CONCATENATE
将多个文本字符串合并成一个文本字符串

格式 → CONCATENATE(text1,text2,…)

参数 → text1,text2,…
需要合并的文本或文本所在的单元格。如果直接输入文本，则需要用双引号引起来。如果不加双引号，则会返回错误值"#NAME?"。如果指定超过 30 个参数，则会出现"此函数输入参数过多"的提示信息。

使用 CONCATENATE 函数，可将多个文本字符串合并成一个。例如，把姓和名分开输入的姓氏合并成一个，或分开输入的地址合并成一个。因为参数的文本字符串最多可以指定至 30 个，所以用 CONCATENATE 函数合并多个文本字符串比较方便。

EXAMPLE 1 合并商品的产地、名称和学名

从文本字符串 1 开始，在按顺序指定的文本中指定参数。

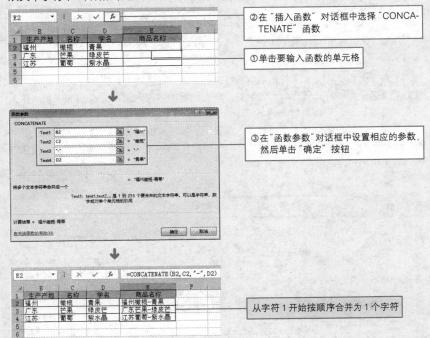

②在"插入函数"对话框中选择"CONCATENATE"函数

①单击要输入函数的单元格

③在"函数参数"对话框中设置相应的参数，然后单击"确定"按钮

从字符 1 开始按顺序合并为 1 个字符

另外，也可使用文本运算符&合并文本字符串。但是由于&不是函数，所以需要在单元格或编辑栏中直接输入。合并多个文本字符串时，使用CONCATENATE函数比较简单。

FIND

返回一个字符串出现在另一个字符串中的起始位置

格式 → **FIND(find_text,within_text,start_num)**

参数 → find_text

要查找的文本或文本所在的单元格。如果直接输入要查找的文本，则需要用双引号引起来。如果不加双引号，则会返回错误值"#NAME?"。如果 find_text 是空文本 ("")，则函数会匹配搜索编号为 start_num 或 1 的字符。

within_text

是包含要查找文本的文本或文本所在的单元格。如果直接输入文本，需用双引号引起来。如果不加双引号，则返回错误值"#NAME？"。如果 within_text 中没有 find_text，则函数返回错误值"#VALUE!"。

start_num

用数值或数值所在的单元格指定开始查找的字符。要查找文本的起始位置指定为一个字符数。如果忽略 start_num，则假设其为 1，从查找对象的起始位置开始查找。另外，如果 start_num 不大于 0，则函数会返回错误值"#VALUE!"。如果 start_num 大于 within_text 的长度，则函数会返回错误值"#VALUE!"。

使用 FIND 函数可从文本字符串中查找特定的文本，并返回查找文本的起始位置。查找时，要区分大小写、全角和半角字符。查找结果的字符位置不分全角和半角，作为一个字符来计算。可以单独使用 FIND 函数，例如，按照查找字符的起始位置分开文本字符串，或替换部分文本字符串等，也多用于处理其他信息。计数单位如果不是字符而是字节时，请使用 FINDB 函数。FIND 函数和 FINDB 函数有相同的功能，但它们的计数单位不同。

📋 EXAMPLE 1　查找商品名称的全角空格

使用"函数参数"对话框设置各参数，如果直接输入文本字符串，通常情况下，文本字符串会自动加上双引号。也可以指定空格" "。如果省略 start_num，则默认其为 1。

C2		▼	:	×	✓	fx	

▲	A	B	C
1	水果代码	商品名称	商品名称的空白位置
2	AS01	福州　橄榄-青果	
3	AGS2	广东　　杏李	
4	BGD1	江苏　紫水晶-葡萄	
5	SBT5	安徽 K83-黄金梨	

②在"插入函数"对话框中选择"FIND"函数

①单击要输入函数的单元格

↓

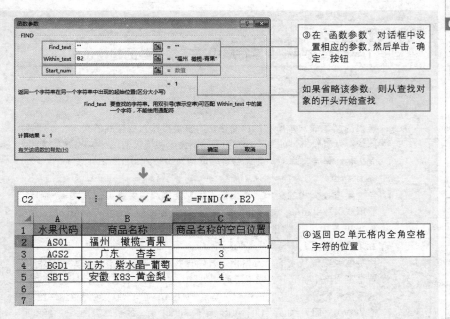

③在"函数参数"对话框中设置相应的参数，然后单击"确定"按钮

如果省略该参数，则从查找对象的开头开始查找

④返回 B2 单元格内全角空格字符的位置

✌POINT ● 活用 FIND 函数的全角或半角空格

FIND 函数中的全角空格 " " 的字符位置，可以分为从开头到全角空格 " " 的字符串和从最后位置到全角空格 " " 的字符串。半角空格 " " 的操作与此相同。如果要提取起始位置到指定位置的字符串，或提取从最后位置到指定位置的字符串，则请使用 LEFT 函数和 RIGHT 函数。

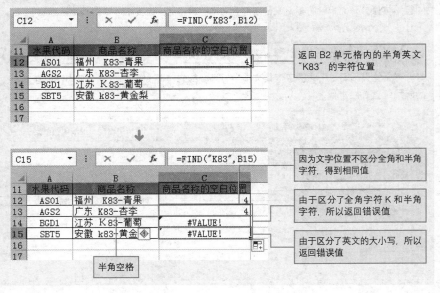

返回 B2 单元格内的半角英文 "K83" 的字符位置

因为文字位置不区分全角和半角字符，得到相同值

由于区分了全角字符 K 和半角字符，所以返回错误值

由于区分了英文的大小写，所以返回错误值

半角空格

FINDB
返回一个字符串在另一个字符串中基于字节数的起始位置

格式 → FINDB(find_text,within_text,start_num)

参数 → find_text

查找的文本或文本所在的单元格。如果直接输入要查找的文本，则需要用双引号引起来。如果不加双引号，则会返回错误值"#NAME?"。如果 find_text 是空文本 ("")，则函数会匹配搜索编号为 start_num 或 1 的字符。

within_text

包含要查找文本的文本或文本所在的单元格。如果直接输入文本，则需要用双引号引起来。如果不加双引号，则会返回错误值"#NAME？"。如果 within_text 中没有 find_text，则函数会返回错误值"#VALUE!"。

start_num

用数值或数值所在的单元格指定开始查找的字符。要查找文本的起始位置指定为一个字节数。如果忽略 start_num，则假设其为 1，从查找对象的起始位置开始检索。另外，如果 start_num 不大于 0，则函数返回错误值"#VALUE!"。如果 start_num 大于 within_text 的长度，则函数会返回错误值"#VALUE!"。

使用 FINDB 函数可从文本字符串中查找特定的文本，并返回查找文本在另一个字符串中基于字节数的起始位置。查找时，区分大小写、全角和半角字符。查找的全角字符作为 2 个字节数，半角字符作为 1 个字节数。可单独使用 FINDB 函数，例如，按照查找字节的起始位置分开文本字符串，或替换部分文本字符串等，也多用于处理其他信息。

EXAMPLE 1 　从水果代码中求特定文本的字符位置

区分英文的大小写，正确指定查找文本字符串。如果省略 start_num，则从 within_text 的起始位置开始查找。

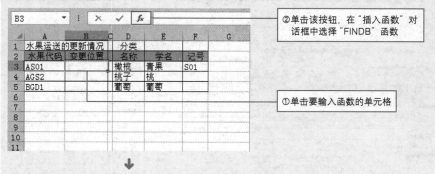

②单击该按钮，在"插入函数"对话框中选择"FINDB"函数

①单击要输入函数的单元格

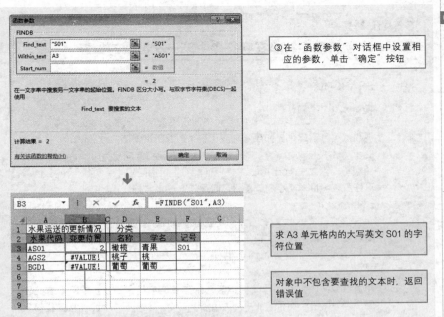

③在"函数参数"对话框中设置相应的参数,单击"确定"按钮

求 A3 单元格内的大写英文 S01 的字符位置

对象中不包含要查找的文本时,返回错误值

👆 POINT ● 将查找的文本字符串转换成其他文本字符串

用 FINDB 函数求得 S01 字符位置,并将 S01 转换为其他文本字符串。以指定的字符位置作为起始位置,将 S01 字符转换为其他的文本字符串时,请使用 REPLACEB 函数。当查找文本字符串为半角字符时,FINDB 函数将得到和 FIND 函数相同的结果。

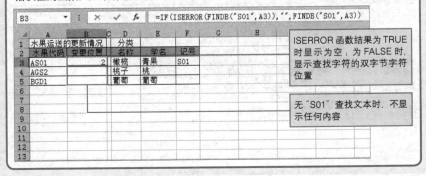

组合技巧 | 避免查找文本字符串不存在时的错误值"#VALUE!"

FINDB 函数、FIND 函数、SEARCH 函数和 SEARCHB 函数的参数 within_text 中没有 find_text 时,则函数会返回错误值"#VALUE!"。但如果组合 IF 函数和 ISER-ROR 函数,则不会返回错误值。ISERROR 函数是检验单元格的值或公式结果是否有错值的函数,如果有错误值,则会返回 TRUE;如果没有错误值,则返回 FALSE。

ISERROR 函数结果为 TRUE 时显示为空;为 FALSE 时,显示查找字符的双字节字符位置

无"S01"查找文本时,不显示任何内容

SEARCH

返回一个字符或字符串在字符串中第一次出现的位置

格式 → SEARCH(find_text,within_text,start_num)

参数 → find_text

要查找的文本或文本所在的单元格。如果直接输入要查找的文本，则需要用双引号引起来。如果不加双引号，则返回错误值"#NAME？"。如果 find_text 是空文本 ("")，则 SEARCH 会匹配搜索编号为 start_num 或 1 的字符。可以在 find_text 中使用通配符，包括问号 (?) 和星号 (*)。问号可匹配任意的单个字符，星号可匹配任意一串字符。

within_text

包含要查找文本的文本或文本所在的单元格。如果直接输入文本，则需要用双引号引起来。如果不加双引号，则会返回错误值"#NAME？"。如果 within_text 中没有 find_text，则函数会返回错误值"#VALUE!"。

start_num

用数值或数值所在的单元格指定开始查找的字符。要查找的文本起始位置指定为第一个字符。如果忽略 start_num，则假设其为 1，从查找对象的起始位置开始查找。如果 start_num 不大于 0，则函数会返回错误值"#VALUE!"。如果 start_num 大于 within_text 的长度，则函数会返回错误值"#VALUE!"。

使用 SEARCH 函数可从文本字符串中查找指定字符，并返回该字符从 start_num 开始第一次出现的位置。查找区分文本字符串的全角和半角字符，但是不区分英文的大小写，还可以在 find_text 中使用通配符进行查找。查找结果的字符位置忽略全角或半角字符，显示为 1 个字符。可单独使用 SEARCH 函数，例如，按照查找字符的起始位置分开文本字符串，或替换部分文本字符串等。

EXAMPLE 1 查找文本字符串（-?? 晶）的字符位置

SEARCH 函数不区分大小写，但可使用通配符进行模糊查找。

	A	B	C
			C2 ▼ : × ✓ fx
1	水果代码	商品名称	商品名称的[-？？晶]位置
2	ABS01	福州　橄榄-青水晶	
3	ADGS2	广东　DGS金阳-水晶	
4	BTGD1	江苏　葡萄-紫水晶	
5	WSBT5	安徽　K83黄金梨-金水晶	
6			
7			

②单击该按钮，在打开的"插入函数"对话框中选择"SEARCH"函数

①单击要输入函数的单元格

↓

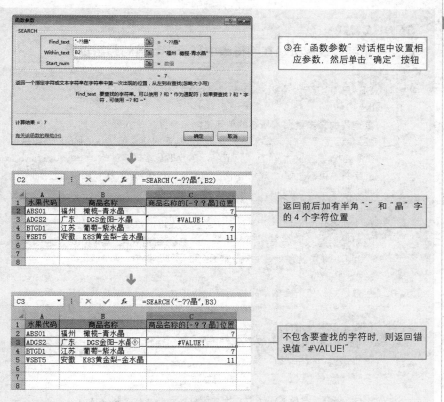

③在"函数参数"对话框中设置相应参数，然后单击"确定"按钮

返回前后加有半角"-"和"晶"字的 4 个字符位置

不包含要查找的字符时，则返回错误值"#VALUE!"

POINT ● 通配符中的 * 或？

通配符包括可匹配任意一串字符的"*"和匹配任意单个字符的"?"。如果要查找真正的问号或星号，请在该字符前键入波形符 (~)。用 SEARCH 函数求得"-?? 晶"的字符位置，能够将"-?? 晶"转换为另一个文本字符串。如果要以指定的字符位置作为起始位置，将"-?? 晶"转换为另一个文本字符串时，请使用 REPLACE 函数。

POINT ● 使用 FIND 函数进行区分大小写的查找

SEARCH 函数可忽略大小写字符进行查找。如果要区分大小写进行查找，请使用 FIND 函数。但是如果要查找的文本不是英文，则 SEARCH 函数和 FIND 函数将返回相同的结果。

求全角空格的字符位置

如果要查找的文本不是英文，这两个函数得到相同的结果

SEARCHB

返回一个字符或字符串在字符串中基于字节数的起始位置

格式 → SEARCHB(find_text,within_text,start_num)

参数 → **find_text**

要查找的文本或文本所在的单元格。如果直接输入要查找的文本，则需要用双引号引起来。如果不加双引号，则返回错误值"#NAME?"。如果 find_text 是空文本 ("")，则 SEARCH 会匹配搜索编号为 start_num 或 1 的字符。可以在 find_text 中使用通配符，包括问号 (?) 和星号 (*)。问号可匹配任意的单个字符，星号可匹配任意一串字符。

within_text

包含要查找文本的文本或文本所在的单元格。如果直接输入文本，需用双引号引起来。如果不加双引号，则会返回错误值"#NAME?"。如果 within_text 中没有 find_text，则函数会返回错误值"#VALUE!"。

start_num

用数值或数值所在的单元格指定开始查找的字符。要查找的文本起始位置指定为第一个字节。如果忽略 start_num，则假设其为 1，从查找对象的起始位置开始查找。另外，如果 start_num 不大于 0，则函数会返回错误值"#VALUE!"。如果 start_num 大于 within_text 的长度，则函数会返回错误值"#VALUE!"。

使用 SEARCHB 函数，可从文本字符串中开始查找字符，并返回查找文本在另一文本字符串中基于字节数的起始位置。查找区分文本字符串的全角和半角字符，但是不区分英文的大小写。当查找文本中有不明确的部分时，还可以使用通配符进行查找。查找结果的字符位置忽略全角或半角字符，显示为 1 个字符。可单独使用 SEARCHB 函数，例如，按照查找字符的起始位置分开文本字符串，或替换部分文本字符串等，也多用于处理其他信息。

📖 EXAMPLE 1　用字节单位求部分不明确字符的位置

SEARCHB 函数不区分大小写，但可使用通配符进行模糊查找。

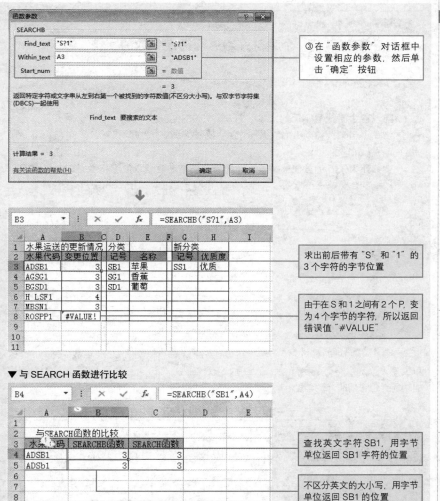

③在"函数参数"对话框中设置相应的参数,然后单击"确定"按钮

求出前后带有"S"和"1"的3个字符的字节位置

由于在S和1之间有2个P,变为4个字节的字符,所以返回错误值"#VALUE"

查找英文字符SB1,用字节单位返回SB1字符的位置

不区分英文的大小写,用字节单位返回SB1的位置

👆POINT ● 使用 FINDB 函数或 FIND 函数进行区分大小写的查找

查找文本为半角字符时,SEARCH 函数和 SEARCHB 函数将返回相同的结果。SEARCHB 函数和 SEARCH 函数可忽略大小写字符进行查找。如果要区分大小写进行查找,请使用 FINDB 函数或 FIND 函数。

LEFT
从一个字符串第一个字符开始返回指定个数的字符

格式 → **LEFT(text,num_chars)**

参数 → text

包含要提取字符的文本字符串。如果直接指定文本字符串，需用双引号引起来。如果不加双引号，则会返回错误值"#NAME?"。

num_chars

用大于 0 的数值或数值所在的单元格指定要提取的字符数。以 text 的开头作为第一个字符，并用字符单位指定数值，num_chars 和函数的返回值如下。

Num_chars	返回值
省略	假定为 1，返回第一个字符
0	返回空格
大于文本长度	返回所有文本
负数	返回错误值 #VALUE！

使用 LEFT 函数可以从一个文本字符串的第一个字符开始返回指定个数的字符。不区分全角和半角字符，句号、逗号和空格作为一个字符。例如，从姓氏的第一个字符开始提取"名字"，从地址的第一个字符开始提取"省份"，都可以使用 LEFT 函数。另外，计数单位如果不是字符而是字节，则请使用 LEFTB 函数。LEFT 函数和 LEFTB 函数有相同的功能，但它们的计数单位不同。

📄 EXAMPLE 1　从商品名的左端开始提取指定个数的字符

文本字符串的构成和长度没有关系，从"商品名称"的起始位置开始提取 2 个字符。

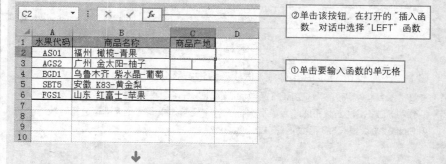

②单击该按钮，在打开的"插入函数"对话中选择"LEFT"函数

①单击要输入函数的单元格

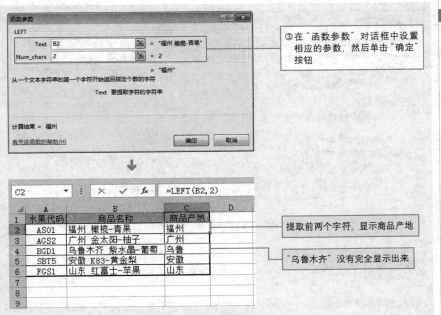

③在"函数参数"对话框中设置相应的参数，然后单击"确定"按钮

提取前两个字符，显示商品产地

"乌鲁木齐"没有完全显示出来

POINT ● 不能固定提取字符数

例如，EXAMPLE1 中，从排列有序、长度相等的文本字符串中开始提取指定字符数的字符时，使用 LEFT 函数比较简单。但是，由于不同"商品名称"字符串的长度各不相同，如果固定提取的字符数，则不能得到正确的产地。

组合技巧 | 提取不同个数的字符（FIND+LEFT）

提取长度不同的文本字符串中的字符数时，可以使用 FIND 函数或 SEARCH 函数，提前指定 LEFT 函数的提取字符数。由于下例中字符的位置明确，也可求 FIND 函数中的个别字符。此外，还可以组合使用 LEFT 函数和 FIND 函数求提取的字符数。

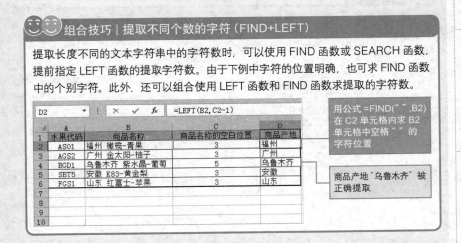

用公式 =FIND(" ",B2) 在 C2 单元格内求 B2 单元格中空格" "的字符位置

商品产地"乌鲁木齐"被正确提取

LEFTB

从字符串的第一个字符开始返回指定字节数的字符

格式 → **LEFTB(text,num_bytes)**

参数 → text

包含要提取字符的文本字符串。如果直接指定文本字符串，需用双引号
引起来。如果不加双引号，则返回错误值"#NAME?"。

num_bytes

输入 0 以上的数值，或指定要提取的字节数。文本字符串的开头也作为
一个字节数，并用字节单位指定数值，字节数的返回值如下。

num_bytes	返回值
省略	假定为 1，返回起始字符
0	返回空格
文本字符串长度以上的数值	返回所有文本字符串
负数	返回错误值 #VALUE！

使用 LEFTB 函数，能从一个文本字符串的第一个字符开始返回指定个数的字节数。全
角字符为 2 个字节，半角字符为 1 个字节，句号、逗号、空格也计算在内。例如，从"商
品代码"的第一个字符开始提取商品特定的分类，从电话号码的第一个字节开始提取"市
外号码"，都可以使用 LEFTB 函数。

EXAMPLE 1　从商品代码的左端开始提取指定字节数的字符

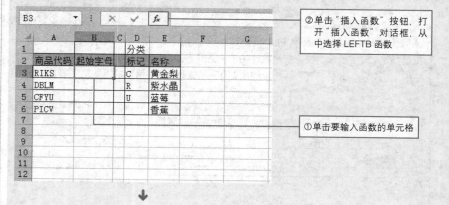

②单击"插入函数"按钮，打
开"插入函数"对话框，从
中选择 LEFTB 函数

①单击要输入函数的单元格

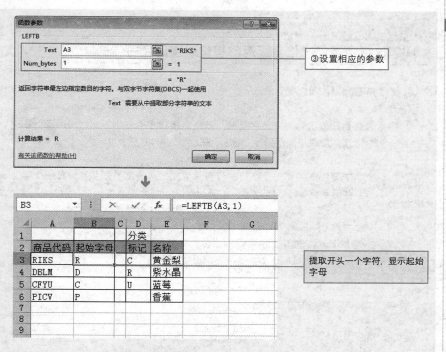

③设置相应的参数

提取开头一个字符，显示起始字母

POINT ● 如何提取字符数

EXAMPLE1 中的"商品代码"，属于排列有序、长度相等的文本字符串，从中提取指定字符数的字符串时，使用 LEFTB 函数比较简单。如果"商品代码"的字符串长度各不相同，则使用该函数时，固定提取的字符数，可能不能得到正确的字符。

组合技巧 | 提取不同个数的字符 (LEFTB+FINDB)

提取不同长度的文本字符串时，可以结合使用 FINDB 函数或 SEARCHB 函数，提前指定 LEFTB 函数的提取字符数。由于下列范例中的字符位置明确，可组合使用 LEFTB 函数和 FINDB 函数提取字符数。

基于 FINDB 函数结果，利用字节单位提取分类

正确提取分类

根据函数公式 =FINDB("-",A3)，在 C3 单元格内，用字节单位返回半角"-"的位置

MID
从字符串中指定的位置起返回指定长度的字符

格式 → MID(text,start_num,num_chars)

参数 → text

包含要提取字符的文本字符串。如果直接指定文本字符串，需用双引号引起来。如果不加双引号，则返回错误值"#NAME?"。

start_num

文本中要提取的第一个字符的位置。以文本字符串的开头作为第一个字符，并用字符单位指定数值。如果 start_num 大于文本长度，则 MID 返回空文本 ("")。如果 start_num 小于 1，则 MID 返回错误值"#VALUE!"。

num_chars

指定 MID 从文本中返回字符的个数。数值不分全角和半角字符，全作为一个字符计算。Num_chars 的返回值如下表。

num_chars	返回值
省略	显示提示信息"此函数输入参数不够"
0	返回空文本
大于文本长度	返回至多直到文本末尾的字符
负数	返回错误值 #VALUE！

使用 MID 函数，可以从文本字符串中指定的起始位置起返回指定长度的字符。不区分全角和半角字符，句号、逗号、空格也作为一个字符计算。计数单位不是字符而是字节时，参照 MIDB 函数。MID 函数和 MIDB 函数有相同的功能，但它们的计数单位不同。

📁 EXAMPLE 1 从商品名指定位置起返回指定长度的字符

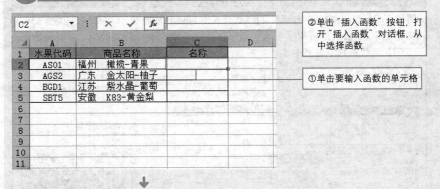

②单击"插入函数"按钮，打开"插入函数"对话框，从中选择函数

①单击要输入函数的单元格

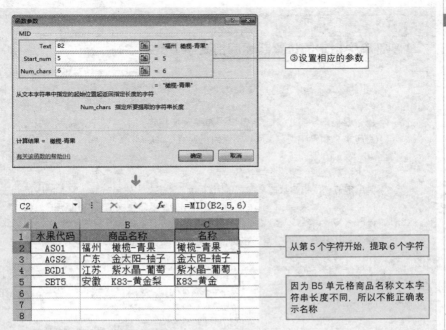

③设置相应的参数

从第 5 个字符开始，提取 6 个字符

因为 B5 单元格商品名称文本字符串长度不同，所以不能正确表示名称

👌 POINT ● 文本字符串的长度不同，则不能正确提取

如果按照商品的"水果代码"，MID 函数从指定位置开始提取排列有序、长度相等的字符串时比较简单。但是，由于"商品名称"不同，字符串的长度也各不相同，如果固定返回的字符数，则不能正确提取。

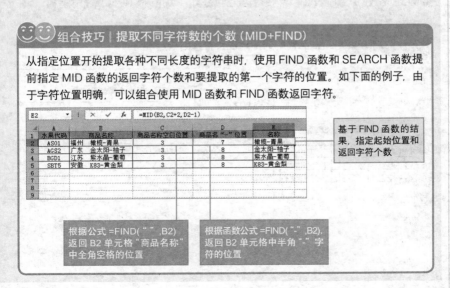

😊😊 组合技巧 | 提取不同字符数的个数（MID+FIND）

从指定位置开始提取各种不同长度的字符串时，使用 FIND 函数和 SEARCH 函数提前指定 MID 函数的返回字符个数和要提取的第一个字符的位置。如下面的例子，由于字符位置明确，可以组合使用 MID 函数和 FIND 函数返回字符。

基于 FIND 函数的结果，指定起始位置和返回字符个数

根据公式 =FIND(" ",B2) 返回 B2 单元格"商品名称"中全角空格的位置

根据函数公式 =FIND("-",B2)，返回 B2 单元格中半角"-"字符的位置

MIDB

从字符串中指定的位置起返回指定字节数的字符

格式 → **MIDB**(text,start_num,num_bytes)

参数 → **text**

包含要提取字符的文本字符串。如果直接指定文本字符串，需用双引号引起来。如果不加双引号，则返回错误值"#NAME？"。

start_num

文本中要提取的第一个字符的位置。以文本字符串的开头作为第一个字节，并用字节单位指定数值。如果 start_num 大于文本的字节数，则 MIDB 返回空文本。如果 start_num 小于 1，则 MIDB 返回错误值"#VALUE!"。

num_bytes

指定 MIDB 从文本中返回字符的个数。全角字符作为 2 个字节计算，半角字符作为一个字节计算。Num_bytes 的返回值如下表。

Num_bytes	返回值
省略	显示提示信息"此函数输入参数不够"
0	返回至多直到文本末尾的字符
大于文本长度	返回至多到文本末尾的字符
负数	返回错误值 #VALUE！

使用 MIDB 函数，可从文本字符串中指定的起始位置起返回指定长度的字符数。全角字符是 2 个字节数，半角字符是 1 个字节数，句号、逗号、空格也要计算在内。例如，使用 MIDB 函数，从"商品代码"中提取特定的"分类"，从电话号码中提取市内号码。

EXAMPLE 1 从商品代码的指定位置中返回指定字符

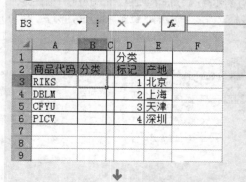

②单击"插入函数"按钮，打开"插入函数"对话框，从中选择函数

①单击要输入函数的单元格

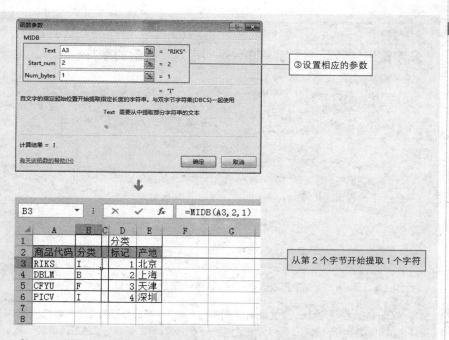

③设置相应的参数

从第 2 个字节开始提取 1 个字符

使用 MIDB 函数，按照商品的"商品代码"，从指定的位置提取排列有序、长度相等的字符串比较简便。

组合技巧 | 提取不同长度的字符串（MIDB+SEARCHB+FINDB）

从指定位置提取各种不同长度的文本字符串时，可以结合使用FINDB函数和SEARCHB函数。如下面的例子，由于字符位置明确，可单独使用SEARCHB函数和FINDB函数。再利用MIDB函数与FINDB函数或SEARCHB函数组合，返回字符。

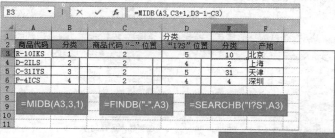

基于 FINDB 函数和 SEARCHB 函数的结果，指定起始位置和返回字符个数，根据公式 =MIDB(A3,C3+1,D3-1-C3) 提取字符

RIGHT
从字符串的最后一个字符开始返回指定字符数的字符

格式 → **RIGHT**(text,num_chars)

参数 → text

包含要提取字符的文本字符串。如果直接指定文本字符串，需用双引号引起来。如果不加双引号，则返回错误值 "#NAME?"。

num_chars

指定 RIGHT 提取的字符数。把文本字符串的结尾作为一个字符，并用字符单位指定数值。Num_chars 的返回值如下。

num_chars	返回值
省略	假定为 1，或返回结尾字符
0	返回空文本
大于文本长度	返回所有文本字符串
负数	返回错误值 #VALUE！

使用 RIGHT 函数，可以从一个文本字符串的最后一个字符开始返回指定个数的字符。不分全角和半角字符，句号、逗号、空格作为一个字符计算。例如，从姓名的最后一个字符开始提取"名字"，从地址的最后字符开始提取"地址号码"，都可以使用 RIGHT 函数。如果计数单位不是字符而是字节时，参照 RIGHTB 函数。RIGHT 函数和 RIGHTB 函数有相同的功能，但它们的计数单位不同。

函数 RIGHT 面向使用单字节字符集（SBCS）的语言，而函数 RIGHTB 面向使用双字节字符集（DBCS）的语言。用户计算机上的默认语言设置对返回值的影响方式如下。

（1）无论默认语言设置如何，函数 RIGHT 始终将每个字符按 1 计数。

（2）当启用支持 DBCS 的语言的编辑并将其设置为默认语言时，函数 RIGHTB 会将每个双字节字符按 2 计数，否则函数 RIGHTB 会将每个字符按 1 计数。

EXAMPLE 1　从商品名称的最后字符开始提取指定个数的字符

在如下数据表中，从"商品名称"的最后一个字符开始提取 2 个字符。需要说明的是文本字符串的构成与长度没有关系。

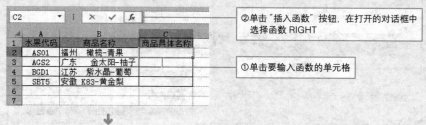

②单击"插入函数"按钮，在打开的对话框中选择函数 RIGHT

①单击要输入函数的单元格

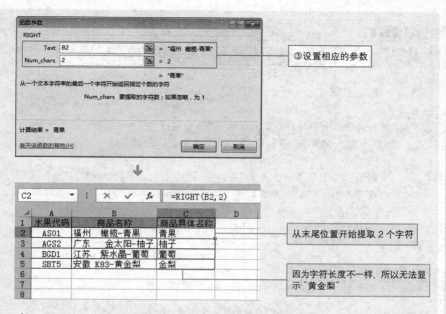

③设置相应的参数

从末尾位置开始提取 2 个字符

因为字符长度不一样，所以无法显示"黄金梨"

☝ POINT ● **文本字符串的长度不同，则不能正确提取**

使用 RIGHT 函数按照商品中的"水果代码"，从指定位置中开始提取排列有序、长度相等的字符串比较简单。但是，由于"商品名称"不同，字符串的长度也各不相同，如果固定字符数，则不能正确提取。

😊😊 组合技巧 | 提取不同字符数的字符 (RIGHT+LEN+FIND)

从最后一个字符开始提取不同长度的字符串，可以先使用 LEN 函数返回全体字符串的字符个数，再使用 FIND 函数或 SEARCH 函数提取字符符数。如下面的例子，由于字符位置明确，可单独使用 LEN 函数和 FIND 函数，然后在 RIGHT 函数中直接指定 FIND 函数，来作为 RIGHT 函数提取字符的个数。

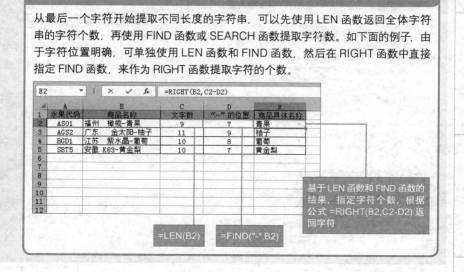

基于 LEN 函数和 FIND 函数的结果，指定字符个数，根据公式 =RIGHT(B2,C2-D2) 返回字符

=LEN(B2)   =FIND("-",B2)

RIGHTB
从字符串的最后一个字符起返回指定字节数的字符

格式 → RIGHTB(text,num_bytes)

参数 → text
包含要提取字符的文本字符串。如果直接指定文本字符串，需用双引号引起来。如果不加双引号，则返回错误值"#NAME?"。

num_bytes
指定 RIGHTB 根据字节所提取的字符数。把文本字符串的结尾作为一个字节，并用字节单位指定数值。num_bytes 的返回值如下。

num_bytes	返回值
省略	假定为 1，或返回结尾字符
0	返回空文本
文本长度以上的数值	返回所有文本字符串
负数	返回错误值 #VALUE！

使用 RIGHTB 函数，能从文本字符串的最后一个字符开始返回指定字节数的字符。全角字符是 2 个字节，半角字符是 1 个字节，句号、逗号、空格也要计算在内。例如从"商品代码"的最后字符开始提取特定商品的"分类"，从电话号码的最后字符开始提取"市内通话号码"，都需使用 RIGHTB 函数。

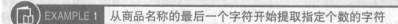

EXAMPLE 1　从商品名称的最后一个字符开始提取指定个数的字符

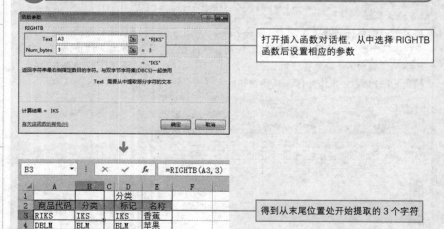

打开插入函数对话框，从中选择 RIGHTB 函数后设置相应的参数

得到从末尾位置处开始提取的 3 个字符

REPLACE
将一个字符串中的部分字符用另一个字符串替换

格式 → REPLACE(old_text,start_num,num_chars,new_text)

参数 → old_text

指定成为被替换对象的文本或文本所在的单元格。如果直接指定文本字符串，需用双引号引起来。如果不加双引号，则返回错误值 "#NAME?"。

start_num

用数值或数值所在的单元格指定开始替换的字符位置。字符串开头为第一个字符，并用字符单位指定数值。如果指定数值超过文本字符串的字符数，则在字符串的结尾追加替字符串。如果 Start_num<0，则返回错误值 "#VALUE!"。

num_chars

希望 REPLACE 使用 new_text 替换 old_text 中字符的个数。

new_text

指定替换旧字符串的文本，或新的文本字符串所在的单元格。如果直接指定文本字符串，需用双引号引起来。如果不加双引号，则返回错误值 "#NAME?"。

使用 REPLACE 函数，按照指定的字符位置和字节数，将指定的字符串替换为另一个文本字符串。start_num 不区分全角和半角字符，开头字符作为第一个字符，并用字符单位计算。REPLACE 函数与字符串的构成无关，把开始替换字符的位置和替换的字符数作为条件来替换文本字符串，替换前的文本字符串并不指定。如果要指定替换前的字符串，请参照 SUBSTITUTE 函数。当计数单位不是字符而是字节时，参照 REPLACEB 函数。REPLACE 函数和 REPLACEB 函数有相同的功能，但它们的计数单位不同。

EXAMPLE 1　在指定的字符位置处插入文本字符串"-"

在指定的字符位置处插入字符串时，将参数 num_chars 指定为 0。

	A	B	C	D	E
1	水果代码的变更				
2	水果代码	新水果代码	商品名称		
3	AS01	AS-01	福州　橄榄-青果		
4	AGS2	AG-S2	广东　金太阳-柚子		
5	BGD1	BG-D1	江苏　紫水晶-葡萄		
6	SBT5	SB-T5	安徽 K83-黄金梨		
7					

B3 =REPLACE(A3,3,0,"-")

根据公式 =REPLACE(A3,3,0,"-") 在第 3 个字符位置插入字符串"-"

REPLACEB

将部分字符根据所指定的字节数用另一个字符串替换

格式 → REPLACEB(old_text,start_num,num_bytes,new_text)

参数 → old_text

指定成为被替换对象的文本或输入文本的单元格。如果直接指定文本字符串，需用双引号引起来。如果不加双引号，则返回错误值"#NAME?"。

start_num

用数值或数值所在的单元格指定开始替换的字符位置。字符串开头为第一个字节，并用字节单位指定数值。如果指定数值超过文本字符串的字节数，则在字符串的结尾追加替换字符串。如果 start_num<0，则返回错误值"#VALUE!"。

num_bytes

指定 REPLACEB 使用 new_text 替换 old_text 中字节的个数。

new_text

指定替换旧字符串的文本，或文本字符串所在的单元格。如果直接指定文本字符串，需用双引号引起来。如果不加双引号，则返回错误值"#NAME?"。

使用REPLACEB函数，按照指定的字符位置和字节数，从指定的字符位置开始将指定字节数的字符替换为另一个文本字符串。全角字符为2个字节，半角字符为1个字节，字符串的开头作为第一个字节，并用字节单位计数。REPLACEB函数与字符串的构成无关，把替换的字符位置和替换的字节个数作为条件来替换文字字符串。

📋 EXAMPLE 1　从指定的字符位置开始替换文本字符串

B3	▼	:	×	✓	fx	

▲	A	B	C	D	E	F	G	H
1	水果运送的更新情况			分类			新分类	
2	水果代码	新水果代码		记号	名称		记号	优质度
3	ADSB1			SB1	富士苹果		SS1	优质
4	AGSG1			SG1	水蜜桃			
5	BGSD1			SD1	紫水晶			
6	HLSF1							
7	MBSN1							
8	ROSP1							
9								
10								
11								
12								
13								

②单击"插入函数"按钮，打开"插入函数"对话框，从中选择函数 REPLACEB

①单击准备要输入函数的单元格

↓

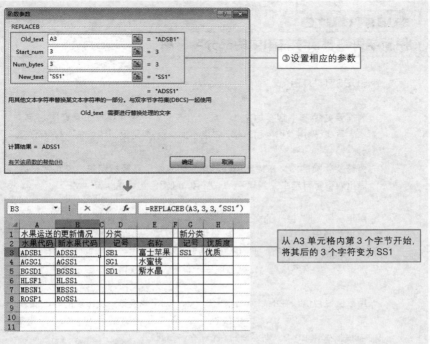

POINT ● 在与内容无关的位置处替换比较简便

在与字符串内容无关的位置处，使用 REPLACEB 函数来替换字符串比较简便。

组合技巧 | 指定替换字符位置后再替换 (REPLACEB+FINDB)

当字符串的长度不同，替换位置也各不相同时，可以先使用 FINDB 函数或 SEARCHB 函数，查找特定替换对象的字符位置后，再指定 REPLACEB 函数的起始位置。如下例，由于 "S" 字符位置明确，可单独使用 FINDB 函数，然后在 REPLACEB 函数参数中组合 FINDB 函数来指定开始替换字符的位置。

SUBSTITUTE
用新字符串替换字符串中的部分字符串

格式 → SUBSTITUTE(text,old_text,new_text,instance_num)

参数 → text

为需要替换其中字符的文本，或对含有文本的单元格。如果直接指定文本字符串,需用双引号引起来。如果不加双引号,则返回错误值 #NAME?"。

old_text

为需要替换的旧文本或其所在的单元格。如果直接指定查找文本字符串,需用双引号引起来。如果不加双引号,则返回错误值 "#NAME?"。

new_text

用于替换 old_text 的文本或其所在的单元格。如果直接指定查找文本字符串，需用双引号引起来。如果不加双引号,则返回错误值 #NAME？。省略替换文本字符串时，则删除查找字符串。但省略时要查找字符串后加逗号。如果不加逗号，则出现提示信息"此函数输入参数不够。"

instance_num

用数值或数值所在的单元格指定以 new_text 替换第一次出现的 old_text。如果省略，则用 tew_text 替换字符串中出现的所有 old_text。如果 instance_num<0，则返回错误值 "#VALUE!"。

使用 SUBSTITUTE 函数查找字符串，将查找到的字符串替换为另一个字符串。如果有多个查找字符串时，则指定替换第几次出现的字符串。SUBSTITUTE 函数用于在某一文本字符串中替换指定的文本。如果需要在某一个文本字符串中替换指定位置处的任意文本，参照 REPLACE 函数或 REPLACEB 函数。

EXAMPLE 1 变更部分商品名称

②单击"插入函数"按钮，在打开的对话框中选择函数 SUBSTITUTE

①单击要输入函数的单元格

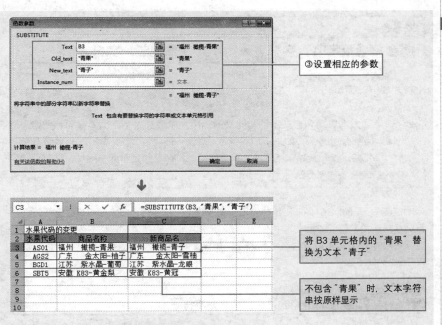

③设置相应的参数

将 B3 单元格内的"青果"替换为文本"青子"

不包含"青果"时，文本字符串按样样显示

🐰 POINT ● 设置参数 instance_num

字符串中没有重复的 old_text 时，可省略参数 instance_num，但若发现多个 old_text 时，则需正确指定参数 instance_num。

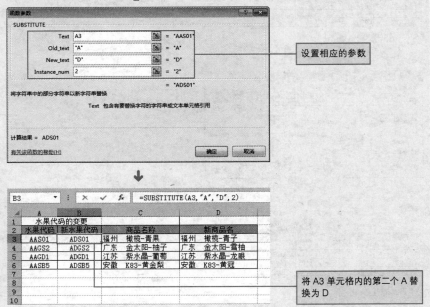

设置相应的参数

将 A3 单元格内的第二个 A 替换为 D

ASC

将全角（双字节）字符更改为半角（单字节）字符

格式 → **ASC(text)**

参数 → text

为文本或对包含文本的单元格的引用。如果直接指定文本字符串，需用双引号引起来。如果不加双引号，则返回错误值"#NAME？"。参数只能指定一个单元格，不能指定单元格区域。如果指定单元格区域，则返回错误值"#VALUE!"。

ASC 函数是与 WIDECHAR 函数功能相反的函数。它能将指定文本字符串的全角英文字符转换成半角字符。如果文本中不包含任何全角字母，则按原样返回。因此，英文的全角字符和半角字符不能混合在一起表示。如果要将半角字符转换为全角字符时，参照 WIDECHAR 函数。

📖 EXAMPLE 1 将全角字符转换为半角字符

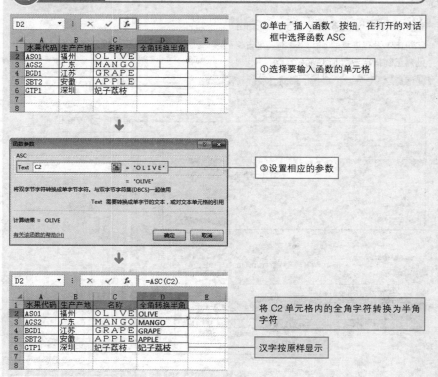

②单击"插入函数"按钮，在打开的对话框中选择函数 ASC

①选择要输入函数的单元格

③设置相应的参数

将 C2 单元格内的全角字符转换为半角字符

汉字按原样显示

WIDECHAR
将半角字符转换成全角字符

格式 → **WIDECHAR**(text)

参数 → text

为文本或对包含要更改文本的单元格的引用。如果直接指定文本字符串，需用双引号引起来。如果不加双引号，则返回错误值"#NAME？"。参数只能指定一个文本单元格，而不能指定单元格区域。如果指定单元格区域，则返回错误值"#VALUE!"。

WIDECHAR 函数是和 ASC 函数功能相反的函数，它能将指定的半角字符串转换成全角字符串。因此，英文的全角字符和半角字符不能混合在一个表格里。将全角字符转换为半角字符，可以参照 ASC 函数。

EXAMPLE 1　将半角字符转换为全角字符

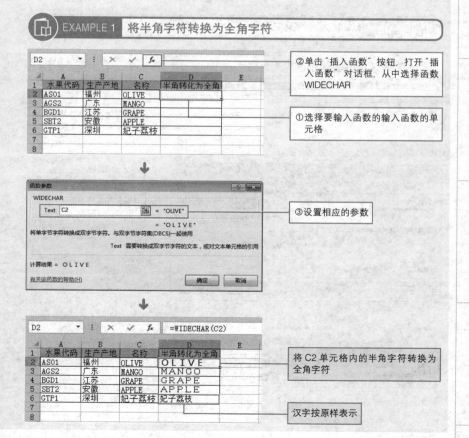

②单击"插入函数"按钮，打开"插入函数"对话框，从中选择函数 WIDECHAR

①选择要输入函数的输入函数的单元格

③设置相应的参数

将 C2 单元格内的半角字符转换为全角字符

汉字按原样表示

UPPER
将文本转换成大写形式

格式 → **UPPER(text)**

参数 → text

为需要转换成大写形式的文本。如果直接指定文本字符串，需用双引号引起来。如果不加双引号，则返回错误值"#NAME ?"。指定的文本单元格只有一个，而且不能指定单元格区域。如果指定单元格区域，则返回错误值"#VALUE!"。

UPPER 函数是和 LOWER 函数功能相反的函数，它可将指定的文本字符串转换成大写形式。如果参数为汉字、数值等英文以外的文本字符串时，按原样返回。需将大写英文转换为小写英文时，参照 LOWER 函数，如果将英文首字母变为大写，参照 PROPER 函数。

EXAMPLE 1 将大写的英文字母转换为小写字母

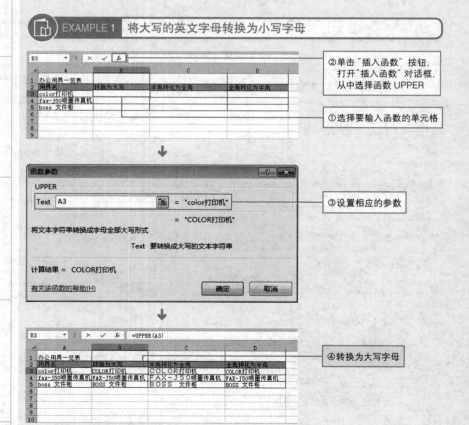

②单击"插入函数"按钮，打开"插入函数"对话框，从中选择函数 UPPER

①选择要输入函数的单元格

③设置相应的参数

④转换为大写字母

LOWER
将文本中的大写字母转换成小写字母

格式 → LOWER(text)

参数 → text

为需要转换成小写形式的文本。如果直接指定文本字符串，需用双引号引起来。如果不加双引号，则返回错误值"#NAME？"。指定的文本单元格只有一个，而且不能指定单元格区域。如果指定单元格区域，则返回错误值"#VALUE!"。

LOWER 函数是和 UPPER 函数功能相反的函数，它可将指定的文本字符串转换成小写形式。参数中的英文字母不区分全角和半角，当参数为汉字、数值等英文以外的文本字符串时，函数按原样返回。如果需将小写英文转换为大写英文时，参照 UPPER 函数，如将英文第一个字母大写时，参照 PROPER 函数。

EXAMPLE 1　将文本中的大写字母转换成小写字母

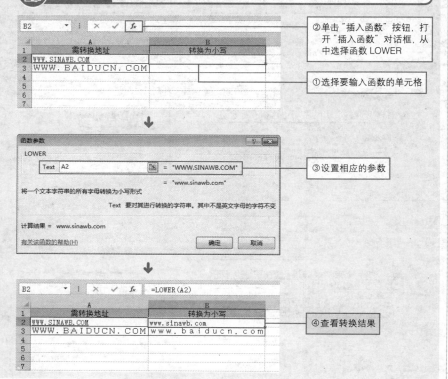

PROPER
将文本字符串的首字母转换成大写

格式 → PROPER(text)

参数 → text

可以是一组双引号中的文本字符串，或者返回文本值的公式或是对包含文本的单元格的引用。如果直接指定文本字符串，需用双引号引起来。如果不加双引号，则返回错误值"#NAME？"。指定的文本单元格只有一个，而且不能指定单元格区域。如果指定单元格区域，则返回错误值"#VALUE!"。

EXAMPLE 1　将文本字符串的首字母转换成大写

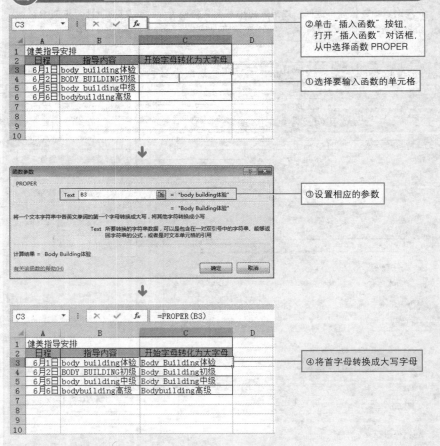

②单击"插入函数"按钮，打开"插入函数"对话框，从中选择函数 PROPER

①选择要输入函数的单元格

③设置相应的参数

④将首字母转换成大写字母

TEXT
将数值转换为按指定数值格式表示的文本

文本的
转换

格式 → TEXT(value,format_text)

参数 → value

为数值、计算结果为数字值的公式，或对包含数字值的单元格的引用。

format_text

在"设置单元格格式"对话框"数字"选项卡中的"分类"列表框中，指定文本形式的数字格式。在 TEXT 函数中指定 format_text 的方法是，选择"开始"选项卡中的"数字"选项，在弹出的"设置单元格格式"对话框中的"数字"选项卡下的"分类"列表框中指定。但 format_text 中不能包含"*"号，否则返回错误值"#VALUE！"。指定的格式符号如下表。

▼ 数值

格式符号	格式符号的意思
#	表示数字。如果没有达到用 # 指定数值的位数，则不能用 0 补充例如：将 12.3 设定为 ##.##，则显示为 12.3)
0	表示数字，没有达到用 0 指定数值的位数时，则添加 0 补充（例如：将 12.3 设定为 ##.#0，则显示为 12.30)
?	表示数字
.	表示小数点（例如：将 123 设定为 ###.0 时，则显示为 123.0)
,	表示 3 位分隔段。但在数值的末尾带有逗号时，则在百位进行四舍五入，并用千位表示（例如：1234567 设定为 #,###，则显示为 1,235)
%	表示百分比。数值表示百分比时，则用 % 表示（例如：0.123 设定为 ##.#% 时，则显示为 12.3%)
/	表示分数（例如：1.23 设定为 #??/???，则显示为 123/100)
¥ $	用带有人民币符号的 ¥ 或美元符号的 $ 数值的表示（例如：1234 设定为 ¥#,##0 时，则显示为 ¥1,234)
+ − = > < ∧ & ( )	符号或运算符号，括号的表示（例如：1234 设定为 (#,##0)，则显示 (1,234))

▼ 日期和时间

格式符号	格式符号的意思
yyyy	用 4 位数表示年份（例如：将 2004/1/1 设定为 yyyy，则表示为 2004)
yy	用 2 位数表示年份（例如：将 2004/1/1 设定为 yy，则表示为 04)
m	用 1 ~ 12 的数字表示日期的月份（例如：将 2004/1/1 设定为 m，则显示 1)
mm	用 01 ~ 12 两位数表示日期的月份（例如：将 2004/1/1 设定为 mm，则显示 01)
mmm	用英语（Jan ~ Dec）表示日期的月份（例如：将 2004/1/1 设定为 mmm，则显示为 Jan)
mmmm	用英语（January ~ December）表示日期的月份（例如：将 2004/1/1 设定为 mmmm，则显示为 January)
d	用（1 ~ 月末）数字表示日期中的日（例如：将 2004/1/1 设定为 d，则显示 1)

（续表）

dd	用（01～月末）两位数字表示日期的日（例如：将 2004/1/1 设定为 dd，则显示为 01）
ddd	用英语（Sun～Sat）表示日期的星期（例如：将 2004/1/1 设定为 ddd，则显示为 Thu）
dddd	用英语（Sunday～Saturday）表示日期的星期（例如：将 2004/1/1 设定为 dddd，则显示为 Thursday）
aaa	用（日～一）汉字表示日期的星期（例如：将 2004/1/1 设定为 aaa，则显示为四）
aaaa	用（星期日～星期四）汉字表示日期的星期（例如：将 2004/1/1 设定为 aaaa，则显示为星期四）
h	用（0～23）的数字表示时间的小时（例如：将 9:09:05 设定为 h，则显示为 9）
hh	用（00～23）的数字表示时间的小时数（例如：将 9:09:05 设定为 hh，则显示为 09）
m	用（0～59）的数字表示时间的分钟（例如：将 9:09:05 设定为 h:m，则显示为 9:9。）如果单独指定 m，则是指定日期的月份，所以它必须和表示时间中的"小时"的 h 或 hh，或秒的 s 或 ss 一起指定
mm	用（00～59）的数字表示两位数字时间的分钟（例如：9:09:05 设定为 hh:mm，则显示为 09:09。）它和 m 相同，单独指定 m，必须和表示时间中的"小时"的 h 或表示 hh，或秒的 s 或 ss 一起指定
s	用（0～59）的数字表示时间的秒数（例如：将 9:09:05 设定为 s，则显示为 5）
ss	用（00～59）的数字表示时间的秒数（例如：将 9:09:05 设定为 ss，则显示为 05）
AM/PM	用上午、下午的 12 点表示时间的秒数（例如：9:09:05 设定为 h:m 和 AM/PM，则显示为 9:9 AM）
[ ]	表示经过的时间（例如：将 9:09:05 设定为 [mm]，则显示为 549（9 个小时过 9 分 =549））

▼ 其他

格式符号	格式符号的意思
G/ 通用格式 ü	标准格式显示（例如：将 1,234 设定为 G/ 通用格式，则显示为 1234）
[DBNum1]	显示汉字，用十、百、千、万显示，如将 1234 设定为 [DBNum1]，则显示为一千二百三十四
[DBNum1]###0	用数字表示数值（例如：将 1234 设定为 [DBNum1]###0，则显示为一二三四）
[DBNum2]	表示大写的数字（例如：将 1234 设定为 [DBNum2]，则显示为壹仟贰百叁拾四）
[DBNum2]###0	表示大写的数字（例如：将 1234 设定为 [DBNum2]###0，则显示为壹贰叁四）
[DBNum3]	显示数字和汉字（例如：将 1234 设定为 [DBNum3]，则显示为 1 千 2 百 3+4）
[DBNum3]###0	显示全角数字（例如：将 1234 设定为 [DBNum3]###0，则显示为 1 2 3 4）
;	用于不同情况下，例如，冒号左边表示正数格式，右边表示负数格式（例 -1234] 设定为 #,##0;(#,##0)，则显示为 (1,234)
_	用于字符中有间隔情况下。（_）的后面显示指定的字符有相同间隔（例：将 1234 设定为 ¥_-#,##0，则显示为 ¥1,234）

使用 TEXT 函数，将数值转换为和单元格格式相同的文本格式。对于输入数值的单元格也能设定格式，但格式的设定只能改变单元格格式，而不会影响其中的数值。

EXAMPLE 1　将数值转换为已设置好格式的文本

由于 TEXT 函数是将数值转换为文本，所以单元格内容显示在左边。即使转换为文本字符串，返回值为数字时，在公式中也能作为数值计算使用，但是不能作为函数参数使用。

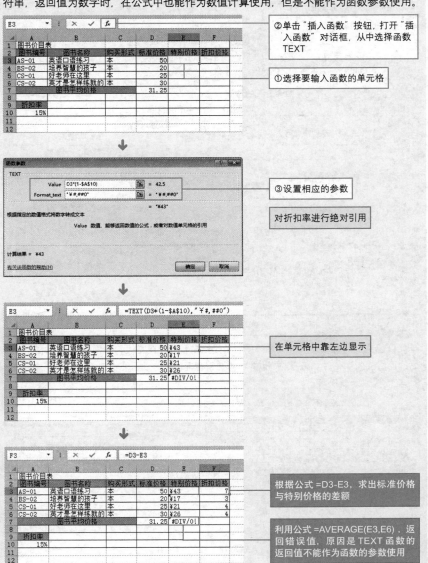

②单击"插入函数"按钮，打开"插入函数"对话框，从中选择函数 TEXT

①选择要输入函数的单元格

③设置相应的参数

对折扣率进行绝对引用

在单元格中靠左边显示

根据公式 =D3-E3，求出标准价格与特别价格的差额

利用公式 =AVERAGE(E3,E6)，返回错误值，原因是 TEXT 函数的返回值不能作为函数的参数使用

FIXED

将数字按指定位数取整，并以文本形式返回

格式 → **FIXED(number,decimals,no _commas)**

参数 → number

要进行四舍五入并转换成文本字符串的数字。

decimals

指定小数点右边的小数位数。例如，指定位数为 2 时，四舍五入到小数点后第 3 位的数值。如果省略 decimals 参数，则假定其值为 2。位数和四舍五入的位置如下表。

位数	四舍五入的位置
正数	四舍五入到小数点后 n+1 位的数值
0	四舍五入到小数点后第 1 位的数值
负数	四舍五入到整数的第 n 位
省略	假定其值为 2，四舍五入到小数点后第 3 位的数值

no_commas

为一逻辑值。

使用 FIXED 函数，可以将数字按指定的小数位数进行取整，利用句号和逗号，以小数格式对该数进行格式设置，并以文本形式返回。用位数指定四舍五入的位置。它和在输入数值的单元格中设定"数值"的格式相同，但格式的设定只能改变工作表中单元格的格式，而不能将其结果转换为文本。

EXAMPLE 1　将数字以文本形式返回

FIXED 函数是将数值转换为文本，所以单元格内容显示在左边。即使转换为文本字符串后的返回值为数字时，在公式中也能作为数值计算使用，但不能作为函数参数使用。

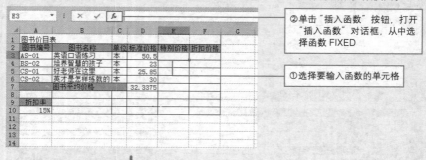

②单击"插入函数"按钮，打开"插入函数"对话框，从中选择函数 FIXED

①选择要输入函数的单元格

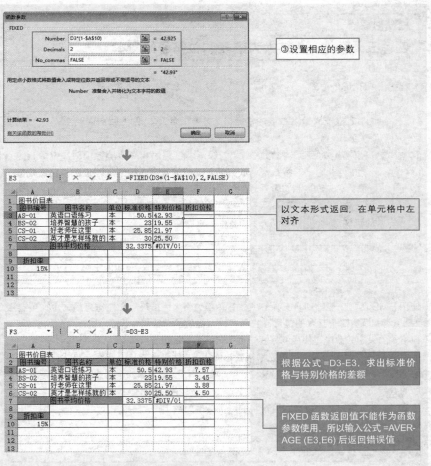

③设置相应的参数

以文本形式返回，在单元格中左对齐

根据公式 =D3-E3，求出标准价格与特别价格的差额

FIXED 函数返回值不能作为函数参数使用，所以输入公式 =AVER-AGE (E3,E6) 后返回错误值

🖐 POINT ● 即使改变格式，单元格内容仍表示数值

在"设置单元格格式"对话框中，即使把单元格设定为"数值"格式时，也只改变工作表的格式，其中的数值不发生改变，也不会转换成文本。因此，这时单元格中的数值为右对齐。

设置为"数值"格式

在单元格中右对齐

RMB
四舍五入数值，并转换为带￥和位符号的文本

格式 → RMB(number,decimals)

参数 → number

指定数值或输入数值的单元格。如果指定文本,则返回错误值"#VALUE!"。

decimals

指定小数点后的位数。例如，保留小数点后第二位的数值时，位数指定为2。此时，四舍五入小数点后第三位的数字。如果省略位数，则假定其值为2。位数和四舍五入的位置如下表。

位数	四舍五入的位置
正数	四舍五入到小数点后n+1位的数值
0	四舍五入到小数点后第1位的数值
负数	四舍五入到整数的第n位
省略	假定其值为2，四舍五入到小数点后第3位的数值

使用RMB函数，能够四舍五入数值，并转换为带人民币符号和位符号的文本。用参数decimals指定四舍五入的位置。它和在输入数值的单元格中设定"货币"的格式相同，但格式的设定只改变工作表的格式，也不转换为文本。

使用命令来设置包含数字的单元格格式与使用RMB函数直接设置数字格式之间的主要区别在于：RMB函数将计算结果转换为文本。使用"设置单元格格式"对话框设置格式后的数字仍为数字。之所以可以继续在公式中使用由RMB函数设置格式的数字，是因为Excel在计算时会将以文本值输入的数字转换为数字。

📖 EXAMPLE 1 转换为带￥和位符号的文本

RMB函数的功能是转换为文本，所以单元格内容显示在左对齐。转换为文本后，在公式中也能作为数值计算使用，但不能作为函数参数使用。

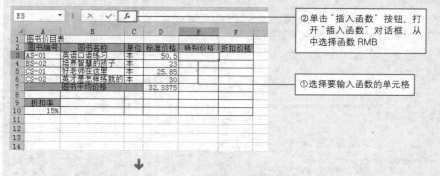

②单击"插入函数"按钮，打开"插入函数"对话框，从中选择函数RMB

①选择要输入函数的单元格

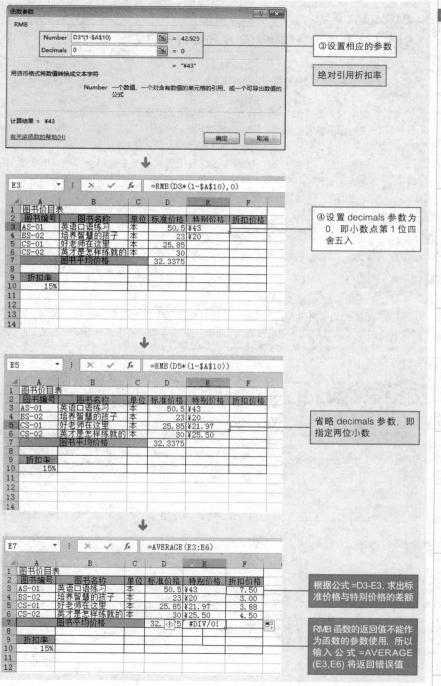

函数参数 对话框

RMB

| Number | D3*(1-$A$10) | = 42.925 |
| Decimals | 0 | = 0 |

= "¥43"

③设置相应的参数

绝对引用折扣率

用货币格式将数值转换成文本字符

Number 一个数值、一个对含有数值的单元格的引用、或一个可导出数值的
公式

计算结果 = ¥43

有关该函数的帮助(H)   确定   取消

E3 ‖ ✕ ✓ fx =RMB(D3*(1-$A$10),0)

	A	B	C	D	E	F
1	图书价目表					
2	图书编号	图书名称	单位	标准价格	特别价格	折扣价格
3	AS-01	英语口语练习	本	50.5	¥43	
4	BS-02	培养智慧的孩子	本	23	¥20	
5	CS-01	好老师在这里	本	25.85		
6	CS-02	英才是怎样练就的	本	30		
7		图书平均价格		32.3375		
8						
9	折扣率					
10	15%					
11						
12						
13						
14						

④设置 decimals 参数为
0，即小数点第 1 位四
舍五入

E5 ‖ ✕ ✓ fx =RMB(D5*(1-$A$10))

	A	B	C	D	E	F
1	图书价目表					
2	图书编号	图书名称	单位	标准价格	特别价格	折扣价格
3	AS-01	英语口语练习	本	50.5	¥43	
4	BS-02	培养智慧的孩子	本	23	¥20	
5	CS-01	好老师在这里	本	25.85	¥21.97	
6	CS-02	英才是怎样练就的	本	30	¥25.50	
7		图书平均价格		32.3375		
8						
9	折扣率					
10	15%					
11						
12						
13						
14						

省略 decimals 参数，即
指定两位小数

E7 ‖ ✕ ✓ fx =AVERAGE(E3:E6)

	A	B	C	D	E	F
1	图书价目表					
2	图书编号	图书名称	单位	标准价格	特别价格	折扣价格
3	AS-01	英语口语练习	本	50.5	¥43	7.50
4	BS-02	培养智慧的孩子	本	23	¥20	3.00
5	CS-01	好老师在这里	本	25.85	¥21.97	3.88
6	CS-02	英才是怎样练就的	本	30	¥25.50	4.50
7		图书平均价格		32.5	#DIV/0!	
8						
9	折扣率					
10	15%					
11						
12						

根据公式 =D3-E3，求出标
准价格与特别价格的差额

RMB 函数的返回值不能作
为函数的参数使用，所以
输入公式 =AVERAGE
(E3,E6) 将返回错误值

06
文本函数

DOLLAR

四舍五入数值，并转换为带 $ 和位符号的文本

格式 → **DOLLAR**(number,decimals)

参数 → number

数字或对包含数字的单元格引用，或是计算结果为数字的公式。如果指定的数值中含有文本，则返回错误值"#VALUE!"。

decimals

指定小数点后的位数。例如，表示到小数点后第三位的数值时，位数指定为 2。此时，四舍五入小数点后第三位的数字。如果省略位数，则假定其值为 2。位数和四舍五入的位置如下表。

位数	四舍五入的位置
正数	四舍五入到小数点后 n+1 位的数值
0	四舍五入到小数点后第 1 位的数值
负数	四舍五入到整数的第 n 位
省略	假定其值为 2，四舍五入到小数点后第 3 位的数值

DOLLAR 函数的功能为四舍五入数值，并转换为带"$"和位符号的文本。用位数指定四舍五入的位置。它和把单元格设置为"货币"格式类型，但格式的设置只改变工作表的格式，不能转换为文本。

📖 EXAMPLE 1　转换为带 $ 和位符号的文本

根据公式 =DOLLAR(D3/$A$10) 转换为带 $ 和位符号的文本

省略 decimals 参数，表示指定小数点后两位

👆 **POINT ● DOLLAR 函数结果不能作为函数参数**

由于 DOLLAR 函数的结果是转换为文本，因此函数返回结果将为左对齐。即使不转换为文本，也可以作为公式中的数值计算，但不能作为函数参数。

BAHTTEXT
将数字转换为泰语文本

文本的
转换

格式 → **BAHTTEXT(number)**

参数 → number

为要转换成文本的数字、或对包含数字的单元格的引用或结果为数字的
公式。如果参数指定为文本，则返回错误值"#VALUE!"。

使用 BAHTTEXT 函数，将数字转换为泰语文本并添加前缀"泰铢"。

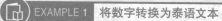 EXAMPLE 1 将数字转换为泰语文本

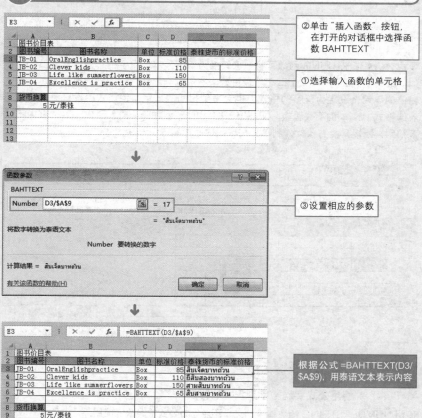

②单击"插入函数"按钮，
在打开的对话框中选择函
数 BAHTTEXT

①选择输入函数的单元格

③设置相应的参数

根据公式 =BAHTTEXT(D3/
$A$9)，用泰语文本表示内容

NUMBERSTRING
将数字转换为大写汉字

格式 → NUMBERSTRING(value,type)

参数 → value

指定数值或数值所在的单元格。如果省略参数，则假定值为 0，如果参数中指定文本，则返回错误值 "#VALUE!"。

type

用 1~3 的数值指定汉字的表示方法。如果省略 type，则返回错误值 "#NUM!"。汉字的格式：如 123。

形式	汉字	表示方法
1	一百二十三	用 "十百千万" 的表示方法
2	壹百贰十叁	用大写表示
3	一二三	不取位数，按原样表示

使用 NUMBERSTRING 函数可将数值转换为汉字文本。汉字的转换方法有三种，例如 "123" 可用 "一百二十三"、"壹百贰十叁"、"一二三" 中的任何一个表示。输入数值的单元格设定为汉字的格式，也会得到相同的表示，但格式的设置不改变工作表的格式，文本也不被转换。NUMBERSTRING 函数在 "插入函数" 对话框内不能查找到，所以只能直接输入到单元格或编辑栏中输入。

EXAMPLE 1 将数字转换为汉字

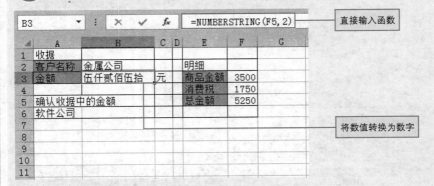

POINT ● 使用公式实现数字到汉字的转换

使用 NUMBERSTRING 函数转换的文本不能作为公式中的数值使用，只作为文本表示。用汉字的格式制作公式时，选择 "设置单元格格式" 对话框中的 "数字" 选项卡中的 "特殊" 选项，再从 "类型" 列表中选择 "中文大写数字"。

VALUE

将文本转换为数值

格式 → **VALUE**(text)

参数 → text

指定能转换为数值并加双引号的文本，或文本所在的单元格。如果文本不加双引号，则返回错误值"#NAME？"。如果指定不能转换为数值的文本或单元格区域，则返回错误值"#VALUE!"。

使用 VALUE 函数可将指定文本转换为数值。但是 text 参数可以是 Excel 中可识别的任意常数、日期或时间格式。在 Excel 的编辑栏中使用数字时，数字被自动看作为数值，所以使用 VALUE 函数时没必要将数字转换为数值。Excel 可以自动在需要时将文本转换为数字。提供此函数是为了与其他电子表格程序兼容。

EXAMPLE 1　将文本转换为数值

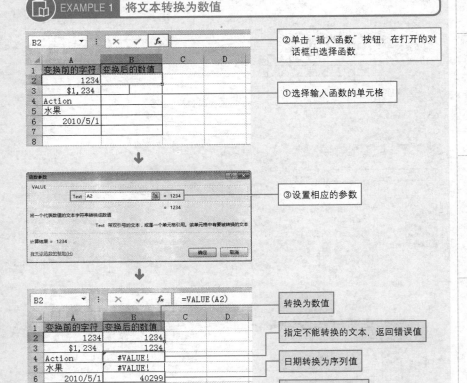

CODE

返回文本字符串中第一个字符的数字代码

格式 → **CODE(text)**

参数 → text

指定加双引号的文本，或文本所在的单元格。如果不加双引号，则返回错误值 "#NAME？"。指定多个字符时，返回第一个字符的数字代码。

CODE 函数是和 CHAR 函数功能相反的函数，它可用十进制数表示指定文本字符串相对应的数字代码。字符代码是与标准规定的 ASCII 代码和 JIS 代码相对应的。需要求指定数值对应的字符时，参照 CHAR 函数。

EXAMPLE 1 将文本转换为数字代码

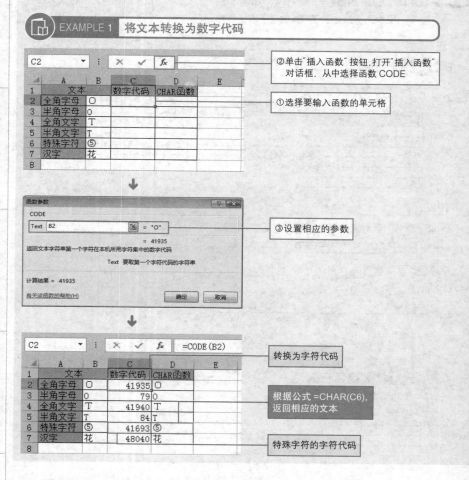

②单击"插入函数"按钮，打开"插入函数"对话框，从中选择函数 CODE

①选择要输入函数的单元格

③设置相应的参数

转换为字符代码

根据公式 =CHAR(C6)，返回相应的文本

特殊字符的字符代码

CHAR

返回对应于数字代码的字符

格式 → **CHAR(number)**

参数 → **number**

用于转换的数字代码，介于 1~255 之间。如果参数为不能当作字符的数值或数值以外的文本，则返回错误值 "#VALUE!"。

CHAR 函数是和 CODE 函数功能相反的函数，它用于将指定的数值转换为字符代码，表示字符代码对应的文本。字符代码是与标准规定的 ASCII 代码和 JIS 代码相应的。若需求指定文本对应的数字代码时，参照 CODE 函数。

EXAMPLE 1　将数字代码转换为文本

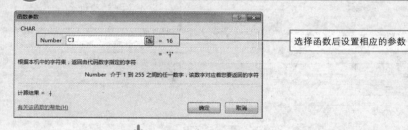

选择函数后设置相应的参数

得到与 C3 单元格内数值对应的文本字符串

数字	文字	数字	文字	数字	文字	数字	文字	数字	文字	数字	文字
1		16	┼	31		46	.	61	=	76	L
2	┬	17	◄	32		47	/	62	>	77	M
3	∟	18	↕	33	!	48	0	63	?	78	N
4	┘	19	‼	34	"	49	1	64	@	79	O
5	¦	20	¶	35	#	50	2	65	A	80	P
6	–	21	⊥	36	$	51	3	66	B	81	Q
7	•	22	┬	37	%	52	4	67	C	82	R
8	■	23	↨	38	&	53	5	68	D	83	S
9		24	↑	39	'	54	6	69	E	84	T
10		25	┝	40	(	55	7	70	F	85	U
11	♂	26	→	41	)	56	8	71	G	86	V
12	♀	27	←	42	*	57	9	72	H	87	W
13		28		43	+	58	:	73	I	88	X
14	♫	29		44	,	59	;	74	J	89	Y
15	☼	30		45	-	60	<	75	K	90	Z

POINT ● 控制字符

数值在 1~31 间对应的字符称为控制字符，在 Excel 中不能被打印出来。控制字符在工作表中显示为 "•" 或不显示。

T
返回 value 引用的文本

格式 → T(value)

参数 → value

指定转换为文本的数值。指定加双引号的文本数值，或指定输入文本的单元格。文本如果不加双引号，则返回错误值 "#NAME？"

使用 T 函数，如果指定的为文本则返回文本，如果指定的不是文本，则返回空文本。也可用于从设定好的文本中提取无格式的文本。

EXAMPLE 1 返回引用的文本

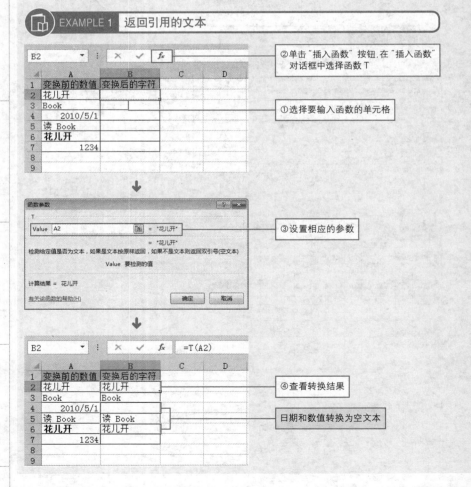

②单击"插入函数"按钮，在"插入函数"对话框中选择函数 T

①选择要输入函数的单元格

③设置相应的参数

④查看转换结果

日期和数值转换为空文本

EXACT
比较两个文本字符串是否完全相同

文本的
比较

格式 → **EXACT**(text1,text2)

参数 → text1

待比较的第一个字符串。如果指定字符串，字符串要用双引号引起来。

text2

待比较的第二个字符串。和 text1 相同，直接输入时，字符串用双引号引起来。若不加双引号，则返回错误值 "#NAME！"。并且只能指定一个单元格，如果 text1、text2 中指定为单元格区域，则返回错误值 "#VALUE!"。

使用 EXACT 函数，只能指定 text1 和 text2，并比较两个字符串的大小。如果它们完全相同，则返回 TRUE，否则返回 FALSE。函数 EXACT 能区分全角和半角、大小写，字符间的不同空格。所以使用 EXACT 函数比较字符串比较简便。若使用 IF 函数，除必须分开设定各种判定条件和判定结果，而且不区分大小写。所以比较字符串大小时，利用 EXACT 函数的方法比较简单。若比较两个数值的大小时，参照 DELTA 函数。

EXAMPLE 1 比较两字符串的大小

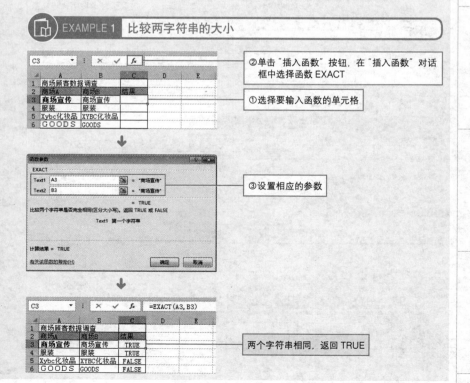

②单击"插入函数"按钮，在"插入函数"对话框中选择函数 EXACT

①选择要输入函数的单元格

③设置相应的参数

两个字符串相同，返回 TRUE

CLEAN
删除文本中不能打印的字符

格式 → **CLEAN**(text)
参数 → text
　　　　为从中删除不能打印字符的任何工作信息。如果直接指定文本，需加双
　　　　引号。如果不加双引号，则返回错误值"#VALUE!"。

使用 CLEAN 函数删除文本中不能打印的字符。Excel 中不能打印的字符主要是控制字
符或特殊字符，在读取控制字符、特殊字符、其他 OS 或应用程序生成的文本时，将
删除包含当前操作系统无法打印的字符。CLEAN 函数删除一个控制字符时，会出现
换行现象。

EXAMPLE 1 删除不能打印的字符

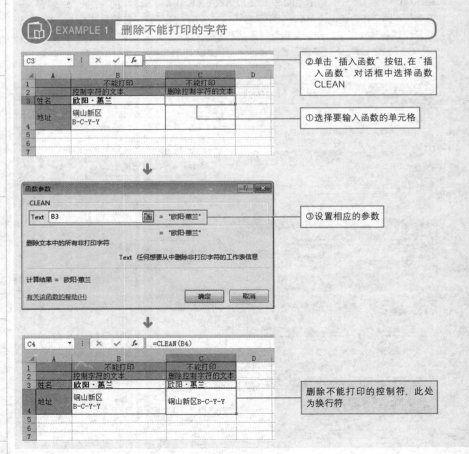

②单击"插入函数"按钮,在"插入函数"对话框中选择函数 CLEAN

①选择要输入函数的单元格

③设置相应的参数

删除不能打印的控制符,此处为换行符

TRIM

删除文本中的多余空格

格式 → **TRIM(text)**

参数 → **text**

需要清除文本其中的空格。直接指定为文本时，需加双引号。如果不加双引号，则返回错误值 "#VALUE!"。

使用 TRIM 函数可以删除文本中的多余空格，全部删除插入在字符串开头和结尾中的空格，对于被插入在字符间的多个空格，只保留一个空格，其他的多余空格全部被删除。此外，在从其他应用程序中获取带有不规则空格的文本时也可以使用该函数。TRIM 函数用于清除文本中的 7 位 ASCII 空格字符（值 32）。

EXAMPLE 1　删除文本中多余的空格

②单击"插入函数"按钮，在"插入函数"对话框中选择函数 TRIM

①选择要输入函数的单元格

③设置相应的参数

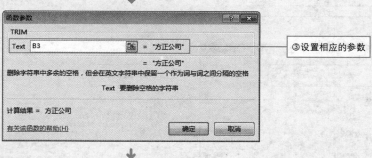

删除了多余的空格

REPT

按照给定的次数重复显示文本

文本的
重复

格式 → REPT(text,number_times)

参数 → text

需要重复显示的文本。直接指定文本时，需加双引号。如果不加双引号，
则返回错误值"#VALUE!"。

number_times

用 0~32,767 之间的数值指定重复显示文本的次数。如果指定次数不是整
数，则将被截尾取整。如果指定次数为 0，则 REPT 返回空文本。重复次
数不能大于 32,767 个字符或为负数，否则，REPT 将返回错误值"#VALUE!"。

用 REPT 函数可以按照给定的次数重复显示文本。我们可以通过函数 REPT 来不断地重
复显示某一文本字符串，对单元格进行填充。

EXAMPLE 1　按照给定的次数重复显示文本

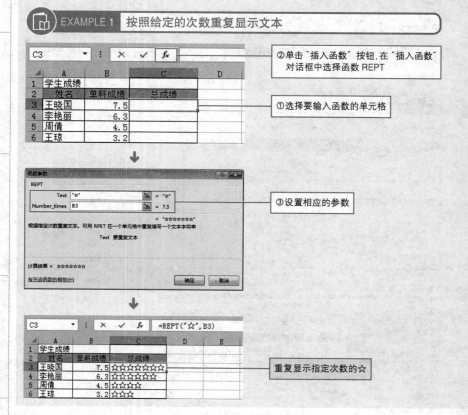

②单击"插入函数"按钮，在"插入函数"
对话框中选择函数 REPT

①选择要输入函数的单元格

③设置相应的参数

重复显示指定次数的☆

SECTION

07

财务函数

SECTION 07 财务函数

使用财务函数，能用简单的方法计算复杂的利息、货款的偿还额、证券或债券的利率、国库券的收益率等。财务函数分多种类型。下面将对财务函数的分类、用途以及相关注意事项进行介绍。

→ 函数分类

1. 求支付次数

求利息偿还额或累计金额的支付次数的函数。

NPER	基于固定利率及等额分期付款方式，返回某项投资（或贷款）的总期数
COUPNUM	返回在成交日和到期日之间的付息次数，向上舍入到最近的整数
PDURATION	返回投资到达指定值所需的期数

2. 求利率

基于利息或累积额，返回它的利率。

RATE	返回年金的各期利率
EFFECT	返回实际的年利率
NOMINAL	返回名义年利率

3. 求支付额

贷款或存款时，返回每次支付额的函数。

PMT	基于固定利率及等额分期付款方式，返回贷款的每期付款额
PPMT	返回偿还额的本金部分
IPMT	返回在给定期次内某项投资回报的利息部分
ISPMT	计算特定投资期内要支付的利息

4. 求累计额

定期支付一定期间内利息的偿还额或累计额时，在需求利息或本金累计额时使用。

CUMIPMT	返回两个周期之间的利息支付总额
CUMPRINC	返回两个周期之间的贷款的累积本金

5. 求期值

按照支付偿还额，返回累积金额。

FV	基于固定利率及等额分期付款方式，返回某项投资的期值
FVSCHEDULE	返回初始本金通过复利计算后的期值

6. 求当前值

为了偿还任意时期内所有的金额，求货款或累积额的现值是多少。

PV	返回投资的现值
NPV	基于一系列现金流和固定的各期贴现率，返回一项投资的净现值
XNPV	基于不定期发生的现金流，返回它的净现值

7. 求折旧费

求任意期间内的资产折旧费。

DB	使用固定余额递减法，计算一笔资产在给定期间内的折旧值
SLN	返回一项资产在一个期间中的直线折旧值
DDB	使用双倍余额递减法或其他指定方法，计算一笔资产在给定期间内的折旧值
VDB	使用双倍递减余额法或其他指定的方法，返回指定期间内或某一时间段内的资产折旧值
SYD	返回某项资产按年限总和折旧法计算的某期的折旧值
AMORDEGRC	根据资产的耐用年限，返回各会计期的折旧值 (法国结算方式)
AMORLINC	返回各会计期的折旧值 (法国结算方式)

8. 求内部收益率

基于未来发生的流动资金，返回收益率。

IRR	返回一组现金流的内部收益率
XIRR	返回不定期内产生的现金流量的收益率
MIRR	返回某一连续期间内现金流的修正内部收益率

9. 证券的计算

对证券的价格、收益率等的计算。由于证券计算复杂，需根据条件式进行细分，所以要根据情况区别使用。

PRICEMAT	返回到期付息的面值 $100 的有价证券的价格
YIELDMAT	返回到期付息的有价证券的年收益率
ACCRINTM	返回到期一次性付息的有价证券的应计利息
PRICE	返回定期付息的面值 $100 的有价证券的价格
YIELD	返回定期付息的有价证券的收益率
ACCRINT	返回定期付息的有价证券的应计利息
PRICEDISC	返回折价发行的面值 $100 的有价证券的价格
RECEIVED	返回一次性付息的有价证券到期收回的总金额
DISC	返回有价证券的贴现率
INTRATE	返回一次性付息证券的利率
YIELDDISC	返回折价发行的有价证券的年收益率
COUPPCD	返回结算日之前的上一个债券日期
COUPNCD	返回结算日之前的下一个债券日期
COUPDAYBS	返回当前付息期内截止到成交日的天数
COUPDAYSNC	返回从成交日到下一付息日之间的天数
COUPDAYS	返回成交日所在的付息期的天数

ODDFPRICE	返回首期付息日不固定（长期或短期）的面值 $100 的有价证券价格
ODDFYIELD	返回首期付息日不固定的有价证券（长期或短期）的收益率
ODDLPRICE	返回末期付息日不固定的面值 $100 的有价证券（长期或短期）的价格
ODDLYIELD	返回末期付息日不固定的有价证券（长期或短期）的收益率
DURATION	返回假设面值 $100 定期付息有价证券的修正期限
MDURATION	返回假设面值 $100 的有价证券的修正 Macauley

10. 国库券的计算
对国库券的计算。

TBILLEQ	返回国库券的等效收益率
TBILLPRICE	返回面值 $100 的国库券的价格
TBILLYIELD	返回国库券的收益率

11. 美元的计算
对美元的计算。

| DOLLARDE | 将美元价格从分数形式转换成小数形式 |
| DOLLARFR | 将美元价格从小数形式转换成分数形式 |

→ 关键点

在使用财务函数过程中，由于需要得到不同形式的计算结果，所以必须首先设定单元格格式。

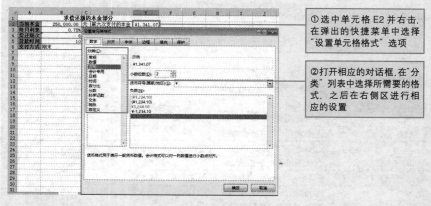

①选中单元格 E2 并右击，在弹出的快捷菜单中选择"设置单元格格式"选项

②打开相应的对话框，在"分类"列表中选择所需要的格式，之后在右侧区进行相应的设置

财务函数中的参数是否应该带负号是经常容易混淆的问题。Excel 把流入资金看作正数计算，流出资金看作负数计算。储蓄时，支付现金看作流出资金，收到现金看作流入资金。参数中加不加负号会得到完全不同的计算结果，所以必须注意参数符号的指定。

NPER
返回某项投资的总期数

格式 → NPER(rate,pmt,pv,fv,type)

参数 → rate

为各期利率。可以直接输入带 % 的数值或是数值所在单元格的引用。由于通常用年利率表示利率，所以如果按年利率 2.5% 支付，则月利率为 2.5%/12。如果指定负数，则返回错误值 "#NUM!"。

pmt

为各期所应支付的金额，其数值在整个年金期间保持不变。通常，pmt 包括本金和利息，但不包括其他费用及税款。如果 pmt<0，则返回错误值 "#NUM!"。

pv

为现值，即从该项投资开始计算时已经入帐的款项，或一系列未来付款当前值的累积和，也称为本金。如果 pv<0，则返回错误值 "#NUM!"。

fv

为未来值，或在最后一次付款后希望得到的现金余额，如果省略参数 fv，则假设其值为零。如果 fv<0，则返回错误值 "#NUM!"。

type

用以指定付息方式是在期初还是期末。期初支付指定为 1，期末支付指定为 0。如果省略，则指定为期末支付。如果 type 不是数字 0 或 1，则函数返回错误值 "#NUM!"。

使用 NPER 函数，基于固定利率及等额分期付款方式，返回某项投资的总期数。若是将固定利率、等额支付本金和利率作为条件求有价证券利息的支付次数时，参照 COUPNUM 函数。

EXAMPLE 1　求累积到 250 万元时的次数

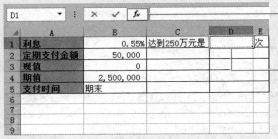

②单击"插入函数"按钮，打开"插入函数"对话框，从中选择函数 NPER

①单击要输入函数的单元格

07
财务函数

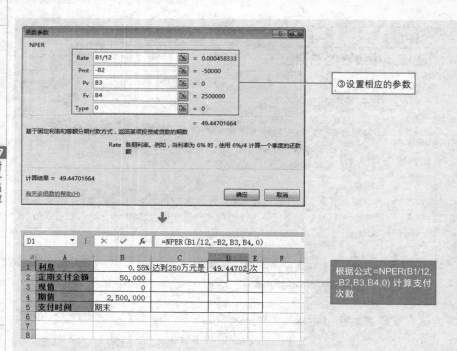

③设置相应的参数

根据公式 =NPER(B1/12, -B2,B3,B4,0) 计算支付次数

	A	B	C	D	E	F
1	利息	0.55%	达到250万元是	49.44702	次	
2	定期支付金额	50,000				
3	现值	0				
4	期值	2,500,000				
5	支付时间	期末				
6						
7						
8						

😊😊 组合技巧 | 求整数结果（NPER+ROUNDUP）

使用 NPER 函数，计算结果表示到小数点后。偿还次数为小数是不可能的，可以组合使用 ROUNDUP 函数，得到整数结果。

D1 =ROUNDUP(NPER(B1/12,-B2,B3,B4,0),0)

	A	B	C	D	E	F
1	利息	0.55%	达到250万元是		50	次
2	定期支付金额	50,000				
3	现值	0				
4	期值	2,500,000				
5	支付时间	期末				
6						

根据公式 =ROUNDUP (NPER(B1/12,-B2,B3, B4,0),0) 返回整数结果

✌ POINT ● 达到目的数时最后支付的金额

偿还贷款或储蓄等，必须连续支付到目的金额时，按照反复操作的计算结果，求最后支付的次数。参照组合技巧例子，NPER 函数的计算结果是 49.44702，在第 49 次支付金额时，还不能达到 250 万元。在第 50 次支付金额时，则超过 250 万元。

COUPNUM

返回成交日和到期日之间的付息次数

格式 → COUPNUM(settlement,maturity,frequency,basis)

参数 → **settlement**

用单元格、文本、日期、序列号或公式指定证券成交日期。如果指定日期
以外的数值，则返回错误值"#VALUE!"。

maturity

用单元格、文本、日期、序列号或公式指定证券偿还日期。如果指定日期
以外的数值，则返回错误值"#VALUE!"。

frequency

用数值或单元格指定年利息的支付次数。如果指定值为1，则一年支付一
次，如果指定值为2，则每半年支付一次，如果指定4，则每3个月支付
一次。如果指定为1、2、4以外的值，则返回错误值"#NUM!"。

basis

用单元格或数值指定计算日期的方法。如果指定值为0，则为30/360
（NASD方式），如果指定值为1，则为实际日数/实际日数，如果指定值
为2，则变为实际日数/360，如果指定值为3，则为实际日数/365，如果
指定值为4，则为30/360（欧洲方式）。如果省略数值，则假定为0，如
果指定值为0～4以外的数值，则返回错误值"#NUM!"。

使用 COUPNUM 函数，可以返回在成交日和到期日之间的付息次数，并向上舍入到最
近的整数。使用此函数的要点是年付息次数的指定。如果要求达到目标金额的支付次数，
则参照 NPER 函数。

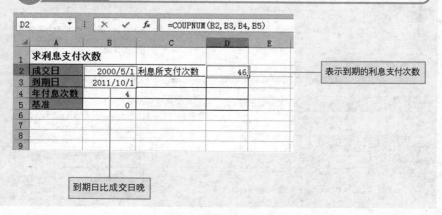

EXAMPLE 1 求证券利息支付次数

	A	B	C	D	E
1	求利息支付次数				
2	成交日	2000/5/1	利息所支付次数	46	
3	到期日	2011/10/1			
4	年付息次数	4			
5	基准	0			
6					
7					
8					
9					

D2 = COUPNUM(B2,B3,B4,B5)

表示到期的利息支付次数

到期日比成交日晚

PDURATION

返回投资到达指定值所需的期数

格式 → **PDURATION**(rate, pv, fv)

参数 → rate

为每期利率。

pv

为投资的现值。

fv

为所需的投资未来值。

PDURATION 使用下面的公式,其中 specifiedValue 等于 fv, currentValue 等于 pv。

$$PDURATION = \frac{\log(specifiedvalue) - \log(currentvalue)}{\log(1 + rate)}$$

在使用 PDURATION 函数时,所有参数均应为正值。若参数值无效,则 PDURATION 返回错误值"#NUM!"。若参数没有使用有效的数据类型,则 PDURATION 返回错误值"#VALUE!"。

📄 EXAMPLE 1　求达到未来值时所需的年限

B4	▼ : × ✓ fx	=PDURATION(B2,B1,B3)		
▲	A	B	C	D	E
1	现　值	20000	50000		
2	年利率	2.50%	3.30%		
3	未来值	22000	300000		
4	用时(年)	3.859866	55.186774		
5	用时(月)				
6					
7					
8					
9					

①用公式 =PDURATION(B2,B1, B3) 计算出结果后,再向右复制公式,计算出 C4 的值

由于给定的是年利率,所以在计算 B5 单元格的值时,需要用年利率除以 12 得到月利率

↓

B5	▼ : × ✓ fx	=PDURATION(B2/12, B1, B3)		
▲	A	B	C	D	E	F
1	现　值	20000	50000			
2	年利率	2.50%	3.30%			
3	未来值	22000	300000			
4	用时(年)	3.859866	55.186774			
5	用时(月)	45.79652	652.44437			
6						
7						
8						
9						

②用 =PDURATION(B2/12,B1, B3) 计算出结果后,再向右复制公式,计算出 C5 的值

用户可以通过设置单元格格式,使计算所得期数进行四舍五入

RATE

返回年金的各期利率

格式 → **RATE** (nper,pmt,pv,fv,type,guess)

参数 → **nper**

用单元格、数值或公式指定结束贷款或储蓄时的总次数。如果指定为负数，则返回错误值"#Num!"。

pmt

用单元格或数值指定各期付款额。但在整个期间内的利息和本金的总支付额不能使用 RATE 函数来计算。不能同时省略参数 pmt 和 pv。

pv

用单元格或数值指定支付当前所有余额的金额。如果省略，则假设该值为 0。

fv

用单元格或数值指定最后一次付款时的余额。如果省略，则假设该值为 0。指定负数，则返回错误值"#NUM!"。

type

指定各期的付款时间是在期初还是期末。期初支付指定值为 1，期末支付指定值为 0。省略支付时间，则假设其值为零。指定负数，则返回错误值"#NUM!"。

guess

为大概利率。如果省略参数 guess，则假设该值为 10%。

使用 RATE 函数，可以求出贷款或储蓄的利息。用于计算的利息与支付期数是相对应的，所以如果按月支付，则计算一个月的利息。使用此函数的要点是指定估计值。如果假设的利息与估计值不吻合，则返回错误值"#NUM！"。如果求年利率，则参照 EFFECT 函数或 NOMINAL 函数。

EXAMPLE 1　求每月期末支付贷款的利率

②单击"插入函数"按钮，打开"插入函数"对话框，从中选择 RATE 函数

①单击要输入函数的单元格

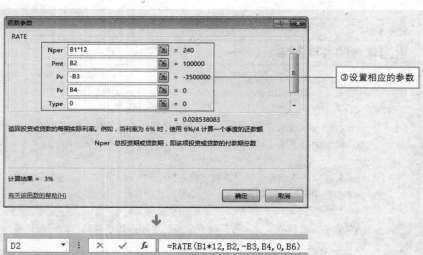

③设置相应的参数

返回贷款每个月的利率

POINT ● 计算年利率

由于 RATE 函数是计算与期数相对应的利率，如 EXAMPLE1 是计算每月的利率，则乘以 12 即得出年利率。如果每半年偿还贷款，则计算结果为半年的利率，乘以 2 得出年利率。

POINT ● 估计值的指定

如果结果与指定的估计值相差太远，则计算结果返回错误值"#NUM!"。通常情况下，指定 0~1 之间的值或指定百分数为 0%~100% 之间的值。

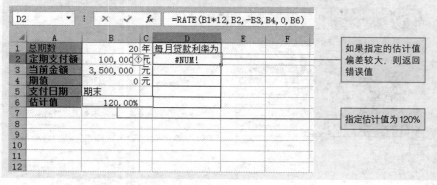

如果指定的估计值偏差较大，则返回错误值

指定估计值为120%

EFFECT
求实际的年利率

求利率

格式 → EFFECT (nominal_rate,npery)
参数 → nominal_rate
用单元格或数值指定的名义利率。如果参数小于 0 则返回错误值"#NUM!"。
npery
为每年的复利期数。如果参数小于 1,则返回错误值"#NUM!"。

使用EFFECT函数,可以求出用复利计算的实际年利率。当复利计算期数指定为小于1
的数值,或名义利率指定为负值时,返回错误值"#NUM!"。如要求名义利率,则参
照NOMINAL函数。

EXAMPLE 1 求实际年利率

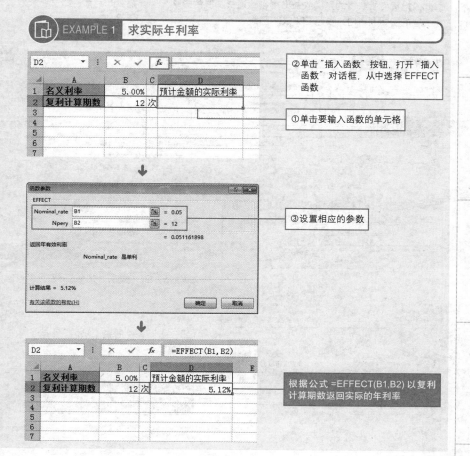

②单击"插入函数"按钮,打开"插入
函数"对话框,从中选择 EFFECT
函数

①单击要输入函数的单元格

③设置相应的参数

根据公式 =EFFECT(B1,B2) 以复利
计算期数返回实际的年利率

NOMINAL
求名义利率

格式 → **NOMINAL (effect_rate,npery)**
参数 → **effect_rate**
用单元格或数值指定实际的年利率。如果指定小于 0 的数值，则返回错误值 "#NUM!"。
npery
为每年的复利期数。如果指定小于 1 的数值，则返回错误值 "#NUM!"。

使用 NOMINAL 函数可以计算贷款等名义利率。名义利率并不是投资者能够获得的真实收益，还与货币的购买力有关。如果发生通货膨胀，投资者所得的货币购买力会贬值。因此，投资者所获得的真实收益必须剔除通货膨胀的影响，这就是实际利率。如果要求年利率的实际利率时，参照 EFFECT 函数。

EXAMPLE 1 求以复利计算的金融商品的名义利率

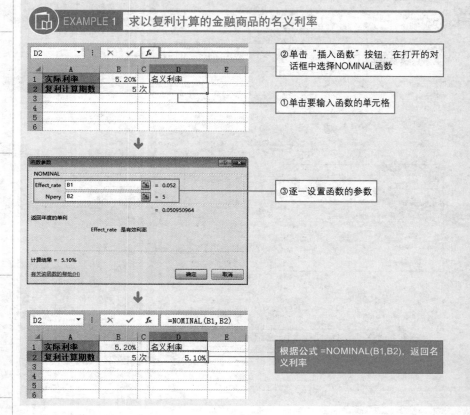

②单击"插入函数"按钮，在打开的对话框中选择NOMINAL函数

①单击要输入函数的单元格

③逐一设置函数的参数

根据公式 =NOMINAL(B1,B2)，返回名义利率

PMT

基于固定利率，返回贷款的每期等额付款额

格式 → **PMT** (rate,nper,pv,fv,type)

参数 → **rate**

为指定期间内的利率。rate 和 nper 的单位必须一致。因为通常用年利率表示利率，如果按月偿还，则除以 12；如果每两个月偿还，则除以 6；如果每三个月偿还，则除以 4。

nper

指定付款期总数。如果按月支付，是 25 年期，则付款期总数是 25×12；按每半年支付，如果是 5 年期，则付款期总数是 5×2。

pv

为各期所应支付的金额，其数值在整个年金期间保持不变。

fv

指定贷款的付款总数结束后的金额。最后货款的付款总数结束时的贷款余额或储蓄额。如果省略此参数，则假设其值为零。

type

指定各期的付款时间是在期初还是在期末，在各期的期初支付称为期初付款，各期的最后时间支付称为期末付款。期初指定为 1，期末指定为 0。如果省略此参数，则假设其值为 0。

使用 PMT 函数可计算为达到储存的未来金额，每次必须储存的金额，或在特定期间内要偿还完贷款，每次必须偿还的金额。PMT 函数既可用于贷款，也可用于储蓄。现值和期值的指定方法是此函数的重点。

> **EXAMPLE 1** 求贷款的每月偿还额

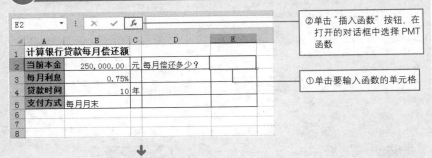

07
财务函数

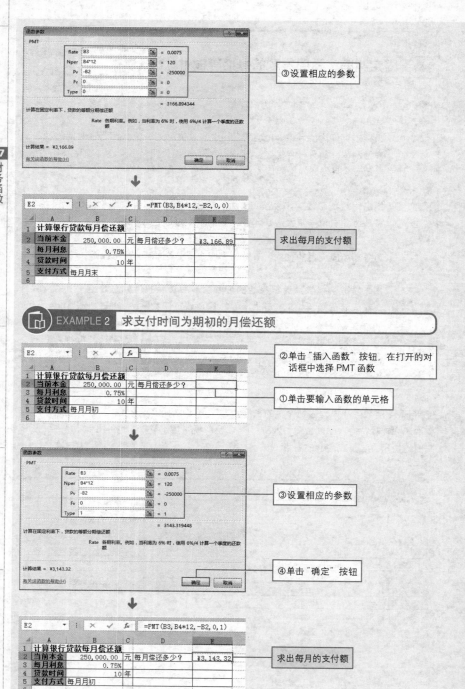

③设置相应的参数

求出每月的支付额

EXAMPLE 2　求支付时间为期初的月偿还额

②单击"插入函数"按钮，在打开的对话框中选择 PMT 函数

①单击要输入函数的单元格

③设置相应的参数

④单击"确定"按钮

求出每月的支付额

PPMT
求偿还额的本金部分

格式 → **PPMT** (rate,per,nper,pv,fv,type)

参数 → rate

为各期利率。可以直接输入带 % 的数值或是引用数值所在单元格。rate 和 nper 的单位必须一致。由于通常用年利率表示利率，所以如果按年利率 2.5% 支付，则月利率为 2.5%/12。

per

用于计算其本金数额的期次，即求分几次支付本金，第一次支付为 1。参数 per 必须介于 1 到 参数 nper 之间。

nper

指定付款期总数，为数值或数值所在的单元格。例如 10 年期的贷款，若每半年支付一次，则 nper 为 10×2；若为 5 年期的贷款，如果按月支付，则 nper 为 5×12。

pv

为现值，即从该项投资开始计算时已经入帐的款项，或一系列未来付款当前值的累积和，也称为本金。如果 pv 为负数，则返回结果为正。

fv

为未来值，或在最后一次付款后希望得到的现金余额，如果省略 fv，则假设其值为零。

type

用以指定各期的付款时间是在期初还是期末。指定 1 为期初支付，指定 0 为期末支付。如果省略，则指定为期末支付。

使用 PPMT 函数，可以求出支付的本金部分。合计本金和利息，每次的支付额一定，随着支付的推进，内容也发生变化。因此，使用此函数时，期次不能指定错。

📋 **EXAMPLE 1** 求期末支付贷款的本金偿还额

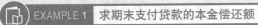

②单击"插入函数"按钮，在打开的对话框中选择 PPMT 函数

①单击 E2 单元格

↓

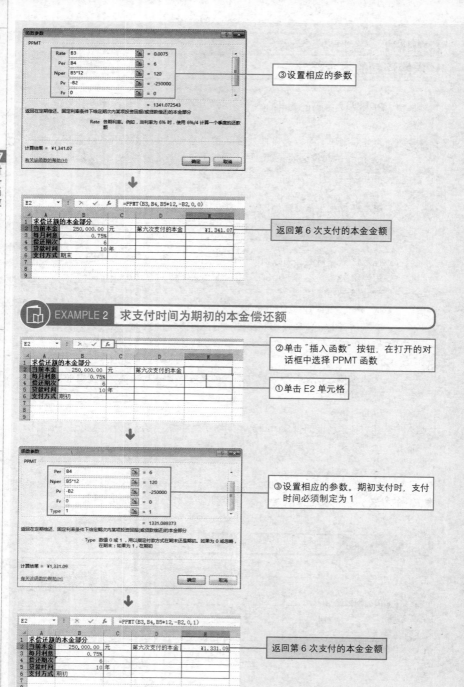

③设置相应的参数

返回第 6 次支付的本金金额

EXAMPLE 2　求支付时间为期初的本金偿还额

②单击"插入函数"按钮,在打开的对话框中选择 PPMT 函数

①单击 E2 单元格

③设置相应的参数。期初支付时,支付时间必须制定为 1

返回第 6 次支付的本金金额

IPMT
返回给定期数内对投资的利息偿还额

格式 → **IPMT** (rate,per,nper,pv,fv,type)

参数 → rate

为各期利率。可以直接输入带 % 的数值或是引用数值所在单元格。rate 和 nper 的单位必须一致。由于通常用年利率表示利率，所以如果按年利率 2.5% 支付，则月利率为 2.5%/12。

per

用于计算其利息的期次，即求分几次支付利息，第一次支付为 1。参数 per 必须介于 1 到参数 nper 之间。

nper

指定付款期总数，为数值或数值所在的单元格。例如，10 年期的贷款，若每半年支付一次，则 nper 为 10×2；5 年期的贷款，如果按月支付，则 nper 为 5×12。

pv

为现值，即从该项投资开始计算时已经入帐的款项，或一系列未来付款当前值的累积和，也称为本金。如果 pv 为负数，则返回结果为正。

fv

为未来值，或在最后一次付款后希望得到的现金余额，如果省略 fv，则假设其值为零。

type

用以指定付息方式是在期初还是期末。指定 1 为期初支付，指定 0 为期末支付。如果省略，则指定为期末支付。

使用 IPMT 函数，可以求得给定期数内对投资的利息偿还额。每次支付的金额相同，随着本金的减少，利息也随之减少。因此，计算结果随每次的支付而变化。

EXAMPLE 1　求 30 年期每月支付贷款的利息

②单击"插入函数"按钮，在打开的对话框中选择 IPMT 函数

①单击要输入函数的单元格

	A	B	C	D	E	F
1	计算鸿丰贷款30年每月支付的利息					
2	利息	2%		利息额		
3	年偿还次数	12	次			
4	总偿还次数	360	次			
5	本金	3,000,000	元			
6	期值	0	元			
7	支付方式	0				
8						
9						

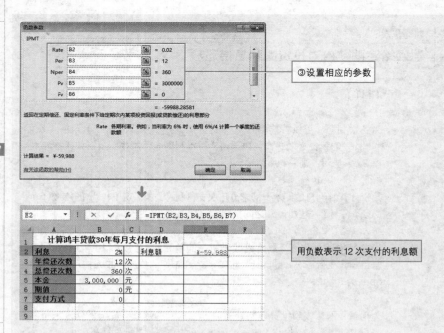

③设置相应的参数

用负数表示 12 次支付的利息额

🖐 POINT ● 计算结果的符号

由于是支付贷款的金额，所以计算结果为负数。如果想用正数表示，则必须用负数指定
参数 pv。

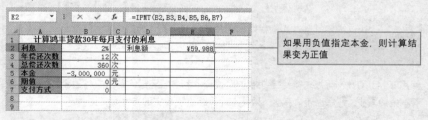

如果用负值指定本金，则计算结
果变为正值

🗂️ EXAMPLE 2 ｜ 求支付时间为期初的利息

如果支付时间为期初，则不能省略支付时间。

支付方式指定为 1，则表示期初
的利息支付额

ISPMT

计算特定投资期内要支付的利息

格式 → ISPMT (rate,per,nper,pv)

参数 → rate

指定相应贷款的利率。利率通常用年利率表示。应确保 rate 和 nper 的单位一致。如果半年期支付,用利率除以 2。利率可指定单元格、数值或公式。

per

为要计算利息的期数,必须在 1 到 nper 之间。如果指定 0 或大于 nper 的数值,则返回错误值"#NUM!"。

nper

为投资的总支付期数。

pv

为投资的当前值。对于贷款,pv 为贷款数额。也可指定为负数。

📁 EXAMPLE 1 | 等额偿还,第 12 次支付的利息金额

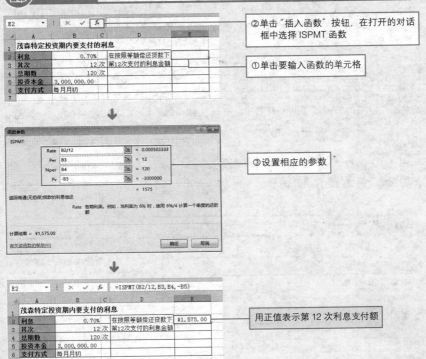

②单击"插入函数"按钮,在打开的对话框中选择 ISPMT 函数

①单击要输入函数的单元格

③设置相应的参数

用正值表示第 12 次利息支付额

SECTION 07 ● 财务函数 ● 求支付额 ○ 431

07
财务函数

CUMIPMT
返回两个周期之间的累积利息

格式 → **CUMIPMT(rate,nper,pv,start_period,end_period,type)**

参数 → rate

为各期利率。可以直接输入带 % 的数值或是引用数值所在单元格。rate 和 nper 的单位必须一致。由于通常用年利率表示利率，所以如果按年利率 2.5% 支付，则月利率为 2.5%/12。如果指定为负数，则返回错误值 "#NUM!"。

nper

指定付款期总数，为用数值或数值所在的单元格。例如，10 年期的贷款，如果每半年支付一次，则 nper 为 10×2；5 年期的贷款，如果按月支付，则 nper 为 5×12。如果指定为负数，则返回错误值 "#NUM!"。

pv

为现值，即从该项投资开始计算时已经入帐的款项，或一系列未来付款当前值的累积和，也称为本金。如果 pv<0，则返回错误值 "#NUM!"。

start_period

为计算中的首期，付款期数从 1 开始计数。如果 start_period<1，或 start_period>end_period，则函数返回错误值 "#NUM!"。

end_period

为计算中的末期。如果 end_period<1，则函数返回错误值 "#NUM!"。

type

用以指定付息方式是在期初还是期末。指定 1 为期初支付，指定 0 为期末支付。如果省略，则指定为期末支付。如果 type 不是数字 0 或 1，则函数返回错误值 "#NUM!"。

使用 CUMIPMT 函数，可以求得两个周期之间累积应偿还的利息。使用固定的利率，固定的期数计算支付全部利息的总额。

EXAMPLE 1　求任意期间内贷款的累积利息

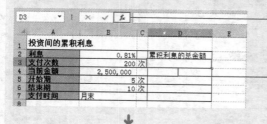

②单击"插入函数"按钮，在打开的对话框中选择 CUMIPMT 函数

①单击要输入函数的单元格

07
财务函数

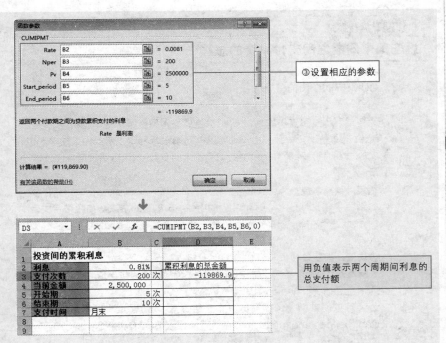

③设置相应的参数

用负值表示两个周期间利息的
总支付额

POINT ● 参数 pv 中使用负数，出现错误

当前金额中如果使用负数，则计算结果会返回错误值。如果要避开错误，进一步用正数
求它的计算结果时，需在公式前加负号。

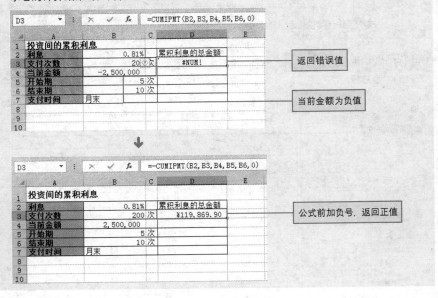

返回错误值

当前金额为负值

公式前加负号，返回正值

CUMPRINC

返回两个周期之间支付本金的总额

求累计额

格式 → CUMPRINC (rate,nper,pv,start_period,end_period,type)

参数 → **rate**

为各期利率。可直接输入带 % 的数值或是引用数值所在单元格。rate 和 nper 的单位必须一致。由于通常用年利率表示利率,所以如果按年利率 2.5% 支付,则月利率为2.5%/12。如果指定为负数,则返回错误值"#NUM!"。

nper

指定付款期总数,为用数值或数值所在的单元格。例如,10 年期的贷款,如果每半年支付一次,则 nper 为 10×2 ;5 年期的贷款,如果按月支付,则 nper 为 5×12。如果指定为负数,则返回错误值"#NUM!"。

pv

为现值,即从该项投资开始计算时已经入帐的款项,或一系列未来付款当前值的累积和,也称为本金。如果 pv<0,则返回错误值"#NUM!"。

start_period

为计算中的首期,付款期数从1开始计数。如果 start_period<1,或 start_period>end_period,则函数返回错误值"#NUM!"。

end_period

为计算中的末期。如果 end_period<1,则函数返回错误值"#NUM!"。

type

用以指定付息方式是在期初还是期末。指定 1 为期初支付,指定 0 为期末支付。如果省略,则指定为期末支付。如果 type 不是数字 0 或 1,则函数返回错误值"#NUM!"。

使用 CUMPRINC 函数,可以求得两个周期之间支付本金的总额。例如,求偿还一年期贷款的本金总额。

📖 EXAMPLE 1　求每月支付 10 年贷款的本金总额

②单击"插入函数"按钮,在"插入函数"对话框中选择 CUMPRINC 函数

①单击要输入函数的单元格

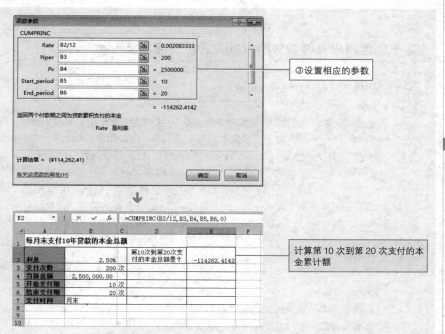

③设置相应的参数

计算第 10 次到第 20 次支付的本金累计额

⬇

	A	B	C	D	E	F
1	每月末支付10年贷款的本金总额					
2	利息	2.50%		第10次到第20次支付的本金总额是？	-114262.4142	
3	支付次数	200	次			
4	当前金额	2,500,000.00				
5	开始支付期	10	次			
6	结束支付期	20	次			
7	支付时间	月末				

E2 ＝CUMPRINC(B2/12, B3, B4, B5, B6, 0)

🖐 POINT ● 用正数表示结果

CUMPRINC 函数结果用负数表示。可以在公式的开头加负号，用正数表示计算结果。

在函数前加负号，则用正值表示本金累计额

E2 ＝-CUMPRINC(B2/12, B3, B4, B5, B6, 0)

	A	B	C	D	E	F
1	每月末支付10年贷款的本金总额					
2	利息	2.50%		第10次到第20次支付的本金总额是？	114262.4142	
3	支付次数	200	次			
4	当前金额	2,500,000.00				
5	开始支付期	10	次			
6	结束支付期	20	次			
7	支付时间	月末				

🖐 POINT ● 格式设定后的值

单元格格式设置为"货币"，并显示小数点后两位。

设置为"货币"格式

E2 ＝-CUMPRINC(B2/12, B3, B4, B5, B6, 0)

	A	B	C	D	E	F
1	每月末支付10年贷款的本金总额					
2	利息	2.50%		第10次到第20次支付的本金总额是？	¥114,262.41	
3	支付次数	200	次			
4	当前金额	2,500,000.00				
5	开始支付期	10	次			
6	结束支付期	20	次			
7	支付时间	月末				

07
财务函数

FV

基于固定利率及等额分期付款方式，返回期值

格式 → **FV** (rate,nper,pmt,pv,type)

参数 → rate

为各期利率。可直接输入带 % 的数值或是引用数值所在单元格。rate 和 nper 的单位必须一致。由于通常用年利率表示利率，所以如果按年利率 2.5% 支付，则月利率为 2.5%/12。如果指定为负数，则返回错误值 "#NUM!"。

nper

指定付款期总数，为用数值或数值所在的单元格指定。例如，10 年期的贷款，如果每半年支付一次，则 nper 为 10×2；5 年期的贷款，如果按月支付，则 nper 为 5×12。如果指定为负数，则返回错误值 "#NUM!"。

pmt

为各期所应支付的金额，其数值在整个年金期间保持不变。通常，pmt 包括本金和利息，但不包括其他的费用及税款。如果 pmt<0，则返回正值。

pv

为现值，即从该项投资开始计算时已经入帐的款项，或一系列未来付款当前值的累积和，也称为本金。如果省略 PV，则假设其值为零，并且必须包括 pmt 参数。

type

用以指定付息方式是在期初还是期末。指定 1 为期初支付，指定 0 为期末支付。如果省略，则指定为期末支付。

使用 FV 函数，可以基于固定利率及等额分期付款方式，返回它的期值。用负号指定支出值，用正号指定流入值。如何指定定期支付额和现值是此函数的重点。

EXAMPLE 1　求储蓄的期值

②单击"插入函数"按钮，打开"插入函数"对话框，从中选择 FV 函数

①单击要输入函数的单元格

银行储蓄的期值					
利率	总期数	定期支付额	现值	支付日期	储蓄的期值是
0.50%	10 年	15,000	250,000	月初	
3.10%	5 年	23,000	475,300	月初	
3.50%	20 年	37,650	978,000	月初	

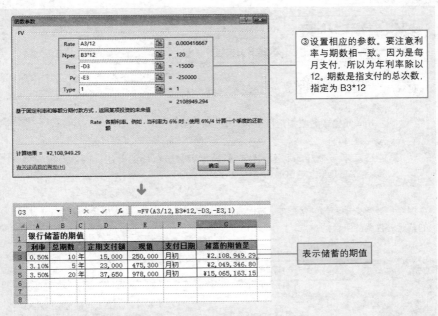

③设置相应的参数。要注意利率与期数相一致。因为是每月支付，所以为年利率除以12。期数是指支付的总次数，指定为 B3*12

	C3	▼	:	×	✓	f_x	=FV(A3/12,B3*12,-D3,-E3,1)

	A	B	C	D	E	F	G
1	银行储蓄的期值						
2	利率	总期数		定期支付额	现值	支付日期	储蓄的期值是
3	0.50%	10	年	15,000	250,000	月初	¥2,108,949.29
4	3.10%	5	年	23,000	475,300	月初	¥2,049,346.80
5	3.50%	20	年	37,650	978,000	月初	¥15,065,163.15
6							
7							
8							

← 表示储蓄的期值

✌ POINT ● 储蓄时的参数符号

储蓄时，通常用负号指定定期支付额和现值。但是，若要以负数为计算结果时，则要保持这两个参数为正数。

EXAMPLE 2　求贷款的未来余额

求在未来贷款时间点的支付余额，并用负数指定现值。

	C3	▼	:	×	✓	f_x	=FV(A3/12,B3*12,D3,-E3,1)

	A	B	C	D	E	F	G
1	银行储蓄的期值						
2	利率	总期数		定期支付额	现值	支付日期	储蓄的期值是
3	0.50%	10	年	15,000	250,000	月初	¥-1,583,319.22
4	3.10%	5	年	23,000	475,300	月初	¥-939,592.97
5	3.50%	20	年	37,650	978,000	月初	¥-11,130,273.97
6							

← 表示贷款的期值

✌ POINT ● 整个公式都指定为负

由于贷款是应该偿还现值的金额，所以用负数指定现值。如果现值为正数，则不能得到正确答案。如需得到负数的计算结果时，在"="的后面加上负号。

根据公式 =-FV(A3/12,B3*12

FVSCHEDULE

基于一系列复利返回本金的期值

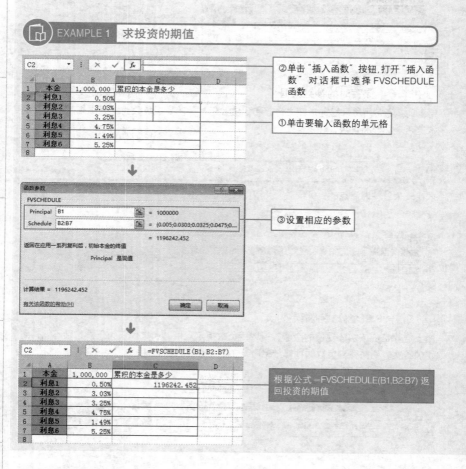

求期值

格式 → FVSCHEDULE (principal,schedule)

参数 → principal

用单元格或数值指定投资的现值。

shcedule

指定未来相应的利率数组。如果指定数值以外的数组，则返回错误值
"#VALUE!"。空白单元格作为 0 计算。

在用复利计算变动利率的情况下，可以使用函数 FVSCHEDULE 求出投资的期值。利率的指定方法为此函数的重点。

EXAMPLE 1 求投资的期值

②单击"插入函数"按钮,打开"插入函数"对话框中选择 FVSCHEDULE 函数

①单击要输入函数的单元格

③设置相应的参数

根据公式 =FVSCHEDULE(B1,B2:B7) 返回投资的期值

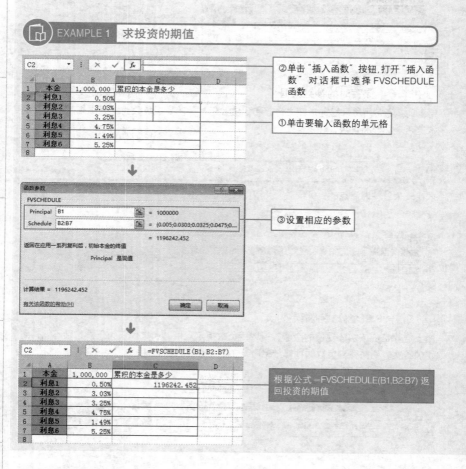

07
财务函数

PV

返回投资的现值

格式 → PV(rate,nper,pmt,fv,type)

参数 → rate

为各期利率。可直接输入带 % 的数值或是数值所在单元格的引用。rate 和 nper 的单位必须一致。由于通常用年利率表示利率，所以如果按年利率 2.5% 支付，则月利率为 2.5%/12。如果指定为负数，则返回错误值"#NUM!"。

nper

指定付款期总数，为用数值或引用数值所在的单元格。例如，10 年期的贷款，如果每半年支付一次，则 nper 为 10×2，5 年期的贷款，如果按月支付，则 nper 为 5×12。如果指定为负数，则返回错误值"#NUM!"。

pmt

为各期所应支付的金额，其数值在整个年金期间保持不变。通常，pmt 包括本金和利息，但不包括其他的费用及税款。如果 pmt<0，则返回正值。

fv

为未来值，或在最后一次付款后希望得到的现金余额，如果省略 fv，则假设其值为零。

type

用以指定付息方式是在期初还是期末。指定 1 为期初支付，指定 0 为期末支付。如果省略，则指定为期末支付。

使用 PV 函数，可以求出定期内固定支付的贷款或储蓄等的现值。支付期间，把固定的支付额和利率作为前提。由于用负数指定支出，所以定期支付额、期值的指定方法是重点。如果利率或支付额不按固定数值支付的现值，则参照 NPV 函数或 XNPV 函数。

> EXAMPLE 1　求贷款的现值

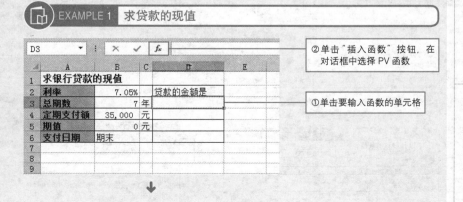

②单击"插入函数"按钮，在对话框中选择 PV 函数

①单击要输入函数的单元格

SECTION 07 ● 财务函数 ● 求当前值　○ 439

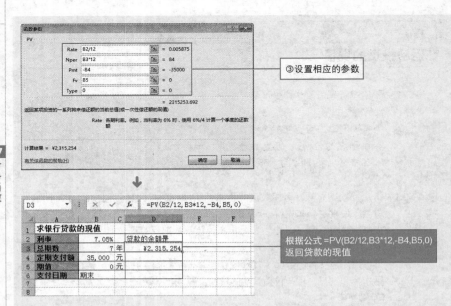

③设置相应的参数

根据公式 =PV(B2/12,B3*12,-B4,B5,0)
返回贷款的现值

POINT ● 计算结果的符号

在 Excel 中负号表示支出，正号表示收入。接受现金时，则用正号，用现金偿还贷款时，则用负号。求贷款的现值时，最好用负数表示计算结果，用正数指定定期支付额。

EXAMPLE 2　求达到目标金额时所要储存的金额

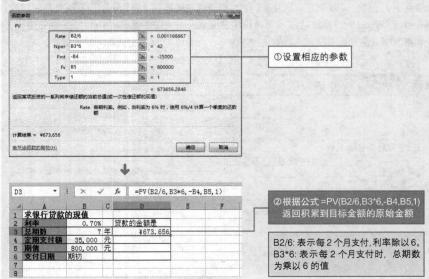

①设置相应的参数

②根据公式 =PV(B2/6,B3*6,-B4,B5,1)
返回积累到目标金额的原始金额

B2/6: 表示每 2 个月支付，利率除以 6。
B3*6: 表示每 2 个月支付时，总期数为乘以 6 的值

NPV
基于一系列现金流和固定贴现率，返回净现值

格式 → NPV(rate,value1,value2, ...)

参数 → rate

为某一期间的贴现率，是固定值。用单元格或数值指定现金流量的贴现率，如果指定为数值以外的值，则返回错误值"#VALUE!"。

value1,value2, ...

为 1 到 29 个参数，代表支出及收入。value1,value2,……在时间上必须具有相等间隔，并且都发生在期末。支出用负号，流入用正号。

使用 NPV 函数，可以基于一系列现金流和固定贴现率，返回一项投资的净现值。净现值是现金流量的结果，是未来相同时间内现金流入量与现金流出量之间的差值。而且，现金流量必须在期末产生。NPV 函数的现金流量能指定到 29 个，但指定的顺序则被看作流出量的顺序。因此，value 的指定顺序是重点。

EXAMPLE 1　求现金流量的净现值

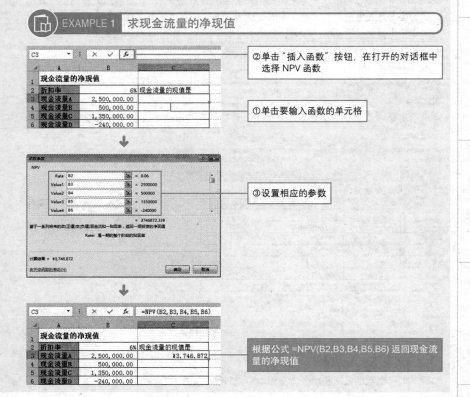

②单击"插入函数"按钮，在打开的对话框中选择 NPV 函数

①单击要输入函数的单元格

③设置相应的参数

根据公式 =NPV(B2,B3,B4,B5,B6) 返回现金流量的净现值

07

财务函数

SECTION 07 ● 财务函数 ● 求当前值　○ 441

XNPV

基于不定期发生的现金流，返回它的净现值

格式 → XNPV(rate,values,dates)

参数 → rate

用单元格或数值指定用于计算现金流量的贴现率。如果指定负数，则返回错误值"#NUM!"。

values

用单元格区域指定计算的资金流量。如果单元格内容为空，则返回错误值"#VALUE!"。

dates

指定发生现金流量的日期。如果现金流量和支付日期的顺序相对应，则不必指定发生的顺序。如果起始日期不是最初的现金流量，则返回错误值"#NUM!"。

使用 XNPV 函数，可以求不定期内发生现金流量的净现值。XNPV 函数中的现金流量和日期的指定方法是重点。所谓净现值是现金流量的结果，是未来相同时间内现金流入量与现金流出量之间的差值。如果将相同的贴现率用于 XNPV 函数的结果中，只能看到相同金额的期值。如果此函数结果为负数，则表示投资的本金为负数。

📇 EXAMPLE 1 求现金流量的净现值

当求不定期内发生现金流量的净现值时，开始指定的日期和现金流量必须发生在起始阶段。

| D3 | ▼ | : | × | ✓ | fx | =XNPV(5%,B3:B9,C3:C9) |

▲	A	B	C	D	E
1	不定期现金流量的净现值				
2	次数	金额	日期	现金流量的当前值是	
3	1	2,500,000	2010/5/1	10335238.36	
4	2	-350,000	2010/5/2		
5	3	5,875,000	2010/5/3		
6	4	430,000	2010/5/4		
7	5	-690,000	2011/1/5		
8	6	1,870,000	2011/1/7		
9	7	769,000	2011/2/2		
10					
11					
12					
13					

根据公式 =XNPV(5%,B3:B9,C3:C9) 返回净现值

✌ POINT ● 无指定顺序

如果 XNPV 函数的日期和现金流量相对应，则没必要按顺序指定。

07
财务函数

DB

使用固定余额递减法计算折旧值

求折旧费

格式 → **DB** (cost,salvage,life,period,month)

参数 → cost

用单元格或数值指定固定资产的原值。如果指定为负数，则返回错误值"#NUM!"。

salvage

用单元格或数值指定折旧期限结束后的固定资产的价值。如果指定为负数，则返回错误值"#NUM!"。

life

指定固定资产的折旧期限。有时也称作资产的使用寿命。如果指定为 0 或负数，则返回错误值"#NUM!"。

period

用单元格或数值指定计算折旧值的期间。period 必须和 life 使用相同的单位，所以如果用月指定期间，则折旧期限也必须用月指定。如果指定 0、负数或比 life 大的数值，则返回错误值"#NUM!"。

month

用单元格或数值指定购买固定资产的时间的剩余月份数。必须用 1~12 之间的整数指定月数。如果指定为负数值，或比 12 大的数值时，则返回错误值"#NUM!"。如省略，则假定为 12。

根据固定资产的折旧期限，使用折旧率求余额递减法的折旧费称为固定余额递减法。使用 DB 函数，可以用固定余额递减法求指定期间内的折旧费。折旧期限和期间的指定方法是 DB 函数的重点。

EXAMPLE 1　用余额递减法求固定资产的年度折旧费

②单击"插入函数"按钮，在打开的对话框中选择 DB 函数

①选择要输入函数的单元格

07
财务函数

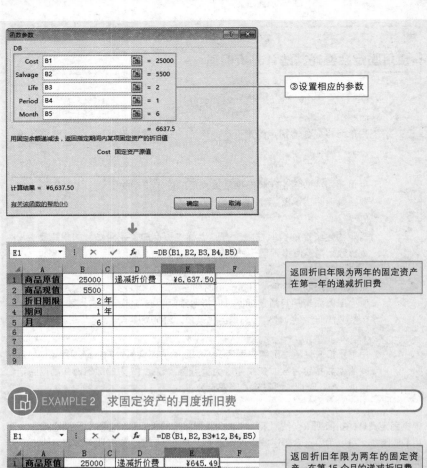

③设置相应的参数

返回折旧年限为两年的固定资产
在第一年的递减折旧费

EXAMPLE 2　求固定资产的月度折旧费

返回折旧年限为两年的固定资
产、在第15个月的递减折旧费

如果月数指定为负值，则返回错
误值"#NUM!"

SLN
返回某项资产在一个期间中的线性折旧值

格式 → **SLN** (cost,salvage,life)
参数 → cost
> 用单元格或数值指定固定资产的原值。如果指定非数值，则返回错误值
> "#VALUE!"。
> salvage
> 用单元格或数值指定折旧期限结束后的资产价值，也称作资产残值，如
> 果指定非数值，则返回错误值"#VALUE!"。
> life
> 用单元格或数值指定固定资产的折旧期限。如果按月计算折旧，则直接
> 指定月数。如果指定参数为 0，则返回错误值"#DIV/0!"。

通常情况下，在折旧期限的期间范围内把相同金额作为折旧费计算的方法称为线性折旧
法。使用 SLN 函数，就可以用线性折旧法求折旧费。因此，不用考虑计算折旧值的期间。
SLN 函数的使用重点是折旧期限和资产残值的指定方法。

EXAMPLE 1 求折旧期限为 4 年的固定资产的折旧费

使用 SLN 函数求折旧费时，返回的结果随折旧的年度单位或月度单位而改变。

根据公式 =SLN(B1,B2,B3) 返回固定资产每年的递减折旧费

根据公式 =SLN(B1,B2,B3*12) 返回固定资产每月的递减折旧费

DDB
使用双倍余额递减法计算折旧值

格式 → **DDB** (cost,salvage,life,period,factor)

参数 → **cost**
用单元格或数值指定固定资产的原值。如果指定为非数值，则返回错误值"#VALUE!"。

salvage
用单元格或数值指定折旧期限结束后的资产价值，也称作资产残值。如果指定为非数值，则返回错误值"#VALUE!"。

life
用单元格或数值指定固定资产的折旧期限。如果指定为负数或 0，则返回错误值"#NUM!"。

period
用单元格或数值指定需计算折旧的期间。period 必须使用与 life 相同的单位。需求每月的递减折旧费时，必须使用月份数指定折旧期限。如指定为 0 或负数，则返回错误值"#NUM!"。

factor
用单元格或数值指定递减折旧率。如果被省略，则假定为 2。如果指定为负数或 0，则返回错误值"#NUM!"。

当递减折旧费比折旧期间的开始金额多时，随着年度的增加而变小的计算方法称为"双倍余额法"。使用 DDB 函数，就可通过使用双倍余额递减法或其他指定方法，计算一笔资产在给定期间内的折旧值。

EXAMPLE 1 求折旧期限为 3 年的固定资产的递减折旧费

| E1 | ▼ | : | × | ✓ | fx | =DDB(B1,B2,B3,B4,B5) |

▲	A	B	C	D	E	F
1	商品原值	150000		双倍余额递减折旧费是	¥37,798.38	
2	商品现值	35200				
3	折旧期限	3	年			
4	期间	1.6	年			
5	利率	0.95				
6						
7						
8						
9						
10						
11						

根据公式 =DDB(B1,B2,B3,B4,B5) 返回双倍余额递减折旧费

VDB

使用双倍余额递减法或其他指定方法返回折旧值

格式 → VDB (cost,salvage,life,start_period,end_period,factor,no_switch)

参数 → cost

用单元格或数值指定固定资产的原值。如果指定为负数，则返回错误值"#NUM!"。

salvage

用单元格或数值指定折旧期限结束后的资产价值，也称作资产残值。如果指定为负数，则返回错误值"#NUM!"。

life

用单元格或数值指定固定资产的折旧期限。折旧期限和起始日期、截止日期的时间单位必须一致。如果指定为负数，则返回错误值"#NUM!"。

start_period

用数值或单元格指定进行折旧的开始日期。Start_period 必须与 life 的单位相同。如果指定为负数，则返回错误值"#NUM!"。

end_period

用数值或单元格指定进行折旧的结束日期。End_period 与 life 的单位必须相同。如果指定为负数，则返回错误值"#NUM!"。

factor

为余额递减速率，即折旧因子，如果省略参数 factor，则函数假设 factor 为 2（双倍余额递减法）。如果不想使用双倍余额递减法，可改变参数 factor 的值。如果指定为负数，则返回错误值"#NUM!"。

no_switch

为一逻辑值，指定当折旧值大于余额递减计算值时，是否转用线性折旧法。如果 no_switch 为 TRUE，即使折旧值大于余额递减计算值，Excel 也不转用线性折旧法。如果 no_switch 为 FALSE 或被忽略，且折旧值大于余额递减计算值时，Excel 将转用线性折旧法。

EXAMPLE 1 用双倍余额递减法求递减折旧费

②单击"插入函数"按钮，打开"插入函数"对话框，从中选择 VDB 函数

①选择要输入函数的单元格

07

财务函数

SECTION 07 ● 财务函数 ● 求折旧费 ○ 447

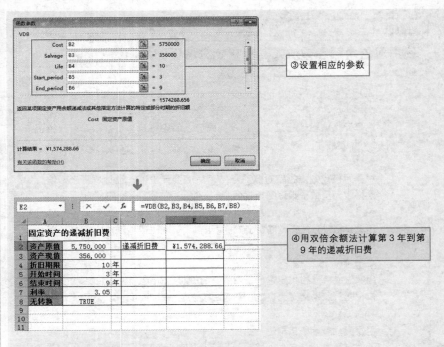

③设置相应的参数

④用双倍余额法计算第 3 年到第 9 年的递减折旧费

▼ 用月做单位

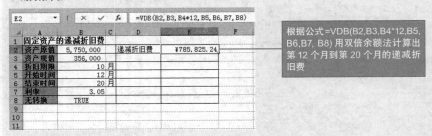

根据公式=VDB(B2,B3,B4*12,B5, B6,B7, B8) 用双倍余额法计算出第 12 个月到第 20 个月的递减折旧费

POINT ● 使用 VDB 函数的注意事项

使用 VDB 函数，可通过双倍递减余额法或线性折旧法求固定资产的递减折旧费。用 no_switch 参数指定是否在必要时启用线性折旧法。使用此函数的重点是参数 factor 和 no_switch 的指定方法。在使用此函数的过程中，除 no_switch 外的所有参数必须为正数。

SYD

按年限总和折旧法计算折旧值

格式 → SYD(cost,salvage,life,per)

参数 → cost
用单元格或数值指定固定资产的原值。如果指定为负数，则返回错误值"#NUM!"。

salvage
用单元格或数值指定折旧期限结束后的资产价值，也称作资产残值。如果指定为负值，则返回错误值"#NUM!"。

life
用单元格或数值指定固定资产的折旧期限。如果是求月份数的折旧费，则单位必须指定为月份数。如果指定为负数，则返回错误值"#NUM!"。

per
用单元格或数值指定进行折旧的期间。如果是求月份数的递减余额的折旧费，则单位必须指定为月份数。per 和 life 的时间单位必须相同。如果指定为 0 或负数，则返回错误值"#NUM!"。

年限总和法又称年数比率法、级数递减法或年限合计法，是固定资产加速折旧法的一种。它是将固定资产的原值减去残值后的净额乘以一个逐年递减的分数来计算确定固定资产折旧额的一种方法。它与固定余额递减法相比，属于一种缓慢的曲线。使用 SYD 函数，可以返回某项资产按年限总和折旧法计算的某期的折旧值。使用 SYD 函数的重点是参数 life 和 per 的指定。另外，life 和 per 的时间单位必须一致，否则不能得到正确的结果。

EXAMPLE 1 　求余额递减折旧费

用年限总和法计算原值为 650000 元，折旧年限为 11 年的固定资产的递减折旧费。固定资产越新，则余额递减折旧费越高。

| E1 | | ▼ | ⋮ | × | ✓ | fx | =SYD(B1,B2,B3,B4) |

	A	B	C	D	E
1	商品原值	650000		商品第4年的折旧费是	¥74,521.21
2	商品现值	35200			
3	折旧期限	11	年		
4	期间	4	年		
5					
6					
7					
8					
9					

根据公式 =SYD(B1,B2,B3,B4) 返回第 4 年的递减折旧费

SECTION 07 ● 财务函数 ● 求折旧费　　449

AMORDEGRC

返回每个结算期间的折旧值（法国计算方式）

格式 → **AMORDEGRC(cost,date_purchased,first_period,salvage,period,rate,basis)**

参数 → cost

用数值或单元格引用指定固定资产的原值。如果指定为负数，则返回错误值"#NUM!"。

date_purchased

用数值或单元格引用指定购买固定资产的日期。如果参数 date_purchased 在 first_period 前，则返回错误值"#NUM!"。

first_period

用数值或单元格引用指定固定资产第一期间结束时的日期。如果指定日期以外的数值，则返回错误值"#VALUE!"。

salvage

用数值或单元格引用指定折旧期限结束后，固定资产的剩余价值。如果指定为负数，则返回错误值"#NUM!"。

period

用数值或单元格引用指定需求余额递减折旧费的计算年度。若为负数，返回错误值。

rate

用单元格引用或数值指定余额递减的折旧率。若为 0 或负数，则返回错误值"#NUM!"。

basis

指定一年用多少天来计算的数值。若指定0，则认为一年为360天（NASD方式）；指定为1，则为一年的实际天数，一般为365天，闰年366天；指定为3，则认为一年为365天；指定为4，则认为一年是360天（欧洲方式）。若省略，则表示指定为0。若指定比5大的数值、负数或2，则返回错误值 "#NUM!"。

EXAMPLE 1 求各计算期内的余额递减折旧费

根据公式 =AMORDEGRC(B2, B3,B4,B5,B6, B7,B8)，求出递减折旧费

AMORLINC
返回每个结算期间的折旧值

格式 → **AMORLINC**(cost,date_purchased,first_period,salvage,period,rate,basis)

参数 → cost

用数值或引用单元格指定固定资产的原值。如果指定为负数，则返回错误值 "#NUM!"。

date_purchased

用数值或引用单元格指定购买固定资产的日期。如果 date_purchased 在 first_period 前，则返回错误值 "#NUM!"。

first_period

引用单元格或用数值指定固定资产第一期间结束时的日期。如果指定为日期以外的数值，则返回错误值 "#VALUE!"。

salvage

用数值或引用单元格指定折旧期限结束后，固定资产的剩余价值。如果指定为负数，则返回错误值 "#NUM!"。

period

用数值或引用单元格指定需求余额递减折旧费的计算年度。若为负数，则返回错误值。

rate

用数值或引用单元格指定余额递减的折旧率。若为 0 或负数，则返回错误值 "#NUM!"。

basis

指定一年用多少天来计算的数值。若指定为 0，则一年为 360 天（NASD 方式）；若指定为 1，则为一年的实际天数，一般为 365 天，但闰年为 366 天；若指定为 3，则将一年当作 365 天；若指定为 4，则将一年当作 360 天（欧洲方式）。若省略，则表示指定为 0。若指定为比 5 大的数值、负数或 2，则返回错误值 "#NUM!"。

EXAMPLE 1 求各计算期内的余额递减折旧费

D1	▼	:	×	✓	fx	=AMORLINC(B1,B2,B3,B4,B5,B6,B7)

▲	A	B	C	D	E	F
1	资产原值	¥5,680,000	递减折旧费	¥511,200		
2	购买时间	2011/1/1				
3	结束时间	2011/6/28				
4	资产现值	¥789,000				
5	期数	3				
6	利率	9%				
7	基准	1				
8						
9						

根据公式 =AMORLINC(B1, B2,B3,B4,B5,B6,B7) 求出递减折旧费

IRR

返回一组现金流的内部收益率

格式 → IRR(values,guess)

参数 → values

引用单元格区域指定现金流量的数值。它必须包含至少一个正值和一个负值，以计算返回的内部收益率。函数 IRR 根据数值的顺序来解释现金流的顺序。故应按需要的顺序输入支付和收入的数值。如果数组或引用包含文本、逻辑值或空白单元格，这些数值将被忽略。现金流量都为正数或负数时，则返回错误值"#NUM!"。

guess

指定与计算结果相近似的数值。IRR 函数是根据估计值开始计算的，所以如果它的数值与结果相差很远，则返回错误值"#NUM!"。如果省略，则假定它为 0.1 (10%)。指定为非数值时，返回错误值"#NAME?"。

EXAMPLE 1　求投资的内部收益率

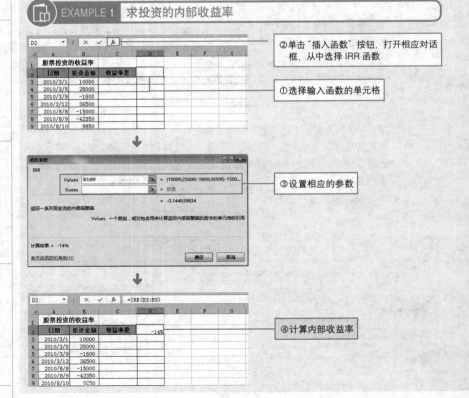

②单击"插入函数"按钮，打开相应对话框，从中选择 IRR 函数

①选择输入函数的单元格

③设置相应的参数

④计算内部收益率

XIRR

求不定期内产生的现金流量的内部收益率

格式 → XIRR(values,dates,guess)

参数 → values

引用单元格区域指定现金流量的数值。它必须包含至少一个正值和一个负值，以计算内部收益率。开始的现金流如果是在最初时间内产生的，则它后面的指定范围没必要按顺序排列。现金流量都为正数或负数时，则返回错误值"#NUM!"。

dates

指定现金流的日期。起始日期如果比其他日期提前，则没必要按时间顺序排列。如果其他日期比起始日期早，则返回错误值"#NUM!"。

guess

指定与计算结果相近似的数值。XIRR 函数是根据估计值开始计算的，所以如果它的数值与结果相差很远，则不能得到结果，而是返回错误值"#NUM!"。如果省略，则假定它为 0.1（10%）。如果指定为非数值时，则返回错误值"#NAME?"。

使用 XIRR 函数，可以求得不定期内产生的现金流量的内部收益率。使用此函数的重点是现金流和日期的指定方法。

EXAMPLE 1　求投资的内部收益率

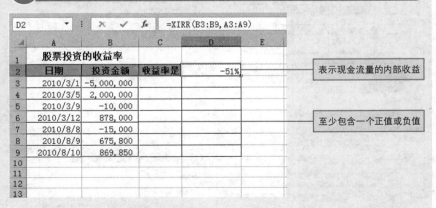

表示现金流量的内部收益

至少包含一个正值或负值

👆 POINT ● 即使正确指定，也会产生错误

即使现金流量的指定正确，也会产生错误，此时需要更改估计值。XIRR 函数是基于估计值进行计算的，更改估计值时，错误值将被删除。

MIRR
返回某一连续期间内现金流的修正内部收益率

格式 → MIRR(values,finance_rate,reinvest_rate)

参数 → values

引用单元格区域指定现金流量的数值。参数中必须至少包含一个正值和一个负值，才能计算修正后的内部收益率。必须按现金流量的产生顺序排列。当现金流量全为正数或负数时，函数 MIRR 会返回错误值"#DIV/0!"。

finance_rate

引用单元格或数值指定收入（正数的现金流量）的相应利率。如果参数为非数值，则返回错误值"#VALUE!"。

reinvest_rate

是指将现金流再投资的收益率。

使用 MIRR 函数，可以求得现金流量的收入和支出利率不同时的内部收益率（修正内部收益率）。由于收入和支出的利率不同，所以必须注意现金流量的符号和顺序，而且必须是定期内产生的现金流量。

EXAMPLE 1　求修正内部收益率

求修正内部收益率时必须指定定期内产生的现金流量，并且必须指定现金流的产生顺序。

②单击"插入函数"按钮，在打开的对话框中选择 MIRR 函数

①选择要链接的单元格

③设置相应的参数

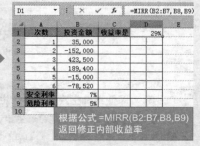

根据公式 =MIRR(B2:B7,B8,B9)
返回修正内部收益率

PRICEMAT

返回到期付息的面值 $100 的有价证券的价格

格式 → **PRICEMAT**(settlement,maturity,issue,rate,yld,basis)

参数 → settlement

用日期、单元格引用、序列号或公式结果等指定购买证券的日期。如果该日期在发行日前，则返回错误值"#NUM!"。

maturity

用日期、单元格引用、序列号或公式结果等指定有价证券的到期日。如果该日期在发行时间或购买时间前，则返回错误值"#NUM!"。

issue

用日期、单元格引用或公式等指定有价证券的发行日，如果指定日期以外的数值，则返回错误值"#VALUE!"。

rate

引用单元格或数值指定有价证券在发行日的利率。若为负数，则返回错误值"#NUM!"。

yld

引用单元格或数值指定有价证券的年收益率。如果指定为负数，则返回错误值"#NUM!"。

basis

用数值指定证券日期的计算方法。如果指定为 0，则用 30/360 天（NASD方式）计算；如果指定为 1，则用实际天数 / 实际天数计算；如果指定为 2，则用实际天数 /360 计算；如果指定为 3，则用实际天数 /365 天计算；如果指定为 4，则用 30/360 天（欧洲方式）计算。如果省略，则假定其值为 0。如果指定 0~4 以外的数值，则返回错误值"#NUM!"。

使用 PRICEMAT 函数，可以求得到期付息的面值 $100 的有价证券的价格，结果为美元。使用此函数的重点是日期和天数的计算方法的确定。

📖 **EXAMPLE 1**　求未来 5 年期内有价证券的价格

	D2	▼	:	×	✓	*fx*	=PRICEMAT(B2,B3,B4,B5,B6,B7)

▲	A	B	C	D	E	F
1	5年内债券的价格					
2	购买时间	2010/5/1	价格	99.6694		
3	到期时间	2010/7/28				
4	发行日	2008/5/20				
5	债息率	1.50%				
6	年收益率	2.80%				
7	基准	1				
8						
9						

根据公式 =PRICEMAT(B2,B3,B4,B5,B6,B7) 返回基准类型指定为 1，用实际天数 / 实际天数计算面值为 100 美元的有价证券的价格

YIELDMAT

返回到期付息的有价证券的年收益率

证券的
计算

格式 → **YIELDMAT**(settlement,maturity,issue,rate,pr,basis)

参数 → settlement

用日期、单元格引用、序列号或公式结果等指定购买证券的日期。如果该日期在发行日期前，则返回错误值"#NUM!"。

maturity

用日期、单元格引用、序列号或公式结果等指定有价证券的到期日。如果该日期在发行时间或购买时间前，则返回错误值"#NUM!"。

issue

用日期、单元格引用或公式等指定为有价证券的发行日。如果指定为日期以外的数值，则返回错误值"#VALUE!"。

rate

引用单元格或数值指定有价证券在发行日的利率。如果指定为负数，则返回错误值"#NUM!"。

pr

引用单元格或用数值指定面值 100 美元的有价证券的价格。若为负数，则返回错误值。

basis

用数值指定证券日期的计算方法。如果指定为 0，则用 30/360 天（NASD方式）计算；如果指定为 1，则用实际天数 / 实际天数计算；如果指定为 2，则用实际天数 /360 计算；如果指定为 3，则用实际天数 /365 天计算；如果指定为 4，则用 30/360 天（欧洲方式）计算。如果省略，则假定其值为 0。如果指定为 0~4 以外的数值，则返回错误值"#NUM!"。

使用 YIELDMAT 函数，可以求得到期付息的有价证券的年收益率。每一个月必须按照 30 天计算或实际天数计算，此函数的重点是计算年收益率时基准的指定。

EXAMPLE 1　求 5 年期证券的年收益率

	A	B	C	D	E	F
			fx	=YIELDMAT(B2,B3,B4,B5,B6,B7)		
1	债券的年收益率					
2	购买时间	2010/1/1	债券的年收益率	0.024711		
3	到期时间	2011/12/30				
4	发行日	2009/2/15				
5	债息率	2.30%				
6	现值	¥99.58				
7	基准	1				
8						
9						

根据公式 =YIELDMAT(B2,B3,B4,B5,B6,B7) 返回基准为 1 的年收益率

ACCRINTM

返回到期一次性付息有价证券的应计利息

格式 → ACCRINTM(issue,maturity,rate,par,basis)

参数 → issue

用日期、单元格引用或公式等指定为有价证券的发行日，如果指定为日期
以外的数值，则返回错误值"#VALUE!"。

maturity

用日期、单元格引用、序列号或公式结果等指定有价证券的到期日。如果
该日期在发行时间或购买时间前，则返回错误值"#NUM!"。

rate

引用单元格或数值指定有价证券在发行日的利率。如果指定为负数，则返
回错误值"#NUM!"。

par

为有价证券的票面价值，如果省略参数 par，则函数 ACCRINTM 视 par 为
$1000。如果指定为负数，则返回错误值"#NUM!"。

basis

用数值指定证券日期的计算方法。如果指定为 0，则用 30/360 天（NASD
方式）计算；如果指定为 1，则用实际天数 / 实际天数计算；如果指定为 2，
则用实际天数 /360 计算；如果指定为 3，则用实际天数 /365 天计算；如
果指定为 4，则用 30/360 天（欧洲方式）计算。如果省略，则假定其值为 0。
如果指定为 0~4 以外的数值，则返回错误值"#NUM!"。

使用 ACCRINTM 函数，可以返回到期一次性付息有价证券的应计利息。使用此函数的
重点是日期的计算方法。日期的计算方法随证券不同而不同，所以必须正确指定日期。

EXAMPLE 1　求票面价值 35000 元的证券的应计利息

D1		▼	⋮	×	✓	*fx*	=ACCRINTM(B1,B2,B3,B4,1)	
	A		B	C		D		E
1	购买时间		2010/2/5	付息的利息为		¥185		
2	成交时间		2010/5/18					
3	债息率		1.89%					
4	票面价值		¥35,000					
5	基准		1					
6								
7								

根据公式 =ACCRINTM
(B1,B2,B3,B4,1) 求出一
次性付息有价证券的应
计利息

PRICE

返回定期付息的面值 $100 的有价证券的价格

格式 → PRICE(settlement,maturity,rate,yld,redemption,frequency,basis)

参数 → settlement

用日期、单元格引用、序列号或公式结果等指定购买证券的日期。如果该日期在发行日期前，则返回错误值 "#NUM!"。

maturity

用日期、单元格引用、序列号或公式结果等指定有价证券的到期日。如果指定为日期以外的数值，则返回错误值 "#NUM!"。

rate

引用单元格或数值指定有价证券在发行日的利率。如果指定为负数，则返回错误值 "#NUM!"。

yld

引用单元格或数值指定有价证券的年收益率。如果指定为负数，则返回错误值 "#NUM!"。

redemption

为面值 $100 的有价证券的清偿价值。如果指定为负数，则返回错误值 "#NUM!"。

frequency

为年付息次数，如果按年支付，则 frequency 指定为 1；按半年期支付，frequency 指定为 2；按季支付，frequency 指定为 4。如果 frequency 不为 1、2 或 4，则函数返回错误值 "#NUM!"。

basis

用数值指定证券日期的计算方法。如果指定为 0，则用 30/360 天（NASD方式）计算；如果指定为 1，则用实际天数 / 实际天数计算；如果指定为 2，则用实际天数 /360 计算；如果指定为 3，则用实际天数 /365 天计算；如果指定为 4，则用 30/360 天（欧洲方式）计算。如果省略，则假定其值为 0。如果指定为 0～4 以外的数值，则返回错误值 "#NUM!"。

使用 PRICE 函数，可以求得定期支付利息的面值为 100 美元的证券价格。求证券的价格时，必须注意利率和收益率的指定。利率即是基于证券票面价格的计算数值，收益率是基于证券购买价格的计算数值。此外，应使用 DATE 函数输入日期，或者将函数作为其他公式或函数的结果输入。如果日期以文本形式输入，则会出现问题。例如，使用函数 DATE(2013,6,10) 输入日期 "2013 年 6 月 10 日"。

EXAMPLE 1 求每半年支付利息的证券价格

②单击"插入函数"按钮，在打开的对话框中选择 PRICE 函数

①选择要输入函数的单元格

③设置相应的参数

根据公式 =PRICE(B1,B2,B3,B4,B5,B6,B7) 得到面值为 100 美元的有价证券的价格

▼ 到期日比成交日早的情况

因为到期日比成交日早，所以返回错误值"#NUM！"

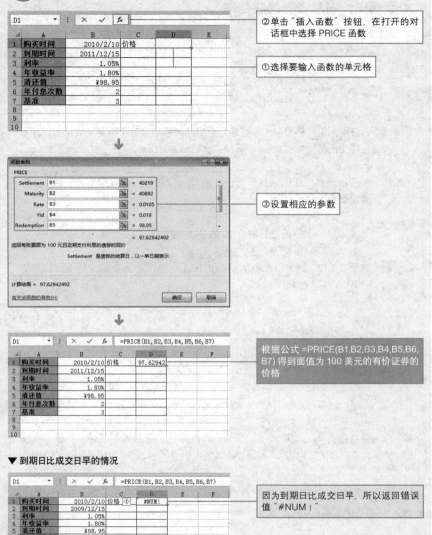

✌ POINT ● 票面价格不是 100 美元的情况

PRICE 函数所求的结果是完全针对面值为 100 美元的价格。如果票面价格不是 100 美元，则必须按照票面价格进行计算。

SECTION 07 ● 财务函数 ● 证券的计算 ○ **459**

YIELD
求定期支付利息证券的收益率

证券的
计算

格式 → YIELD(settlement,maturity,rate,pr,redemption,frequency,basis)

参数 → settlement

用日期、单元格引用、序列号或公式结果等指定证券的成交日。如果该日期在到期日后，则返回错误值"#NUM!"。

maturity

用日期、单元格引用、序列号或公式结果等指定有价证券的到期日。如果指定为日期以外的数值，则返回错误值"#NUM!"。

rate

引用单元格或数值指定有价证券的年息票利率。如果指定为负数，则返回错误值"#NUM!"。

pr

为面值$100的有价证券的价格。如果指定为负数，则返回错误值"#NUM！"。

redemption

为面值$100的有价证券的清偿价值。如果指定为负数，则返回错误值"#NUM!"。

frequency

为年付息次数，如果按年支付，则frequency指定为1；按半年期支付，frequency指定为2；按季支付，frequency指定为4。如果frequency不为1、2或4，则函数返回错误值"#NUM!"。

basis

用数值指定证券日期的计算方法。如果指定为0，则用30/360天（NASD方式）计算；如果指定为1，则用实际天数/实际天数计算；如果指定为2，则用实际天数/360计算；如果指定为3，则用实际天数/365天计算；如果指定为4，则用30/360天（欧洲方式）计算。如果省略，则假定其值为0。如果指定为0~4以外的数值，则返回错误值"#NUM!"。

使用YIELD函数，可以求得定期支付利息证券的收益率。使用此函数的重点是参数pr和redemption的指定。注意不是指定实际的价格，而是指定面额为100美元的价格。

EXAMPLE 1 | 计算10年期证券的收益率

计算证券时，必须注意基准数值的指定。如果日期的计算方法错误，计算结果也随之变化。

07
财务函数

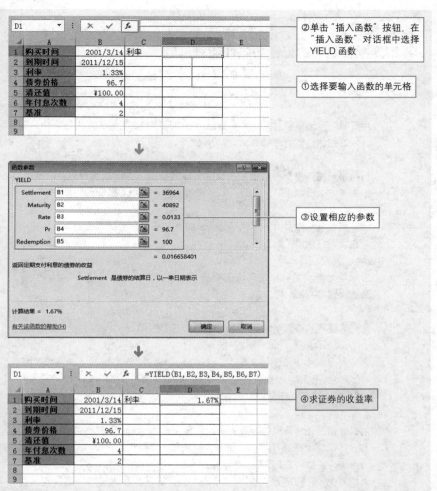

②单击"插入函数"按钮，在"插入函数"对话框中选择 YIELD 函数

①选择要输入函数的单元格

③设置相应的参数

④求证券的收益率

POINT ● YIELD 函数可用文本指定日期

Excel 中将加半角双引号的日期作为文本字符串处理。但是对于 YIELD 函数，即使用文本形式指定日期，也不会返回错误值。

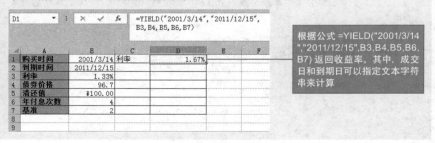

根据公式 =YIELD("2001/3/14","2011/12/15",B3,B4,B5,B6,B7) 返回收益率。其中，成交日和到期日可以指定文本字符串来计算

ACCRINT
返回定期付息有价证券的应计利息

格式 → ACCRINT(issue,first_interest,settlement,rate,par,frequency,basis)

参数 → issue
用日期、单元格引用或公式等指定为有价证券的发行日，如果指定为日期
以外的数值，则返回错误值"#VALUE!"。

first_interest
引用单元格、序列号、公式、文本或日期指定证券起始的利息支付日期。
如果指定为日期以外的日期，则返回错误值"#VALUE!"。

settlement
用日期、单元格引用、序列号或公式结果等指定证券的成交日。如果该日
期在发行日期前，则返回错误值"#NUM!"。

rate
引用单元格或数值指定有价证券的年息票利率。如果指定为负数，则返
回错误值"#NUM!"。

par
为有价证券的票面价值，如果省略 par，函数 ACCRINT 视 par 为 $1000。

frequency
为年付息次数，如果按年支付，则frequency指定为1；按半年期支付，
frequency指定为2；按季支付，frequency指定为4。如果frequency不为1、
2或4，则函数返回错误值"#NUM!"。

basis
用数值指定证券日期的计算方法。如果指定为 0，则用 30/360 天（NASD
方式）计算；如果指定为 1，则用实际天数／实际天数计算；如果指定为 2，
则用实际天数 /360 计算；如果指定为 3，则用实际天数 /365 天计算；如
果指定为 4，则用 30/360 天（欧洲方式）计算。如果省略，则假定其值
为 0。如果指定为 0~4 以外的数值，则返回错误值"#NUM!"。

使用 ACCRINT 函数，求定期付息有价证券的应计利息。使用此函数的重点是参数 par
的指定。计算证券的函数多是计算面额为 100 美元的证券，而 ACCRINT 函数是指定票
面价格。

POINT ● 日期的指定方法
日期的指定方法很多。我们可以指定序列号，当只想返回序列号的结果时，如果公式无
错误，就可指定序列号。

EXAMPLE 1　计算 10 年期证券的应计利息

求应计利息时，发行日和成交日的时间必须指定正确，如果指定错误，则返回错误值。

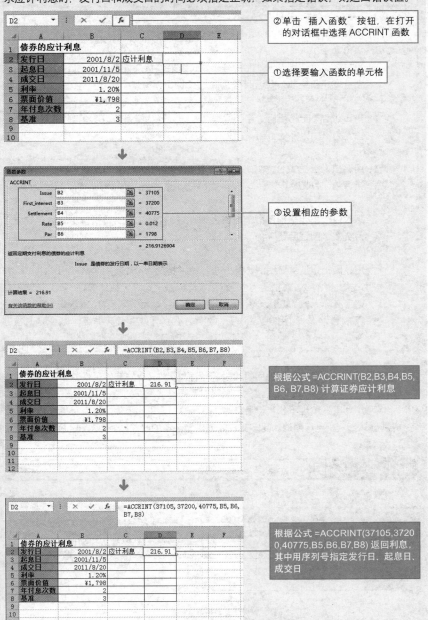

②单击"插入函数"按钮，在打开的对话框中选择 ACCRINT 函数

①选择要输入函数的单元格

③设置相应的参数

根据公式 =ACCRINT(B2,B3,B4,B5, B6, B7,B8) 计算证券应计利息

根据公式 =ACCRINT(37105,37200,40775,B5,B6,B7,B8) 返回利息，其中用序列号指定发行日、起息日、成交日

07
财务函数

SECTION 07 ● 财务函数 ● 证券的计算　○ 463

PRICEDISC
返回折价发行的面值 $100 的有价证券的价格

证券的
计算

格式 → PRICEDISC(settlement,maturity,discount,redemption,basis)

参数 → **settlement**

用日期、单元格引用、序列号或公式结果等指定证券的成交日。如果该日期在发行日期前，则返回错误值"#NUM!"。

maturity

用日期、单元格引用、序列号或公式结果等指定有价证券的到期日。如果指定为日期以外的数值，则返回错误值"#NUM!"。

discount

用数值、公式或文本指定有价证券的贴现率。如果指定为负数，则返回错误值"#NUM!"。

redemption

用数值或单元格引用指定面值为 $100 的有价证券的清偿价值。如果指定为负数，则返回错误值"#NUM!"。

basis

用数值指定证券日期的计算方法。如果指定为 0，则用 30/360 天（NASD方式）计算；如果指定为 1，则用实际天数 / 实际天数计算；如果指定为 2，则用实际天数 /360 计算；如果指定为 3，则用实际天数 /365 天计算；如果指定为 4，则用 30/360 天（欧洲方式）计算。如果省略，则假定其值为 0。如果指定为 0~4 以外的数值，则返回错误值"#NUM!"。

使用 PRICEDISC 函数，可以返回折价发行的面值为 $100 的有价证券的价格。贴现证券的贴现率是发行价格和票面价值的差额除以票面价值所得的值。贴现证券不支付付息，所以不需考虑利率。贴现率相当于通常的证券利率。使用此函数的重点是基准数值的指定，必须确认指定证券日期的计算方式。如果求贴现率的收益率，参照 YIELDDISC 函数。

EXAMPLE 1　求 10 年期贴现证券的价格

D2		✕ ✓ ƒx	=PRICEDISC(B2,B3,B4,B5,B6)	
	A	B	C	D	E
1	贴现证券的价格				
2	购买时间	2001/5/1	贴现证券价格	82.81	
3	到期时间	2011/12/15			
4	贴现率	1.50%			
5	清还值	¥98.50			
6	基准	4			
7					
8					

根据公式 =PRICEDISC(B2, B3,B4,B5,B6) 求出有价证券的价格

财务函数

464 ○ SECTION 07 ● 财务函数 ● 证券的计算

RECHIVED

返回一次性付息的有价证券到期收回的金额

格式 → RECEIVED(settlement,maturity,investment,discount,basis)

参数 → settlement

用日期、单元格引用、序列号或公式结果等指定证券的成交日。如果该日期在到期日后，则返回错误值"#NUM!"。

maturity

用日期、单元格引用、序列号或公式结果等指定有价证券的到期日。如果指定为日期以外的数值，则返回错误值"#NUM!"。

investment

为有价证券的投资额。如果investment≤0，则函数返回错误值"#NUM!"。

discount

用数值、公式或文本指定有价证券的贴现率。如果指定为负数，则返回错误值"#NUM!"。

basis

用数值指定证券日期的计算方法。如果指定为0，则用30/360天（NASD方式）计算；如果指定为1，则用实际天数/实际天数计算；如果指定为2，则用实际天数/360计算；如果指定为3，则用实际天数/365天计算；如果指定为4，则用30/360天（欧洲方式）计算。如果省略，则假定其值为0。如果指定为0~4以外的数值，则返回错误值"#NUM!"。

使用 RECEIVED 函数，可以返回一次性付息的有价证券到期收回的金额。使用此函数的重点是投资额的设定。在此函数中必须指定实际的投资额。需求折价发行的面值为 $100 的有价证券的价格，参照 PRICEDISC 函数。

EXAMPLE 1 求 10 年偿还证券的收回金额

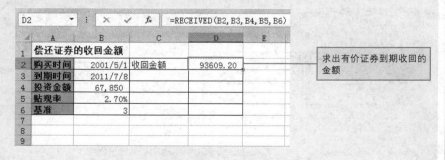

求出有价证券到期收回的金额

DISC

返回有价证券的贴现率

格式 → DISC(settlement,maturity,pr,redemption,basis)

参数 → settlement

用日期、单元格引用、序列号或公式结果等指定证券的成交日。如果该日期在到期日后，则返回错误值"#NUM!"。

maturity

用日期、单元格引用、序列号或公式结果等指定有价证券的到期日。如果指定为日期以外的数值，则返回错误值"#NUM!"。

pr

为面值 $100 的有价证券的价格。如果指定为负数，则返回错误值#NUM!"。

redemption

用数值或引用单元格指定面值为 $100 的有价证券的清偿价值。如果指定为负数，则返回错误值"#NUM!"。

basis

用数值指定证券日期的计算方法。如果指定为 0，则用 30/360 天（NASD 方式）计算；如果指定为 1，则用实际天数 / 实际天数计算；如果指定为 2，则用实际天数 /360 计算；如果指定为 3，则用实际天数 /365 天计算；如果指定为 4，则用 30/360 天（欧洲方式）计算。如果省略，则假定其值为 0。如果指定为 0~4 以外的数值，则返回错误值"#NUM!"。

使用 DISC 函数，能求有价证券的贴现率。使用此函数的重点是参数 pr 和 redemption 的指定。必须指定面值为 100 美元的价格和清偿价值。需求折价发行的有价证券的年收益率时，参照 YIELDDISC 函数。

> EXAMPLE 1 　 求 10 年偿还期的证券的贴现率

②单击"插入函数"按钮，在"插入函数"对话框中选择 DISC 函数

①选择要输入函数的单元格

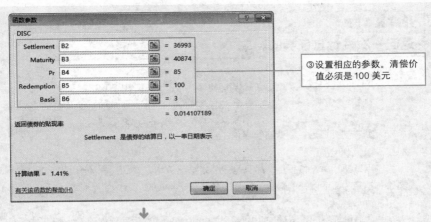

③设置相应的参数。清偿价值必须是 100 美元

根据公式 =DISC(B2,B3,B4,B5,B6) 求出证券的贴现率

▼ 证券价格大于清偿价值的情况

求证券价格比清偿价值大时的证券贴现率。贴现率越大,则收益越大,可以作为购买证券时的参考数

▼ 证券价格为负值的情况

如果用负值指定证券价格,则返回错误值

INTRATE

返回一次性付息证券的利率

格式 → **INTRATE**(settlement,maturity,investment,redemption,basis)

参数 → settlement

用日期、单元格引用、序列号或公式结果等指定证券的成交日。如果该日期在到期日后，则返回错误值"#NUM!"。

maturity

用日期、单元格引用、序列号或公式结果等指定有价证券的到期日。如果指定为日期以外的数值，则返回错误值"#NUM!"。

investment

为有价证券的投资额。如果investment≤0，则函数返回错误值"#NUM!"。

redemption

用数值或引用单元格指定面值为 $100 的有价证券的清偿价值。如果指定为负数，则返回错误值"#NUM!"。

basis

用数值指定证券日期的计算方法。如果指定为 0，则用 30/360 天（NASD方式）计算；如果指定为 1，则用实际天数 / 实际天数计算；如果指定为 2，则用实际天数 /360 计算；如果指定为 3，则用实际天数 /365 天计算；如果指定为 4，则用 30/360 天（欧洲方式）计算。如果省略，则假定其值为 0。如果指定为 0~4 以外的数值，则返回错误值"#NUM!"。

使用 INTRATE 函数，能返回一次性付息证券的利率。使用此函数的重点是投资额参数和清偿价值参数的指定。投资额和清偿价值是指定的实际金额，而不是面值为 100 美元的证券金额。

EXAMPLE 1　计算 10 年期的证券利率

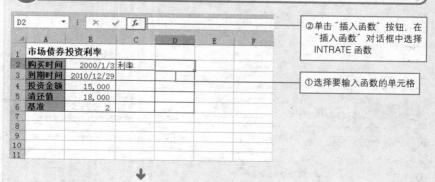

②单击"插入函数"按钮，在"插入函数"对话框中选择 INTRATE 函数

①选择要输入函数的单元格

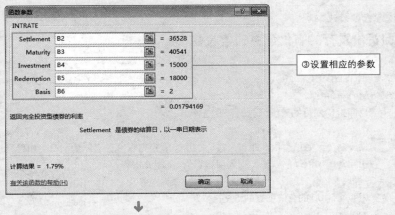

③设置相应的参数

根据公式 =INTRATE(B2,B3, B4,B5,B6) 求出证券的利率

▼ 证券价格大于清偿价值的情况

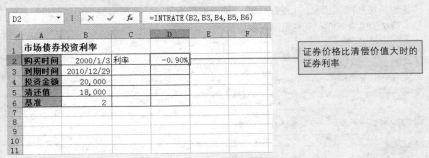

证券价格比清偿价值大时的证券利率

🤚 POINT ● INTRATE 函数结果

当投资额比偿还价值高时，利率为负。利率越大，证券获得的收益就越大，所以 INTRATE 函数求得的结果是证券购买时的大概利率。

YIELDDISC

返回折价发行的有价证券的年收益率

格式 → **YIELDDISC**(settlement,maturity,pr,redemption,basis)

参数 → settlement

返回折价发行的有价证券的年收益率

maturity

用日期、单元格引用、序列号或公式结果等指定有价证券的到期日。如果
指定为日期以外的数值，则返回错误值"#NUM!"。

pr

为面值 $100 的有价证券的价格。如果指定为负数,则返回错误值"#NUM!"。

redemption

用数值或引用单元格指定面值为 $100 的有价证券的清偿价值。如果指定
为负数，则返回错误值"#NUM!。"

basis

用数值指定证券日期的计算方法。如果指定为 0，则用 30/360 天（NASD
方式）计算;如果指定为 1，则用实际天数 / 实际天数计算;如果指定为 2,
则用实际天数 /360 计算；如果指定为 3，则用实际天数 /365 天计算；如
果指定为 4，则用 30/360 天（欧洲方式）计算。如果省略，则假定其值
为 0。如果指定为 0~4 以外的数值，则返回错误值"#NUM!"。

使用 YIELDDISC 函数能求已发行证券的贴现率下的年收益率。使用此函数的重点是有
价证券价格和清偿价值的指定。而此处的有价证券价格和清偿价值指定的不是实际金
额，而是面值为 100 美元的证券金额。

EXAMPLE 1　求 20 年期的贴现证券的年收益率

②单击"插入函数"按钮,在"插入函数"
对话框中选择 YIELDDISC 函数

①选择要输入函数的单元格

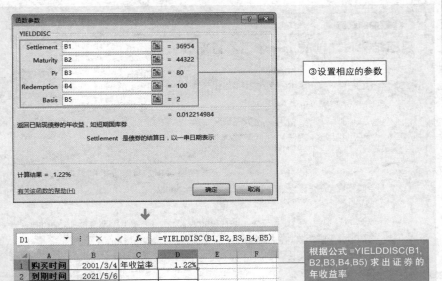

③设置相应的参数

根据公式 =YIELDDISC(B1, B2,B3,B4,B5) 求出证券的年收益率

▼ 求面值为 1000 元，20 年期的贴现证券的年收益率

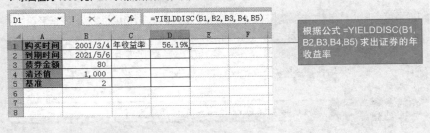

根据公式 =YIELDDISC(B1, B2,B3,B4,B5) 求出证券的年收益率

▼ 有价证券面值金额为负值的情况

如果指定参数 pr 为负值，则返回错误值

证券的计算通常只限于面额为 100 美元的证券。如果不是面额 100 美元的证券，也有可能得到它的年收益率。

COUPPCD

返回结算日之前的上一个债券日期

格式 → COUPPCD(settlement,maturity,frequency,basis)

参数 → settlement

用日期、单元格引用、序列号或公式结果等指定证券的成交日。如果指定为日期以外的数值，则返回错误值"#VALUE!"。

maturity

用日期、单元格引用、序列号或公式结果等指定有价证券的到期日。如果到期日在成交日之前，则返回错误值"#NUM!"。

frequency

为年付息次数，若按年支付，frequency 指定为 1；按半年期支付，frequency 指定为 2；按季支付，frequency 指定为 4。如果 frequency 不为 1、2 或 4，则函数返回错误值"#NUM!"。

basis

用数值指定证券日期的计算方法。如果指定为 0，则用 30/360 天（NASD 方式）计算；如果指定为 1，则用实际天数／实际天数计算；如果指定为 2，则用实际天数 /360 计算；如果指定为 3，则用实际天数 /365 天计算；如果指定为 4，则用 30/360 天（欧洲方式）计算。如果省略，则假定其值为 0。如果指定为 0~4 以外的数值，则返回错误值"#NUM!"。

使用 COUPPCD 函数，求结算日之前的上一个债券日期。使用此函数的重点是年付息次数的指定。证券的利息支付次数只能指定一年一次、一年两次或一年四次中，所以不能使用其他利息支付次数。需求结算日之后的下一个债券日期，参照 COUPNCD 函数。

EXAMPLE 1 求 20 年期偿还证券购买前的利息支付日

D1	▼	: × ✓	fx	=COUPPCD(B1,B2,B3,B4)

▲	A	B	C	D
1	成交日	2001/6/7	上一个债券日期	2001/3/25
2	到期日	2021/12/25		
3	年付息次数	4		
4	基准	0		
5				
6				

根据公式 =COUPPCD(B1, B2,B3,B4) 返回证券结算日之前的上一个证券日期

✌ POINT ● 日期形式

在单元格格式中设定的日期，其形式除序列号外，还有阳历、星期等的表示形式。根据需要设定日期形式即可。

COUPNCD
返回结算日之后的下一个债券日期

格式 → **COUPNCD**(settlement,maturity,frequency,basis)

参数 → settlement
用日期、单元格引用、序列号或公式结果等指定证券的成交日。如果指定为日期以外的数值，则返回错误值 "#VALUE!"。

maturity
用日期、单元格引用、序列号或公式结果等指定有价证券的到期日。如果到期日在成交日之前，则返回错误值 "#NUM!"。

frequency
为年付息次数，如果按年支付，frequency 指定为 1；按半年期支付，frequency 指定为 2；按季支付，frequency 指定为 4。如果 frequency 不为 1、2 或 4，则函数返回错误值 "#NUM!"。

basis
用数值指定证券日期的计算方法。如果指定为 0，则用 30/360 天（NASD 方式）计算；如果指定为 1，则用实际天数 / 实际天数计算；如果指定为 2，则用实际天数 /360 计算；如果指定为 3，则用实际天数 /365 天计算；如果指定为 4，则用 30/360 天（欧洲方式）计算。如果省略，则假定其值为 0。如果指定为 0~4 以外的数值，则返回错误值 "#NUM!"。

使用 COUPNCD 函数可以求结算日之后的下一个债券日期。使用此函数的重点是年付息次数的指定。使用此函数，债券的利息支付次数可以是每年一次、两次或四次。如需求结算日之前的上一个债券日期，参照 COUPPCD 函数。

EXAMPLE 1 求 20 年期偿还证券购买后的利息支付日

D1	▼	:	×	✓	fx	=COUPNCD(B1,B2,B3,B4)

	A	B	C	D
1	成交日	2005/6/7	下一个债券日期	2005/6/25
2	到期日	2025/12/25		
3	年付息次数	2		
4	基准	1		
5				
6				
7				
8				

根据公式 =COUPNCD(B1,B2,B3,B4) 返回证券结算日之后的下一个证券日期

POINT ● COUPNCD 函数的计算结果可用于其他公式
COUPNCD 函数的计算结果可用于其他公式中，按原序列值计算，不会出现错误。

COUPDAYBS
返回当前付息期内截止到成交日的天数

格式 → **COUPDAYBS**(settlement,maturity,frequency,basis)

参数 → settlement

用日期、单元格引用、序列号或公式结果等指定证券的成交日。如果指定为日期以外的数值，则返回错误值"#VALUE!"。

maturity

用日期、单元格引用、序列号或公式结果等指定有价证券的到期日。如果到期日在成交日之前，则返回错误值"#NUM!"。

frequency

为年付息次数，如果按年支付，frequency 指定为 1；按半年期支付，frequency 指定为 2；按季支付，frequency 指定为 4。如果 frequency 不为 1、2 或 4，则函数返回错误值"#NUM!"。

basis

用数值指定证券日期的计算方法。如果指定为 0，则用 30/360 天（NASD方式）计算；如果指定为 1，则用实际天数 / 实际天数计算；如果指定为 2，则用实际天数 /360 计算；如果指定为 3，则用实际天数 /365 天计算；如果指定为 4，则用 30/360 天（欧洲方式）计算。如果省略，则假定其值为 0。如果指定为 0~4 以外的数值，则返回错误值"#NUM!"。

使用 COUPDAYBS 函数求当前付息期内截止到成交日的天数。使用此函数的重点是基准数值的指定。如果一年或一个月的天数指定错误，则不能得到正确的结果。需求从成交日开始到下次利息支付日的天数，参照 COUPDAYSNC 函数。

EXAMPLE 1　求按季度支付利息的证券的利息计算天数

| D1 | ▼ | : | × | ✓ | fx | =COUPDAYBS(B1,B2,B3,B4) |

▲	A	B	C	D	E
1	成交日	2010/8/8	截止到成交日的天数是	13	
2	到期日	2018/1/25			
3	年付息次数	4			
4	基准	0			
5					
6					
7					

根据公式=COUPDAYBS(B1,B2,B3,B4) 返回当前付息期内截止到成交日的天数

🖐️ POINT ● 参数"基准"值

根据一年有多少天、一个月有多少天来确定证券日期的计算方法。进行计算前，需确认证券日的计算方法。

COUPDAYSNC
返回从成交日到下一付息日之间的天数

格式 → **COUPDAYSNC**(settlement,maturity,frequency,basis)

参数 → settlement

用日期、单元格引用、序列号或公式结果等指定证券的成交日。如果指定为日期以外的数值，则返回错误值"#VALUE!"。

maturity

用日期、单元格引用、序列号或公式结果等指定有价证券的到期日。如果到期日在成交日之前，则返回错误值"#NUM!"。

frequency

为年付息次数，如果按年支付，frequency 指定为 1；按半年期支付，frequency 指定为 2；按季支付，frequency 指定为 4。如果 frequency 不为 1、2 或 4，则函数返回错误值"#NUM!"。

basis

用数值指定证券日期的计算方法。如果指定为 0，则用 30/360 天（NASD 方式）计算；如果指定为 1，则用实际天数 / 实际天数计算；如果指定为 2，则用实际天数 /360 计算；如果指定为 3，则用实际天数 /365 天计算；如果指定为 4，则用 30/360 天（欧洲方式）计算。如果省略，则假定其值为 0。如果指定为 0~4 以外的数值，则返回错误值"#NUM!"。

使用 COUPDAYSNC 函数可返回从成交日到下一付息日之间的天数。使用此函数的重点是基准值的指定。计算结果随着一年的总天数、一个月的总天数而改变。需求利息计算的第一天开始到成交日的天数，参照 COUPDAYBS 函数。

📑 EXAMPLE 1 　求半年支付利息的证券的成交日到下一付息日的天数

| D1 | ▼ | ⋮ | ✕ ✓ | fx | =COUPDAYSNC(B1,B2,B3,B4) |

▲	A	B	C	D	E
1	成交日	2011/7/7	成交日到下一个付息日之间的天数	108	
2	到期日	2020/4/25			
3	年付息次数	2			
4	基准	0			
5					
6					
7					
8					

根据公式 =COUPDAYSNC (B1,B2,B3,B4) 返回从成交日到下一个付息日之间的天数

COUPDAYS

返回包含成交日在内的付息期的天数

证券的
计算

07
财务函数

格式 → **COUPDAYS**(settlement,maturity,frequency,basis)

参数 → settlement

用日期、单元格引用、序列号或公式结果等指定证券的成交日。如果指定
为日期以外的数值，则返回错误值"#VALUE!"。

maturity

用日期、单元格引用、序列号或公式结果等指定有价证券的到期日。如果
到期日在成交日之前，则返回错误值"#NUM!"。

frequency

为年付息次数，如果按年支付，frequency 指定为 1；按半年期支付，
frequency 指定为 2；按季支付，frequency 指定为 4。如果 frequency 不
为 1、2 或 4，则函数返回错误值"#NUM!"。

basis

用数值指定证券日期的计算方法。如果指定为 0，则用 30/360 天（NASD
方式）计算；如果指定为 1，则用实际天数 / 实际天数计算；如果指定为 2，
则用实际天数 /360 计算；如果指定为 3，则用实际天数 /365 天计算；如
果指定为 4，则用 30/360 天（欧洲方式）计算。如果省略，则假定其值
为 0。如果指定为 0~4 以外的数值，则返回错误值"#NUM!"。

使用 COUPDAYS 函数能返回成交日所在的付息期的天数。使用此函数的重点是基准
值的指定。如果一年或一个月的天数指定错误，就不能得到正确的结果。若需求不包
含成交日在内的利息计算期间的天数，参照 COUPDAYSNC 函数。

EXAMPLE.1 求按季度支付利息的证券的利息计算天数

②单击"插入函数"按钮，在"插
入函数"对话框中选择 COUP-
DAYS 函数

①选择要输入函数的单元格

	A	B	C	D
1	成交日	2005/8/9	付息期的天数是	
2	到期日	2015/12/29		
3	年付息次数	4		
4	基准	0		
5				
6				
7				
8				

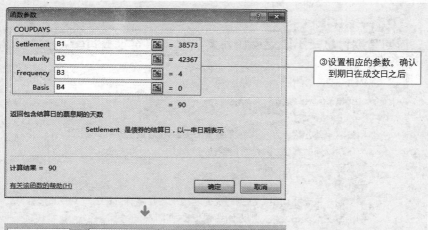

③设置相应的参数。确认到期日在成交日之后

根据公式 =COUPDAYS(B1,B2,B3,B4)，返回包含成交日在内的付息日的天数

▼ 更改年付息次数

根据公式 =COUPDAYS(B1,B2,B3,B4) 返回天数，此时更改年付息次数，计算结果也发生变化

▼ 年付息次数指定为 1、2、4 以外的值

如果年付息次数指定为 1、2、4 以外的值，则返回错误值

ODDFPRICE
返回首期付息日不固定面值为 $100 的有价证券价格

格式 → ODDFPRICE(settlement,maturity,issue,first_coupon,rate,yld,red-emption,frequency,basis)

参数 → settlement

用日期、单元格引用、序列号或公式结果等指定证券的成交日。如果指定为日期以外的数值，则返回错误值 #VALUE！。如果成交日在发行日之前，则返回错误值"#NUM!"。

maturity

用日期、单元格引用、序列号或公式结果等指定有价证券的到期日。如果到期日在成交日之前，则返回错误值"#NUM!"。

issue

用日期、单元格引用、序列号或公式结果等指定有价证券的发行日。如果指定为日期以外的数值，则返回错误值"#VALUE!"。

first_coupon

用日期、单元格引用、序列号或公式结果等指定有价证券的首期付息日。如果利息支付日在发行日之前，则返回错误值"#NUM!"。

rate

用数值或引用单元格指定有价证券的利率。如果 rate<0，则函数返回错误值"#NUM!"。

yld

用数值或引用单元格指定有价证券的年收益率。如果 yld<0，则函数返回错误值"#NUM!"。

redemption

用数值或引用单元格指定面值为 $100 的有价证券的清偿价值。如果指定为负数，则返回错误值"#NUM!"。

frequency

为年付息次数，如果按年支付，frequency 指定为 1；按半年期支付，frequency 指定为 2；按季支付，frequency 指定为 4。如果 frequency 不为 1、2 或 4，则函数返回错误值"#NUM!"。

basis

用数值指定证券日期的计算方法。如果指定为 0，则用 30/360 天（NASD 方式）计算；如果指定为 1，则用实际天数 / 实际天数计算；如果指定为 2，则用实际天数 /360 计算；如果指定为 3，则用实际天数 /365 天计算；如果指定为 4，则用 30/360 天（欧洲方式）计算。如果省略，则假定其值为 0。如果指定为 0~4 以外的数值，则返回错误值"#NUM!"。

使用 ODDFPRICE 函数，可返回首期付息日不固定（长期或短期）的面值为 $100 的有价证券价格。此函数是计算面值为 $100 的证券价格。证券的利息支付日通常情况下是固定的，所以可用 YIELD 函数求定期支付利息证券的收益率，也可使用 PRICE 函数求定期付息的面值为 $100 的有价证券的价格。但是，有时证券的付息日是不固定的，此时，需使用与 PRICE 函数相对应的 ODDFPRICE 函数。如果求首期付息日不固定的有价证券（长期或短期）的收益率，参照 ODDFYIELD 函数。

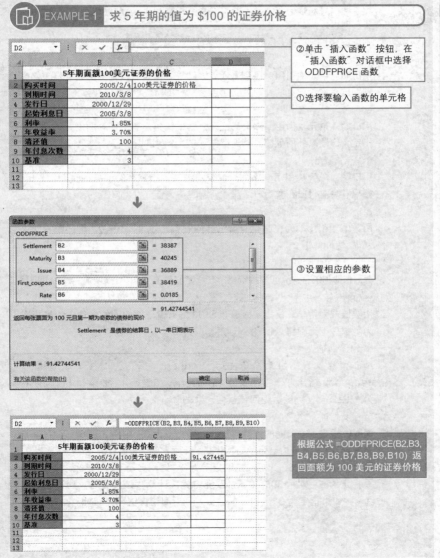

EXAMPLE 1　求 5 年期的值为 $100 的证券价格

②单击"插入函数"按钮，在"插入函数"对话框中选择 ODDFPRICE 函数

①选择要输入函数的单元格

③设置相应的参数

根据公式 =ODDFPRICE(B2,B3, B4,B5,B6,B7,B8,B9,B10) 返回面额为 100 美元的证券价格

ODDFYIELD

返回首期付息日不固定的有价证券的收益率

格式 → **ODDFYIELD(**settlement,maturity,issue,first_coupon,rate,pr,rede-mption,frequency,basis**)**

参数 → settlement

用日期、单元格引用、序列号或公式结果等指定证券的成交日。如果指定为日期以外的数值，则返回错误值 #VALUE！。如果成交日在发行日之前，则返回错误值"#NUM!"。

maturity

用日期、单元格引用、序列号或公式结果等指定有价证券的到期日。如果到期日在成交日之前，则返回错误值"#NUM!"。

issue

用日期、单元格引用、序列号或公式结果等指定有价证券的发行日。如果指定为日期以外的数值，则返回错误值"#VALUE!"。

first_coupon

用日期、单元格引用、序列号或公式结果等指定有价证券的首期付息日。如果利息支付日在发行日之前，则返回错误值"#NUM!"。

rate

用数值或引用单元格指定有价证券的利率。如果 rate<0，则函数返回错误值"#NUM!"。

pr

为面值 \$100 的有价证券的价格。若指定非数值，则返回错误值"#VALUE!"。

redemption

用数值或引用单元格指定面值为 \$100 的有价证券的清偿价值。如果指定为负数，则返回错误值"#NUM!"。

frequency

为年付息次数，如果按年支付，frequency 指定为 1；按半年期支付，frequency 指定为 2；按季支付，frequency 指定为 4。如果 frequency 不为 1、2 或 4，则函数返回错误值"#NUM!"。

basis

用数值指定证券日期的计算方法。如果指定为 0，则用 30/360 天（NASD方式）计算；如果指定为 1，则用实际天数 / 实际天数计算；如果指定为 2，则用实际天数 /360 计算；如果指定为 3，则用实际天数 /365 天计算；如果指定为 4，则用 30/360 天（欧洲方式）计算。如果省略，则假定其值为 0。如果指定为 0~4 以外的数值，则返回错误值"#NUM!"。

使用 ODDFYIELD 函数可求首期付息日不固定的有价证券（长期或短期）的收益率。一般情况下，证券的利息支付日大多是固定的，所以可用 YIELD 函数求定期支付利息证券的收益率，也可使用 PRICE 函数求定期付息的面值为 $100 的有价证券的价格。但是，有时证券的付息日是不固定的，此时，需使用与 YIELD 函数相对应的 ODDFYIELD 函数。如果求首期付息日不固定的面值为 $100 的有价证券的价格，参照 ODDFPRICE 函数。

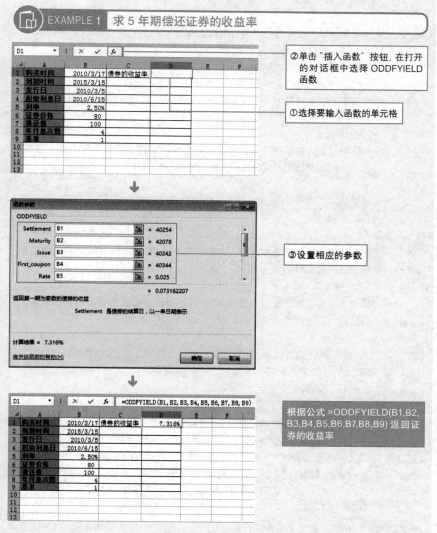

EXAMPLE 1　求 5 年期偿还证券的收益率

②单击"插入函数"按钮，在打开的对话框中选择 ODDFYIELD 函数

①选择要输入函数的单元格

③设置相应的参数

根据公式 =ODDFYIELD(B1,B2, B3,B4,B5,B6,B7,B8,B9) 返回证券的收益率

POINT ● 成交日（购买时间）和发行日相同

在计算已发行的证券时，如果成交日和发行日指定相同的日期，则返回错误值。

ODDLPRICE

返回末期付息日不固定的面值为 $100 有价证券价格

格式 → **ODDLPRICE**(settlement,maturity,last_interest,rate,yld,redemption,frequency,basis)

参数 → settlement

用日期、单元格引用、序列号或公式结果等指定证券的成交日。如果指定为日期以外的数值，则返回错误值 #VALUE！。如果成交日在发行日之前，则返回错误值"#NUM!"。

maturity

用日期、单元格引用、序列号或公式结果等指定有价证券的到期日。如果到期日在成交日之前，则返回错误值"#NUM!"。

last_interest

用日期、单元格引用、序列号或公式结果等指定有价证券的末期付息日。如果末期付息日在成交日之前，则返回错误值"#NUM!"。

rate

用数值或引用单元格指定有价证券的利率。如果 rate<0，则函数返回错误值"#NUM!"。

yld

用数值或引用单元格指定有价证券的年收益率。如果 yld<0，则函数返回错误值"#NUM!"。

redemption

用数值或引用单元格指定面值为 $100 的有价证券的清偿价值。如果指定为负数，则返回错误值"#NUM!"。

frequency

为年付息次数，如果按年支付，frequency 指定为 1；按半年期支付，frequency 指定为 2；按季支付，frequency 指定为 4。如果 frequency 不为 1、2 或 4，则函数返回错误值"#NUM!"。

basis

用数值指定证券日期的计算方法。如果指定为 0，则用 30/360 天（NASD 方式）计算；如果指定为 1，则用实际天数 / 实际天数计算；如果指定为 2，则用实际天数 /360 计算；如果指定为 3，则用实际天数 /365 天计算；如果指定为 4，则用 30/360 天（欧洲方式）计算。如果省略，则假定其值为 0。如果指定为 0~4 以外的数值，则返回错误值"#NUM!"。

使用 ODDLPRICE 函数可以求末期付息日不固定的面值为 $100 的有价证券（长期或短期）的价格。一般情况下，证券的利息支付日大多是固定的，可用 YIELD 函数求定期支付利息证券的收益率，也可使用 PRICE 函数求定期付息的面值为 $100 的有价证券的价格。

但是有时证券的付息日是不固定的，此时，需使用与 PRICE 函数相对应的 ODDLPRICE 函数。如果求首期付息日不固定的面值为 $100 的有价证券的价格，参照 ODDFPRICE 函数。

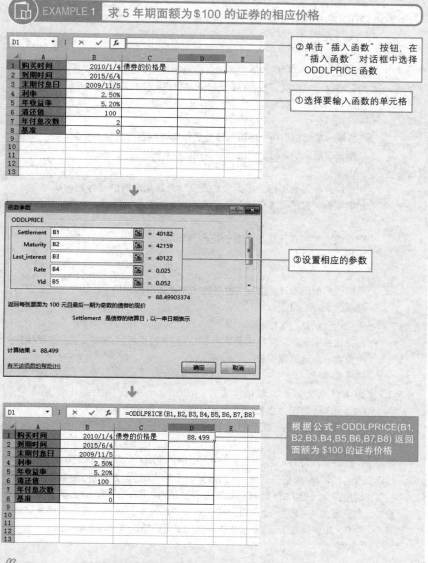

EXAMPLE 1　求 5 年期面额为 $100 的证券的相应价格

②单击"插入函数"按钮，在"插入函数"对话框中选择 ODDLPRICE 函数

①选择要输入函数的单元格

③设置相应的参数

根据公式 =ODDLPRICE(B1, B2,B3,B4,B5,B6,B7,B8) 返回面额为 $100 的证券价格

POINT ● 价格比偿还金额低的情况

如果一直将证券保留到偿还日时，就能得到偿还价格。如果价格比偿还金额低时，则返回高的偿还金额。

ODDLYIELD
返回末期付息日不固定的有价证券的收益率

格式 → **ODDLYIELD**(settlement,maturity,last_interest,rate,yld,redemption,frequency,basis)

参数 → settlement
用日期、单元格引用、序列号或公式结果等指定证券的成交日。如果指定为日期以外的数值,则返回错误值 #VALUE!。如果成交日在发行日之前,则返回错误值"#NUM!"。

maturity
用日期、单元格引用、序列号或公式结果等指定有价证券的到期日。如果到期日在成交日之前,则返回错误值"#NUM!"。

last_interest
用日期、单元格引用、序列号或公式结果等指定有价证券的末期付息日。如果末期付息日在成交日之前,则返回错误值"#NUM!"。

rate
用数值或引用单元格指定有价证券的利率。如果 rate<0,则函数返回错误值"#NUM!"。

pr
用数值或引用单元格指定有价证券的年收益率。如果 yld<0,则函数返回错误值"#NUM!"。

redemption
用数值或引用单元格指定面值为 $100 的有价证券的清偿价值。如果指定为负数,则返回错误值"#NUM!"。

frequency
为年付息次数,如果按年支付,frequency 指定为 1; 按半年期支付,frequency 指定为 2; 按季支付,frequency 指定为 4。如果 frequency 不为 1、2 或 4,则函数返回错误值"#NUM!"。

basis
用数值指定证券日期的计算方法。如果指定为 0,则用 30/360 天 (NASD 方式) 计算;如果指定为 1,则用实际天数 / 实际天数计算;如果指定为 2,则用实际天数 /360 计算;如果指定为 3,则用实际天数 /365 天计算;如果指定为 4,则用 30/360 天 (欧洲方式) 计算。如果省略,则假定其值为 0。如果指定为 0~4 以外的数值,则返回错误值"#NUM!"。

使用 ODDLYIELD 函数可求末期付息日不固定的有价证券 (长期或短期) 的收益率。一般情况下,证券的利息支付日大多是固定的,可用 YIELD 函数求定期支付利息证券的收益率,也可使用 PRICE 函数求定期付息的面值为 $100 的有价证券的价格。但是,有时证券的付息日是不固定的，此时，需使用与 YIELD 函数相对应的 ODDFYIELD 函数。如果求首期付息日不固定的面值为 $100 的有价证券的收益率，参照 ODDLYIELD 函数。

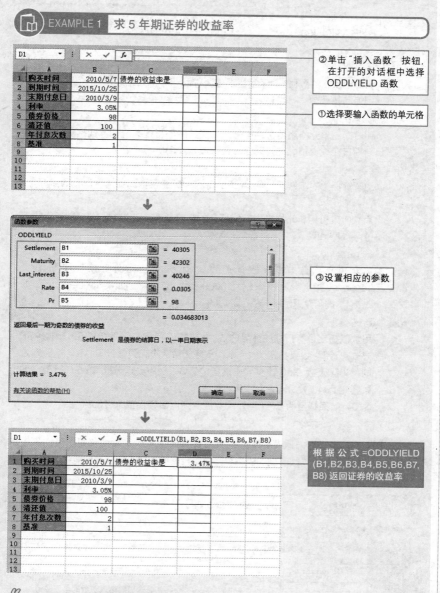

EXAMPLE 1　求 5 年期证券的收益率

②单击"插入函数"按钮，在打开的对话框中选择 ODDLYIELD 函数

①选择要输入函数的单元格

③设置相应的参数

根 据 公 式 =ODDLYIELD (B1,B2,B3,B4,B5,B6,B7,B8) 返回证券的收益率

	A	B	C	D
1	购买时间	2010/5/7	债券的收益率是	3.47%
2	到期时间	2015/10/25		
3	末期付息日	2010/3/9		
4	利率	3.05%		
5	债券价格	98		
6	清还值	100		
7	年付息次数	2		
8	基准	1		

函数参数

ODDLYIELD

Settlement　B1　= 40305
Maturity　B2　= 42302
Last_interest　B3　= 40246
Rate　B4　= 0.0305
Pr　B5　= 98

= 0.034683013

返回最后一期为奇数的债券的收益

Settlement 是债券的结算日，以一串日期表示

计算结果 = 3.47%

有关该函数的帮助(H)　　　确定　取消

D1　=ODDLYIELD(B1, B2, B3, B4, B5, B6, B7, B8)

✋ POINT ● 参数"末期付息日"

末期付息日即购买证券前一天的利率支付日。如果指定日期在成交日后，则返回错误值。

07
财务函数

DURATION

返回假设面值为 $100 定期付息有价证券的修正期限

格式 → **DURATION**(settlement,maturity,coupon,yld,frequency,basis)

参数 → settlement

用日期、单元格引用、序列号或公式结果等指定证券的成交日。如果指定为日期以外的数值，则返回错误值 #VALUE！。如果成交日在发行日之前，则返回错误值"#NUM!"。

maturity

用日期、单元格引用、序列号或公式结果等指定有价证券的到期日。如果到期日在成交日之前，则返回错误值"#NUM!"。

coupon

为有价证券的年息票利率。如果coupon<0，则函数返回错误值"#NUM!"。

yld

用数值或引用单元格指定有价证券的年收益率。如果 yld<0，则返回错误值"#NUM!"。

frequency

为年付息次数，如果按年支付，frequency 指定为 1；按半年期支付，frequency 指定为 2；按季支付，frequency 指定为 4。如果 frequency 不为 1、2 或 4，则函数返回错误值"#NUM!"。

basis

用数值指定证券日期的计算方法。如果指定为 0，则用 30/360 天（NASD 方式）计算；如果指定为 1，则用实际天数 / 实际天数计算；如果指定为 2，则用实际天数 /360 计算；如果指定为 3，则用实际天数 /365 天计算；如果指定为 4，则用 30/360 天（欧洲方式）计算。如果省略，则假定其值为 0。如果指定为 0~4 以外的数值，则返回错误值"#NUM!"。

使用 DURATION 函数可求假设面值为 $100 的定期付息有价证券的修正期限。一般用 Macauley 来表示投资平均回收期间的指标，显示投资的金额在什么时间能够收回。

EXAMPLE 1　求 5 年期证券的 Macauley 系数

②单击"插入函数"按钮，在"插入函数"对话框中选择 DURATION 函数

①选择要输入函数的单元格

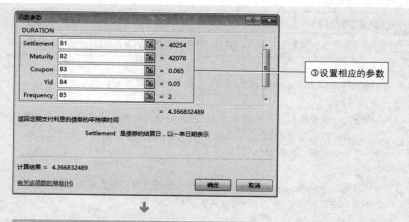

③设置相应的参数

根据公式 =DURATION(B1, B2,B3,B4,B5,B6) 返回证券的 Macauley 系数

▼ 成交日和到期日相同的情况

根据公式 =DURATION(B1, B2,B3,B4,B5,B6) 返回错误值

POINT ● Macauley 系数的结果

Macauley 系数是加权平均包含各期年息票利息加本金的现金流量的现值，因此若年付息次数指定错误，就不能得到正确的计算结果。由于加权平均各期的现金流量的现值，所以随年利息的支付次数变化，Macauley 系数的计算结果也会发生变化。一般情况下，利息支付次数越多，投资的收益就能越早收回。反之，投资的收益就越晚收回。

MDURATION

返回假设面值为 $100 的有价证券的修正 Macauley

证券的
计算

格式 → **MDURATION**(settlement,maturity,coupon,yld,frequency,basis)

参数 → settlement

用日期、单元格引用、序列号或公式结果等指定证券的成交日。如果指定为日期以外的数值，则返回错误值 #VALUE！。如果成交日在发行日之前，则返回错误值"#NUM!"。

maturity

用日期、单元格引用、序列号或公式结果等指定有价证券的到期日。如果到期日在成交日之前，则返回错误值"#NUM!"。

coupon

为有价证券的年息票利率。如果coupon<0，则函数返回错误值"#NUM!"。

yld

用数值或引用单元格指定有价证券的年收益率。如果 yld<0，则返回错误值"#NUM!"。

frequency

为年付息次数，如果按年支付，frequency 指定为 1；按半年期支付，frequency 指定为 2；按季支付，frequency 指定为 4。如果 frequency 不为 1、2 或 4，则函数返回错误值"#NUM!"。

basis

用数值指定证券日期的计算方法。如果指定为 0，则用 30/360 天（NASD 方式）计算；如果指定为 1，则用实际天数 / 实际天数计算；如果指定为 2，则用实际天数 /360 计算；如果指定为 3，则用实际天数 /365 天计算；如果指定为 4，则用 30/360 天（欧洲方式）计算。如果省略，则假定其值为 0。如果指定为 0~4 以外的数值，则返回错误值"#NUM!"。

修正 Macauley 系数表示如果年收益率变动 1%，则价格会随之变动 1%。利用 MDURATION 函数，可返回假设面值为 $100 的有价证券的 Macauley 修正期限。

EXAMPLE 1　求 5 年期证券的修正 Macauley 系数

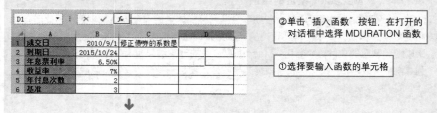

②单击"插入函数"按钮，在打开的对话框中选择 MDURATION 函数

①选择要输入函数的单元格

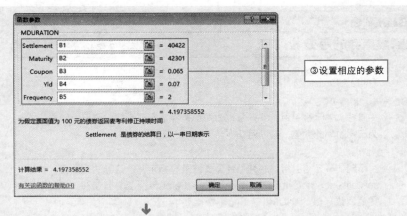

③设置相应的参数

根据公式 =MDURATION(B1, B2,B3,B4,B5,B6) 返回证券的修正 Macauley 系数

▼ 成交日和到期日相同的情况

如果成交日和到期日相同，根据公式 =MDURATION(B1, B2,B3,B4,B5,B6) 返回错值

🖐 POINT ● 修正 Macauley 系数和 Macauley 系数

修正 Macauley 系数是表示收益率和价格的变化。它和表示投资的平均回收期间指标的
Macauley 系数不同，要注意区分。

TBILLEQ

返回国库券的等效收益率

格式 → **TBILLEQ**(settlement,maturity,discount)

参数 → settlement

用日期、单元格引用、序列号或公式结果等指定证券的成交日。如果指定
为日期以外的数值，则返回错误值"#VALUE！"。

maturity

用日期、单元格引用、序列号或公式结果等指定有价证券的到期日。如果
settlement>maturity 或 maturity 在 settlement 之后并且超过一年，则函
数返回错误值"#NUM！"。

discount

用数值或引用单元格指定事实上国库券的贴现率。如果 discount ≤ 0，
函数 TBILLEQ 返回错误值"#NUM！"。

使用 TBILLEQ 函数可以返回国库券的等效收益率。此函数是固定一年为 360 天来计算，
且成交日与到期日相隔不超过一年。若需求国库券 (TB) 的收益率，参照 TBILLYIELD
函数。

EXAMPLE 1 求一年期国库券的等效收益率

求国库券的等效收益率时，成交日和生效日之间相隔的期限不到 1 年。

D1	▼	⋮ × ✓	fx	=TBILLEQ(B1,B2,B3)

▲	A	B	C	D	E
1	证券成交日	2011/5/5	等效收益率	4.33%	
2	证券到期日	2012/5/5			
3	贴现率	4.12%			
4					
5					
6					
7					
8					
9					
10					
11					
12					

根据公式 =TBILLEQ(B1,B2,
B3) 返回国库券的等效收益
率

👆 POINT ● 期限不到一年

因为成交日与到期日相隔的期限不到一年，所以不能求一年以上期限的收益率。

TBILLPRICE
返回面值为 $100 的国库券的价格

格式 → **TBILLPRICE**(settlement,maturity,discount)

参数 → settlement

用日期、单元格引用、序列号或公式结果等指定证券的成交日。如果指定为日期以外的数值，则返回错误值"#VALUE！"。

maturity

用日期、单元格引用、序列号或公式结果等指定有价证券的到期日。如果 settlement>maturity 或 maturity 在 settlement 之后并且超过一年，则函数返回错误值"#NUM!"。

discount

用数值或引用单元格指定事实上国库券的贴现率。如果 discount ≤ 0，函数 TBILLEQ 返回错误值"#NUM!"。

使用 TBILLPRICE 函数能求已发行的面值为 $100 的国库券价格。此函数把一年作为 360 天来计算，且成交日与到期日相隔不超过一年。如需求国库券的等效收益率时，请参照 TBILLEQ 函数。

📖 **EXAMPLE 1** 求国库券的价格

求面值为 $100 的国库券的价格时，它的成交日和生效日之间相隔不超过一年，且贴现率不能指定为负数。

D1		:	×	✓	fx	=TBILLPRICE(B1,B2,B3)	
▲	A	B	C	D	E	F
1	证券成交日	2011/4/1	价格	93.39167		
2	证券到期日	2012/4/1				
3	贴现率	6.50%				
4						
5						
6						
7						
8						
9						
10						
11						
12						

根据公式 =TBILLPRICE(B1, B2,B3) 返回面值为 $100 的国库券的价格

✌ **POINT ●** 参数 discount 不能为负数

求面值为 $100 的国库券的价格时，贴现率不能是负数。

TBILLYIELD
返回国库券的收益率

格式 → **TBILLYIELD(settlement,maturity,pr)**

参数 → settlement
用日期、单元格引用、序列号或公式结果等指定证券的成交日。如果指定为日期以外的数值，则返回错误值"#VALUE!"。

maturity
用日期、单元格引用、序列号或公式结果等指定有价证券的到期日。如果 settlement>maturity 或 maturity 在 settlement 之后且超过一年，则函数返回错误值"#NUM!"。

pr
为面值为 $100 的国库券的价格。
如果 pr ≤ 0，则函数 TBILLYIELD 返回错误值"#NUM!"。

使用 TBILLYIELD 函数能求国库券的收益率。此函数是将一年当作 360 天来计算，并指定成交日与到期日相隔不超过一年。此函数的重点是参数 pr 的指定。注意是指定面值为 $100 的当前价格。如需返回国库券的等效收益率时，参照 TBILLEQ 函数。

EXAMPLE 1 求一年期国库券的收益率

求国库券的收益率时，它的成交日和生效日之间相隔不超过一年，而且参数 pr 不能指定为负数。

	A	B	C	D	E	F
		D1		=TBILLYIELD(B1,B2,B3)		
1	成交日	2010/7/9	收益率	0.50%		
2	到期日	2011/7/9				
3	当前价格	99.5				

> 根据公式 =TBILLYIELD(B1,B2,B3) 返回国库券的收益率

▼ 当前价格超过 100 美元的情况

	A	B	C	D	E	F
		D1		=TBILLYIELD(B1,B2,B3)		
1	成交日	2010/7/9	收益率	-16.44%		
2	到期日	2011/7/9				
3	当前价格	120				

> =TBILLYIELD(B1,B2,B3) 因为国库券是折扣证券，所以通常不能超过 100 美元

DOLLARDE

将美元价格从分数形式转换为小数形式

格式 → **DOLLARDE**(fractional_dollar,fraction)

参数 → fractional_dollar

用数值或单元格引用指定价格中分数的分子。如果指定为非数值，则返回错误值 "#VALUE!"。

fraction

用数值或单元格引用指定价格中分数的分母。如果指定为小于 0 的数值，则返回错误值 "#NUM!"。

使用 DOLLARDE 函数可将美元价格从分数形式、小数形式换算到十进位制形式。若要将价格从小数形式转换为分数形式时，参照 DOLLARFR 函数。

> EXAMPLE 1　求小数表示 0.6/8 美元买进的证券金额

证券中表示分数的分子可以指定为负数，但分母必须指定为正数。

根据公式 =DOLLARDE(B2,B3) 用小数形式表示美元的价格

▼ "0.6/9" 美元的情况

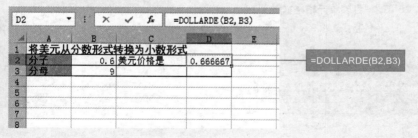

=DOLLARDE(B2,B3)

✌ POINT ● 增加小数位数

需增加小数位数时，在"设置单元格格式"对话框"数字"选项卡下的"分类"列表框中选择"数值"，然后选择"小数位数"的数值。

DOLLARFR
将美元价格从小数形式转换成分数形式

美元的
计算

格式 → DOLLARFR (decimal_dollar,fraction)

参数 → decimal_dollar

　　用数值或单元格引用指定小数。若指定非数值，则返回错误值"#VALUE!"。

　　fraction

　　用数值或单元格引用指定分数中的分母，为一个整数。如果指定为小于 0
　　的数值，则返回错误值"#NUM!"。

使用 DOLLARFR 函数，可将美元价格从小数形式转换成分数形式。若要将分数形式转换到小数形式时，参照 DOLLARDE 函数。

EXAMPLE 1　将以 0.6/8 美元买进的证券金额，表示成分数形式

注意分母必须指定为正数值。

				根据公式 =DOLLARFR(B2, B3) 用分数表示美元价格
				单元格格式设定为"分数"

POINT ● 更改单元格格式的设定

如果单元格的格式按常规设置，则不能用分数表示计算结果。

				单元格格式设定为"常规"

SECTION
08

逻辑函数

逻辑函数

逻辑函数是根据不同条件，进行不同处理的函数。条件式中使用比较运算符号指定逻辑式，并用逻辑值表示它的结果。逻辑值是用 TRUE、FALSE 之类的特殊文本表示指定条件是否成立。条件成立时为逻辑值 TRUE，条件不成立时为逻辑值 FALSE。逻辑值或逻辑式的运用很广泛，它把 IF 函数作为前提，其他函数作为参数。下面将对逻辑函数的分类、用途以及关键点进行介绍。

→ 函数分类

1. 判定条件

判定条件式是否成立的函数。组合多个条件式，除 AND 函数和 OR 函数外，还有检验不满足条件的 NOT 函数。任何一个函数都可以单独利用，一般情况下，它们和 IF 函数组合使用。

AND	指定的多个条件式全部成立，则返回 TRUE
OR	指定的多个条件式中一个或一个以上的条件成立，则返回 TRUE
NOT	指定条件式不成立，则返回 TRUE

2. 分支条件

叛定指定条件是否成立的函数。在 IF 函数的条件式中如果指定 AND 函数和 OR 函数，则可以判定多个条件是否成立。

IF	执行真假值判断，根据逻辑测试值返回不同的结果
IFERROR	若计算结果错误，则返回指定的值；否则返回公式的结果

3. 逻辑值的表示

单元格内显示逻辑值 TRUE 或 FALSE 的函数。如果不指定参数，则输入"=TRUE()"或"=FALSE()"。与条件式结果无关，它通常用于单元格内需要表示 TRUE 或 FALSE 的情况。

TRUE	单元格内显示 TRUE
FALSE	单元格内显示 FALSE

→ 关键点

逻辑函数的关键点是逻辑式和逻辑值。所谓逻辑式是作为判定条件而指定的公式，和比较运算符组合，用文本、数值、单元格引用来表示。单元格内输入逻辑式，结果用逻辑值表示。

逻辑值有TRUE和FALSE两种类型。表示指定的条件式成立时，显示TRUE；表示条件式不成立时，显示FALSE。条件式成立称为"真"，而条件式不成立时则为"假"。

AND

判定指定的多个条件是否全部成立

格式 → **AND**(logical1, logical2, ...)

参数 → logical1

要检验的第一个条件，其计算结果可以为 TRUE 或 FALSE。

logical2, ...

要检验的其他条件，该条件为可选项，其计算结果可以是 TRUE 或 FALSE。
当所有参数的计算结果为 TRUE 时，返回 TRUE；只要有一个参数的计
算结果为 FALSE，即返回 FALSE。此外，需要强调的是，参数的计算结
果必须是逻辑值（如 TRUE 或 FALSE），或者参数必须是包含逻辑值的数
组或引用。如果数组或引用参数中包含文本或空白单元格，那么这些值
将被忽略。如果指定的单元格区域未包含逻辑值，那么 AND 函数将返回
错误值 #VALUE!。

08
逻辑函数

AND 函数的参数指定多个条件，如果所有条件成立，则返回 TRUE。如指定条件是"A
是 80"、"B 小于 100"的逻辑式，如果一个条件都不成立，则返回 FALSE。

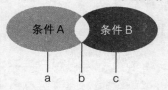

内容	返回结果
a：仅条件 A 成立	FALSE
b：A 和 B 两个条件都成立	TRUE
c：仅条件 B 成立	FLASE
d：条件 A 和条件 B 都不成立	FALSE

EXAMPLE 1 判定指定的多个条件是否全部成立

在 E4 到 E15 的单元格区域使用 AND 函数进行判断，如果从 B 列到 D 列的"合同管理"、
"进度控制"和"案例分析"的成绩如果全在 80 分以上，则返回逻辑值 TRUE；如果低
于 80 分，则返回 FALSE。

E4	▼	:	×	✓	fx

②单击"插入函数"按钮，打开
"插入函数"对话框，从中选
择 AND 函数

①单击要输入函数的单元格

	A	B	C	D	E
1					
2	监理工程师考试				
3	姓名	合同管理	进度控制	案例分析	成绩均在80分以上
4	李安南	64	75	77	
5	张德本	78	80	84	
6	张启明	86	92	81	
7	吴浩然	85	90	90	
8	吴华	72	88	72	
9	陈景山	89	93	81	
10	程那家华	93	97	82	
11	赵乐	67	75	71	
12	赵明轩	54	81	68	
13	刘思远	88	80	80	

↓

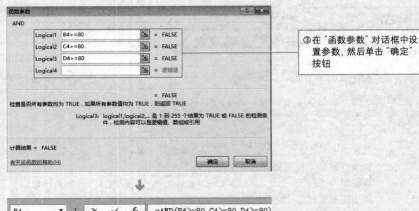

③在"函数参数"对话框中设置参数,然后单击"确定"按钮

因为 B4、C4、D4 单元格内的所有值均在 80 分以下,所以显示 FALSE

因为 B13、C13、D13 单元格内的所有值均在 80 分以上,所以显示 TRUE

😊😊😊 组合技巧 | 单元格内显示逻辑值以外的文本 (AND+IF)

如果返回的结果不是 TRUE、FALSE 逻辑值,而是文本内容时,那么就需和 IF 函数组合使用。如果 IF 函数的逻辑式中嵌套 AND 函数,即"合同管理"、"进度控制"、"案例分析"的分数全部在 80 分以上时,单元格内返回"通过";如果不全在 80 分以上,则返回"不通过"。

公式结构为:=IF(AND(B4>=80,C4>=80,D4>=80),"通过","未通过")。

因为 AND 函数的结果返回 FALSE,所以显示未通过

OR

判定指定的多个条件式中是否有一个以上成立

格式 → OR(logical1,logical2, ...)

参数 → logical1

要检验的第一个条件，其计算结果可以是 TRUE 或 FALSE，该参数是必需的参数。

logical2

要检验的其他可选条件，最多可包含 255 个条件，检验结果均可以是 TRUE 或 FALSE。

在使用过程中，任何一个参数逻辑值为 TRUE，即返回 TRUE。若数组或引用的参数包含文本或空白单元格，则这些值将被忽略。逻辑式可指定到 30 个。若指定的单元格区域内不包括逻辑值，则函数将返回错误值"#VALUE!"。

OR 函数的参数指定多个条件，如果任何逻辑式返回 TRUE 时，则所有返回值为 TRUE。

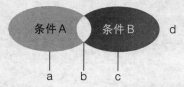

内容	返回结果
a：仅条件 A 成立	TRUE
b：A 和 B 两个条件都成立	TRUE
c：仅条件 B 成立	TRUE
d：条件 A 和条件 B 都不成立	FALSE

EXAMPLE 1 判定一个以上的条件是否成立

在 E3 到 E14 的单元格区域使用 OR 函数进行判断，如果从 B 列到 D 列的"笔试"、"听力"和"口语"的其中之一的成绩如果在 70 分以上时，则返回逻辑值 TRUE；如果全不是 70 分以上，则返回 FALSE。

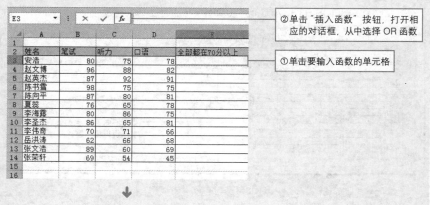

②单击"插入函数"按钮，打开相应的对话框，从中选择 OR 函数

①单击要输入函数的单元格

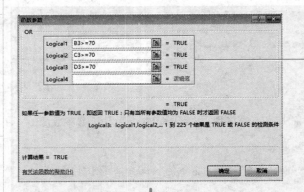

③在"函数参数"对话框中设置参数,然后单击"确定"按钮

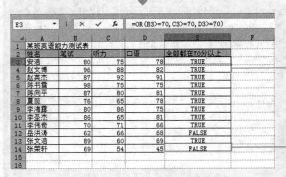

因为 B3、C3、D3 单元格内的所有值均在 70 分以上,所以显示 TRUE

因为 B14、C14、D14 单元格内的所有值均低于 70 分,所以显示 FALSE

组合技巧｜单元格内显示逻辑值以外的文本（OR+IF）

如果返回的结果不是 TRUE、FALSE 逻辑值,而是文本内容时,那么就需和 IF 函数组合使用。如果 IF 函数的逻辑式中嵌套 OR 函数,即"笔试"、"听力"、"口语"的分数全部在 70 分以上时,单元格内返回"通过";如果全不是 70 分以上,则返回"不通过"。

公式结构为:=IF(OR(B3>=70,C3>=70,D3>=70),"通过","未通过")。

因为 OR 函数的结果返回 TRUE,所以显示通过

按住 E3 右下角的填充手柄并向下拖至 E14 单元格,以执行复制公式操作

NOT
判定指定的条件不成立

格式 → **NOT(logical)**
参数 → logical

    该参数为必需条件，其计算结果为 TRUE 或 FALSE 的任何值或表达式。

NOT 函数对参数值进行求反。当要确保一个值不等于某一特定值时，可以使用 NOT 函数。如果逻辑值为 FALSE，那么函数 NOT 返回 TRUE；如果逻辑值为 TRUE，那么函数 NOT 返回 FALSE。

EXAMPLE 1 把第一次考试不到 220 分的人作为第二次考试对象

把第一次考试不到 220 分的人作为第二次考试对象。在 F3 到 F14 的单元格范围内，第一次考试成绩不到 220 分的人，F 列显示逻辑值 FALSE。反之，则显示 TRUE。

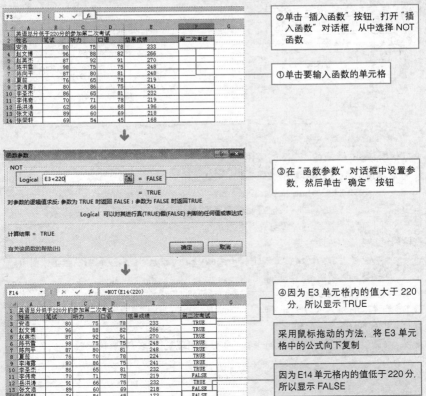

②单击"插入函数"按钮，打开"插入函数"对话框，从中选择 NOT 函数

①单击要输入函数的单元格

③在"函数参数"对话框中设置参数，然后单击"确定"按钮

④因为 E3 单元格内的值大于 220 分，所以显示 TRUE

采用鼠标拖动的方法，将 E3 单元格中的公式向下复制

因为 E14 单元格内的值低于 220 分，所以显示 FALSE

08
逻辑函数

SECTION 08 ● 逻辑函数 ● 判定条件 ○ 501

👆 POINT ● NOT 函数返回值和相反条件式相同

NOT 函数使用比较运算符判定某条件不成立，它和输入在单元格内的相反条件式相同。
因为 NOT 函数判定输入 F3 单元格内的 E3 < 220 不成立，所以可以在单元格 F3 内直
接输入"=E3 ≥ 220"（E3 的值为 220 分以上），二者返回相同的结果。

😊😊😊 组合技巧｜两个条件都不成立（NOT+AND）

NOT 函数中嵌套 AND 函数和 OR 函数，考虑多个条件，并判定某条件不成立。
例如，检验通过考试是判定"笔试成绩在 80 分以上"和"口语成绩在 75 分以上"
两个条件都成立。反之，则为未通过，变为不符合条件。
表示考试通过的公式：=AND(B3>=80,C3>=75)
表示考试未通过的公式：=NOT(AND(B3>=80,C3>=75))

D3		：	×	✓	fx	=NOT(AND(B3>=80,C3>=75))

	A	B	C	D	E
1					
2	姓名	笔试	口语	考试未通过	
3	安浩	80	78	FALSE	
4	赵之博	96	82	FALSE	
5	赵英杰	87	91	FALSE	
6	陈书雪	98	75	FALSE	
7	陈向平	87	81	FALSE	
8	夏蕊	76	78	TRUE	
9	李海霞	80	75	FALSE	
10	李圣杰	86	81	FALSE	
11	李伟奇	70	78	TRUE	
12	岳洪涛	91	75	FALSE	
13	张文浩	89	69	TRUE	
14	张荣轩	74	45	TRUE	
15					
16					

选择该单元格，并输入计
算公式 =NOT(AND(B3>=
80,C3>=75))

按住 D3 单元格右下角的填
充手柄，向下拖动至 D14
单元格，然后释放鼠标。
在不满足两个条件的单元
格中显示 TRUE，满足条
件的单元格中显示 FALSE

👆 POINT ● 逻辑函数 XOR 的应用

XOR 函数用于返回所有参数的逻辑异或。其语法格式为：

　　　　XOR(logical1, [logical2],...)

其中，Logical 1 是必需的，后续逻辑值是可选的。可检验 1 至 254 个条件，可为 TRUE
或 FALSE，且可为逻辑值、数组或引用。
在使用过程中需要说明的是：
第一，参数必须计算为逻辑值，如 TRUE 或 FALSE，或者为包含逻辑值的数组或引用。
第二，若指定的区域中不包含逻辑值，则 XOR 返回错误值"#VALUE!"。
第三，若数组或引用参数中包含文本或空白单元格，则这些值将被忽略。
第四，当 TRUE 输入的数字为奇数时，XOR 的结果为 TRUE；当 TRUE 输入的数字为偶
数时，XOR 的结果为 FALSE。
第五，可以使用 XOR 数组公式检查数组中是否出现某个值。若要输入数组公式，应按
Ctrl+Shift+E。

IF

执行真假值判断，根据逻辑测试值返回不同的结果

分支条件

格式 → **IF**(logical_test, valve_if_true, value_if_false)

参数 → logical_test

用带有比较运算符的逻辑值指定条件判定公式。该参数为必需选项，其计算结果可能为 TRUE 或 FALSE 中的任意值或表达式。

valve_if_true

指定逻辑式成立时返回的值。除公式或函数外，也可指定需要显示的数值或文本。被显示的文本需加双引号。如果不进行任何处理，则省略参数。

value_if_false

指定逻辑式不成立时返回的值。除公式或函数外，也可指定需要显示的数值或文本。被显示的文本需加双引号。不进行任何处理时，则省略参数。

根据逻辑式判断指定条件，如果条件式成立，返回真条件下的指定内容。如果条件式不成立，则返回假条件下的指定内容。如果在真条件、假条件中指定了公式，则根据逻辑式的判定结果进行各种计算。如果真条件或假条件中指定了加双引号的文本，则返回文本值。如果只处理真或假中的任一条件，可以省略不处理该条件的参数。此时，单元格内返回 0。

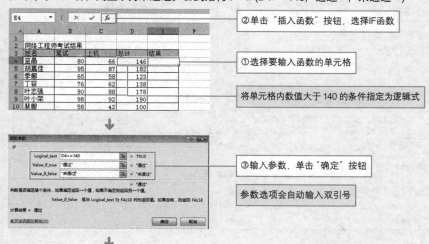

📋 **EXAMPLE 1** 根据条件判断，显示不同的结果

在 D4 到 D10 的单元格范围内，如果总计值大于 140 分，则 E4 单元格中显示为通过；如果小于 140 分，则显示为未通过。公式结构：=IF(D4>=140,"通过","未通过")

②单击"插入函数"按钮，选择IF函数

①选择要输入函数的单元格

将单元格内数值大于 140 的条件指定为逻辑式

③输入参数，单击"确定"按钮

参数选项会自动输入双引号

08
逻辑函数

	A	B	C	D	E	F
1						
2	网络工程师考试结果					
3	姓名	笔试	上机	总计	结果	
4	蓝晶	80	66	146	通过	
5	胡嘉佳	95	87	182	通过	
6	李娜	65	58	123	未通过	
7	丁容	76	62	138	未通过	
8	叶志强	90	88	178	通过	
9	叶小荣	98	92	190	通过	
10	裴娜	58	42	100	未通过	
11						
12						

E4　＝IF(D4>=140,"通过","未通过")

④因为单元格内的数值大于140分，所有条件为真，显示通过

☝ POINT ● 省略真或假条件的参数情况

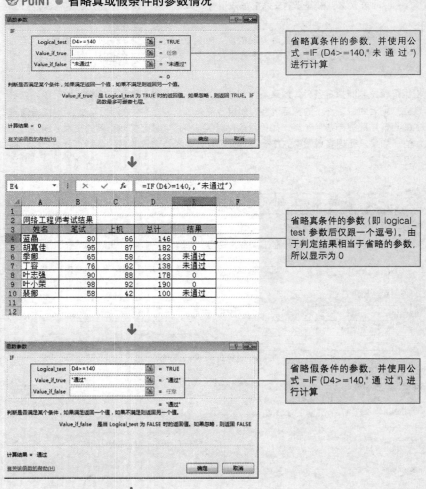

省略真条件的参数，并使用公式 =IF (D4>=140," 未 通 过 ") 进行计算

E4　＝IF(D4>=140,,"未通过")

省略真条件的参数（即 logical_test 参数后仅跟一个逗号）。由于判定结果相当于省略的参数，所以显示为 0

省略假条件的参数，并使用公式 =IF (D4>=140," 通 过 ") 进行计算

08
逻辑函数

| E6 | ▼ | : | × | ✓ | fx | =IF(D6>=140,"通过") |

省略假条件时（即 value_if_true 参数后没有逗号）。由于判定结果为假，所以返回 FALSE

POINT ● "假"条件不显示任何值

如果执行真条件或假条件中的任一值，都不显示任何值。如下面的例子，总计值大于 140 分，则表示通过；如果总计值小于 140 分，则返回空白单元格，此时的假条件参数用两个双引号来指定。

| E6 | ▼ | : | × | ✓ | fx | =IF(D6>=140,"通过","") |

<table>
<tr><td></td><td>A</td><td>B</td><td>C</td><td>D</td><td>E</td><td>F</td></tr>
<tr><td>1</td><td></td><td></td><td></td><td></td><td></td><td></td></tr>
<tr><td>2</td><td colspan="2">网络工程师考试结果</td><td></td><td></td><td></td><td></td></tr>
<tr><td>3</td><td>姓名</td><td>笔试</td><td>上机</td><td>总计</td><td>结果</td><td></td></tr>
<tr><td>4</td><td>蓝晶</td><td>80</td><td>66</td><td>146</td><td>通过</td><td></td></tr>
<tr><td>5</td><td>胡嘉佳</td><td>95</td><td>87</td><td>182</td><td>通过</td><td></td></tr>
<tr><td>6</td><td>季娜</td><td>65</td><td>58</td><td>123</td><td></td><td></td></tr>
<tr><td>7</td><td>丁谷</td><td>76</td><td>62</td><td>138</td><td></td><td></td></tr>
<tr><td>8</td><td>叶志强</td><td>90</td><td>88</td><td>178</td><td>通过</td><td></td></tr>
<tr><td>9</td><td>叶小荣</td><td>98</td><td>92</td><td>190</td><td>通过</td><td></td></tr>
<tr><td>10</td><td>裴娜</td><td>58</td><td>42</td><td>100</td><td></td><td></td></tr>
<tr><td>11</td><td></td><td></td><td></td><td></td><td></td><td></td></tr>
<tr><td>12</td><td></td><td></td><td></td><td></td><td></td><td></td></tr>
</table>

=IF(D6>=140,"通过","")
因为 D6 单元格中的值小于 140，所以返回逻辑式不成立的值，显示空白单元格。

POINT ● 条件格式

根据条件是否成立，来改变单元格格式，并指定条件格式，只对符合条件的单元格有用。例如下面对 80 分以上的单元格设置了背景色。

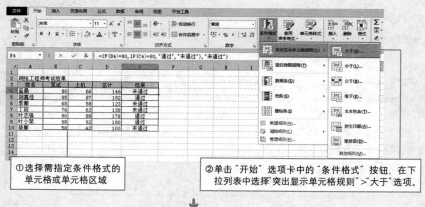

①选择需指定条件格式的单元格或单元格区域

②单击"开始"选项卡中的"条件格式"按钮，在下拉列表中选择"突出显示单元格规则">"大于"选项。

↓

08
逻辑函数

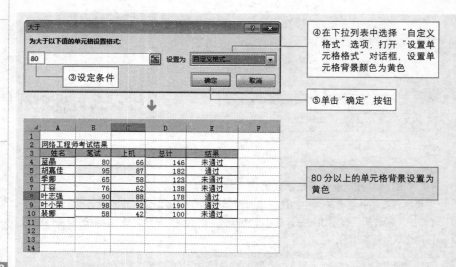

④在下拉列表中选择"自定义格式"选项，打开"设置单元格格式"对话框，设置单元格背景颜色为黄色

⑤单击"确定"按钮

③设定条件

80分以上的单元格背景设置为黄色

EXAMPLE 2 嵌套多个 IF 函数

使用两个IF函数，指定3个分支条件。如在"网络工程师考试结果"表中，指定"笔试"和"上机"成绩均在80分以上，则考试通过，否则视为未通过。此时，需嵌套两个IF函数，把"笔试在80分以上"和"上机在80分以上"作为条件，分别判定每一个条件。E4单元格内的公式结构为：

=IF(B4>=80,IF(C4>=80,"通过","未通过"),"未通过")

利用 =IF(B4>=80,IF(C4>=80,"通过","未通过"),"未通过") 公式进行计算

组合技巧 | 更简单的分支条件 (IF+AND)

使用一个 AND 函数，两个 IF 函数，能更简单地指定"笔试"和"上机"两个分数在80 分以上的条件。AND 函数指定的参数如果全部成立时，则返回逻辑值 TRUE，它经常和 IF 函数组合使用。公式结构为：=IF(AND(B4>=80,C4>=80),"通过","未通过")。在逻辑式中嵌套 AND 函数，指定"笔试"和"上机"成绩均在 80 分以上，比使用多个 IF 函数更容易理解。

IFERROR

若计算结果错误，则返回指定值；否则返回公式的结果

格式 → IFERROR(value, value_if_error)

参数 → value
该参数为必需选项，检查是否存在错误的参数。

value_if_error
该参数也为必需选项。当公式的计算结果发生错误时返回的值。计算以下错误类型：#N/A、#VALUE!、#REF!、#DIV/0!、#NUM!、#NAME? 或 #NULL!。

若value 或 value_if_error 是空单元格，则 IFERROR 将其视为空字符串值 ("")。若 Value 是数组公式，则 IFERROR 为 Value 中指定区域的每个单元格以数组形式返回结果。

EXAMPLE 1   计算商品的平均销售价格

在下表中给出了某种产品不同型号的销售数量与销售额，现计算其平均销售价格。这里采用IFERROR函数来检验公式中是否存在错误。

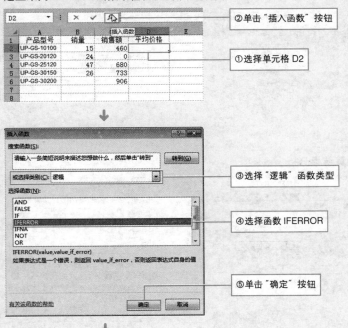

②单击"插入函数"按钮

①选择单元格 D2

③选择"逻辑"函数类型

④选择函数 IFERROR

⑤单击"确定"按钮

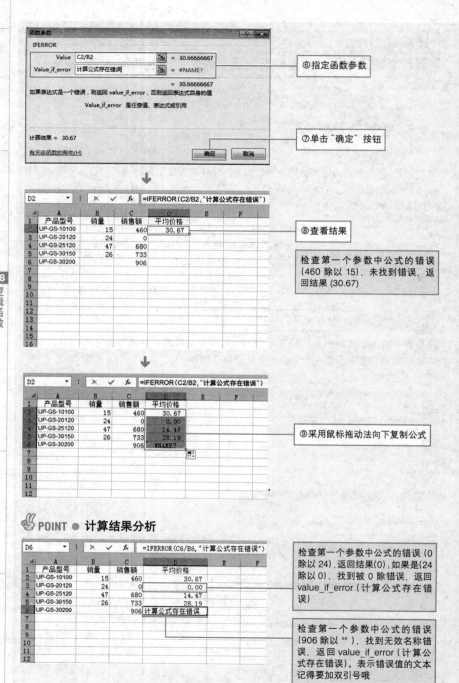

函数参数

IFERROR

Value C2/B2 　= 30.66666667
Value_if_error 计算公式存在错误 　= #NAME?

= 30.66666667
如果表达式是一个错误，则返回 value_if_error，否则返回表达式自身的值

Value_if_error 是任意值、表达式或引用

计算结果 = 30.67

有关该函数的帮助(H)
确定　取消

⑥指定函数参数

⑦单击"确定"按钮

D2 =IFERROR(C2/B2,"计算公式存在错误")

	A	B	C	D	E	F
1	产品型号	销量	销售额	平均价格		
2	UP-GS-10100	15	460	30.67		
3	UP-GS-20120	24	0			
4	UP-GS-25120	47	680			
5	UP-GS-30150	26	733			
6	UP-GS-30200		906			

⑧查看结果

检查第一个参数中公式的错误（460 除以 15），未找到错误，返回结果（30.67）

D2 =IFERROR(C2/B2,"计算公式存在错误")

	A	B	C	D	E	F
1	产品型号	销量	销售额	平均价格		
2	UP-GS-10100	15	460	30.67		
3	UP-GS-20120	24	0	0.00		
4	UP-GS-25120	47	680	14.47		
5	UP-GS-30150	26	733	28.19		
6	UP-GS-30200		906	#NAME?		

⑨采用鼠标拖动法向下复制公式

POINT ● 计算结果分析

D6 =IFERROR(C6/B6,"计算公式存在错误")

	A	B	C	D	E	F
1	产品型号	销量	销售额	平均价格		
2	UP-GS-10100	15	460	30.67		
3	UP-GS-20120	24	0	0.00		
4	UP-GS-25120	47	680	14.47		
5	UP-GS-30150	26	733	28.19		
6	UP-GS-30200		906	计算公式存在错误		

检查第一个参数中公式的错误（0 除以 24），返回结果（0）；如果是（24 除以 0），找到被 0 除错误，返回 value_if_error（计算公式存在错误）

检查第一个参数中公式的错误（906 除以 ""），找到无效名称错误，返回 value_if_error（计算公式存在错误）。表示错误值的文本记得要加双引号哦

TRUE
返回逻辑值 TRUE

格式 → TRUE()

参数 → 无参数。如果在 () 内指定参数，则会返回错误值。

与条件式的判定结果无关，单元格内返回逻辑值TRUE。该函数无参数，直接在单元格内输入 "=TRUE()" 即可。通常情况下，真条件的逻辑值TRUE被显示在单元格内。另外，也可以直接输入文字TRUE，而不使用该函数。提供 TRUE 函数的目的主要是为了与其他程序兼容。

EXAMPLE 1　单元格内显示 TRUE

使用TRUE函数，在测试栏显示TRUE。也可以从 "函数参数" 对话框中选择并进行设置。把 "=TRUE()" 直接输入单元格。

选中单元格并输入公式 =TRUE()，逻辑值 TRUE 自动显示在单元格中

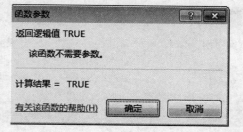

该函数不需要参数

POINT ● 在单元格内输入 TRUE 文本

不使用 TRUE 函数，直接在单元格内输入 TRUE 文本，然后按 Enter 键，则文本将被自动看作逻辑值 TRUE，显示在单元格中。使用 TRUE 函数和输入 TRUE 文本，即使单元格中的数据不同，也会返回相同的值。

FALSE

返回逻辑值 FALSE

格式 → FALSE()

参数 → 无参数。如果在（）内指定参数，则会返回错误值。

与条件式的判定结果无关，单元格内返回逻辑值FALSE。该函数无参数，直接在单元格内输入 "=FALSE()" 即可。通常情况下假条件的逻辑值FALSE被显示在单元格内。另外，也可以直接输入文字FALSE，而无需使用该函数。反之，如果表示真条件，则使用TRUE函数。

EXAMPLE 1　单元格内显示 FALSE

使用FALSE函数，在测试栏显示FALSE。可以从 "函数参数" 对话框中选择并进行设置，把 "=FALSE()" 直接输入单元格。

选择单元格并输入公式 =FALSE()，逻辑值 FALSE 自动显示在单元格中

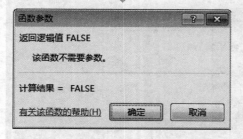

该函数不需要参数

POINT ● 在单元格内输入 FALSE 文本

不使用 FALSE 函数，直接在单元格内输入 FALSE 文本，然后按 Enter 键，则文本将被自动看作逻辑值 FALSE，显示在单元格中。输入 FALSE 函数和输入 FALSE 文本后，即使单元格中的数据不同，也会返回相同的值。

SECTION

09

查找与引用函数

查找与引用函数

使用查找与引用函数，可以用各种关键字查找表中的值，也可以识别单元格位置或表的大小等，能够自由操作表中数据。查找与引用函数分为以下几类，它可以与多个函数组合使用，进行明确查找。下面将对查找与引用函数的分类、用途以及关键点进行介绍。

→ 函数分类

1. 从目录查找

使用 CHOOSE 函数，根据给定的索引值，从指定的目录中查找相应值。一般情况下，CHOOSE 函数和其他函数组合使用。

CHOOSE	根据给定的索引值，在数值参数清单中查找相应值

2. 位置的查找

根据指定的值，在检索范围中显示相应数据的位置时使用。

MATCH	返回与指定数值匹配的数组中元素的相应位置

3. 引用单元格

以指定的引用为参照系，通过给定偏移量得到新的引用，也可用于指定行号或列标、单元格等。以此函数返回的结果为基数，经常和其他函数组合查找相应的值。

ADDRESS	按照给定的行号和列标，建立文本类型的单元格地址
OFFSET	以指定的引用为参照系，通过给定偏移量得到新的引用
FORMULATEXT	将给定引用的公式返回为文本
INDIRECT	返回由文本字符串指定的引用
AREAS	返回引用中包含的区域个数

▼ 求引用单元格的行号或列标时使用

ROW	返回引用的行号
COLUMN	返回引用的列标

▼ 求引用或数组的行数或列数时使用

ROWS	返回引用或数组的行数
COLUMNS	返回引用或数组的列数

4. 数据的查找

以查找值为基准，从工作表中查找与该值匹配的值使用。其中，VLOOKUP 函数是使用频率最高的函数。

VLOOKUP	在首列查找数值，并返回当前行中指定列处的数值
HLOOKUP	在首行查找数值，并返回当前列中指定行处的数值
LOOKUP（向量形式）	从向量中查找一个值
LOOKUP（数组形式）	从数组中查找一个值
INDEX（引用形式）	返回指定行列交叉处的单元格引用
INDEX（数组形式）	返回指定行列交叉处的单元格值

5. 提取数据
从支持 COM 自动化的程序中或数据透视表中返回数据。

RTD	从支持 COM 自动化的程序中返回实时数据
GETPIVOTDATA	返回存储在数据透视表中的数据

6. 链接
在指定的文件夹想跳转时使用。

HYPELINK	创建一个快捷方式（跳转），用以打开存储在网络服务器中的文件

7. 行列转置
转置单元格区域时使用。

TRANSPOSE	转置单元格区域

→ 关键点
在查找与引用函数中经常使用的关键点如下所示。

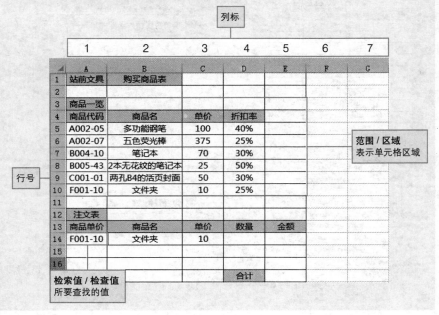

CHOOSE
根据给定的索引值，返回数值参数清单中的数值

格式 ➡ CHOOSE(index_num,value1,value2,...)

参数 ➡ index_num

用来指明待选参数序号的参数值。可以是 1～29 的整数，忽略小数部分。
通常情况下，它是和其他的函数或公式及单元格引用组合使用的参数值。
如果 index_num 小于 1 或大于列表中最后一个值的序号，则函数
CHOOSE 返回错误值 "#VALUE!"。

value1,value2,...

用数值、文本、单元格引用、已定义的名称、公式和函数形式指定数值
参数。如果指定多个数值，则各数值用逗号分隔开。

使用 CHOOSE 函数，用逗号分隔各数值，并返回在参数值指定位置的数据值。如果没
有用于检索的其他表，则会把检索处理存储下来。

📋 **EXAMPLE 1** 检索输入的卡片所对应的职务

②单击该按钮，在"插入函数"对话框中
选择"CHOOSE"函数。

①单击要输入函数的单元格

③设置相应的参数

④显示与 C3 单元格的职位代码相对应的职位名称

↓

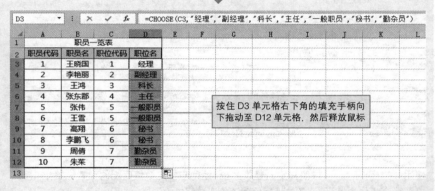

按住 D3 单元格右下角的填充手柄向下拖动至 D12 单元格，然后释放鼠标

💪 POINT ● 29 个检索值

使用 CHOOSE 函数能够检索的值为 29 个。如果超过 30 个，则不能使用 CHOOSE 函数，这时就需要使用 VLOOKUP 函数或 HLOOKUP 函数。

😊 组合技巧 | 参数值使用文本字符串时（CHOOSE+CODE）

参数值可以使用 1~29 的数值。但当参数值不是数值而是文本字符串时，可以使用 CODE 函数将文本转换为数值。

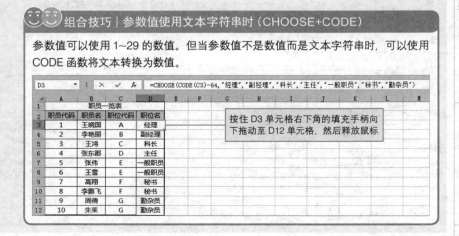

按住 D3 单元格右下角的填充手柄向下拖动至 D12 单元格，然后释放鼠标

MATCH

返回指定方式下与指定数值匹配的元素的相应位置

格式 → MATCH(lookup_value,lookup_array,match_type)

参数 → lookup_value

在查找范围内，按照查找类型指定的查找值。可以为数值（数字、文本或逻辑值）或对数字、文本或逻辑值的单元格引用。

lookup_array

在 1 行或 1 列指定查找值的连续单元格区域。lookup_array 可以为数组或数组引用。

match_type

指定检索查找值的方法。

match_type 值	检索方法
1 或省略	函数 MATCH 查找小于或等于 lookup_value 的最大数值，此时，lookup_array 必须按升序排列，否则不能得到正确的结果
0	函数 MATCH 查找等于 lookup_value 的第一个数值。如果不是第一个数值，则返回错误值 "#N/A"
−1	函数 MATCH 查找大于或等于 lookup_value 的最小数值，此时，lookup_array 必须按降序排列，否则不能得到正确的结果

使用MATCH函数，可按照指定的查找类型，返回与指定数值匹配的元素位置。如果查找到符合条件的值，则函数的返回值为该值在数组中的位置。

 EXAMPLE 1　检索交换礼物的顺序

②单击"插入函数"按钮，在打开的对话框选择"MATCH"函数

①单击要输入函数的单元格

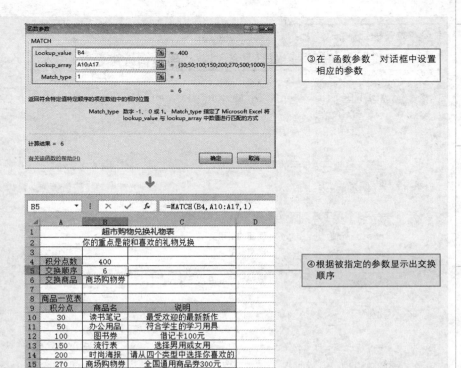

③在"函数参数"对话框中设置相应的参数

④根据被指定的参数显示出交换顺序

☺☺ 组合技巧 | 按照检索顺序进一步检索商品

由于 MATCH 函数返回单元格区域内检索值的相对位置，所以它和 INDEX 函数组合，可以进行进一步的检索。

显示交换顺序对应的商品名

ADDRESS

按给定的行号和列标，建立文本类型的单元格地址

格式 → ADDRESS(row_num,column_num,abs_num,a1,sheet_text)

参数 → row_num

在单元格引用中使用的行号。

column_num

在单元格引用中使用的列号。

abs_num

用 1～4 或 5～8 的整数指定返回的单元格引用类型。数值和引用类型的关系请参照下表。可以省略此参数，如果省略，则为 1。

abs_num 值	返回的引用类型	举例
1，5，省略	绝对引用	$1 A$
2，6	绝对行号，相对列标	A$1
3，7	绝对列标，相对行号	$A1
4，8	相对引用	A1

如果输入上述以外的数值，则返回错误值"#VALUE!"。

a1

用以指定 A1 或 R1C1 引用格式的逻辑值。如果 A1 为 TRUE 或省略，函数 ADDRESS 返回 A1 样式的引用；如果 A1 为 FALSE，函数 ADDRESS 返回 R1C1 样式的引用。

sheet_text

为一文本，指定作为外部引用的工作表的名称。此参数可省略，如果省略，则不使用任何工作表名。

使用 ADDRESS 函数，将指定的行号和列标转换到单元格引用。单元格引用类型有绝对引用、混合引用、相对引用，引用形式可以为 A1 形式、R1C1 形式。

EXAMPLE 1　按照给定的行号和列标，建立文本类型的单元格地址

下面我们将利用 ADDRESS 函数按给定的行号和列标，建立文本类型的单元格地址。

②单击该按钮，在打开的对话框中选择"ADD-RESS"函数

①单击要输入函数的单元格

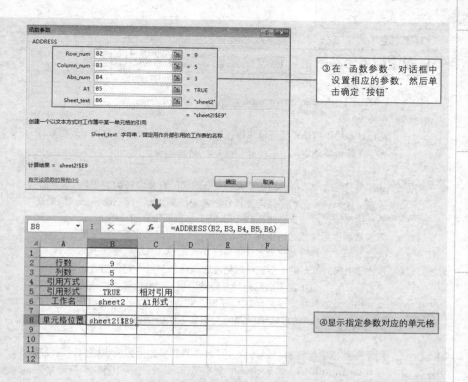

③在"函数参数"对话框中
设置相应的参数，然后单
击确定"按钮"

④显示指定参数对应的单元格

09
查找与引用函数

😊😊 组合技巧 | 按照预约表输入人数（ADDRESS+MATCH）

因为 ADDRESS 函数返回单元格的地址，所以如果它和 MATCH 函数组合使用，则
可表示全部输入的单元格。

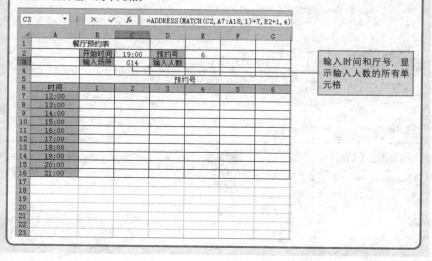

输入时间和厅号，显
示输入人数的所有单
元格

OFFSET

以指定引用为参照系，通过给定偏移量得到新引用

格式 → **OFFSET**(reference,rows,cols,height,width)

参数 → reference

指定作为引用的单元格或单元格区域。如果 reference 不是对单元格或相连单元格区域的引用，则函数 OFFSET 将返回错误值"#VALUE!"。

rows

从作为引用的单元格中指定单元格上下偏移的行数。行数为正数，则向下移动；如果指定为负，则向上移动；如果指定为 0，则不能移动。如果在单元格区域以外指定，则函数 OFFSET 将返回错误值"#VALUE!"。如果偏移量超出工作表的行范围 (65536)，则会返回错误值"#REF!"。

cols

从作为引用的单元格中指定单元格左右偏移的列数。列数指定为正数，则向右移动；如果指定为负，则向左移动；指定为 0，则不能移动。如果在单元格区域以外指定，则函数 OFFSET 将返回错误值"#VALUE!"。如果偏移量超出工作表的列范围 (256)，则会返回错误值"#REF!"。

height

用正整数指定偏移引用的行数。可以省略此参数，如果省略，则假设其与 reference 相同。如果 height 超出工作表的行范围 (65536)，则会返回错误值"#REF!"。

width

用正整数指定偏移引用的列数。可以省略此参数，如果省略，则假设其与 reference 相同。如果 width 超出工作表的列范围 (256)，则会返回错误值"#REF!"。

📑 EXAMPLE 1　查找与支付次数对应的支付日期

下面我们将运用 OFFSET 函数查找与支付次数对应的支付日期。

②单击该按钮，在打开的对话框中选择"OFFSET"函数

①单击要输入函数的单元格

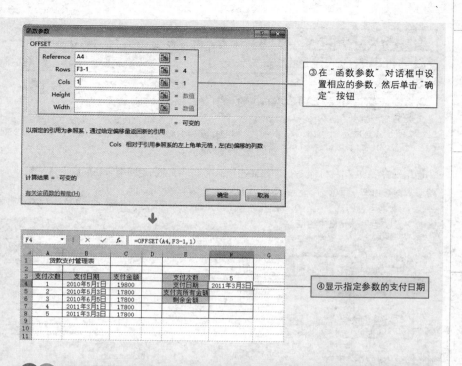

③在"函数参数"对话框中设置相应的参数,然后单击"确定"按钮

④显示指定参数的支付日期

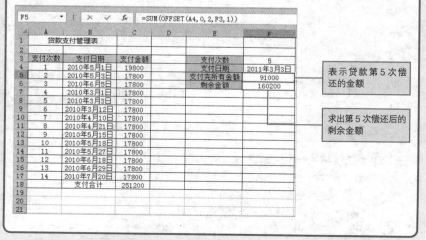

😀😀组合技巧 | 求支付金额和剩余金额 (OFFSET+SUM)

因为 OFFSET 函数返回单元格引用,所以它和 SUM 函数组合,可得到指定单元格区域中数值的总和。

表示贷款第 5 次偿还的金额

求出第 5 次偿还后的剩余金额

FORMULATEXT

以字符串的形式返回公式

引用
单元格

格式 → **FORMULATEXT(reference)**
参数 → reference
该参数为必需项，用于对单元格或单元格区域的引用。

在使用 FORMULATEXT 函数时，如果选择引用单元格，则返回编辑栏中显示的内容。
如果 reference 参数表示另一个未打开的工作薄，则返回错误值 "#N/A"。如果 reference 参数表示整行或整列，或表示包含多个单元格的区域或定义名称，则返回行、列或区域中最左上角单元格中的值。

EXAMPLE 1　轻松查看公式结构

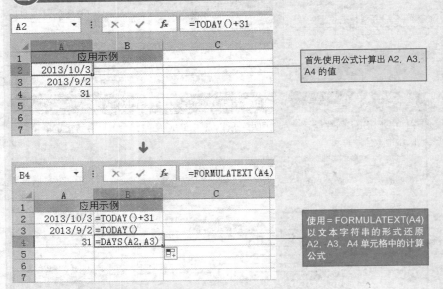

首先使用公式计算出 A2, A3, A4 的值

使用 = FORMULATEXT(A4) 以文本字符串的形式还原 A2, A3, A4 单元格中的计算公式

POINT ● 错误值的产生情形

(1) 在下列情况下，FORMULATEXT 返回错误值 "#N/A"。
　　第一，用作 reference 参数的单元格不包含公式。
　　第二，单元格中的公式超过 8192 个字符。
　　第三，无法在工作表中显示公式。例如，由于工作表保护。
　　第四，包含此公式的外部工作簿未在 Excel 中打开。
(2) 用作输入的无效数据类型将生成 错误值 #VALUE!。

09
查找与引用函数

522 ○ SECTION 09 ● 查找与引用函数 ● 引用单元格

INDIRECT

返回由文本字符串指定的引用

格式 → INDIRECT(ref_text,a1)

参数 → ref_text

为对单元格的引用，此单元格可以包含 A1- 样式的引用、R1C1- 样式的引用、定义为引用的名称或对文本字符串单元格的引用。如果 ref_text 不是合法的单元格的引用，函数 INDIRECT 返回错误值 "#REF!"。

a1

为一逻辑值，指明包含在单元格 ref_text 中引用的类型。如果 a1 为 TRUE 或省略，ref_text 为 A1- 样式的引用。如果 a1 为 FALSE，ref_text 为 R1C1- 样式的引用。

使用 INDIRECT 函数，直接返回指定单元格引用区域的值。INDIRECT 函数适用于需要更改公式中单元格的引用，而不更改公式本身。使用 ADDRESS 函数求的是引用的单元格位置，而 INDIRECT 函数求的是引用的值。

EXAMPLE 1 返回由文本字符串指定的引用

下面我们将运用 INDIRECT 函数返回由文本字符串指定的引用。

	A	B	C	D	E	F
	B4	▼	⋮	✕ ✓	fx	=INDIRECT(B1,B2)
2	引用方式	TRUE		1	吉林	
3				2	上海	
4	单元格内容	吉林		3	北京	
5				4	天津	
6				5	四川	
7				6	合肥	
8				7	南京	
9				8	深圳	
10						
11	Sheet2	的销售	10000			
12	Sheet3	的销售	20000			
13						
14						
15						
16						

用公式 =INDIRECT(B1,B2) 显示 E2 单元格内的值

显示输入在 Sheet2 的 A1 单元格中的数值

显示输入在 Sheet3 的 A1 单元格中的数值

AREAS
返回引用中包含的区域个数

格式 → **AREAS(reference)**

参数 → reference

对某个单元格或单元格区域的引用，也可以引用多个区域，但必须用逗号分隔各引用区域，并用（ ）括起来。如果不用（ ）将多个引用区域括起来，则输入过程中会出现错误信息。如果指定单元格或单元格区域以外的参数，也会返回错误值"#NAME?"。

在 Excel 中，将一个单元格或相连单元格区域称为区域。使用 AREAS 函数，可用整数返回引用中包含的区域个数。在计算区域的个数时，也可使用 INDEX 函数求得的单元格引用形式。

EXAMPLE 1 返回引用中包含的区域个数

下面，我们将运用 AREAS 函数返回引用中包含的区域个数。

| D1 | | | : | × | ✓ | fx | =AREAS((A4:B17,E4:F15,E10:F15)) |

▲	A	B	C	D	E	F	G
1	金色港湾奶茶销售表		区域数	3			
2							
3	商品				购买地		
4	商品代码	商品名	单价		购买地代码	购买地名	
5	101	优乐美奶茶	10		1	北京	
6	102	混合奶茶	9		2	奶茶市场	
7	102	蓝莓奶茶	8		3	江苏	
8	104	草莓奶茶	8				
9	105	香飘飘奶茶	10		单位		
10	110	苹果奶茶	12		单位代码	单位名	
11	112	水蜜桃奶茶	8		1	100g	
12	113	燃脂奶茶	12		2	袋	
13	115	西瓜奶茶	9		3	吨	
14	117	哈密瓜奶茶	9		4	箱	
15	212	香芋奶茶	9		5	个	
16	213	名人奶茶	12				
17	215	咖啡奶茶	12				
18							
19							
20							
21							

→ 用公式求出引用区域的个数

→ 第二个引用区域

→ 第三个引用区域

→ 第一个引用区域

ROW

返回引用的行号

引用
单元格

格式 → **ROW(reference)**

参数 → reference

指定需要得到其行号的单元格或单元格区域。选择区域时，返回位于区域首行的单元格行号。如果省略 reference，则返回 ROW 函数所在的单元格行号。

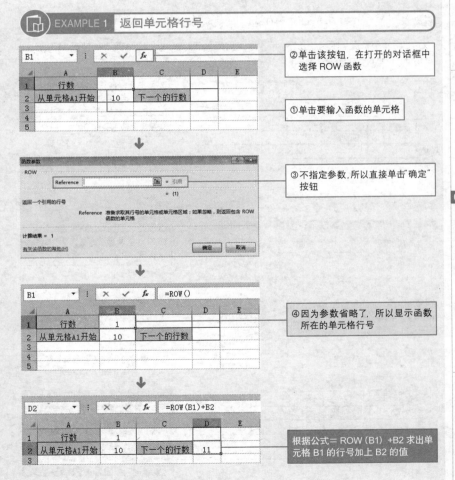

EXAMPLE 1 返回单元格行号

②单击该按钮，在打开的对话框中选择 ROW 函数

①单击要输入函数的单元格

③不指定参数，所以直接单击"确定"按钮

④因为参数省略了，所以显示函数所在的单元格行号

根据公式 = ROW（B1）+B2 求出单元格 B1 的行号加上 B2 的值

COLUMN

返回引用的列标

引用
单元格

格式 → **COLUMN**(reference)

参数 → reference

指定需要得到其列标的单元格或单元格区域。选择区域时，返回位于区域
首列的单元格列标。可省略 reference，如果省略 reference，则会返回
COLUMN 函数所在的单元格列标。

EXAMPLE 1　返回单元格列标

COLUMN 函数是返回引用的列标。返回引用单元格的内容的列数时，按照如下所述，
可与 INDIRECT 函数组合使用。

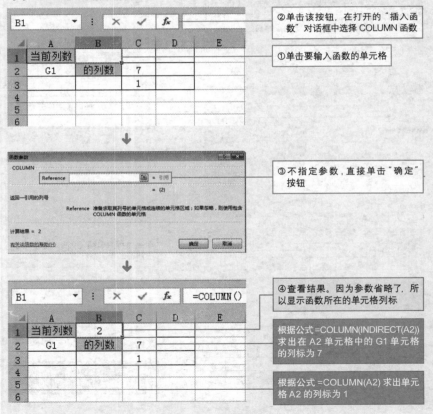

②单击该按钮，在打开的"插入函数"对话框中选择 COLUMN 函数

①单击要输入函数的单元格

③不指定参数，直接单击"确定"按钮

④查看结果。因为参数省略了，所以显示函数所在的单元格列标

根据公式 =COLUMN(INDIRECT(A2)) 求出在 A2 单元格中的 G1 单元格的列标为 7

根据公式 =COLUMN(A2) 求出单元格 A2 的列标为 1

09
查找与引用函数

ROWS

返回引用或数组的行数

格式 ➡ **ROWS(array)**

参数 ➡ **array**

指定为需要得到其行数的数组、数组公式或对单元格区域的引用。它和
ROW 函数不同，不能省略参数。如果在单元格、单元格区域、数组、数
组公式以外指定参数，则会返回错误值"#VALUE!"。

使用 ROWS 函数，可返回引用区域内的行数。返回值为 1~65536 间的整数。

EXAMPLE 1　返回引用区域的行数

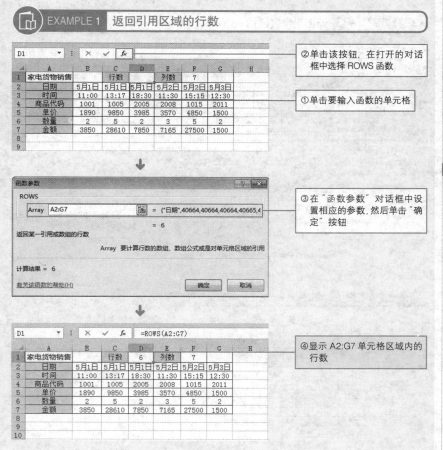

②单击该按钮，在打开的对话
框中选择 ROWS 函数

①单击要输入函数的单元格

③在"函数参数"对话框中设
置相应的参数，然后单击"确
定"按钮

④显示 A2:G7 单元格区域内的
行数

COLUMNS

返回数组或引用的列数

格式 → **COLUMNS(array)**

参数 → **array**

指定为需要得到其列数的数组、数组公式或对单元格区域的引用。它和 Column 函数不同，不能省略参数。如果在单元格、单元格区域、数组、数组公式以外指定参数，则会返回错误值 "#VALUE!"。

使用 COLUMNS 函数，可返回引用区域内的列数。返回值为 1~256 间的整数。

📄 EXAMPLE 1 返回引用区域的列数

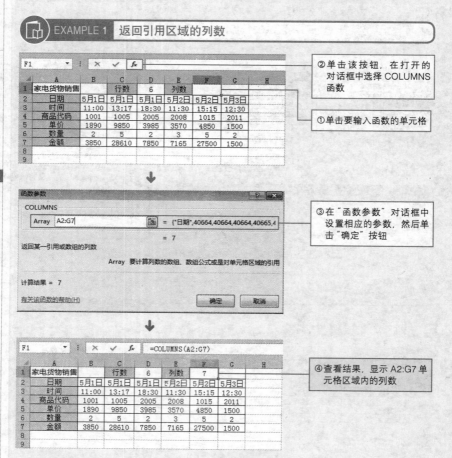

②单击该按钮，在打开的对话框中选择 COLUMNS 函数

①单击要输入函数的单元格

③在"函数参数"对话框中设置相应的参数，然后单击"确定"按钮

④查看结果，显示 A2:G7 单元格区域内的列数

VLOOKUP

查找指定的数值，并返回当前行中指定列处的数值

格式 → **VLOOKUP**(lookup_value,table_array,col_index_num,range_lookup)

参数 → lookup_value

用数值或数值所在的单元格指定在数组第一列中查找的数值。例如，输入地址或号码。

table_array

指定查找范围。例如，指定商品的数据区域等。

col_index_num

为 table_array 中待返回的匹配值的列序号。

range_lookup

用 TRUE 或 FALSE 指定查找方法。如果为 TRUE 或省略，则返回近似匹配值。也就是说，如果找不到精确匹配值，则返回小于逻辑值的最大数值；如果为 FALSE，则函数 VLOOKUP 将返回精确匹配值。如果找不到，则返回错误值"#N/A"。

使用 VLOOKUP 函数，可按照指定的查找值从工作表中查找相应的数据。使用此函数的重点是参数 range_lookup 的设定。VLOOKUP 函数是按照指定查找的数据返回当前行中指定列处的数值。如果要按指定查找的数据返回当前列中指定行处的数值，参照 HLOOKUP 函数。

📖 EXAMPLE 1　求自行车的利用费用

设定参数为 range_lookup 为 TRUE 或省略，结果返回近似匹配值。

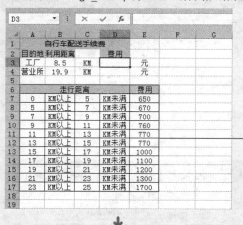

①按升序排列table_array第一列中的数值，参数range_lookup为TRUE时，如果table_array第一列中的数值不按升序排列，则不能显示正确结果

09
查找与引用函数

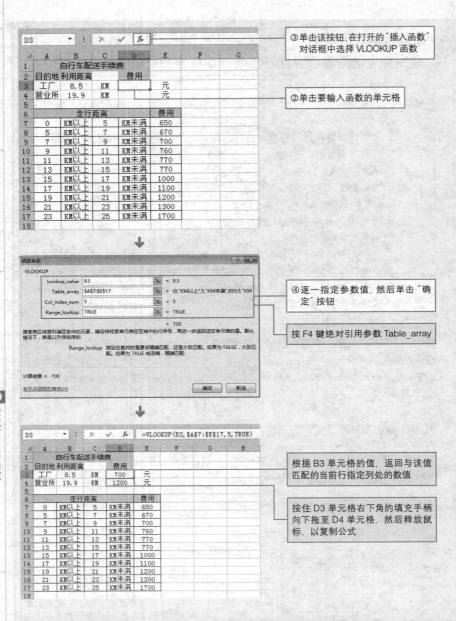

③单击该按钮,在打开的"插入函数"
对话框中选择 VLOOKUP 函数

②单击要输入函数的单元格

④逐一指定参数值,然后单击"确
定"按钮

按 F4 键绝对引用参数 Table_array

根据 B3 单元格的值,返回与该值
匹配的当前行指定列处的数值

按住 D3 单元格右下角的填充手柄
向下拖至 D4 单元格,然后释放鼠
标,以复制公式

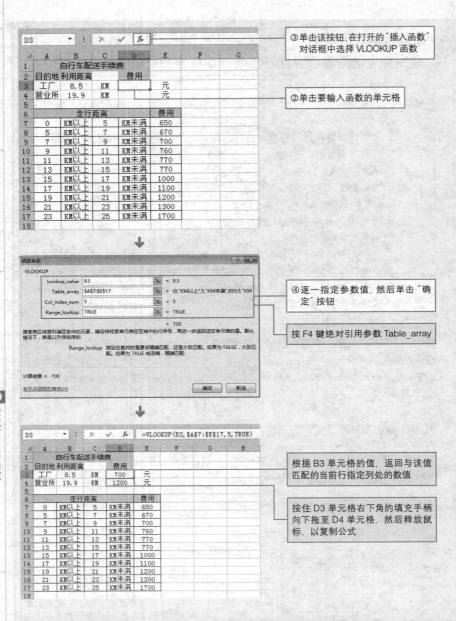组合技巧 ┃ 不返回错误值(VALOOKUP+IF+ISBLANK)

在 VLOOKUP 函数中,当检索值的单元格为空格时,则会返回错误值。但组合使用
IF 函数和 ISBLANK 函数,然后输入 VLOOKUP 函数,就不会返回错误值"#N/A"。

HLOOKUP

在首行查找指定的数值并返回当前列中指定行处的数值

数据
的查找

格式 → **HLOOKUP**(lookup_value,table_array,row_index_num,range_lookup)

参数 → lookup_value

为需要在数据表第一行中进行查找的数值。可以为数值，引用或文本字符串。例如，输入地址或号码。

table_array

为需要在其中查找数据的数据表。例如，指定商品的数据区域等。

row_index_num

为 table_array 中待返回匹配值的行序号。

range_lookup

用 TRUE 或 FALSE 指定查找方法。如果为 TRUE 或省略，则返回近似匹配值。也就是说，如果找不到精确匹配值，则返回小于查找值的最大数值；如果为 FALSE，函数 VLOOKUP 将返回精确匹配值。如果找不到，则返回错误值"#N/A"。

使用 HLOOKUP 函数，可按照指定的查找值查找表中相对应的数据。使用此函数的重点是匹配查找。HLOOKUP 函数是按照指定查找的数据返回当前列指定行处的数值。如果按照指定查找的数据返回当前行指定列处的数值，参照 VLOOKUP 函数。

EXAMPLE 1　求自行车的利用费用

设定参数 range_lookup 为 TRUE 或省略，结果返回近似匹配值。

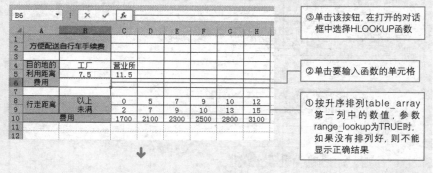

09
查找与引用函数

SECTION 09 ● 查找与引用函数 ● 数据的查找　○ 531

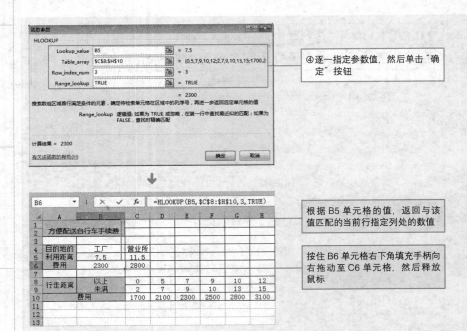

④逐一指定参数值，然后单击"确定"按钮

根据 B5 单元格的值，返回与该值匹配的当前行指定列处的数值

按住 B6 单元格右下角填充手柄向右拖动至 C6 单元格，然后释放鼠标

在 HLOOKUP 函数中，当检索值的单元格为空格时，则会返回错误值，但组合使用 IF 函数和 ISBLANK 函数，然后输入 HLOOKUP 函数，就不会返回错误值"#N/A"。

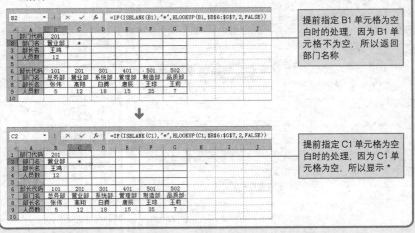

提前指定 B1 单元格为空白时的处理，因为 B1 单元格不为空，所以返回部门名称

提前指定 C1 单元格为空白时的处理，因为 C1 单元格为空，所以显示 *

LOOKUP（向量形式）
从向量中查找一个值

格式 → **LOOKUP(lookup_value,lookup_vector,result_vector)**

参数 → lookup_value

用数值或单元格号指定所要查找的值。如果 lookup_value 小于 lookup_vector 中的最小值，则返回错误值 "#N/A"。

lookup_vector

在一行或一列的区域内指定检查范围。例如，指定商品的数据区域。

result_vector

指定函数返回值的单元格区域。其大小必须与 lookup_vector 相同。

LOOKUP 函数有两种语法形式：向量和数组。此处是关于向量形式的介绍。使用向量形式的 LOOKUP 函数，按照输入在单行区域或单列区域中的查找值，返回第二个单行区域或单列区域中相同位置的数值。

EXAMPLE 1　从订货号码中查找运费和商品价格

在 E3 到 E14 的单元格区域使用 OR 函数进行判断，如果从 B 列到 D 列的"笔试"、"听力"和"口语"的其中之一的成绩如果在 70 分以上时，则返回逻辑值 TRUE，如果全不是 70 分以上，则返回 FALSE。

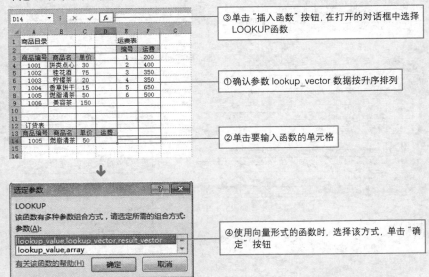

③单击"插入函数"按钮，在打开的对话框中选择 LOOKUP 函数

①确认参数 lookup_vector 数据按升序排列

②单击要输入函数的单元格

④使用向量形式的函数时，选择该方式，单击"确定"按钮

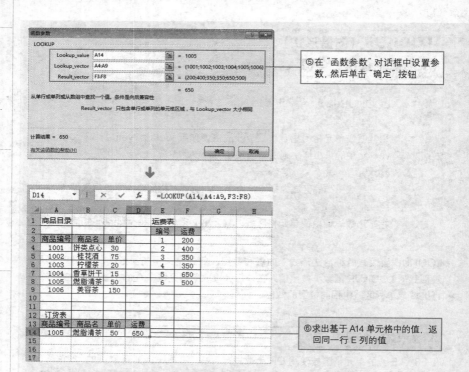

⑤在"函数参数"对话框中设置参数，然后单击"确定"按钮

⑥求出基于 A14 单元格中的值，返回同一行 E 列的值

POINT ● 可查找相同检查范围和对应范围中的行或列

如果参数 Lookup_vector 和 result_vector 的大小相同，则可检索行方向或列方向的单元格区域的内容。

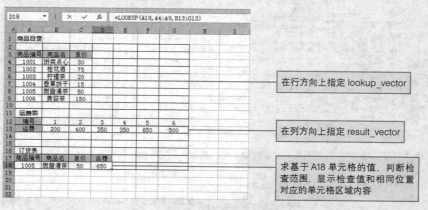

在行方向上指定 lookup_vector

在列方向上指定 result_vector

求基于 A18 单元格的值，判断检查范围，显示检查值和相同位置对应的单元格区域内容

LOOKUP（数组形式）
从数组中查找一个值

格式 → **LOOKUP**(lookup_value,array)

参数 → lookup_value

用数值或单元格号指定所要查找的值。如果 lookup_value 小于第一行或第一列的最小值，则会返回错误值"#N/A"。

array

在单元格区域内指定检索范围。随着数组行数和列数的变化，返回值也发生变化。

使用数组形式的 LOOKUP 函数，是在数组的第一行或第一列中查找指定数值，然后返回最后一行或最后一列中相同位置处的数值，查找和返回的关系如下表。

条件	检查值检索的对象	检索方向	返回值
数组行数和列数相同或行数大于列数	第一列	横向	同行最后一列
数组的行数少于列数时	第一行	纵向	同列最后一行

EXAMPLE 1 从检索代码中查找营业所的销售额

下面我们将用 LOOKUP 函数从检索代码中查找营业所的销售额。

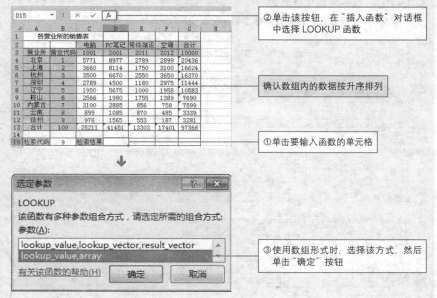

②单击该按钮，在"插入函数"对话框中选择 LOOKUP 函数

确认数组内的数据按升序排列

①单击要输入函数的单元格

③使用数组形式时，选择该方式，然后单击"确定"按钮

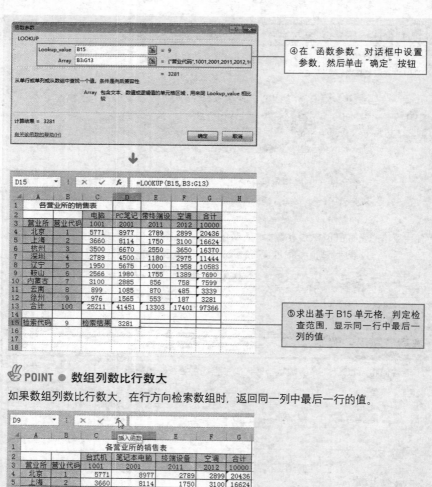

④在"函数参数"对话框中设置参数，然后单击"确定"按钮

⑤求出基于 B15 单元格，判定检查范围，显示同一行中最后一列的值

POINT ● 数组列数比行数大

如果数组列数比行数大，在行方向检索数组时，返回同一列中最后一行的值。

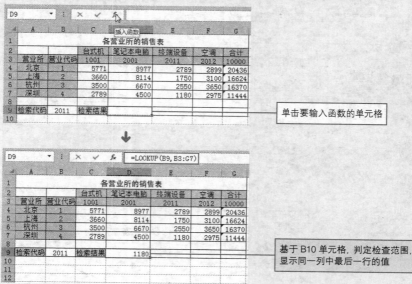

单击要输入函数的单元格

基于 B10 单元格，判定检查范围，显示同一列中最后一行的值

INDEX（引用形式）
返回指定行列交叉处引用的单元格

格式 → INDEX(reference,row_num,column_num,area_num)

参数 → reference

指定检索范围。例如，指定商品的数据区域。也可指定多个单元格区域，用 ( ) 把全体单元格区域引起来。用逗号区分各单元格区域。

row_num

指定函数的返回值内容。从首行数组开始查找，指定返回第几行的行号。如果超出指定范围数值，则会返回错误值"#REF!"。如果数组只有一行，则省略此参数。

column_num

指定函数的返回值内容。从首列数组开始查找，指定返回第几列的列号。如果超出指定范围数值，则会返回错误值"#REF!"。如果数组只有一列，则省略此参数。

area_num

选择引用中的一个区域，并返回该区域中 row_num 和 column_num 的交叉区域。可以省略此参数，如果省略，则函数使用区域 1。如果指定小于 1 的数值，则返回错误值"#VALUE!"。

INDEX函数有引用和数组两种形式。下面是关于引用形式的介绍。使用单元格引用形式的INDEX函数，按照在单元格内输入的行号、列号，返回行和列交叉处特定单元格引用。

[　] EXAMPLE 1 | 计算送货上门的费用

下面我们用 INDEX 函数来计算送货上门的费用。

②单击"插入函数"按钮，在打开的对话中选择 INDEX 函数

①单击要输入函数的单元格

H15	▼	:	×	✓	ƒx						
	A	B	C	D	E	F	G	H	I	J	K	L
1					商业信息交易上门，全国费用表							
2			1	2	3	4	5	6	7	8	9	10
3			北京	杭州	上海	哈尔滨	四川	深圳	南京	合肥	芜湖	辽宁
4	1	北京	600	935	1120	1202	1120	1120	1350	1530	1560	1760
5	2	杭州	600	950	1220	600	750	700	810	1220	1250	1350
6	3	上海	920	600	600	650	650	650	700	810	920	1020
7	4	哈尔滨	1100	650	650	650	650	650	700	810	910	1020
8	5	四川	1100	650	650	650	630	650	630	700	850	830
9	6	深圳	1175	700	650	750	630	650	630	700	810	830
10	7	南京	1175	730	650	950	750	650	630	600	700	700
11	8	合肥	1350	800	750	1250	810	700	630	600	700	700
12	9	芜湖	1560	1120	830	750	810	700	700	700	600	700
13	10	辽宁	1750	1250	950	980	810	850	700	700	600	600
14												
15		发货地代码		1	北京		费用					
16		收货地代码		6	深圳							

↓

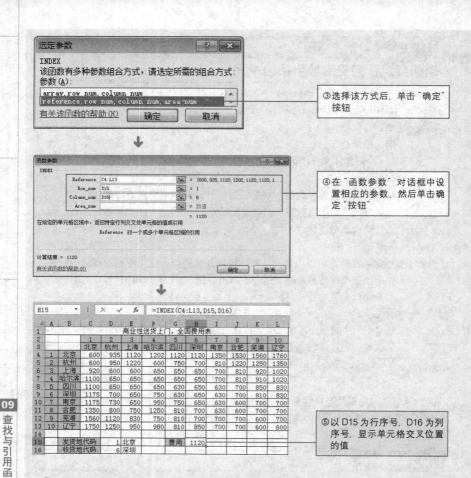

③选择该方式后，单击"确定"按钮

④在"函数参数"对话框中设置相应的参数，然后单击确定"按钮"

⑤以 D15 为行序号，D16 为列序号，显示单元格交叉位置的值

EXAMPLE 2　计算用多个运送方式运输的费用

下面我们运用 INDEX 函数来计算用多个运送方式运输的费用。

以 B3 作为行号，4 作为列号，从 A6:E10 和 A13:E17 两个单元格区域中，显示 A3 单元格指定的第 2 个区域内交叉单元格的值

09 查找与引用函数

INDEX（数组形式）
返回指定行列交叉处的单元格的值

格式 → INDEX(array,row_num,column_num)

参数 → array

指定数组。数组是表示假想表中的复数值。数组的指定方法是用大括号 {}
引起的表示工作表的部分、用逗号表示的列的小段落，用分号表示的行的
小段落。数组为引用的最初参数，被指定的单元格范围判断为引用形式。

row_num

数组中某行的行序号。从首行数组开始查找，指定返回第几行的行号。数
组为 1 时，可省略行号，但必须有列号。row_num 必须指向 array 中的某
一单元格，否则将返回错误值 "#REF!"。

column_num

数组中某列的列序号。从首列数组开始查找，指定返回第几列的列号。数
组为 1 时，可省略列号，但必须有行号。column_num 必须指向 array 中
的某一单元格，否则将返回错误值 "#REF!"。

INDEX 函数有引用和数组两种形式。此处是关于数组形式的介绍。使用数组形式的
INDEX 函数，按照在单元格内输入的行号、列号，返回指定行列交叉处单元格的值。

EXAMPLE 1　求指定行列交叉处的值

参数中直接指定查找数据的数组。

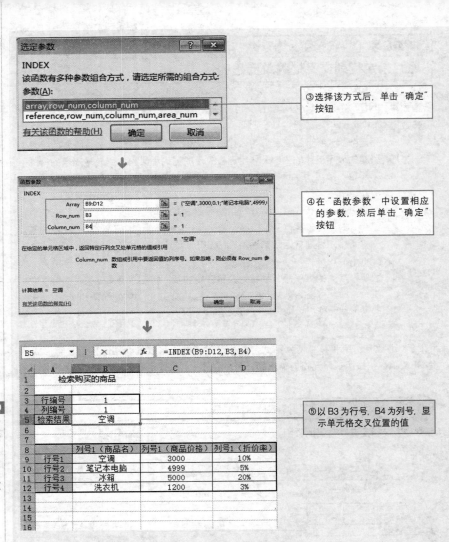

③选择该方式后，单击"确定"按钮

④在"函数参数"中设置相应的参数，然后单击"确定"按钮

⑤以 B3 为行号，B4 为列号，显示单元格交叉位置的值

POINT ● 关于 EXAMPLE 1 中的数组

EXAMPLE 1 使用的数组如下：

	列号 1（商品名）	列号 2（商品价格）	列号 3（折价率）
行号 1	空调	3000	10%
行号 2	笔记本电脑	4999	5%
行号 3	冰箱	5000	20%
行号 4	洗衣机	1200	3%

行号和列号都为 1 时的交叉单元格的值是"空调"。

RTD

从支持 COM 自动化的程序中返回实时数据

格式 → **RTD**(progID,server,topic1,topic2,…)
参数 → progID
    指定经过注册的COM自动化加载宏的程序ID名称,该名称用引号引起来,
    或指定单元格引用。如果不存在于程序ID上,则会返回错误值"#N/A"。
    server
    指定用引号 ("") 将服务器的名称引起来的文本或单元格引用。如果没有服
    务器,程序是在本地计算机上运行,那么该参数为空。
    topic1,topic2…
    登陆到 COM 地址的值,为 1 到 28 个参数。值的种类或个数请参照登陆
    到 COM 地址的程序。

使用 RTD 函数,从 RTD 服务器中返回实时数据。RTD 服务器即是增加用户设置的命
令或专用功能,扩大 Excel 或其他 Office 应用功能的辅助程序,以便 COM 地址的运用。
COM 地址的文件扩展名是 .dll 或 .exe,是用 Microsoft 公司的 Visual Basic 完成。

 EXAMPLE 1 使用 COM 地址快速表示时间

下面我们用 RTD 函数使用 COM 地址快速表示时间。

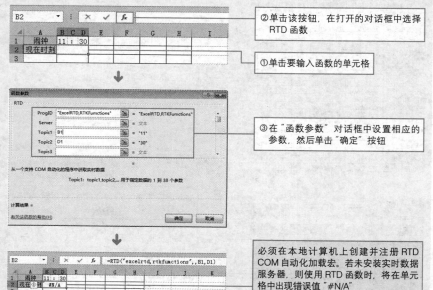

②单击该按钮,在打开的对话框中选择
RTD 函数

①单击要输入函数的单元格

③在"函数参数"对话框中设置相应的
参数,然后单击"确定"按钮

必须在本地计算机上创建并注册 RTD
COM 自动化加载宏。若未安装实时数据
服务器,则使用 RTD 函数时,将在单元
格中出现错误误值"#N/A"

GETPIVOTDATA
返回存储在数据透视表中的数据

格式 → **GETPIVOTDATA**(data_field,pivot_table,field1,item1,field2, item2,…)

参数 → data_field

为包含需检索数据的数据字段的名称，用引号引起。

pivot_table

在数据透视表中对任何单元格、单元格区域或定义的单元格区域的引用。该信息用于决定哪个数据透视表包含要检索的数据。如果 pivot_table 并不代表找到了数据透视表的区域,则函数 GETPIVOTDATA 将返回错误值"#REF!"。

field1,Item1,field2,Item2…

为 1 ~ 14 对用于描述检索数据的字段名和项名称,可以任何次序排列。

使用 Excel 的数据透视功能，能够比较简单地统计大量的数据。

📙 EXAMPLE 1　检索不同奶茶的名称及不同的销售数据

下面我们用 GETPIVOTDATA 函数来检索不同的名称以及它们的销售数据。

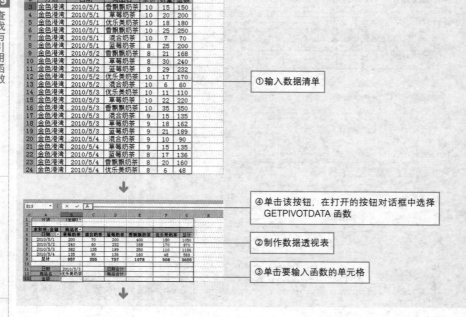

①输入数据清单

④单击该按钮, 在打开的按钮对话框中选择 GETPIVOTDATA 函数

②制作数据透视表

③单击要输入函数的单元格

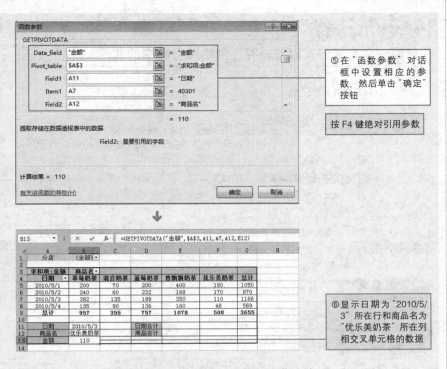

⑤在"函数参数"对话框中设置相应的参数，然后单击"确定"按钮

按 F4 键绝对引用参数

提取存储在数据透视表中的数据

Field2: 是要引用的字段

计算结果 = 110

有关该函数的帮助(H)

B13 = =GETPIVOTDATA("金额", $A$3, A11, A7, A12, B12)

⑥显示日期为"2010/5/3"所在行和商品名为"优乐美奶茶"所在列相交叉单元格的数据

输入公式：=GETPIVOTDATA(" 金额 ",A3,A11,B11) 求日期合计。

E11 = =GETPIVOTDATA("金额", A3, A11, B11)

只指定日期，显示日期为"2010/5/3"的总计

输入公式：=GETPIVOTDATA(" 金额 ",A3,A12,B12) 求商品合计。

E12 = =GETPIVOTDATA("金额", A3, A12, B12)

只指定商品名，显示商品名为"优乐美奶茶"的总计

HYPERLINK
创建一个快捷方式以打开存在网络服务器中的文件

链接

格式 → **HYPERLINK(link_location,friendly_name)**
参数 → link_location
用加双引号的文本指定文档的路径或文件名，或包含文本字符串链接的单元格。指定文本的字符串被表示为检索，如果利用"地址"栏比较方便。
friendly_name
为单元格中显示的跳转文本值或数字值。可以省略此参数，如果省略此参数，则文本字符串按原样表示。

使用 HYPERLINK 函数，可以打开存储在 link_location 中的文件。打开被链接的文件时，单击 HYPERLINK 函数设定好的单元格。

📖 EXAMPLE 1 打开存储在网络服务器中的文件

下面我们用 HYPERLINK 函数打开存储在网络服务器中的文件。

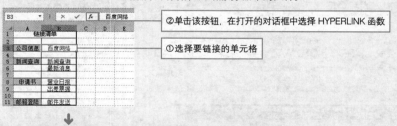

②单击该按钮，在打开的对话框中选择 HYPERLINK 函数

①选择要链接的单元格

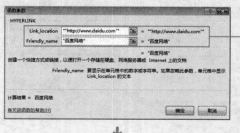

③在"函数参数"对话框中设置相应的参数，然后单击"确定"按钮

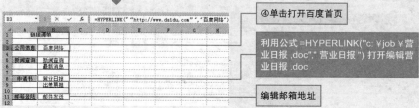

④单击打开百度首页

利用公式 =HYPERLINK("c:￥job￥营业日报.doc"," 营业日报 ") 打开编辑营业日报 .doc

编辑邮箱地址

09
查找与引用函数

TRANSPOSE
转置单元格区域

格式 → **TRANSPOSE(array)**
参数 → array
  指定需要转置的单元格区域或数组。

使用 TRANSPOSE 函数，可以将数组的横向转置为纵向、纵向转置为横向及行列间的转置。在 TRANSPOSE 函数中，必须提前选择转置单元格区域的大小，并且源表格的行数为新表格的列数。因为此函数为数组函数，参数必须指定为数组公式。

EXAMPLE 1 转置单元格区域

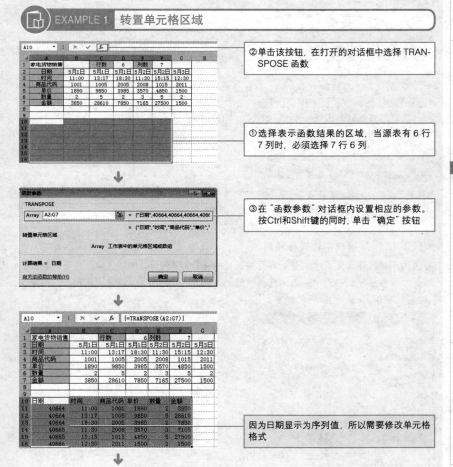

②单击该按钮，在打开的对话框中选择 TRAN-SPOSE 函数

①选择表示函数结果的区域，当源表有 6 行 7 列时，必须选择 7 行 6 列

③在"函数参数"对话框内设置相应的参数。按Ctrl和Shift键的同时，单击"确定"按钮

因为日期显示为序列值，所以需要修改单元格格式

09
查找与引用函数

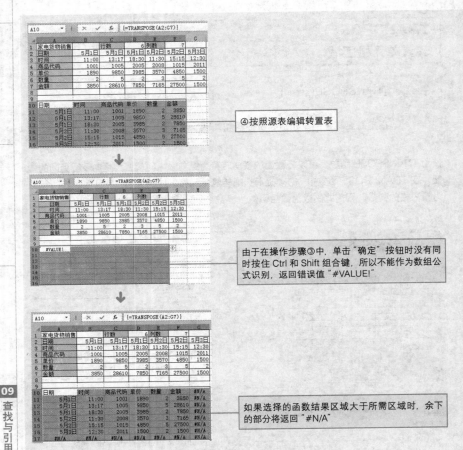

④按照源表编辑转置表

由于在操作步骤③中，单击"确定"按钮时没有同时按住 Ctrl 和 Shift 组合键，所以不能作为数组公式识别，返回错误值"#VALUE!"

如果选择的函数结果区域大于所需区域时，余下的部分将返回"#N/A"

✌️ POINT ● 从菜单中转置行和列

除使用 TRANSPOSE 函数可进行单元格区域的转置外，还可以使用菜单命令进行和列的转置。选择菜单栏中的"编辑 > 选择性粘贴"命令，然后选择"转置"复选框，再单击"确定"按钮。

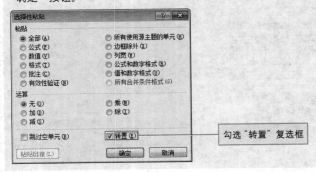

勾选"转置"复选框

信息函数

SECTION 10 信息函数

使用信息函数，可以确认单元格的格式、位置或内容等信息，也可以检验数值的类型并返回不同的逻辑值，以及进行数据的转换。下面将对信息函数的分类、用途以及关键点进行介绍。

→ 函数分类

1. 信息的获得

表示 Excel 的操作环境、单元格的信息及产生错误时的错误种类。

CELL	返回某一引用区域左上角单元格的格式、位置或内容等信息
ERROR.TYPE	返回与错误值对应的数值
INFO	返回当前操作环境的信息
TYPE	返回输入在单元格内的数值类型

2. IS 函数

它是信息函数中使用频率最高的函数，用于检测数值或引用类型。

ISBLANK	判断测试对象是否为空单元格
ISLOGICAL	判断测试对象是否为逻辑值
ISNONTEXT	判断测试对象是否不是文本
ISNUMBER	判断测试对象是否为数值
ISEVEN	判断测试对象是否为偶数
ISODD	判断测试对象是否为奇数
ISREF	判断测试对象是否是引用
ISFORMULA	判断测试对象是否存在包含公式的单元格引用
ISTEXT	判断测试对象是否是文本
ISNA	判断测试对象是否是 #N/A 错误值
ISERR	判断测试对象是否是除 #N/A 以外的错误值
ISERROR	检测指定单元格是否为错误值

3. 数据的转换、错误的产生

将数据转换为数值或拼音字符，或返回错误值 #N/A。

N	将参数中指定的值转换为数值形式
NA	返回错误值 #N/A

→ 关键点

信息函数中使用最多的是 IS 函数。IS 函数的返回值是逻辑值 TRUE 或 FALSE。

10
信息函数

CELL

返回单元格的信息

格式 → CELL(info_type,reference)

参数 → info_type

用加双引号的半角文本指定需检查的信息,为文本值。如果文本的拼写不正确或用全角输入,则返回错误值 #VALUE!。如果没有输入双引号,则返回错误值"#NAME?"。

Info_type	返回信息
"address"	用 "$A$1" 的绝对引用形式,将引用区域左上角的第一个单元格作为返回值引用
"col"	将引用区域左上角的单元格列标作为返回值引用
"color"	如果单元格中的负值以不同颜色显示,则为 1,否则返回 0
"contents"	引用区域左上角的单元格的值作为返回值引用
"filename"	包含引用的文件名(包括全部路径),文本类型。如果包含目标引用的工作表尚未保存,则返回空文本 ("")

指定的单元格格式相对应的文本常数

▼ 文本章数

表示形式	返回值
常规	"G"
0	"F0"
#,##0	",0"
0.00	"F2"
#,##0.00	",2"
$#,##0_);($#,##0)	"C0"
$#,##0_);[Red]($#,##0)	"C0−"
$#,##0.00_);($#,##0.00)	"C2"
$#,##0.00_);[Red]($#,##0.00)	"C2−"
0%	"P0"
0.00%	"P2"
0.00E+00	"S2"
# ?/? 或 # ??/??	"G"
yy−m−d	"D4"
yy−m−d h:mm 或 dd−mm−yy	"D4"
d−mmm−yy	"D1"
dd−mmm−yy	"D1"
mmm−yy	"D3"
d−mmm 或 dd−mm	"D2"
dd−mm	"D5"
h:mm AM/PM	"D7"
h:mm:ss AM/PM	"D6"
h:mm	"D9"
h:mm:ss	"D8"

注: 左侧表格第一列为 "format"

(续表)

Info_type	返回信息
"parentheses"	引用区域左上角的单元格格式中为正值或全部单元格均加括号时，1 作为返回值返回；其他情况时，0 作为返回值返回
"prefix"	与单元格中不同的"标志前缀"相对应的文本值。如果单元格文本左对齐，则返回单引号（'）；如果单元格文本右对齐，则返回双引号（"）；如果单元格文本居中，则返回插入字符（^）；如果单元格文本两端对齐，则返回反斜线（\）；如果是其他情况，则返回空文本（""）
"protect"	如果单元格没有锁定，则为 0；如果单元格被锁定，则为 1
"row"	将引用区域左上角单元格的行号作为返回值返回
"type"	与单元格中的数据类型相对应的文本值。如果单元格为空，则返回"b"。如果单元格包含文本常量，则返回"l"；如果单元格包含其他内容，则返回"v"
"width"	取整后的单元格的列宽。列宽以默认字号的一个字符的宽度为单位

reference

指定需检查信息的单元格。也可指定单元格区域，此时最左上角的单元格区域被选中，如果省略，则返回值给最后更改的单元格。

EXAMPLE 1　检查单元格信息

使用 CELL 函数，可检查指定单元格的信息，如指定单元格的位置信息或数据类型等。

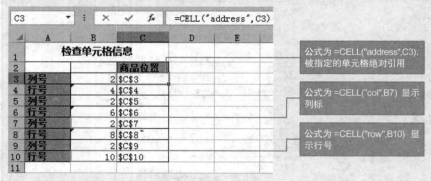

公式为 =CELL("address",C3)，被指定的单元格绝对引用

公式为 =CELL("col",B7) 显示列标

公式为 =CELL("row",B10) 显示行号

POINT ● 关于 CELL 函数的补充说明

如果 CELL 函数中的 info_type 参数为"format"，并且向被引用的单元格应用了其他格式，则必须重新计算工作表以更新 CELL 函数的结果。

10
信息函数

ERROR.TYPE
返回与错误值对应的数字

信息
的获得

格式 → ERROR.TYPE(error_val)

参数 → error_val

为需要得到其标号的一个错误值。

ERROR.TYPE 函数用于检查错误的种类并返回到相应的错误值（1 ~ 7）。
错误值和 ERROR.TYPE 函数的返回值参照下表。如果没有错误，则返回
错误值 #N/A。

error_val	返回值
#NULL!	1
#DIV/0!	2
#VALUE!	3
#REF!	4
#NAME?	5
#NUM!	6
#N/A	7
其他错误值	#N/A

EXAMPLE 1 检测产生错误的单元格的错误值

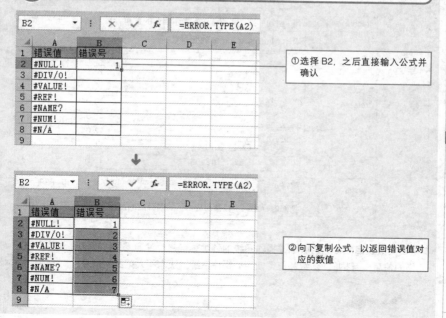

①选择 B2，之后直接输入公式并确认

②向下复制公式，以返回错误值对应的数值

10
信
息
函
数

INFO
返回当前操作环境的信息

格式 → **INFO**(type_text)

参数 → type_text

用加双引号的半角文本指定要返回的信息类型。文本种类请参照下表。如果文本拼写不同或输入全角文本，则返回错误值"#VALUE!"。如果没有加双引号，则返回错误值"#NAME?"。

type_text	返回值
"directory"	当前目录或文件夹的路径
"memavail"	可用的内存空间，以字节为单位
"memused"	数据占用的内存空间
"numfile"	打开的工作簿中活动工作表的个数
"origin"	用 A1 样式的绝对引用，返回窗口中可见的最右上角的单元格
"osversion"	当前操作系统的版本号 操作系统 / 版本号 见下表
"recalc"	用"自动"或"手动"文本表示当前的重新计算方式
"release"	表示 Microsoft Excel 的版本号 见下表
"system"	操作系统名称。用"mac"文本表示 Macintosh 版本，用"pcdos"文本表示 Windows 版
"totmem"	全部内存空间，包括已经占用的内存空间，以字节为单位

"osversion" 当前操作系统的版本号

操作系统	版本号
Windows 98 Second Edition	Windows(32—bit)4.10
Windows Me	Windows(32—bit)4.90
Windows 2000 Professional	Windows(32—bit)NT5.00
Windows XP Home Edition	Windows(32—biT)NT 5.01
Windows 7 Ultimate	Windows(32—biT)NT 6.01
Windows 8 Professional	Windows(32—biT)NT 6.02

"release" 表示 Microsoft Excel 的版本号

Excel 95	7.0
Excel 97	8.0
Excel 2000	9.0
Excel XP	10.0
Excel 2003	11.0
Excel 2007	12.0
Excel 2010	14.0
Excel 2013	15.0

INFO 函数返回 Excel 的版本或操作系统的种类等信息。注意 CELL 函数是返回单个单元格的信息，而 INFO 函数是取得使用的操作系统的版本等大范围的信息。

552 ○ SECTION 10 ● 信息函数 ● 信息的获得

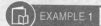 EXAMPLE 1　表示使用的操作系统

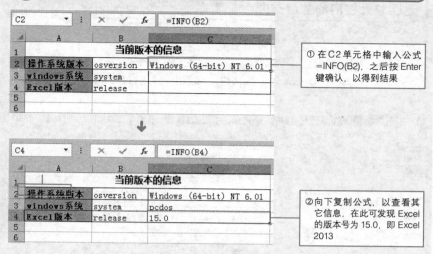

① 在 C2 单元格中输入公式 =INFO(B2)，之后按 Enter 键确认，以得到结果

②向下复制公式，以查看其它信息，在此可发现 Excel 的版本号为 15.0，即 Excel 2013

POINT ● 在 Windows 8 操作系统中的测试结果

在一台安装有 Excel 2013 应用程序的 Windows 8 操作系统中进行计算，其结果如下图所示。

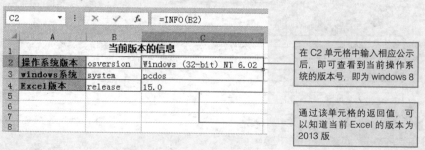

在 C2 单元格中输入相应公示后，即可查看到当前操作系统的版本号，即为 windows 8

通过该单元格的返回值，可以知道当前 Excel 的版本为 2013 版

TYPE
返回单元格内的数值类型

信息
的获得

格式 → **TYPE(value)**
参数 → value
　　　可以为任意 Microsoft Excel 数值，如数字、文本以及逻辑值等。

TYPE 函数将输入在单元格内的数据转换为相应的数值。TYPE 函数的返回数值请参照
下表。

数据类型	返回值
数值	1
文本	2
逻辑值	4
错误值	16
数组	64

📖 EXAMPLE 1　检查单元格的内容是否是数值

②单击"插入函数"按钮，打开
"插入函数"对话框，从中选
择 TYPE 函数

①单击要输入函数的单元格

✌ POINT ● 关于 TYPE 函数的使用说明

当使用能接受不同类型数据的函数（例如函数 ARGUMENT 和函数 INPUT）时，函数
TYPE 十分有用。可以使用函数 TYPE 来查找函数或公示所返回的数据是何种类型。
此外，还可以使用 TYPE 来确定单元格中是否含有公式。TYPE 仅确定结果、显示或值
的类型。如果某个值是一个单元格引用，它所引用的另外一个单元格中含有公式，则
TYPE 将返回此公式结果值的类型。

10
信息
函数

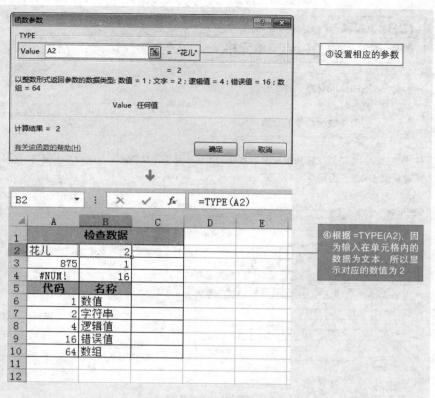

③设置相应的参数

④根据 =TYPE(A2)，因为输入在单元格内的数据为文本，所以显示对应的数值为 2

组合技巧 | 表示输入数据的种类（TYPE+VLOOKUP）

由于 TYPE 函数返回单元格内的数值类型，它的返回值和 VLOOKUP 函数相组合，可以查找到该返回值对应的数据种类。

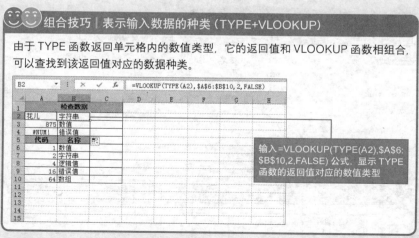

输入 =VLOOKUP(TYPE(A2),$A$6:$B$10,2,FALSE) 公式，显示 TYPE 函数的返回值对应的数值类型

10
信息函数

ISBLANK
判断测试对象是否为空单元格

格式 → ISBLANK(value)

参数 → value

为需要进行检验的数值。

使用 ISBLANK 函数，能判断测试对象是否为空单元格。当测试对象为空单元格时，返回逻辑值 TRUE，否则返回 FALSE。

EXAMPLE 1　检测是否为空单元格

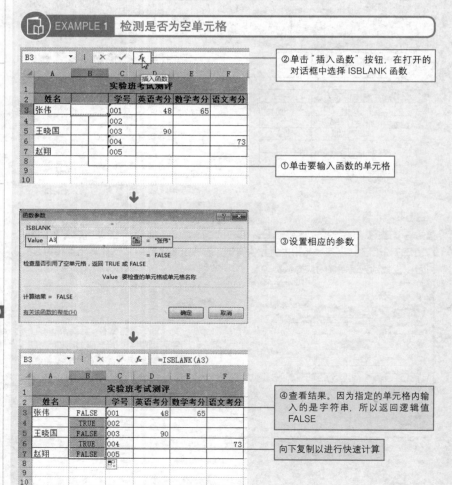

②单击"插入函数"按钮，在打开的对话框中选择 ISBLANK 函数

③设置相应的参数

①单击要输入函数的单元格

④查看结果。因为指定的单元格内输入的是字符串，所以返回逻辑值 FALSE

向下复制以进行快速计算

10 信息函数

ISLOGICAL

检测一个值是否是逻辑值

IS函数

格式 → ISLOGICAL(value)

参数 → value

为需要进行检验的数值。

使用 ISLOGICAL 函数能检测一个值是否是逻辑值。如果检测对象是逻辑值时，则返回逻辑值 TRUE，如果不是逻辑值，则返回 FALSE。

EXAMPLE 1 检测单元格的内容是否是逻辑值

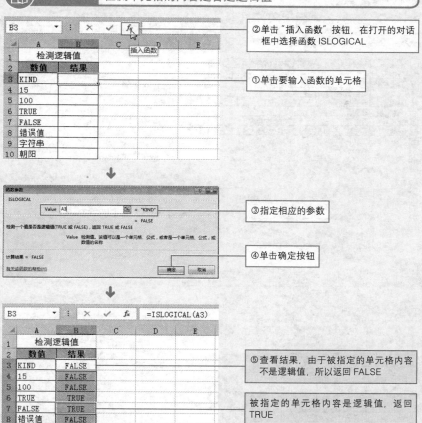

②单击“插入函数”按钮，在打开的对话框中选择函数 ISLOGICAL

①单击要输入函数的单元格

③指定相应的参数

④单击确定按钮

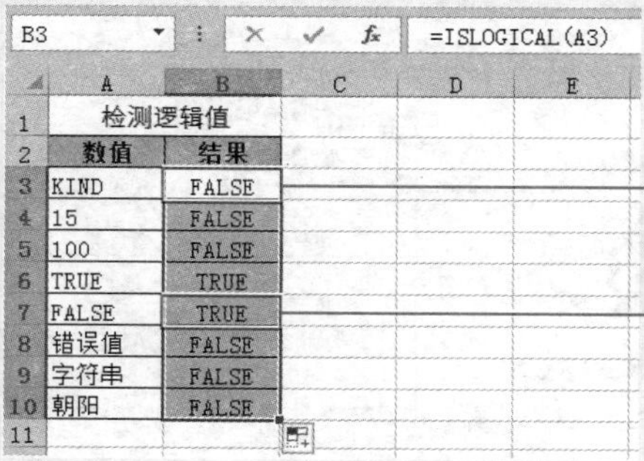

⑤查看结果，由于被指定的单元格内容不是逻辑值，所以返回 FALSE

被指定的单元格内容是逻辑值，返回 TRUE

10 信息函数

ISNONTEXT
检测一个值是否不是文本

格式 → ISNONTEXT(value)

参数 → value

为需要进行检验的数值。

使用 ISNONTEXT 函数能检测指定的检测对象是否为文本。如果检测对象不是文本，返回逻辑值 TRUE，如果是文本，则返回 FALSE。

EXAMPLE 1　检测单元格内容是否不是文本

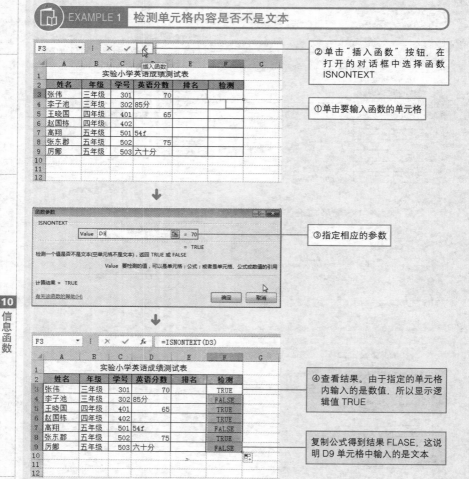

②单击"插入函数"按钮，在打开的对话框中选择函数 ISNONTEXT

①单击要输入函数的单元格

③指定相应的参数

④查看结果。由于指定的单元格内输入的是数值，所以显示逻辑值 TRUE

复制公式得到结果 FLASE，这说明 D9 单元格中输入的是文本

10
信息函数

ISNUMBER
检测一个值是否为数值

IS函数

格式 → ISNUMBER(value)

参数 → value

　　　为需要进行检验的数值。

使用 ISNUMBER 函数能检测参数中指定的对象是否为数值。当检测对象是数值时，返回 TRUE，不是数值时，返回 FALSE。

EXAMPLE 1　检测单元格的内容是否为数值

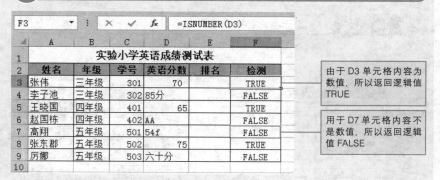

姓名	年级	学号	英语分数	排名	检测
张伟	三年级	301	70		TRUE
李子池	三年级	302	85分		FALSE
王晓国	四年级	401	65		TRUE
赵国栋	四年级	402	AA		FALSE
高翔	五年级	501	54f		FALSE
张东郡	五年级	502	75		TRUE
厉娜	五年级	503	六十分		FALSE

由于 D3 单元格内容为数值，所以返回逻辑值 TRUE

用于 D7 单元格内容不是数值，所以返回逻辑值 FALSE

组合技巧 | 输入文本时显示的信息（ISNUMBER+IF）

ISNUMBER 函数的返回值是逻辑值，它通常和 IF 函数组合使用。如利用该函数组合检测"英语分数"列中是否输入了正确的数值。

输入 =IF(ISNUMBER(D3),D3,"请输入数值！")公式，判断为数值时，则返回该数值。反之，返回"请输入数值！"

复制公式计算结果，由于 D9 单元格中的内容不是数值，所以返回指定的文本内容，即"请输入数值！"

ISEVEN
检测一个值是否为偶数

格式 → ISEVEN(number)

参数 → number

指定用于检测是否为偶数的数据。检测时忽略小数点后的数字。如果指定空白单元格,则作为 0 检测,结果返回 TRUE。如果输入文本等数值以外的数据时,则返回错误值"#VALUE!"。

使用 ISEVEN 函数能检测指定参数是否为偶数。如果检测对象是偶数,则返回 TRUE,如果是奇数,则返回 FALSE。

EXAMPLE 1 检测单元格内容是否是偶数

	A	B	C	D	E	F
1	志强包装厂月份考勤表					
2		次数	判定	条件		
3	一月	8	TRUE			
4	二月	9	FALSE			
5	三月	4	TRUE			
6	四月	5	FALSE			
7	五月	7	FALSE			
8	六月	10	TRUE			
9	七月	6	TRUE			
10	八月	2	TRUE			
11	九月	3	FALSE			
12	十月	1	FALSE			
13	十一月	12	TRUE			
14	十二月	0	TRUE			

C3 = =ISEVEN(B3)

①在 C3 单元格中输入公式 =ISEVEN(B3),然后按 Enter 键确认

指定单元格内容为偶数,显示逻辑值 TRUE

②向下复制公式,并计算出其他单元格的值

组合技巧 | 以文本形式显示偶数 (IF)

为了更好地区分与辨识所得到的结果,用户可以尝试使用 IF 函数进行结果的输出。

	A	B	C	D	E	F
1	志强包装厂月份考勤表					
2		次数	判定	条件		
3	一月	8	TRUE	为偶数		
4	二月	9	FALSE			
5	三月	4	TRUE			
6	四月	5	FALSE			
7	五月	7	FALSE			
8	六月	10	TRUE			
9	七月	6	TRUE			
10	八月	2	TRUE			
11	九月	3	FALSE			
12	十月	1	FALSE			
13	十一月	12	TRUE			
14	十二月	0	TRUE			

D3 = =IF(C3,"为偶数","")

③在 D3 单元格内输入公式进行条件判定

根据 IF 函数的使用原则,由于 C3 单元格为 TRUE,所以此处将返回"为偶数"

ISODD

检测一个值是否是奇数

格式 → **ISODD**(number)

参数 → number

指定用于检测是否为奇数的数据。检测时忽略小数点后的数字。如果指定空白单元格，则作为 0 检测，结果返回 FALSE。如果输入文本等数值以外的数据时，则返回错误值 "#VALUE!"。

使用 ISODD 函数，检测指定参数是否为奇数。如果检测对象是奇数，则返回 TRUE，如果是偶数，则返回 FALSE。

EXAMPLE 1　检测单元格的内容是否是奇数

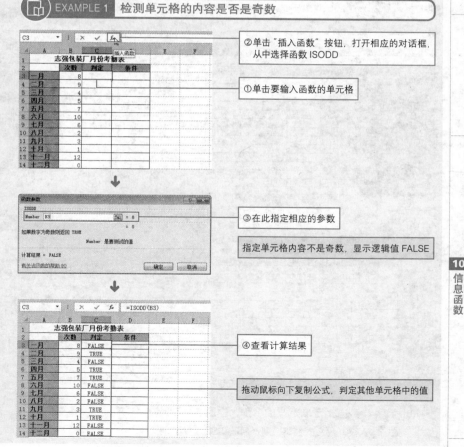

②单击"插入函数"按钮，打开相应的对话框，从中选择函数 ISODD

①单击要输入函数的单元格

③在此指定相应的参数

指定单元格内容不是奇数，显示逻辑值 FALSE

④查看计算结果

拖动鼠标向下复制公式，判定其他单元格中的值

10
信息函数

ISREF
检测一个值是否为引用

IS函数

格式 → ISREF(value)
参数 → value
    指定用于检测是否为引用的数据。

使用 ISREF 函数能检测参数是否为单元格引用。如果检测对象是单元格引用，则返回逻辑值 TRUE，如果不是引用，则返回 FALSE。用 ISREF 函数判断单元格引用，即是判断参数中指定的检测对象是否引用其他的单元格，判断参数中指定的检测对象是否是以它的名字来定义的。

EXAMPLE 1　检测单元格的内容是否是单元格引用

| 月 | ▼ | : | × | ✓ | fx | 55000 |

▲	A	B	C	D	E	F
1			大厦商场每月日用品销售额对比表			
2		去年销售额	今年销售额	增长额	与去年对比率	目标比率
3	一月	55000	67500			
4	二月	57500	58400			
5	三月	45680	47000			
6	四月	52000	50500			
7	五月	55450	56700			
8	六月	27850	34200			
9	七月	25687	26785			
10	八月	59420	56780			
11	九月	38700	52170			
12	十月	38750	39850			
13	十一月	42100	52050			
14	十二月	27560	49650			
15		单元格引用				
16		单元格引用				

①将此单元格区域命名为"月"

↓

| C15 | ▼ | : | × | ✓ | fx | =ISREF(月) |

▲	A	B	C	D	E	F
1			大厦商场每月日用品销售额对比表			
2		去年销售额	今年销售额	增长额	与去年对比率	目标比率
3	一月	55000	67500			
4	二月	57500	58400			
5	三月	45680	47000			
6	四月	52000	50500			
7	五月	55450	56700			
8	六月	27850	34200			
9	七月	25687	26785			
10	八月	59420	56780			
11	九月	38700	52170			
12	十月	38750	39850			
13	十一月	42100	52050			
14	十二月	27560	49650			
15		单元格引用	TRUE			
16		单元格引用	FALSE			

②利用公式 =ISREF(月) 进行计算。因为提前设定"月"作为名称被指定，所以返回逻辑值 TRUE

输入公式 =ISREF(CELL("ADDRESS", 月))，由于 CELL 函数中指定"月"的名称，并用文本字符串返回结果，所以返回逻辑值 FALSE

POINT ● 参数值指定未定义的名称，返回 FALSE
如果参数中输入没有定义的名称，则返回 FALSE。

ISFORMULA
检测是否存在包含公式的单元格引用

格式 → **ISFORMULA(引用)**

参数 → 引用

引用是对要测试单元格的引用，该参数为必需选项。 引用可以是单元格引用或引用单元格的公式或名称。

检查是否存在包含公式的单元格引用，如果是，则返回 TRUE；否则返回 FALSE。如果引用不是有效的数据类型，如并非引用的定义名称，则 ISFORMULA 将返回错误值 "#VALUE!"。

EXAMPLE 1　检测单元格的内容是否是包含公式的单元格引用

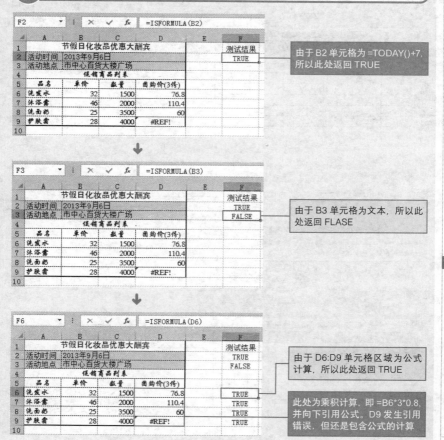

由于 B2 单元格为 =TODAY()+7,
所以此处返回 TRUE

由于 B3 单元格为文本，所以此处返回 FLASE

由于 D6:D9 单元格区域为公式计算，所以此处返回 TRUE

此处为乘积计算，即 =B6*3*0.8,
并向下引用公式。D9 发生引用错误，但还是包含公式的计算

10
信息函数

ISTEXT
检测一个值是否为文本

格式 → ISTEXT(value)

参数 → value

指定用于检测是否为文本的数据。

使用 ISTEXT 函数能检测参数中指定的对象是否为文本。检测对象如果是文本,则返回逻辑值 TRUE,如果不是文本,则返回逻辑值 FALSE。

EXAMPLE 1　检测单元格内容是否为文本

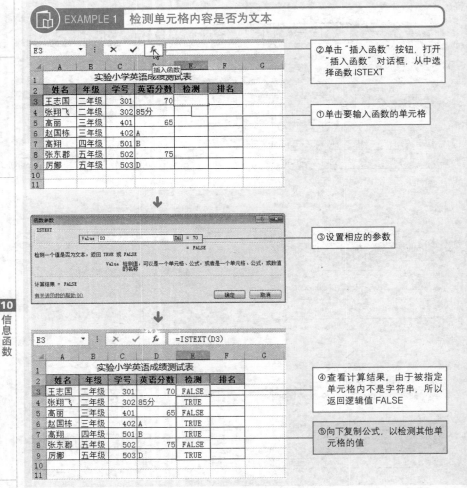

②单击"插入函数"按钮,打开"插入函数"对话框,从中选择函数 ISTEXT

①单击要输入函数的单元格

③设置相应的参数

④查看计算结果。由于被指定单元格内不是字符串,所以返回逻辑值 FALSE

⑤向下复制公式,以检测其他单元格的值

10 信息函数

ISNA

IS函数

检测一个值是否为 #N/A 错误值

格式 → ISNA(value)

参数 → value

　　　用于指定检测是否为 #N/A 错误值的数值。

使用 ISNA 函数能检测参数中指定的对象是否为 #N/A 错误值。检测对象如果是 #N/A 错误时，则返回逻辑值 TRUE。如果不是 #N/A 错误值，则返回逻辑值 FALSE。

EXAMPLE 1　检测单元格的值是否为 #N/A

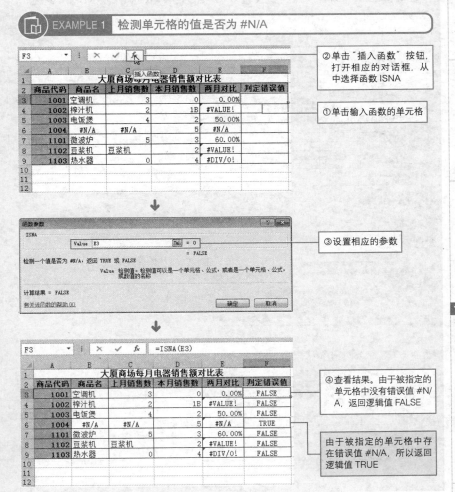

②单击"插入函数"按钮，打开相应的对话框，从中选择函数 ISNA

①单击输入函数的单元格

③设置相应的参数

④查看结果。由于被指定的单元格中没有错误值 #N/A，返回逻辑值 FALSE

由于被指定的单元格中存在错误值 #N/A，所以返回逻辑值 TRUE

ISERR
检测一个值是否为 #N/A 以外的错误值

格式 → ISERR(value)

参数 → value

　　　为需要进行检验的数值。

使用 ISERR 函数能检测参数中指定的对象是否是 #N/A 以外的错误值。检测对象如果是 #N/A 以外的错误值时，返回逻辑值 TRUE。如果不是 #N/A 以外的错误值，则返回逻辑值 FALSE。#N/A 以外的错误值有：#VALUE!、#NAME?、#NUM!、#REF!、#DIV/0 和 #NULL!。

EXAMPLE 1　检测被指定的单元格是否有 #N/A 以外的错误值

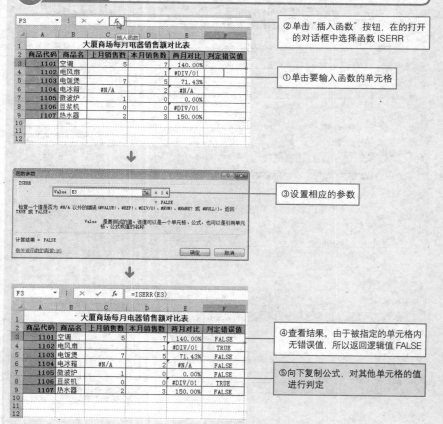

②单击"插入函数"按钮，在的打开的对话框中选择函数 ISERR

①单击要输入函数的单元格

③设置相应的参数

④查看结果。由于被指定的单元格内无错误值，所以返回逻辑值 FALSE

⑤向下复制公式，对其他单元格的值进行判定

10
信息函数

ISERROR
检测一个值是否为错误值

IS函数

> 格式 → ISERROR(value)
> 参数 → value
>   指定用于检测是否为错误值的数据。

使用 ISERROR 函数能检测参数是否为错误值。检测对象如果为错误值时，返回逻辑值 TRUE，如果不是错误值，则返回逻辑值 FALSE。错误值有 7 种分别是：#N/A、#VALUE!、#NAME?、#NUM!、#REF!、#DIV/0 和 #NULL!。

EXAMPLE 1 　检测指定的单元格是否有错误值

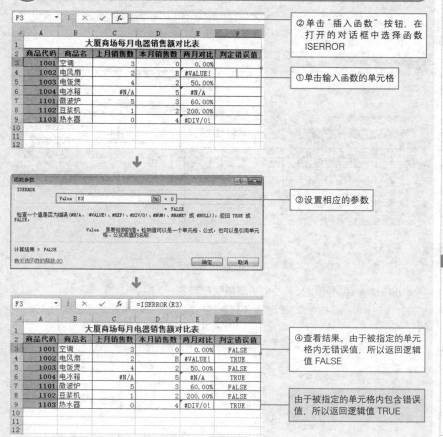

②单击"插入函数"按钮，在打开的对话框中选择函数 ISERROR

①单击输入函数的单元格

③设置相应的参数

④查看结果。由于被指定的单元格内无错误值，所以返回逻辑值 FALSE

由于被指定的单元格内包含错误值，所以返回逻辑值 TRUE

10
信息函数

N

将参数中指定的不是数值形式的值转换为数值形式

格式 → N(value)

参数 → value

指定转换为数值的值。

▼ N 函数的返回值

数据类型	返回值
数字	数字
日期	该日期的序列号
逻辑值 TRUE	1
逻辑值 FALSE	0
错误值	错误值
文本	0

EXAMPLE 1 将指定的单元格内容转换为数值

	F3	▼	:	×	✓	fx	=N(E3)	

▲	A	B	C	D	E	F	G
1			珍珠奶茶销售表				
2	本店	日期	商品名称	单价	数量	修正数量	金额
3	海豚湾	2010/5/5	香飘飘奶茶	10	15	15	150
4	海豚湾	2010/5/7	优乐美奶茶	9	20包	0	180
5	海豚湾	2010/5/10	混合奶茶	8	18	18	144
6	海豚湾	2010/7/8	奶昔	8	10杯	0	80
7	海豚湾	2010/9/20	香飘飘奶茶	10	7	7	70
8	海豚湾	2010/12/3	混合奶茶	8	25	25	200
9	海豚湾	2011/2/15	咖啡奶茶	5	15袋	0	75
10	海豚湾	2011/4/30	草莓奶茶	7	30	30	210
11	海豚湾	2011/7/13	蓝莓奶茶	7	17	17	119
12							
13							
14							
15							

使用 =N(E3) 公式计算，返回转换后的数值

由于 E9 单元格中的数据为文本型，所以返回值为 0

✍ POINT ● N 函数可以与其他电子表格程序兼容

当在其他电子表格程序中输入的数据不能正确转换为数值时，如果还按原样制作公式，则返回错误值 "#VALUE!"。此时，可以使用 N 函数将它转换为数值，这样就避免了错误值的产生。N 函数是为了确保和其他电子表格程序兼容而准备的函数。

SECTION

11

工程函数

工程函数

工程函数是用于计算机、工学、物理等专业领域的函数。比如用于处理贝塞尔函数、误差函数以及进行复数等各种计算。一般情况下，进行换算单位的函数、比较数值的函数也被划分到工程函数中。下面将对工程函数的分类、用途以及关键点进行介绍。

→ 函数分类

1. 数据的比较

检测两个数值是否相等，使用 DELTA 函数。检测数值与阀值的大小，使用 GESTEP 函数。利用 IF 函数也会得到与这些函数相同的结果。但是 DELTA 函数、GESTEP 函数不用指定比较运算符，而是直接指定数值即可，所以用起来比较简单。

DELTA	判定两个数值是否相等
GESTEP	测试某数值是否比阀值大

2. 数据的换算

使用 CONVERT 函数，可以进行数值单位的换算。例如将单位"克"换算为"英磅"，将"米"换算为"英尺"等。另外，还有不同进制数之间的换算函数，如下表所示。

CONVERT	换算数值的单位
DEC2BIN	将十进制数换算为二进制数
DEC2OCT	将十进制数换算为八进制数
DEC2HEX	将十进制数换算为十六进制数
BIN2OCT	将二进制数换算为八进制数
BIN2DEC	将二进制数换算为十进制数
BIN2HEX	将二进制数换算为十六进制数
HEX2BIN	将十六进制数换算为二进制数
HEX2OCT	将十六进制数换算为八进制数
HEX2DEC	将十六进制数换算为十进制数
OCT2BIN	将八进制数换算为二进制数
OCT2DEC	将八进制数换算为十进制数
OCT2HEX	将八进制数换算为十六进制数

3. 数据的计算

在数学与三角函数中可以进行加减乘除或三角函数的计算，其实工程函数也包含能够计算复数的加减乘除或三角函数。而且，在物理学或统计学等领域中，还设置有求贝塞尔函数或误差函数之类的特殊函数。

以下函数是用于复数的情况。

COMPLEX	将实部 x 和虚部 y 组合成复数 x+yi
IMREAL	提取复数中的实部 x
IMAGINARY	提取复数中的虚部 y
IMCONJUGATE	求复数的共轭复数
IMABS	求复数的绝对值
IMARGUMENT	求复数的以弧度表示的角
IMSUM	求复数的和
IMSUB	求复数的差
IMPRODUCT	求复数的积
IMDIV	求复数的商
IMSQRT	求复数的平方根
IMEXP	求复数的指数值
IMPOWER	求复数的乘幂
IMSIN	求复数的正弦值
IMCOS	求复数的余弦值
IMLN	求复数的自然对数值
IMLOG10	求复数的常用对数值
IMLOG2	求以 2 为底的复数的对数值

以下函数用于物理现象的分析。

BESSELJ	求 Bessel 函数值
BESSELY	求 n 阶第二种 Bessel 函数值
BESSELI	求 n 阶第一种修正 Bessel 函数值
BESSELK	求 n 阶第二种修正 Bessel 函数值

以下函数用于统计学领域。

ERF	求误差函数在上下限之间的积分
ERFC	求余误差函数

以下函数用于求双倍阶乘。

FACTDOUBLE	求数值的双倍阶乘

以下函数用于执行数据的异或分析。

BITAND	返回两个数的按位 "与"
BITOR	返回两个数的按位 "或"
BITXOR	返回两个数的按位 "异或"

→ 关键点

工程函数在使用中其关键点有基数、基数转换、复数、实系数和虚系数。

	A	B	C	D
1		基数	数值	基数表达
2	二进制	2	10011010	$1 \times 2^7 + 1 \times 2^4 + 1 \times 2^3 + 1 \times 2^1$
3	八进制	8	232	$2 \times 8^2 + 3 \times 8^1 + 2 \times 8^0$
4	十进制	10	154	$1 \times 10^2 + 5 \times 10^1 + 4 \times 10^0$
5	十六进制	16	9A	$9 \times 16^1 + 16 \times 16^0$
6				
7	复数		1+2i	1-2i
8	实部		1	1
9	虚部		2	-2

各进制数间的基数转换

复数是由实系数与虚系数构成的

DELTA

测试两个数值是否相等

数据的
比较

格式 → DELTA(number1, number2)

参数 → number1

指定数值或数值所在的单元格。

number2

指定和 number1 比较的数值，或数值所在的单元格。number 不能省略，如果省略，则假定为 0，并测试 number1=0 是否成立。当 number1、number2 为非数值型时，函数 DELTA 将返回错误值"#VALUE!"。显示错误值时，可以重新输入数据。

使用 DELTA 函数，只能对指定的两个参数进行测试，判定它们是否相等。如果判定结果相等，则返回 1，如果不相等，则返回 0。不用 DELTA 函数，而使用 IF 函数，也能得到相同的结果。但是，IF 函数必须设定各种判定条件和判定结果。因此，当测试两个数值是否相等时，使用 DELTA 函数比较简单。如果是比较数值和阀值的大小，参照 GESTEP 函数，如果是比较字符串，参照 EXCAT 函数。

EXAMPLE 1 比较两个数值

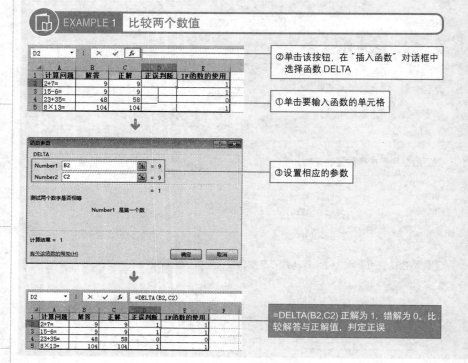

②单击该按钮，在"插入函数"对话框中选择函数 DELTA

①单击要输入函数的单元格

③设置相应的参数

=DELTA(B2,C2) 正解为 1，错解为 0。比较解答与正解值，判定正误

GESTEP
测试某数值是否比阀值大

格式 → **GESTEP(number, step)**
参数 → number
指定和 step 比较的数值或数值所在的单元格。
step
为阀值，即是将结果一分为二的界定值。因此，分开指定判定结果为 1 和
结果为 0 的基准数值，或输入数值的单元格。如果省略 step，则假定其为 0，
并判定 number ≥ 0 是否成立。如果参数为非数值，则函数 GESTEP 返回
错误值 "#VALUE!"。显示错误值时，需重新输入数据。

使用 GESTEP 函数，只能指定数值和作为基准值的阀值来判定数值是否比阀值大。如
果 number>step，则返回 1，小于阀值，则返回 0。不用 GESTEP 函数，使用 IF 函数也
能得到相同的结果，但是 IF 函数必须设定各种判定条件和判定结果。

EXAMPLE 1 比较数值和基准值

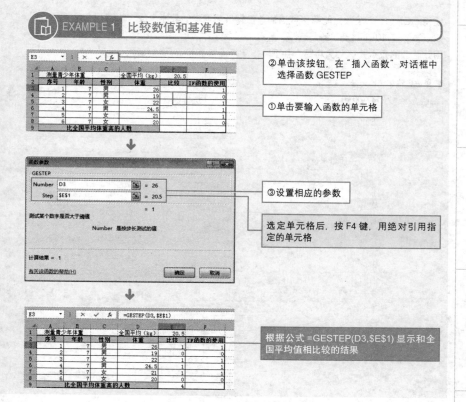

②单击该按钮，在"插入函数"对话框中
选择函数 GESTEP

①单击要输入函数的单元格

③设置相应的参数

选定单元格后，按 F4 键，用绝对引用指
定的单元格

根据公式 =GESTEP(D3,$E$1) 显示和全
国平均值相比较的结果

CONVERT
换算数值的单位

格式 → **CONVERT**(number, from_unit, to_unit)

参数 → number

以 from_units 为单位，需要进行转换的数值或数值所在的单元格。

from_unit

数值 number 的单位，指定显示在表中的单位符号，并区分大小写。例如，厘米是开头字母 c 和距离的 m 组合而成的 cm，而千瓦按此方式指定为 KW。

to_unit

为结果的单位。换算后的单位指定方法和换算前的单位指定方法相同，且单位种类必须相同。例如，如果换算前单位是距离，则换算后的单位也用距离。不能指定不同种类的单位，如换算前的单位是距离，而换算后的单位是能量等。

使用 CONVERT 函数，能够将数值的单位转换为同类的其他单位。能够相互换算的单位如下表，有 10 个种类 49 个单位，甚至还设置了作为前缀的 16 种类型的辅助单位。使用此函数的重点是区分大小写，并正确指定换算前和换算后的单位。

▼ 单位名称和单位记号

种类	单位名称	单位记号
重量	克	g
	斯勒格	sg
	英磅	lbm
	U（原子质量单位）	u
	盎司	ozm
长度	米	m
	英里	mi
	海里	Nmi
	英寸	in
	英尺	ft
	码	yd
	埃	ang
	皮卡（1/72 英寸）	Pica
时间	年	yr
	日	day
	时	hr
	分	mn
	秒	sec

种类	单位名称	单位记号
压强	帕斯卡	Pa
	大气压	atm
	毫米汞柱	mmHg
物理力	牛顿	N
	达因	dyn
	英磅力	lbf
	焦耳	J
	尔格	e
	卡（物理化学热量）	c
	卡（生理学代谢热量）	cal
	电子伏	eV
	马力－小时	HPh
	瓦特－小时	Wh
	英尺磅	flb
	BTU（英国热量单位）	BTU
输出力	马力	HP
	瓦特	W
磁	泰斯拉	T
	高斯	ga
温度	摄氏	C
	华氏	F
	开尔文度	K
容积	茶匙容积	tsp
	大汤匙容量	tbs
	液量盎司	oz
	茶杯容积	cup
	U.S. 品脱	pt
	U.K. 品脱	uk_pt
	夸脱	qt
	加仑	gal
	公升	L

▼ 前缀和单位记号

前缀	名称	阶乘	单位记号
exa	艾可萨	10^{18}	E
peta	拍它	10^{15}	P
tera	兆兆	10^{12}	T
giga	十亿	10^{9}	G
mega	百万	10^{6}	M
kilo	千	10^{3}	k
hecto	百	10^{2}	h
deka	十进	10^{1}	e
deci	十分之一	10^{-1}	d

11

工程函数

(续表)

前缀	名称	阶乘	单位记号
centi	百分之一	10^{-2}	c
milli	毫米	10^{-3}	m
micro	百万分之一	10^{-6}	u
nano	毫微	10^{-9}	n
piko	微微法	10^{-12}	p
femto	毫微微	10^{-15}	f
atto	百亿亿分之一	10^{-18}	a

EXAMPLE 1　换算数值的单位

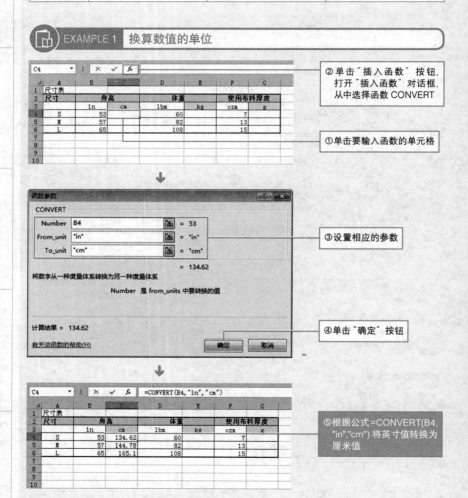

②单击"插入函数"按钮，打开"插入函数"对话框，从中选择函数 CONVERT

①单击要输入函数的单元格

③设置相应的参数

④单击"确定"按钮

⑤根据公式 =CONVERT(B4, "in","cm") 将英寸值转换为厘米值

DEC2BIN
将十进制数转换为二进制数

格式 → **DEC2BIN**(number, places)

参数 → number

待转换的十进制数。如果参数 number 是负数，则省略 places。函数 DEC2BIN 返回 10 位二进制数，最高位为符号位，其余 9 位是数字位。负数用二进制数的补码表示。number 的取值范围是 -512~511。如果参数 number 为非数值型，函数 DEC2BIN 返回错误值"#VALUE!"。

places

指定 1~10 之间的换算后的位数。如果省略 places，函数 DEC2BIN 用能表示此数的最少字符来表示。如果指定的位数比换算后的位数多时，则在返回的数值前置零。如果 places 不是整数，将截尾取整。

通常情况下使用 0~9 的数字表示数值。例如，分解 128 的每个位数，则变成 $128 = 10^2 \times 1 + 10^1 \times 2 + 10^0 \times 8$，重复 10^{n-1}（n=1，2，3……）补足公式完成。重复的基础数字为 10，称为基数。把 10 作为基数的数值称为十进制数。同样地，其他进制也是如此，二进制数的基数是 2，八进制数的基数是 8，十六进制数的基数是 16。

二进制数使用 0 和 1 表示数值，八进制数使用 0~7 的数字表示数值。在 0~9 以外，十六进制数还能用一位罗马字母 A~F 表示 10~15。因为能用二进制数的三位表示 0~7，所以八进制数的一位和每三位汇总成的二进制数相等。同样地，用二进制数的四位表示 0~15，所以十六进制数的一位和每四位汇总成的二进制数相等。

▼ 将十进制数转换成二进制数

基数	2^9	2^8	2^7	2^6	2^5	2^4	2^3	2^2	2^1	2^0
	512	256	128	64	32	16	8	4	2	1
二进制	0	0	1	0	0	0	0	0	0	0

▼ 将十进制数转换成八进制数

基数	8^3		8^2			8^1			8^0	
二进制	0	0	1	0	0	0	0	0	0	0
八进制	0		2			0			0	

▼ 将十进制数转换成十六进制数

基数	16^2			16^1			16^0			
二进制	0	0	1	0	0	0	0	0	0	0
十六进制	0			8			0			

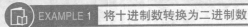

EXAMPLE 1　将十进制数转换为二进制数

使用 DEC2BIN 函数，将输入到单元格内的十进制数换算为二进制。换算后的二进制数作为文本处理，不能作为二进制数进行计算。

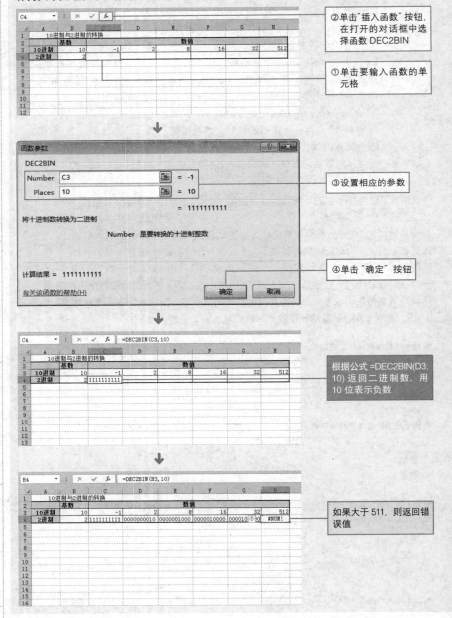

②单击"插入函数"按钮，在打开的对话框中选择函数 DEC2BIN

①单击要输入函数的单元格

③设置相应的参数

④单击"确定"按钮

根据公式 =DEC2BIN(D3, 10) 返回二进制数，用 10 位表示负数

如果大于 511，则返回错误值

DEC2OCT
将十进制数换算为八进制数

格式 → **DEC2OCT**(number, places)

参数 → number

待转换的十进制数。如果参数 number 是负数，则省略参数 places。函数 DEC2OCT 返回 10 位八进制数（30 位二进制数），最高位为符号位，其余 29 位是数字位。负数用二进制数的补码表示。如果参数 number< -536,870,912 或者 number>535,870,911，函数 DEC2OCT 将返回错误值 "#NUM!"。如果参数 number 为非数值型，函数返回错误值 "#VALUE!"。

places

指定 1~10 之间的换算后的位数。如果省略 places，函数 DEC2OCT 用能表示此数的最少字符来表示。如果指定的位数比换算后的位数多时，则在返回的数值前置零。如果 places 不是整数，将截尾取整。

EXAMPLE 1 将十进制数换算为八进制数

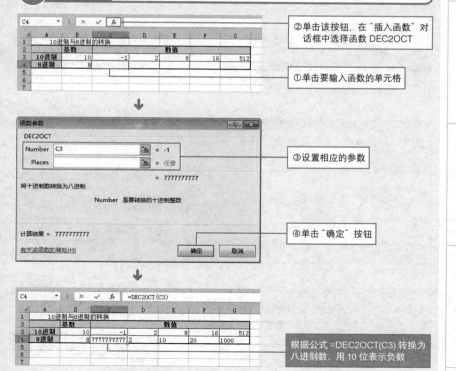

②单击该按钮，在"插入函数"对话框中选择函数 DEC2OCT

①单击要输入函数的单元格

③设置相应的参数

④单击"确定"按钮

根据公式 =DEC2OCT(C3) 转换为八进制数，用 10 位表示负数

DEC2HEX
将十进制数换算为十六进制数

数据的
换算

格式 → **DEC2HEX**(number, places)

参数 → number

待转换的十进制数。如果参数 number 是负数，则省略 places。函数 DEC2HEX 返回 10 位十六进制数（40 位二进制数），最高位为符号位，其余 39 位是数字位。负数用二进制数的补码表示。如果 number<-549, 755, 813, 888 或者 number>549, 755, 813, 887，则函数 DEC2HEX 返回错误值 "#NUM!"。

places

指定 1~10 之间的换算后的位数。如果省略 places，函数 DEC2HEX 用能表示此数的最少字符来表示。如果指定的位数比换算后的位数多时，则在返回的数值前置零。如果 places 不是整数，将截尾取整。

EXAMPLE 1 | 将十进制数换算为十六进制数

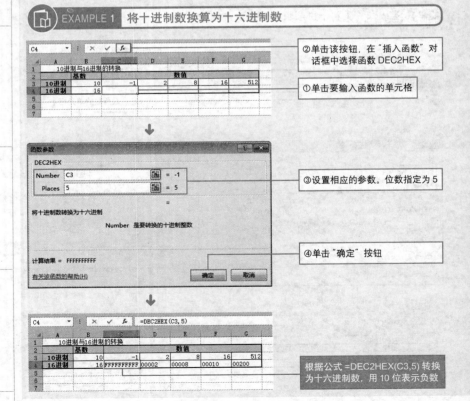

②单击该按钮，在"插入函数"对话框中选择函数 DEC2HEX

①单击要输入函数的单元格

③设置相应的参数。位数指定为 5

④单击"确定"按钮

根据公式 =DEC2HEX(C3,5) 转换为十六进制数，用 10 位表示负数

BIN2OCT
将二进制数换算为八进制数

数据的
换算

11
工程函数

格式 → **BIN2OCT(number, places)**

参数 → number

待转换的二进制数。number 的位数不能多于 10 位（二进制位），最高位为符号位，后 9 位为数字位。负数用二进制数的补码表示。number 的取值范围是 -512~511。如果参数 number 为非数值型，函数返回错误值"#VALUE!"。

places

指定 1~10 之间的换算后的位数。如果省略 places，函数 BIN2OCT 用能表示此数的最少字符来表示。如果指定的位数比换算后的位数多时，则在返回的数值前置零。如果 places 不是整数，将截尾取整。

EXAMPLE 1　将二进制数换算为八进制数

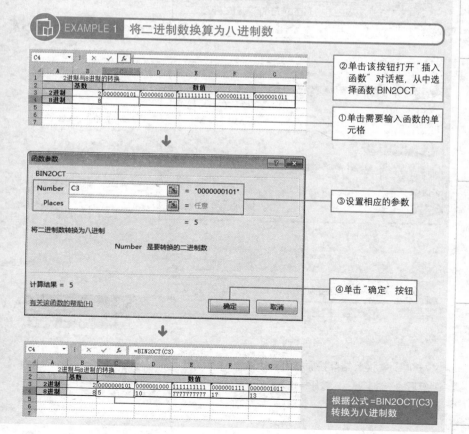

②单击该按钮打开"插入函数"对话框，从中选择函数 BIN2OCT

①单击需要输入函数的单元格

③设置相应的参数

④单击"确定"按钮

根据公式 =BIN2OCT(C3) 转换为八进制数

BIN2DEC
将二进制数换算为十进制数

数据的
换算

格式 → **BIN2DEC(number)**

参数 → number

待转换的二进制数。number 的位数不能多于 10 位（二进制位），最高位为
符号位，后 9 位为数字位。负数用二进制数补码表示。如果数字为非法二
进制数或位数多于 10 位（二进制位），BIN2DEC 返回错误值"#NUM!"。

EXAMPLE 1 将二进制数换算为十进制数

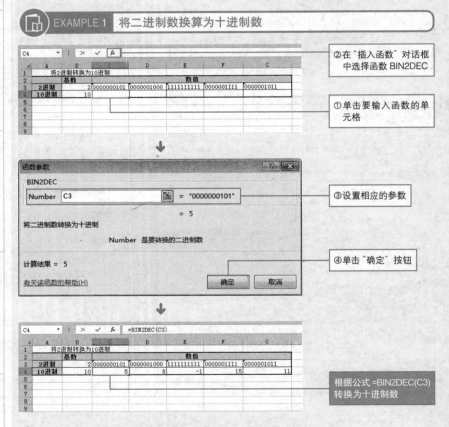

②在"插入函数"对话框
中选择函数 BIN2DEC

①单击要输入函数的单
元格

③设置相应的参数

④单击"确定"按钮

根据公式 =BIN2DEC(C3)
转换为十进制数

POINT ● 换算结果按原样用于计算

换算后的十进制数可以按原样作为数值计算。

BIN2HEX

将二进制数转换为十六进制数

格式 → **BIN2HEX**(number, places)

参数 → number

待转换的二进制数。number 的位数不能多于 10 位 (二进制位)，最高位
为符号位，后 9 位为数字位。负数用二进制数的补码表示。

places

指定 1~10 之间的换算后的位数。如果省略 places，函数用能表示此数
的最少字符来表示。如果指定的位数比换算后的位数多时，则在返回的
数值前置零。如果 places 不是整数，将截尾取整。

BIN2HEX 是将二进制数指定的整数转换为十六进制数。指定正数时，每四位分隔为一
位二进制值，可用 0~9 及 A~F 表示十六进制数中的一位。

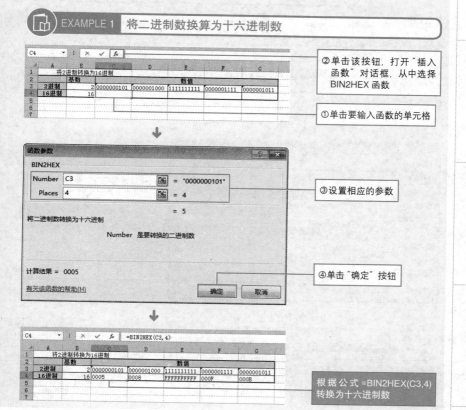

EXAMPLE 1　将二进制数换算为十六进制数

②单击该按钮，打开"插入
函数"对话框，从中选择
BIN2HEX 函数

①单击要输入函数的单元格

③设置相应的参数

④单击"确定"按钮

根据公式 =BIN2HEX(C3,4)
转换为十六进制数

HEX2BIN

将十六进制数转换为二进制数

数据的
换算

格式 → **HEX2BIN**(number, places)

参数 → number

待转换的十六进制数。参数的位数不能多于 10 位，最高位为符号位（从右算起第 40 个二进制位），其余 39 位是数字位。负数用二进制数的补码表示。如果参数 number 为负数，不能小于 FFFFFFFE00；如果参数 number 为正数，不能大于 1FF。

places

指定 1~10 之间的换算后的位数。如果省略 places，函数 HEX2BIN 用能表示此数的最少字符来表示。如果指定的位数比换算后的位数多时，则在返回的数值前置零。如果 places 不是整数，将截尾取整。

EXAMPLE 1　将十六进制数换算为二进制数

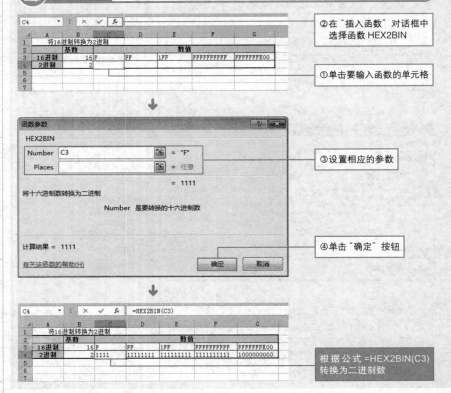

②在"插入函数"对话框中选择函数 HEX2BIN

①单击要输入函数的单元格

③设置相应的参数

④单击"确定"按钮

根据公式 =HEX2BIN(C3) 转换为二进制数

HEX2OCT
将十六进制数转换为八进制数

格式 → **HEX2OCT**(number, places)

参数 → number

待转换的十六进制数。参数 number 的位数不能多于 10 位，最高位（二进制位）为符号位，其余 39 位（二进制位）是数字位。负数用二进制数的补码表示。如果参数 number 为负数，不能小于 FFE0000000；如果参数 number 为正数，不能大于 1FFFFFFF。

places

指定 1~10 之间的换算后的位数。如果省略 places，函数 HEX2OCT 用能表示此数的最少字符来表示。如果指定的位数比换算后的位数多时，则在返回的数值前置零。如果 places 不是整数，将截尾取整。

EXAMPLE 1 将十六进制数换算为八进制数

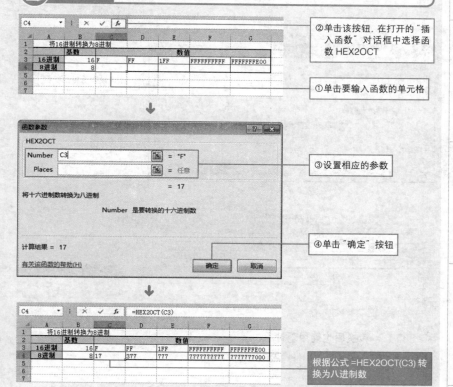

②单击该按钮，在打开的"插入函数"对话框中选择函数 HEX2OCT

①单击要输入函数的单元格

③设置相应的参数

④单击"确定"按钮

根据公式 =HEX2OCT(C3) 转换为八进制数

HEX2DEC

将十六进制数转换为十进制数

数据的
换算

格式 → HEX2DEC(number)

参数 → number

待转换的十六进制数。参数 number 的位数不能多于 10 位（40 位二进制），
最高位为符号位，其余 39 位是数字位。负数用二进制数的补码表示。

EXAMPLE 1 将十六进制数换算为八进制数

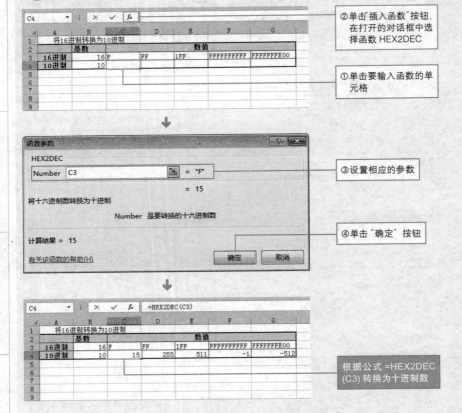

②单击"插入函数"按钮，
在打开的对话框中选
择函数 HEX2DEC

①单击要输入函数的单
元格

③设置相应的参数

④单击"确定"按钮

根据公式 =HEX2DEC
(C3) 转换为十进制数

POINT ● 转换后也能用于计算

转换后的十进制数可以按原样作为数值用于计算。

OCT2BIN

将八进制数转换为二进制数

数据的
换算

格式 → **OCT2BIN**(number, places)

参数 → number

待转换的八进制数。参数 number 不能多于 10 位。数字的最高位（二进
制位）是符号位，其他 29 位是数据位。负数用二进制数的补码表示。

places

指定 1~10 之间的换算后的位数。如果省略 places，函数 OCT2BIN 用能
表示此数的最少字符来表示。如果指定的位数比换算后的位数多时，则
在返回的数值前置零。如果 places 不是整数，将截尾取整。

EXAMPLE 1 将八进制数换算为二进制数

②单击该按钮，在打开的"插
入函数"对话框中选择函数
OCT2BIN

①单击要输入函数的单元格

③设置相应的参数

④单击"确定"按钮

根据公式 =OCT2BIN(C3,10) 转
换为二进制数

☞ POINT ● 转换后的取值范围要符合各进制数的取值范围

进制数转换前和转换后的进制范围要一致。

OCT2DEC
将八进制数转换为十进制数

格式 → **OCT2DEC**(number)

参数 → number
待转换的八进制数。参数 number 的位数不能多于 10 位（30 个二进制位）。
数字的最高位（二进制位）是符号位，其他 29 位是数据位，负数用二进制数的补码表示。

EXAMPLE 1 将八进制数换算为十进制数

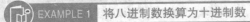

②单击该按钮，在打开的"插入函数"对话框中选择函数 OCT2DEC

①单击要输入函数的单元格

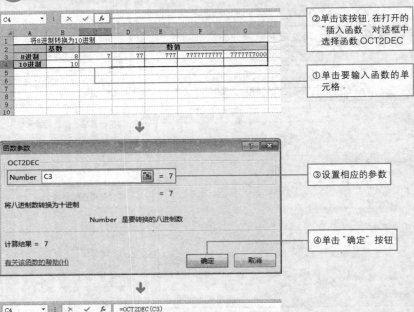

③设置相应的参数

④单击"确定"按钮

根据公式 =OCT2DEC(C3) 转换为十进制数

POINT ● 转换后也可用于计算

转换后的十进制数同样可以按原样作为数值用于计算。

OCT2HEX
将八进制数转换为十六进制数

格式 → **OCT2HEX**(number, places)
参数 → number

待转换的八进制数。参数number的位数不能多于10位（30个二进制位）。
数字的最高位（二进制位）是符号位，其他29位是数据位，负数用二进制
数的补码表示。

places

指定1~10之间的换算后的位数。如果省略places，函数OCT2HEX用能表
示此数的最少字符来表示。如果指定的位数比换算后的位数多时，则在返
回的数值前置零。如果places不是整数，将截尾取整。

EXAMPLE 1 将八进制数换算为十六进制数

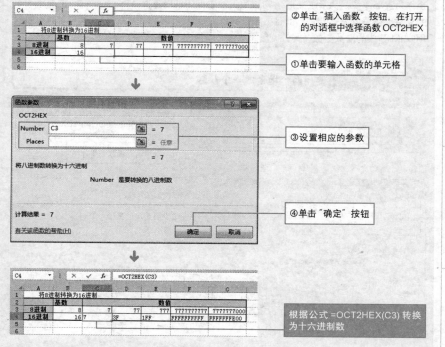

②单击"插入函数"按钮，在打开
的对话框中选择函数 OCT2HEX

①单击要输入函数的单元格

③设置相应的参数

④单击"确定"按钮

根据公式 =OCT2HEX(C3) 转换
为十六进制数

POINT ● 转换后的取值范围要符合各进制数的取值范围

进制数转换前和转换后的进制范围要一致。

COMPLEX

将实部和虚部合成为一个复数

数据的
计算

格式 → COMPLEX(real_num, i_num, suffix)

参数 → real_num

用数值或数值所在的单元格指定复数的实部。

i_num

用数值或数值所在的单元格指定复数的虚部。但是，此处所说的虚部是指虚部单位为"i"或"j"的系数。但参数的实部没有如虚部单位的"i"或"j"相应的实部单位。因此，为了和参数实部的表述相统一，把虚部系数作为虚部表示。

suffix

复数中虚部的后缀，如果省略，则认为它为i。若为文本字符串则加双引号。

按照实部 x 和虚部 y 合成 x+yi 的复数。i 称为虚部单位，除 i 外，虚部单位也可使用 j。j 也作为虚部单位是为了避免混淆物理或工科领域内的电流 i。使用此函数的重点是得到的复数必须是文本字符串，而且不能将得到的结果作为公式使用。计算复数时，必须使用以 IM 开头的复数函数。另外，虚部单位必须用小写字母指定。

EXAMPLE 1　使用两个值合成一个复数

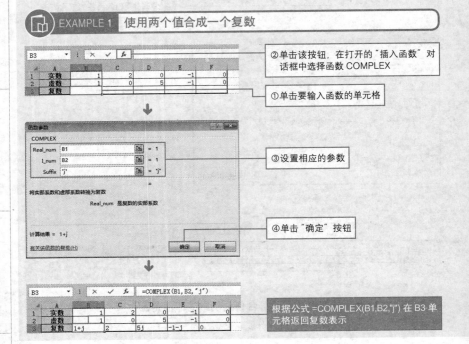

②单击该按钮，在打开的"插入函数"对话框中选择函数 COMPLEX

①单击要输入函数的单元格

③设置相应的参数

④单击"确定"按钮

根据公式 =COMPLEX(B1,B2,"j") 在 B3 单元格返回复数表示

工
程
函
数

IMREAL
返回实数的实部

数据的
计算

格式 → **IMREAL**(inumber)

参数 → inumber

指定用 x+yi 形式表述的文本字符串或文本字符串所在的单元格。虚部单位除使用 i 外，还可使用 j。所谓文本字符串是将 x 和 y 作为数字，并按"实部 + 虚部"的顺序指定。如果交换顺序输入 i+1 时，则返回错误值"#NUM!"。另外，实部不能输入非文本数值。虚部可以输入 3i 或 3j，但没必要输入 0+3i 或 0+3j。

使用 IMREAL 函数从 x+yi 文本字符串构成的复数中提取实部。所得结果为不是文本字符串的数值。

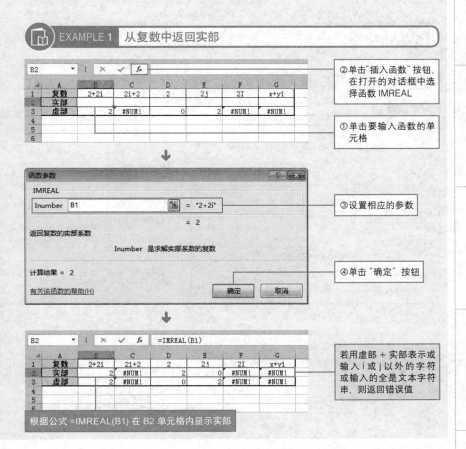

EXAMPLE 1　从复数中返回实部

②单击"插入函数"按钮，在打开的对话框中选择函数 IMREAL

①单击要输入函数的单元格

③设置相应的参数

④单击"确定"按钮

若用虚部 + 实部表示或输入 i 或 j 以外的字符或输入的全是文本字符串，则返回错误值

根据公式 =IMREAL(B1) 在 B2 单元格内显示实部

SECTION 11 ● 工程函数 ● 数据的计算 ○ 591

IMAGINARY
返回实数的虚部

格式 → **IMAGINARY(inumber)**

参数 → inumber

指定用 x+yi 形式表述的文本字符串或文本字符串所在的单元格。虚部单位除使用 i 外，还可使用 j。所谓文本字符串是将 x 和 y 作为数字，并按"实部 + 虚部"的顺序指定。如果交换顺序输入 i+1，则返回错误值"#NUM!"。另外，实部不能输入非文本数值。虚部可以输入 3i 或 3j，但没必要输入 0+3i 或 0+3j。

使用 IMAGINARY 函数从 x+yi 文本字符串构成的复数中提取虚部。所得结果为不是文本字符串的数值。

EXAMPLE 1 从复数中返回虚部

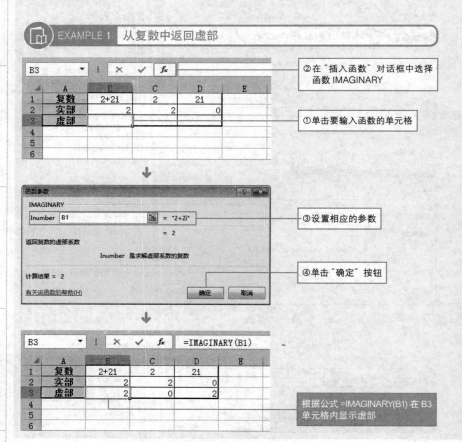

②在"插入函数"对话框中选择函数 IMAGINARY

①单击要输入函数的单元格

③设置相应的参数

④单击"确定"按钮

根据公式 =IMAGINARY(B1) 在 B3 单元格内显示虚部

IMCONJUGATE
返回复数的共轭复数

格式 → **IMCONJUGATE**(inumber)

参数 → inumber

指定用 x+yi 形式表述的文本字符串或文本字符串所在的单元格。虚部单位除使用 i 外，还可使用 j。所谓文本字符串是将 x 和 y 作为数字，并按 "实部 + 虚部" 的顺序指定。如果交换顺序输入 i+1，则返回错误值 "#NUM!"。另外，实部不能输入非文本数值。虚部可以输入 3i 或 3j，但没必要输入 0+3i 或 0+3j。

使用 IMCONJUGATE 函数从 x+yi 格式的文本字符串构成的复数中返回共轭复数 x-yi。所得结果为文本字符串。x+yi 和 x-yi 互为共轭关系，在实轴和虚轴的复数平面图中，表为以实轴为对称轴的镜像关系。

EXAMPLE 1　求复数的共轭复数

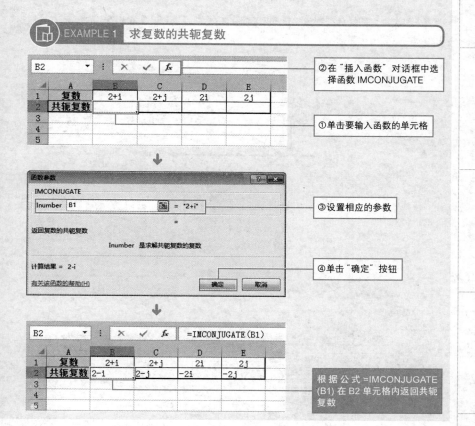

②在 "插入函数" 对话框中选择函数 IMCONJUGATE

①单击要输入函数的单元格

③设置相应的参数

④单击 "确定" 按钮

根据公式 =IMCONJUGATE(B1) 在 B2 单元格内返回共轭复数

IMABS

返回复数的绝对值

格式 → IMABS(inumber)

参数 → inumber

指定用 x+yi 形式表述的文本字符串或文本字符串所在的单元格。虚部单位除使用 i 外，还可使用 j。所谓文本字符串是将 x 和 y 作为数字，并按"实部 + 虚部"的顺序指定。如果交换顺序输入 i+1，则返回错误值"#NUM!"。另外，实部不能输入非文本数值。虚部可以输入 3i 或 3j，但没必要输入 0+3i 或 0+3j。

复数 x+yi 是作为实轴和虚轴的复数平面上的座标 z (x,y) 考虑的。从原点到坐标 z (x,y) 的距离为复数的绝对值。IMABS 函数是求距离 r。

$$IMABS(z) = r = \sqrt{x^2 + y^2}$$

距离 r 和实轴之间的角度称为偏角。用下面的公式求距离 r 和偏角上的点的坐标 z(x,y)，此公式为复数的极坐标。

$$x \pm yi = r(cos\theta \pm isin\theta)$$

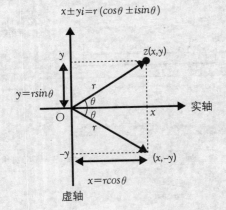

EXAMPLE 1 求复数的绝对值

	A	B	C	D	E
1		共轭复数		实部	虚部
2	复数	1+i	1-i	3	41
3	绝对值	1.414213562	1.414213562	3	4
4	偏角弧度	0.785398163	-0.785398163	0	1.570796327
5	偏角角度	45	-45	0	90

B3 | fx =IMABS(B2)

根据公式 =IMABS(B2) 在 B3 单元格内返回复数绝对值

IMARGUMENT
返回以弧度表示的角

格式 → **IMARGUMENT**(inumber)

参数 → inumber

指定用 x+yi 形式表述的文本字符串或文本字符串所在的单元格。虚部单位除使用 i 外，还可使用 j。所谓文本字符串是将 x 和 y 作为数字，并按"实部 + 虚部"的顺序指定。如果交换顺序输入 i+1，则返回错误值 #NUM!。另外，实部不能输入非文本数值。虚部可以输入 3i 或 3j，但没必要输入 0+3i 或 0+3j。

使用 IMARGUMENT 函数，求用极坐标格式 r（cosθ+sinθ）表示复数 x+yi 的偏角。结果用弧度单位表示。偏角和实部 x、虚部 y 的关系如下。

$$IMARGUMENT(z) = \theta = tan^{-1}\frac{y}{x}$$

EXAMPLE 1　求复数的偏角

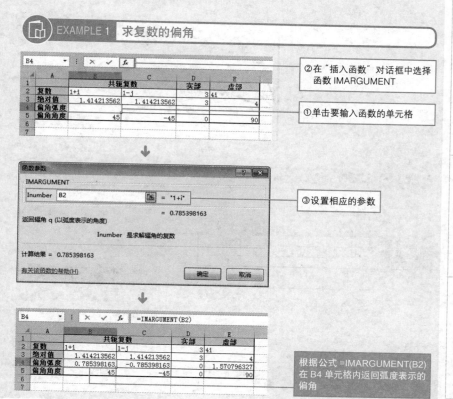

IMSUM

求复数的和

格式 → **IMSUM**(inumber1, inumber2, ...)

参数 → inumber1, inumber2, ...

指定用 x+yi 形式表述的文本字符串或文本字符串所在的单元格。虚部
单位除使用 i 外，还可使用 j。所谓文本字符串是将 x 和 y 作为数字，并
按"实部 + 虚部"的顺序指定。如果交换顺序输入 i+1，则返回错误值
"#NUM!"。另外实部不能输入非文本数值。虚部可以输入 3i 或 3j，但
没必要输入 0+3i 或 0+3j。

使用 IMSUM 函数，可以求用 x+yi 表示的多个复数的和。复数参数最多能指定到 29 个，
计算结果为实部总和 + 虚部总和。如果用极坐标格式计算复数之和，则得到各坐标向量
之和。

$$IMSUM(z_1, z_2) = (x_1 + x_2) + (y_1 + y_2)i$$

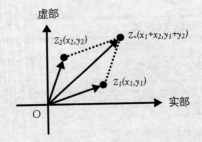

虚部

$Z_2(x_2, y_2)$

$Z_+(x_1+x_2, y_1+y_2)$

$Z_1(x_1, y_1)$

实部

O

📘 EXAMPLE 1   求复数之和

B3	▼	:	✕ ✓ f_x	=IMSUM(B1,B2)	
▲	A	B	C	D	E	F
1	复数1	3+4i	3+4i	3+4i	3+4i	
2	复数2	3-4i	-3+4i	-3-4i	3+4i	
3	复数之和	6	8i	0	6+8i	
4						
5						
6						
7						
8						
9						
10						

根据公式 =IMSUM(B1,B2) 在
B3 单元格内返回复数之和

IMSUB
返回两复数之差

格式 → IMSUB(inumber1, inumber2, ...)

参数 → inumber1, inumber2, ...

指定用 x+yi 形式表述的文本字符串或文本字符串所在的单元格。虚部单位除使用 i 外，还可使用 j。所谓文本字符串是将 x 和 y 作为数字，并按 "实部 + 虚部" 的顺序指定。如果交换顺序输入 i+1，则返回错误值 "#NUM!"。另外，实部不能输入非文本数值。虚部可以输入 3i 或 3j，但没必要输入 0+3i 或 0+3j。

使用IMSUB函数求用x+yi表示的两个复数的差。参数可以指定29个，计算结果为实部总差＋虚部总差。如果用极坐标表示复数的差，则差的向量方向反向，数值为向量和。

$$IMSUB(z_1, z_2) = (x_1 - x_2) + (y_1 - y_2)i$$

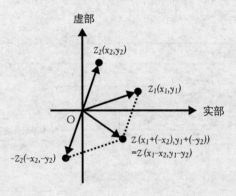

EXAMPLE 1　求复数之差

	A	B	C	D	E	F
1	复数1	3+4i	3+4i	3+4i	3+4i	
2	复数2	3-4i	-3+4i	-3-4i	3+4i	
3	复数之差	8i	6	6+8i	0	
4						
5						
6						
7						
8						
9						
10						

B3　=IMSUB(B1,B2)

根据公式 =IMSUB(B1,B2) 在 B3 单元格内返回复数之差

IMPRODUCT
返回复数之积

格式 → IMPRODUCT(inumber1, inumber2, ...)

参数 → inumber1, inumber2, ...

指定用 x+yi 形式表述的文本字符串或文本字符串所在的单元格。虚部单位除使用 i 外，还可使用 j。所谓文本字符串是将 x 和 y 作为数字，并按"实部 + 虚部"的顺序指定。如果交换顺序输入 i+1，则返回错误值"#NUM!"。另外实部不能输入非文本数值。虚部可以输入 3i 或 3j，但没必要输入 0+3i 或 0+3j。

使用 IMPRODUCT 函数求用 x+yi 表示的多个复数的积。复数参数最多能指定到 29 个。如果用极坐标形式表示复数之积，它的大小变为各坐标向量的长度积，并用各种代数和求偏角。总之，积扩大，偏角则变为逆时针旋转的向量。

$$IMPRODUCT(z_1, z_2) = (x_1 x_2 - y_1 y_2) + (y_1 x_2 - x_1 y_2)i$$

其中，$z_1 = x_1 + y_1 i$，$z_2 = x_2 + y_2 i$。

EXAMPLE 1　求复数之积

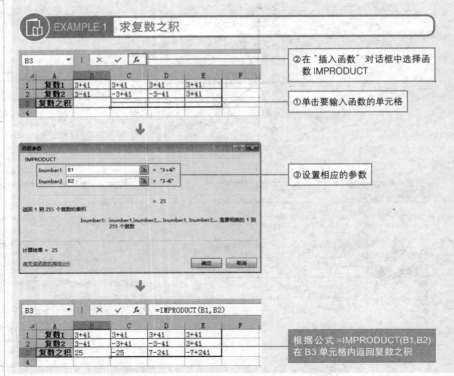

②在"插入函数"对话框中选择函数 IMPRODUCT

①单击要输入函数的单元格

③设置相应的参数

根据公式 =IMPRODUCT(B1,B2) 在 B3 单元格内返回复数之积

IMDIV
返回两个复数的商

数据的计算

格式 → IMDIV(inumber1, inumber2, ...)
参数 → inumber1
为复数分子（被除数）。指定用 x+yi 形式表述的文本字符串或文本字符串所在的单元格。虚部单位除使用 i 外，还可使用 j。所谓文本字符串是将 x 和 y 作为数字，并按"实部 + 虚部"的顺序指定。如果交换顺序输入 i+1，则返回错误值"#NUM!"。另外，实部不能输入非文本数值。虚部可以输入 3i 或 3j，但没必要输入 0+3i 或 0+3j。如果指定小于 2 的复数，则返回错误值"#NUM!"。
inumber 2
为复数分母（除数）。

$$IMDIV(z_1, z_2) = \frac{x_1+y_1 i}{x_2+y_2 i} = \frac{x_1+y_1 i}{x_2+y_2 i} \cdot \frac{x_1-y_1 i}{x_2-y_2 i} = \frac{(x_1 x_2+y_1 y_2)+(y_1 x_2+x_1 y_2)i}{x_2^2+y_2^2}$$

其中，$z_1 = x_1 + y_1 i$，$z_2 = x_2 + y_2 i$。

EXAMPLE 1 求复数之商

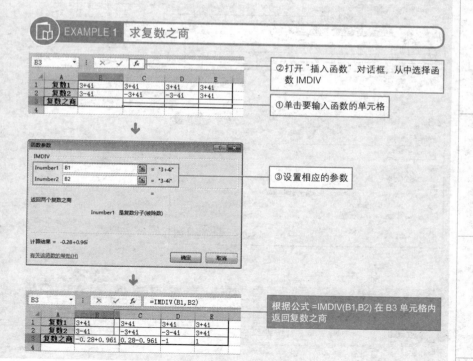

②打开"插入函数"对话框，从中选择函数 IMDIV
①单击要输入函数的单元格
③设置相应的参数
根据公式 =IMDIV(B1,B2) 在 B3 单元格内返回复数之商

IMSQRT
求复数平方根

格式 → **IMSQRT(inumber)**

参数 → inumber

指定用 x+yi 形式表述的文本字符串或文本字符串所在的单元格。虚部单位除使用 i 外，还可使用 j。所谓文本字符串是将 x 和 y 作为数字，并按"实部 + 虚部"的顺序指定。如果交换顺序输入 i+1，则返回错误值"#NUM!"。另外，实部不能输入非文本数值。虚部可以输入 3i 或 3j，但没必要输入 0+3i 或 0+3j。

$$IMSQRT(x+yi)=\sqrt{x+yi}=\sqrt{r(\cos\theta+i\sin\theta)}=\sqrt{r}\left(\cos\frac{\theta}{2}+i\sin\frac{\theta}{2}\right)$$

其中，$r=\sqrt{x^2+y^2}$，$\theta=\tan^{-1}\frac{y}{x}$，$x=r\cos\theta$，$y=r\sin\theta$。

EXAMPLE 1 求复数的平方根

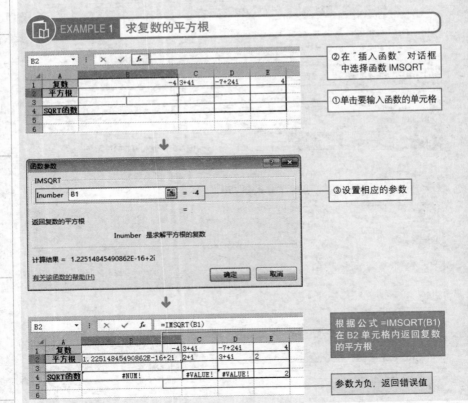

②在"插入函数"对话框中选择函数 IMSQRT

①单击要输入函数的单元格

③设置相应的参数

根据公式 =IMSQRT(B1) 在 B2 单元格内返回复数的平方根

参数为负，返回错误值

IMEXP
求复数的指数值

格式 → IMEXP(inumber)

参数 → inumber

指定用 x+yi 形式表述的文本字符串或文本字符串所在的单元格。虚部单位除使用 i 外，还可使用 j。所谓文本字符串是将 x 和 y 作为数字，并按"实部 + 虚部"的顺序指定。如果交换顺序输入 i+1，则返回错误值"#NUM!"。另外，实部不能输入非文本数值。虚部可输入 3i 或 3j，但没必要输入 0+3i 或 0+3j。

使用 IMEXP 函数可求以自然对数 e 为底，以 x+yi 文本格式表示的复数的指数值。用下列公式表示复数的指数值。

利用欧拉公式：

$$e^{yi} = cosy + isiny$$

$$IMEXP(x+yi) = e^{x+yi} = e^x e^{yi} = e^x (cosy + isiny)$$

EXAMPLE 1　求复数的指数值

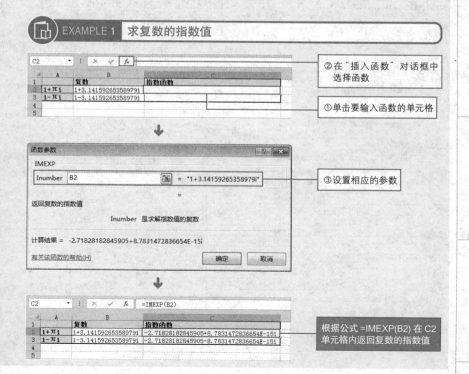

IMPOWER
返回复数的整数幂

格式 → **IMPOWER(inumber, number)**

参数 → **inumber**

为需要计算其幂值的复数。指定用 x+yi 形式表述的文本字符串或文本字符串所在的单元格。虚部单位除使用 i 外，还可使用 j。指定实部时，可以输入数值，也可输入 3i 或 3j，但没必要输入 0+3i 或 0+3j。

number

用数值或数值所在的单元格指定需要计算的幂次。例如，输入0.5，所得结果为平方根，它和IMSQRT函数相同。

使用 IMPOWER 函数可求以复数 x+yi 的极坐标形式的距离 r 为底的复数的乘幂。复数的乘幂利用棣莫佛定理来求，公式如下。

棣莫佛定理：

$$\{r(cos\,\theta+isin\,\theta\,)\}^n=r^n\,(cosn\,\theta+isinn\,\theta\,)$$

$$IMPOWER(x+yi,n)=(x+yi)^n=\{r(cos\theta+isin\,\theta^n)\}=r^n(cosn\theta+isinn\theta)$$

其中，$r=\sqrt{x^2+y^2}$，$\theta=tan^{-1}\dfrac{y}{x}$，$x=rcos\,\theta$，$y=rsin\,\theta$。

EXAMPLE 1　求复数的乘幂

	B3	▼ : × ✓ fx	=IMPOWER($B$1,A3)	
▲	A	B	C	D	E
1	复数	1+0.3i			
2	指数	各种乘幂	实部	虚部	
3	2	0.91+0.6i	0.91	0.6	
4	3	0.73+0.873i	0.73	0.873	
5	4	0.4681+1.092i	0.4681	1.092	
6	5	0.1405+1.23243i	0.1405	1.23243	
7	6	-0.229229+1.27458i	-0.229229	1.27458	
8	7	-0.611603+1.2058113i	-0.611603	1.2058113	
9	8	-0.97334639+1.0223304i	-0.97334639	1.0223304	
10	9	-1.28004551+0.7303264831i	-1.28004551	0.730326483	
11	10	-1.4991434549+0.346312831i	-1.499143455	0.346312831	
12	11	-1.6030373039-0.103430206471i	-1.603037304	-0.103430206	
13	12	-1.572008241959-0.584341397641i	-1.572008242	-0.584341398	
14	13	-1.396705822667-1.05594387022771i	-1.396705823	-1.05594387	
15	14	-1.07992266159869-1.47495561702781i	-1.079922662	-1.474955617	
16					
17					

根据公式 =IMPOWER($B$1,A3)
在 B3 单元格内返回复数的乘幂

IMSIN

求复数的正弦值

格式 ➡ **IMSIN**(inumber)

参数 ➡ inumber

　　为需要计算其幂值的复数。指定用 x+yi 形式表述的文本字符串或文本字符串所在的单元格。虚部单位除使用 i 外，还可使用 j。指定实部时，可以输入数值，也可输入 3i 或 3j，但没必要输入 0+3i 或 0+3j。

使用 IMSIN 函数可求 x+yi 形式的复数相对应的正弦值。复数的三角函数用下列公式定义。参数指定为实数时，它和数学与三角函数中的 SIN 函数相同。

$$IMSIN(x+yi)= \frac{e^{i(x+yi)} - e^{-i(x+yi)}}{2i} = \frac{e^{-y}(cosx+isinx) - e^{y}(cosx-isinx)}{2i} \cdot \frac{i}{i}$$

$$= \frac{e^{y}+e^{-y}}{2} \cdot sinx+i \cdot \frac{e^{y}-e^{-y}}{2} \cdot cosx = coshy \cdot sinx+i \cdot sinhy \cdot cosx$$

EXAMPLE 1 　求复数的正弦值

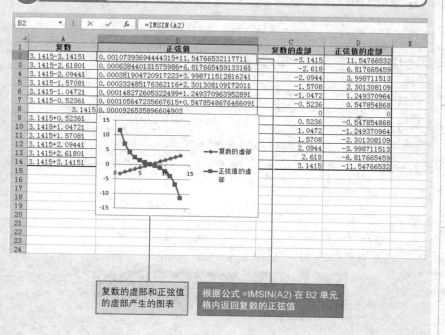

		B2	▼	:	×	✓	fx	=IMSIN(A2)	

	A	B	C	D	E
1	复数	正弦值	复数的虚部	正弦值的虚部	
2	3.1415-3.1415i	0.00107393694444315+11.54766532117711i	-3.1415	11.54766532	
3	3.1415-2.6180i	0.000638440131575986+6.817665459133161i	-2.618	6.817665459	
4	3.1415-2.0944i	0.000381904720917223+3.998711512816241i	-2.0944	3.998711513	
5	3.1415-1.5708i	0.000232485176362116+2.301308109172011i	-1.5708	2.301308109	
6	3.1415-1.0472i	0.000148272605322499+1.249370963952891i	-1.0472	1.249370964	
7	3.1415-0.5236i	0.000105647235667615+0.547854867646609i	-0.5236	0.547854868	
8	3.1415	0.0000926535896604903	0	0	
9	3.1415+0.5236i		0.5236	-0.547854868	
10	3.1415+1.0472i		1.0472	-1.249370964	
11	3.1415+1.5708i		1.5708	-2.301308109	
12	3.1415+2.0944i		2.0944	-3.998711513	
13	3.1415+2.6180i		2.618	-6.817665459	
14	3.1415+3.1415i		3.1415	-11.54766532	
15					
16					
17					
18					
19					
20					
21					
22					
23					
24					

复数的虚部和正弦值的虚部产生的图表

根据公式 =IMSIN(A2) 在 B2 单元格内返回复数的正弦值

IMCOS
求复数的余弦值

格式 → **IMCOS(inumber)**

参数 → inumber

为需要计算其幂值的复数。指定用 x+yi 形式表述的文本字符串或文本字符串所在的单元格。虚部单位除使用 i 外，还可使用 j。指定实部时，可以输入数值，也可输入 3i 或 3j，但没必要输入 0+3i 或 0+3j。

使用 IMCOS 函数可求 x+yi 复数相对应的余弦值。复数的三角函数用下列公式定义。参数指定为实数时，它和数学与三角函数中的 COS 函数相同。

$$IMCOS(x+yi) = \frac{e^{i(x+yi)} + e^{i(x+yi)}}{2} = \frac{e^{-y}(cosx+isinx) + e^{y}(cosx-isinx)}{2}$$

$$= \frac{e^{y}+e^{-y}}{2} \cdot cosx - i \cdot \frac{e^{y}-e^{-y}}{2} \cdot \frac{i}{i} \cdot sinx = coshy \cdot cosx + i \cdot sinhy \cdot sinx$$

EXAMPLE 1 | 求复数的余弦值

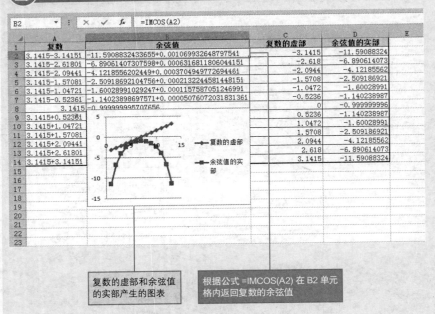

	A	B	C	D	E
			复数的虚部	余弦值的实部	
1	复数	余弦值			
2	3.1415-3.1415i	-11.5908832433655+0.001069932648797541	-3.1415	-11.59088324	
3	3.1415-2.6180i	-6.89061407307598+0.000631681180604415i	-2.618	-6.890614073	
4	3.1415-2.0944i	-4.1218556202449+0.00037049497726944461	-2.0944	-4.12185562	
5	3.1415-1.5708i	-2.50918692104756+0.0002132244581448151	-1.5708	-2.509186921	
6	3.1415-1.0472i	-1.60028991029247+0.0001157587051246991	-1.0472	-1.60028991	
7	3.1415-0.5236i	-1.14023898697571+0.00005076072031831361	-0.5236	-1.140238987	
8	3.1415	-0.999999995707656	0	-0.999999995	
9	3.1415+0.5236i		0.5236	-1.140238987	
10	3.1415+1.0472i		1.0472	-1.60028991	
11	3.1415+1.5708i		1.5708	-2.509186921	
12	3.1415+2.0944i		2.0944	-4.12185562	
13	3.1415+2.6180i		2.618	-6.890614073	
14	3.1415+3.1415i		3.1415	-11.59088324	

B2 ▼ : × ✓ fx =IMCOS(A2)

→ 复数的虚部
→ 余弦值的实部

复数的虚部和余弦值的实部产生的图表

根据公式 =IMCOS(A2) 在 B2 单元格内返回复数的余弦值

IMLN
求复数的自然对数

格式 → **IMLN**(inumber)

参数 → inumber

为需要计算其幂值的复数。指定用 x+yi 形式表述的文本字符串或文本字符串所在的单元格。虚部单位除使用 i 外，还可使用 j。指定实部时，可以输入数值，也可输入 3i 或 3j，但没必要输入 0+3i 或 0+3j。如果输入 0，则返回错误值 "#NUM!"。

使用 IMLN 函数可求 x+yi 形式复数对应的自然对数的值。对数函数是指数函数的反函数。用下列公式求复数的自然对数。

$$e^{i\theta} = cos\,\theta + isin\,\theta$$

$$IMLN(x+yi) = log_e(x+yi) = log_e r(cos\,\theta + isin\,\theta\,) = log_e re^{i\theta} = log_e r + i\theta$$

其中，$r = \sqrt{x^2+y^2}$，$\theta = tan^{-1}\dfrac{y}{x}$，$x = rcos\,\theta$，$y = rsin\,\theta$。

EXAMPLE 1 求复数的自然对数

| C2 | ▼ | : | × ✓ | f_x | =IMLN(B2) |

▲	A	B	C	D
1		复数	自然对数	
2	√2+√2i	1.41421356+1.414213561	0.693147178881914+0.7853981633974481	
3	√2-√2i	1.41421356-1.414213561	0.693147178881914-0.7853981633974481	
4	1+√3i	1+1.732050801i	0.693147177282525+1.047197549304381	
5	1-√3i	1-1.732050801i	0.693147177282525-1.047197549304381	
6				
7				
8				

根据公式 =IMLN(B2) 在 C2 单元格内显示复数的自然对数

POINT ● $log_e r$ 的结果

$log_e r$（距离 r 的自然对数）和偏角 θ 在一条直线上，意思是各复数的坐标是在以原点为中心，半径为 r 的同心圆上。

IMLOG10
求复数的常用对数

格式 → **IMLOG10(inumber)**

参数 → inumber

为需要计算其幂值的复数。指定用 x+yi 形式表述的文本字符串或文本字符串所在的单元格。虚部单位除使用 i 外，还可使用 j。指定实部时，可以输入数值，也可输入 3i 或 3j，但没必要输入 0+3i 或 0+3j。如果输入 0，则返回错误值 "#NUM!"。

使用 IMLOG10 函数可求 x+yi 相对应的常用对数值。自然对数的底是 e，即 2.7182818，但常用对数的底是 10。用下列公式可从自然对数转换到常用对数。

$$IMLOG10(x+yi) = \frac{IMLN(x+yi)}{log_e10} = \frac{log_e r + i\,\theta}{log_e10} \approx 0.434 \cdot IMLN(x+yi)$$

其中，$r = \sqrt{x^2+y^2}$，$\theta = tan^{-1}\frac{y}{x}$。

📋 **EXAMPLE 1** 求复数的常用对数

C2	▼ : × ✓ fx	=IMLOG10(B2)	
▲	A	B	C	D
1		复数	常用对数	
2	√2+√2i	1.41421356+1.414213 56i	0.301029994935221+0.341094088460461	
3	√2-√2i	1.41421356-1.414213 56i	0.301029994935221-0.341094088460461	
4	1+√3i	1+1.732050801i	0.301029994240616+0.45479211712551	
5	1-√3i	1-1.732050801i	0.301029994240616-0.45479211712551	
6				
7				
8				
9				
10				
11				

根据公式 =IMLOG10(B2) 在 C2 单元格内返回复数的常用对数

✍ **POINT ● $log_{10}r$ 的结果**

$log_{10}r$（距离 r 的自然对数）和偏角 θ 在一条直线上，意思是各复数的坐标是在以原点为中心，半径为 r 的同心圆上。

IMLOG2
返回复数以 2 为底的对数

格式 → **IMLOG2**(inumber)

参数 → inumber

为需要计算其幂值的复数。指定用 x+yi 形式表述的文本字符串或文本字符串所在的单元格。虚部单位除使用 i 外,还可使用 j。指定实部时,可以输入数值。虚部也可输入 3i 或 3j,但没必要输入 0+3i 或 0+3j。如果输入 0,则返回错误值 "#NUM!"。

使用 IMLOG2 函数可求复数 x+yi 相对应的以 2 为底的对数。用下列公式可以从自然对数转换到以 2 为底的对数。

$$IMLOG2\,(x+yi) = \frac{IMLN(x+yi)}{log_e2} = \frac{log_e r + i\,\theta}{log_e2} \approx 1.443 \cdot IMLN\,(x+yi)$$

其中,$r = \sqrt{x^2+y^2}$, $\theta = tan^{-1}\frac{y}{x}$ 。

EXAMPLE 1　求复数以 2 为底的对数

C2		▼	:	× ✓ fx	=IMLOG2(B2)	
⊿	A		B		C	D
1		复数		以2为底的对数		
2	√2+√2i	1.41421356+1.414213561	0.999999997579112+1.133090035456 81			
3	√2-√2i	1.41421356-1.414213561	0.999999997579112-1.133090035456 81			
4	1+√3i	1+1.7320508011	0.999999995271682+1.510786711212 5i			
5	1-√3i	1-1.7320508011	0.999999995271682-1.510786711212 5i			
6						
7						
8						
9						
10						
11						
12						

根据公式 =IMLOG2(B2) 在 C2 单元格内返回复数的以 2 为底的对数值

POINT ● log₂r 的结果

log₂r(距离 r 的自然对数)和偏角 θ 在一条直线上,意思是各复数的坐标是在以原点为中心,半径为 r 的同心圆上。

BESSELJ
返回 Bessel 函数值

格式 → BESSELJ(x,n)

参数 → x

　　指定代入到 Bessel 函数的变量值或输入变量值的单元格。

　　n

　　用整数或整数所在的单元格指定 Bessel 函数的阶数。如果指定为负数，
　　则返回错误值 "#NUM!"。

所谓 Bessel 函数，即是用 Bessel 的微积分方程式定义的函数。可使用 BESSELJ 函数，
求 x 值对应的 n 阶第一种 Bessel 函数值。此函数用于分析圆筒形的振动。例如，敲鼓
时的振动等。下列公式是 Bessel 的微积分方程式。

贝塞尔微分方程式：
$$x^2 \frac{d^2 y}{dx^2} + x \frac{dy}{dx} + (x^2 - n^2) = 0, n \geq 0$$

$$BESSELJ(x,n) = J_n(x) = \sum_{k=0}^{\infty} \frac{(-1)^k}{\Gamma(n+k+1)\,\Gamma(k+1)} \left(\frac{x}{2}\right)^{n+2k}$$

其中，Γ 为伽玛函数

$$\Gamma(n+k+1) = \int_0^{\infty} x^{n+k} e^{-x} dx$$

特别是：$\Gamma(k+1) = k!$

EXAMPLE 1　求 n 阶第一种 Bessel 函数值

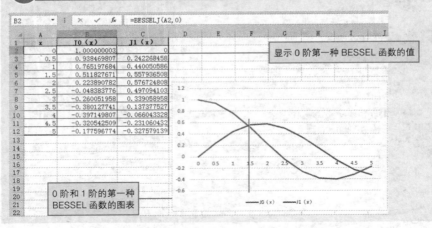

0 阶和 1 阶的第一种 BESSEL 函数的图表

显示 0 阶第一种 BESSEL 函数的值

BESSELY
求 n 阶第二种 Bessel 函数值

格式 ➡ **BESSELY(x,n)**

参数 ➡ x

指定代入到 Bessel 函数的变量值，或输入变量值的单元格。但是，不能指定小于 0 的数值。如果指定为负数，则 BESSELY 返回错误值 "#NUM!"。

n

用整数或输入整数的单元格指定 Bessel 函数的阶数。如果指定为负数，则返回错误值 "#VALUE!"。

可使用 BESSELY 函数求 x 值的 n 阶第二种 Bessel 函数值。

$$BESSELY(x,n)=Y_n(x)=\lim_{\nu \to n}\frac{J_\nu(x)cos(\nu \pi)-J_{-\nu}(x)}{sin(\nu \pi)}$$

EXAMPLE 1　求 n 阶第二种 Bessel 函数值

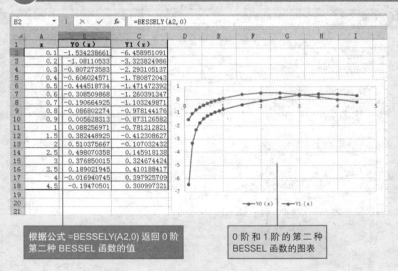

根据公式 =BESSELY(A2,0) 返回 0 阶第二种 BESSEL 函数的值

0 阶和 1 阶的第二种 BESSEL 函数的图表

POINT ● Bessel 函数改变振幅和周期

在 Excel 中，表示振幅的函数还有 SIN 函数和 COS 函数，但是 Bessel 函数和保持一定的振幅和周期的 SIN 函数和 COS 函数不同，Bessel 函数可以改变振幅和周期。

BESSELI
求 n 阶第一种修正 Bessel 函数值

格式 → BESSELI(x,n)

参数 → x

指定代入到 Bessel 函数的变量值，或输入变量值的单元格。

n

用整数或输入整数的单元格指定 Bessel 函数的阶数。如果指定为负数，返回错误值 "#NUM!"。

可使用 BESSELI 函数求 n 阶第一种修正 Bessel 函数值。

贝塞尔微分方程式：
$$x^2\frac{d^2y}{dx^2}+x\frac{dy}{dx}-(x^2+n^2)=0, n\geq0$$

$$BESSELI(x,n)=I_n(x)=\sum_{k=0}^{\infty}\frac{1}{\Gamma(n+k+1)k!}\left(\frac{x}{2}\right)^{n+2k}$$

EXAMPLE 1　求 n 阶第一种修正 Bessel 函数值

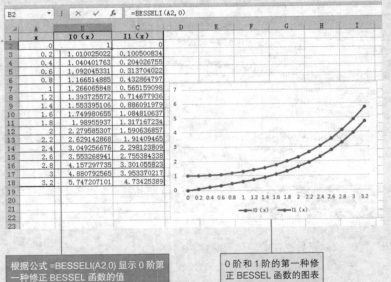

根据公式 =BESSELI(A2,0) 显示 0 阶第一种修正 BESSEL 函数的值

0 阶和 1 阶的第一种修正 BESSEL 函数的图表

BESSELK
求 n 阶第二种修正 Bessel 函数值

格式 → BESSELK(x,n)

参数 → x

指定代入到 Bessel 函数的变量值，或输入变量值的单元格。但是，不能指定小于 0 的数值，如果指定为负数，则返回错误值 "#NUM!"。

n

用整数或输入整数的单元格指定 Bessel 函数的阶数。如果指定为负数，则返回错误值 "#NUM!"。

使用 BESSELK 函数求 n 阶第二种修正 Bessel 函数值。

$$BESSELK(x,n)=K_n(x)=\lim_{v \to n} \frac{\pi}{2} \cdot \frac{I_{-v}(x)-I_v(x)}{\sin(v\pi)}$$

EXAMPLE 1　求 n 阶第二种修正 Bessel 函数值

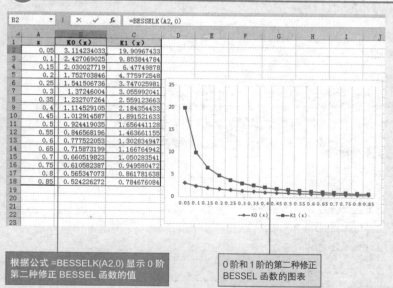

根据公式 =BESSELK(A2,0) 显示 0 阶第二种修正 BESSEL 函数的值

0 阶和 1 阶的第二种修正 BESSEL 函数的图表

ERF

返回误差函数在上下限之间的积分

数据的
计算

格式 → **ERF(lower_limit,upper_limit)**

参数 → lower_limit
用大于 0 的数值或输入数值的单元格指定积分的开始值。如果指定为负数，
函数返回错误值"#NUM!"。

upper_limit
用大于 0 的数值或输入数值的单元格指定积分的结束值。如果省略上限，
则求从 0 到下限的积分范围。如果指定为负数,函数返回错误值"#NUM!"。

用下列公式表示误差函数。省略积分的上限时，则是求从 0 到下限的积分。误差函数与
以平均值为 0、标准偏差为 1 的标准正态分布积分的累积分布格式相同。

$$ERF(x_1,x_2)= \frac{2}{\sqrt{\pi}} \int_{x_1}^{x_2} e^{-t^2} dt \quad ERF(x)=\frac{2}{\sqrt{\pi}} \int_0^x e^{-t^2} dt$$

此处，n 为正整数，但是 n 为 0 时，定义为 $0!! =1$。

$$\int_{-x}^{x} N(x)dx=ERF \left(\frac{x}{\sqrt{2}} \right)$$

📁 EXAMPLE 1 | 求误差函数在上下限之间的积分

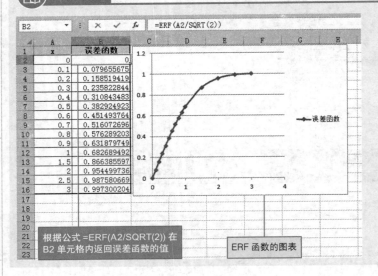

根据公式 =ERF(A2/SQRT(2)) 在
B2 单元格内返回误差函数的值

ERF 函数的图表

ERFC
返回余误差函数

数据的
计算

格式 → ERFC(x)

参数 → x

指定余误差函数积分的大于 0 的下限值，或下限值所在的单元格。它和误差积分的下限相同。

余误差函数是求 1 与 ERF 函数的差值。

EXAMPLE 1 求余误差函数

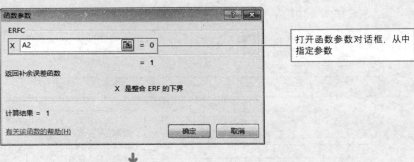

打开函数参数对话框，从中指定参数

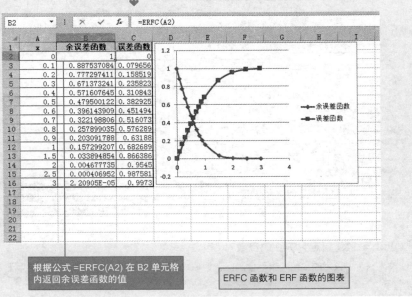

	A	B	C
1	x	余误差函数	误差函数
2	0	1	0
3	0.1	0.887537084	0.079656
4	0.2	0.777297411	0.158519
5	0.3	0.671373241	0.235823
6	0.4	0.571607645	0.310843
7	0.5	0.479500122	0.382925
8	0.6	0.396143909	0.451494
9	0.7	0.322198806	0.516073
10	0.8	0.257899035	0.576289
11	0.9	0.203091788	0.63188
12	1	0.157299207	0.682689
13	1.5	0.033894854	0.866386
14	2	0.004677735	0.9545
15	2.5	0.000406952	0.987581
16	3	2.20905E-05	0.9973

根据公式 =ERFC(A2) 在 B2 单元格内返回余误差函数的值

ERFC 函数和 ERF 函数的图表

FACTDOUBLE

返回数值的双倍阶乘

格式 → FACTDOUBLE(number)

参数 → number

指定求双倍阶乘的大于 0 的数值或数值所在的单元格。如果参数为非整数，则截尾取整。如果参数为负值，函数 FACTDOUBLE 返回错误值 "#NUM!"。

所谓双倍阶乘，即是间隔一个整数一直乘到 1 或 2，如 5!!，用下列公式求所给出的整数 n 的双倍阶乘。

$$FACTDOUBLE(n)=n!!=n \times (n-2) \times (n-4) \times \cdots \times 4 \times 2 \quad \text{n为偶数}$$
$$FACTDOUBLE(n)=n!!=n \times (n-2) \times (n-4) \times \cdots \times 3 \times 1 \quad \text{n为奇数}$$

此处，n 为正整数，但是 n 为 0 时，定义为 0!!=1。

> EXAMPLE 1　求数字的双倍阶乘

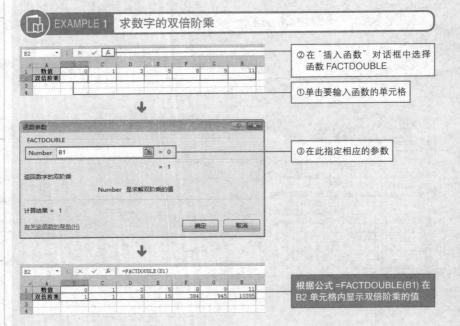

②在"插入函数"对话框中选择函数 FACTDOUBLE

①单击要输入函数的单元格

③在此指定相应的参数

根据公式 =FACTDOUBLE(B1) 在 B2 单元格内显示双倍阶乘的值

POINT ● 数值指定大于 0 的整数

即使输入包含小数点的数值，也不会返回错误值。根据公式的性质，数值可以指定大于 0 的整数。

BITAND
返回两个数的按位"与"

格式 → BITAND(number1, number2)

参数 → number1

必须为十进制格式并大于或等于 0。

number2

必须为十进制格式并大于或等于 0。

函数 BITAND 将返回一个十进制数。在使用该函数时，仅当两个参数的相应位置的位均为 1 时，该位的值才会被计数。按位返回的值从右向左按 2 的幂次依次累进。最右边的位返回 1（即 2^0），其左侧位返回 2（即 2^1），依此类推。

EXAMPLE 1   计算各值按位与的结果

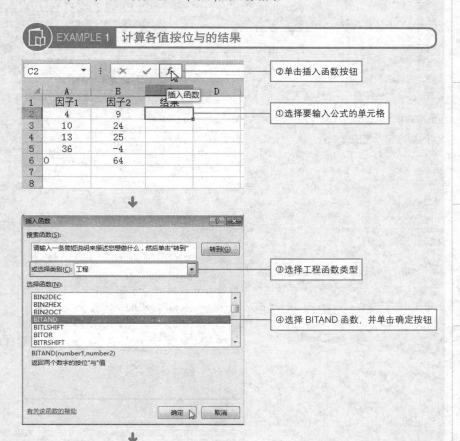

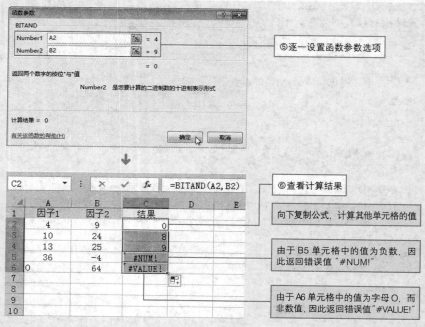

⑤逐一设置函数参数选项

⑥查看计算结果

向下复制公式，计算其他单元格的值

由于B5 单元格中的值为负数，因此返回错误值"#NUM!"

由于A6 单元格中的值为字母O，而非数值，因此返回错误值"#VALUE!"

🖐 POINT ● 运算分析

对于 C2 单元格中的结果，我们现做如下分析：

数字 1	4	0000100 (二进制)
数字 2	9	0001001 (二进制)
		0000000
数字 1	10	0001010 (二进制)
数字 2	24	0011000 (二进制)
		0001000 （即 2^3）

🖐 POINT ● 按位与时，对数值的要求

在 BITAND 函数中，若任一参数是非整数或大于 (248)-1，则 BITAND 返回错误值"#NUM!"。若任一参数小于 0，则 BITAND 返回错误值"#NUM!"。若任一参数是非数值，则 BITAND 返回错误值"#VALUE!"。

BITOR
返回两个数的按位"或"

格式 → BITOR(number1, number2)

参数 → number1
必须为十进制格式并大于或等于 0。
number2
必须为十进制格式并大于或等于 0。

函数 BITOR 是将其参数按位"或",若任一参数的相应位为 1,则此位的结果值便为 1。
其他使用说明可参照 BITAND 函数。

EXAMPLE 1 计算各值按位或的结果

| C2 | ▼ | : | × | ✓ | fx | =BITOR(A2,B2) |

	A	B	C	D	E
1	因子1	因子2	结果		
2	4	9	13		
3	10	23			
4	13	25			
5	36	-4			
6	55	0			
7					
8					
9					
10					

①利用公式 =BITOR(A2,B2) 计算结
果值

↓

| C2 | ▼ | : | × | ✓ | fx | =BITOR(A2,B2) |

	A	B	C	D	E
1	因子1	因子2	结果		
2	4	9	13		
3	10	23	31		
4	13	25	29		
5	36	-4	#NUM!		
6	55	0	#VALUE!		
7					
8					
9					
10					

②向下复制公式,计算出其他单元
格的值

由于 B5 单元格中的值为负数,因此
返回错误值"#NUM!"

由于 B6 单元格中的值为字母 O,而非
数值,因此返回错误值"#VALUE!"

POINT ● 运算分析

对于 C2 单元格中的结果,我们现做如下分析:

数字 1	4	0000100 (二进制)
数字 2	9	0001001 (二进制)
		0001101 (即 $2^0+2^2+2^3=1+4+8=13$)

BITXOR
返回两个数的按位"异或"

格式 → **BITXOR**(number1, number2)
参数 → number1
必须为十进制格式并大于或等于 0。
number2
必须为十进制格式并大于或等于 0。

函数 BITXOR 将返回一个十进制数字,是其参数按位"异或"求和的结果。在使用该函数时,如果两个参数的相应位的值不相等(即一个为 0,而另一个为 1),则该位的结果值为 1。其他使用说明可参照 BITAND 函数。

📑 **EXAMPLE 1** 计算各值按位异或的结果

| C2 | ▼ | : | × | ✓ | fx | =BITXOR(A2,B2) |

▲	A	B	C	D	E
1	因子1	因子2	结果		
2	4	9	13		
3	5	3	6		
4	13	25	20		
5	36	-4	#NUM!		
6	0	64	#VALUE!		
7					
8					
9					
10					

①利用公式 =BITOR(A2,B2) 计算结果值

由于 B5 单元格中的值为负数,因此返回错误值"#NUM!"

由于 A6 单元格中的值为字母 O,而非数值,因此返回错误值"#VALUE!"

👆 **POINT** ● 运算分析

对于 C4 单元格中的结果,我们现做如下分析:

数字 1	13	0001101 (二进制)
数字 2	14	0011001 (二进制)
"异或"结果		0010100 (即 $2^2+2^4=4+16=20$)
"或"结果		0011101 (即 $2^0+2^2+2^3+2^4=1+4+8+16=29$)

从上述分析中,我们可以非常清晰的获知与、或、异或的运算分析方法。

SECTION 12

X

外部函数

外部函数

所谓外部函数即指从 Excel 以外的程序中提取数据，或进行欧洲货币换算的函数。
利用外部函数，必须使用加载宏程序。

→ 函数分类

1. 欧洲货币的换算

使用 EUROCONVERT 函数，可相互换算欧洲各国的货币。

EUROCONVERT	将数字由欧元形式转换为欧盟成员国货币形式，或利用欧元作为中间货币，将数字由某一欧盟成员国货币转化为另一欧盟成员国货币的形式

2. 来自外部数据库的数据

使用 SQL.REQUEST 函数，从 Access、SQL Server、dBASE、ORACLE 等外部数据中提取适合指定 SQL 清单的数据。

SQL.REQUEST	连接到一个外部的数据源（如 Access、SQL Server、dBASE、ORACLE 等外部数据库）并从工作表中运行查询，然后将查询结果以数组的形式返回，无需进行宏编程

3. 来自 DLL 的信息

从 DLL 中提取程序 ID 或注册 ID。此函数被 Excel 97 支持，显示在帮助中，但出于安全的考虑，不能用于 Excel 2000/2002/2003 中。

CALL	调用动态链接库或代码源中的过程，需要注意的是，此函数只在 Excel 宏表中可用。
REGISTER.ID	返回已注册过的指定动态链接库 (DLL) 或代码源的注册号

→ 关键点

EUROCONVERT 函数所使用的是由欧盟 (EU) 建立的固定转换汇率。转换汇率如果变化，EUROCONVERT 函数将会被更新。数值中指定换算金额，按照表中的 ISO 代码，指定换算前的货币单位和换算后的货币单位。根据不同情况，用结果的显示方式和有效位数调整换算的精度。但是，EUROCONVERT 函数中不能使用数组公式。使用外部函数时，必须使用加载宏。使用 EUROCONVERT 函数，必须安装加载宏中的"欧元工具"。利用 SQL.REQUEST 函数，必须安装加载宏中的"ODBC"。"ODBC"是从 Microsoft Office 网站下载安装的。

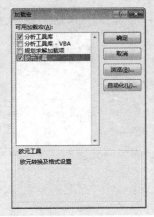

EUROCONVERT
相互换算欧洲货币

格式 → **EUROCONVERT(number,source,target,full_precision,triangulation_precision)**

参数 → **number**

指定要换算货币的金额。可指定金额值，或金额所在的单元格。

source

用三个字母组成的 ISO 代码指定换算前的货币单位。公式中的 ISO 代码需加双引号。换算前的货币和换算后的货币如果指定同一国家，则输入的数值按原样返回。

target

用三个字母组成的 ISO 代码指定换算后的货币单位。公式中的 ISO 代码需加双引号。

▼ 欧洲各国货币及 ISO 代码

国家	货币单位	ISO 代码
爱尔兰	爱尔兰镑	IEP
意大利	里拉	ITL
奥地利	先令	ATS
荷兰	盾	NLG
希腊	德拉马克	GRD
西班牙	比塞塔	ESP
德国	马克	DEM
芬兰	马克	FIM
法国	法郎	FRF
比利时	法郎	BEF
葡萄牙	埃斯库多	PTE
卢森堡	法郎	LUF
欧盟	欧元	EUR

▼ 货币单位的换算位数

ISO 代码	运算位数	显示位数
BEF	0	0
LUF	0	0
DEM	2	2
ESP	0	0
FRF	2	2
IEP	2	2
ITL	0	0
NLG	2	2
ATS	2	2
PTE	0	2
FIM	2	2
GRD	0	2
EUR	2	2

full-Precision

是一个逻辑值(TRUE 或 FALSE)，或计算结果为 TRUE 或 FALSE 的表达式，它用于指定结果的显示方式。如果指定 FALSE，显示用特定的货币舍入原则计算的结果，Excel 将使用运算位数值来计算结果，同时使用显示位数值来显示结果。如果省略 full_precision 参数，则默认值为 FALSE。如果指定 TRUE，用通过计算得到的所有有效数字来显示结果。

triangulation_precision

是一个等于或大于 3 的整数，用于指定在转换两个欧盟成员国之间货币时所使用的中间欧元数值的有效位数。如果省略此参数，则 Excel 不会对中间欧元数值进行舍入。如果在将欧盟成员国货币转换为欧元时使用了此参数，则 Excel 将会计算中间结果的欧元值，然后再将此中间结果的欧元值转换为某个欧盟成员国货币。

EXAMPLE 1 　换算欧洲各国的货币

利用 EUROCONVERT 函数，将数字由欧元形式转换为欧盟成员国货币形式，或利用欧元作为中间货币，将数字由某一欧盟成员国货币转换为另一欧盟成员国货币。但是在使用时，必须加载"欧元工具"加载宏。下面将利用 EUROCONVERT 函数，对 B3 至 B7 单元格区域内的数据进行各种换算。

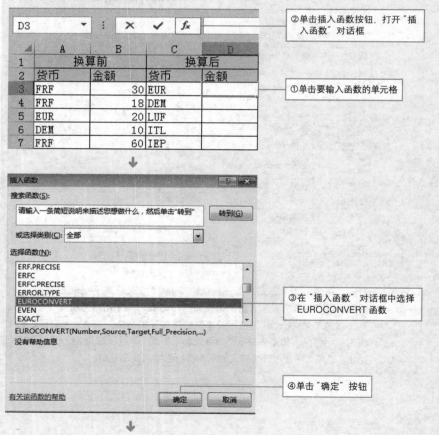

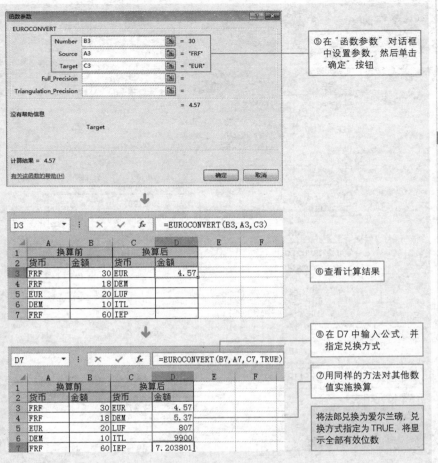

⑤在"函数参数"对话框中设置参数,然后单击"确定"按钮

⑥查看计算结果

⑧在 D7 中输入公式,并指定兑换方式

⑦用同样的方法对其他数值实施换算

将法郎兑换为爱尔兰磅,兑换方式指定为 TRUE,将显示全部有效位数

▼ 利用功能按钮实施快速转换

打开"公式"选项卡,使用功能区中的欧元货币工具即可将数字由欧元形式转换为欧盟成员国货币形式,或利用欧元作为中间货币,将数字由某一欧盟成员国货币转化为另一欧盟成员国货币的形式。

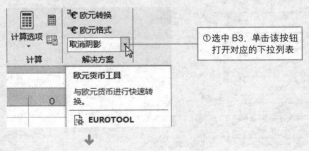

①选中 B3,单击该按钮打开对应的下拉列表

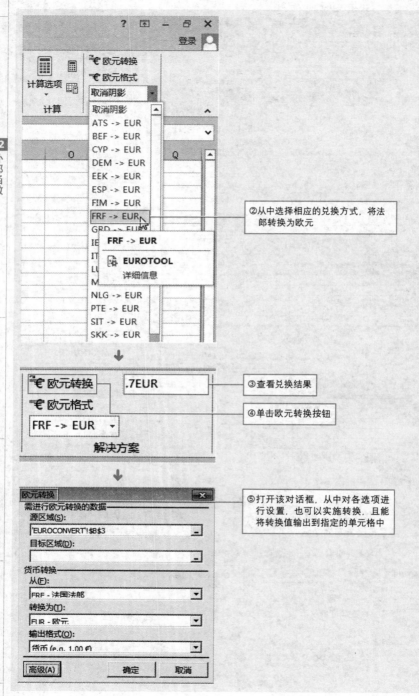

②从中选择相应的兑换方式，将法郎转换为欧元

③查看兑换结果

④单击欧元转换按钮

⑤打开该对话框，从中对各选项进行设置，也可以实施转换，且能将转换值输出到指定的单元格中